LA GRAN ILUSIÓN

LA GRAN ILUSIÓN

LAS GRANDES OBRAS DE ALBERT EINSTEIN

Edición de
STEPHEN HAWKING

CRÍTICA
BARCELONA

Título original:
A STUBBORNLY PERSISTENT ILLUSION
The Essential Scientific Writings of Albert Einstein

La traducción castellana de la Introducción general y de la «Nota Introductoria» a cada parte del libro ha corrido a cargo de Ubaldo Iriso Ariz. Los datos sobre el resto de traducciones se registran también en la mencionada sección. Los títulos originales de los ensayos que conforman este volumen se hallarán en nota a pie de página de cada sección.

Diseño de la cubierta: Jaime Fernández
Ilustración de la cubierta: © Getty Images
Realización: Ātona, SL

CRÍTICA, S. L., Diagonal, 662-664, 08034 Barcelona
e-mail: editorial@ed-critica.es
http://www.ed-critica.es

ISBN: 978-84-8432-966-4
Depósito legal: B. 6162-2008
Impreso y encuadernado en España por EGEDSA

PROCEDENCIA DE LOS TEXTOS

El presente volumen es una antología de los grandes textos de Albert Einstein. Para su elaboración se ha procurado acudir a traducciones castellanas ya existentes. Sólo cuando alguno de los ensayos era inédito en castellano, se ha traducido *ex professo* desde el original inglés.[1] En consecuencia, el lector debe tener en cuenta que cada sección funciona de forma aislada; en este sentido, las equivalencias y estilos que se utilizan, sobre todo en la nomenclatura y la presentación de fórmulas, son válidas dentro de cada uno de los textos y con independencia del resto. Los títulos originales de los artículos se ofrecen a pie de página de cada sección; la información general sobre las distintas procedencias se detalla a continuación:

Los textos incluidos en la primera parte (EL PRINCIPIO DE LA RELATIVIDAD) han sido traducidos por Javier García Sanz en distintas ocasiones: «Sobre la electrodinámica de los cuerpos en movimiento», en John Stachel, ed., *Einstein 1905: un año milagroso*, Crítica, Barcelona, 2001, pp. 111-144; «¿Depende la inercia de un cuerpo de su contenido de energía?», en John Stachel, ed. citada, 2001, pp. 145-150; «Sobre la influencia de la gravitación en la propagación de la luz», en S. Hawking, ed., *A hombros de gigantes. Las grandes obras de la física y la astronomía*, Crítica, Barcelona, 2003, pp. 1055-1062; «El fundamento de la teoría de la relatividad general», en S. Hawking, ed. citada, pp. 1062-1106; «El principio de Hamilton y la teoría de la relatividad general», en S. Hawking, ed. citada, pp. 1106-1111; «Consideraciones cosmológicas sobre la teo-

[1] S. Hawking, ed., *A Stubbornly Persistent Illusion*, Running Press, Philadelphia-Londres, 2007.

ría de la relatividad general», en S. Hawking, ed. citada, pp. 1111-1119; «¿Desempeñan los campos gravitatorios un papel esencial en la estructura de las partículas elementales de la materia?», en S. Hawking, ed. citada, pp. 1120-1126.

La segunda parte (RELATIVIDAD: LA TEORÍA ESPECIAL Y GENERAL) reproduce la obra *Sobre la teoría de la relatividad especial y general* publicada por Alianza, Madrid, 1999 (2006[4]), pp. 7-146, en traducción castellana de Miguel Paredes Larrucea.

El artículo «Geometría y experiencia» incluido en la tercera parte (OTRAS CONSIDERACIONES SOBRE LA RELATIVIDAD) ha sido traducido por primera vez en castellano por Javier García Sanz. El texto «El éter y la teoría de la relatividad» reproduce, en cambio, el publicado en José Manuel Sánchez Ron, ed., *Albert Einstein*, Crítica, Barcelona, 2005, pp. 135-145, según traducción castellana de Mercedes García Garmilla.

También el ensayo «El espacio y el tiempo en la física pre-relativista» incluido en la parte cuarta (EL SIGNIFICADO DE LA RELATIVIDAD) se publica aquí por primera vez en castellano en versión de Javier García Sanz.

Los textos de la parte cuarta («Campo y relatividad» y «Los cuantos») proceden de la versión castellana publicada en Albert Einstein y Leopold Infeld, *La evolución de la física*, Salvat, Barcelona, 1993, páginas 99-198 y 199-239, respectivamente.

Las «Notas autobiográficas» que constituyen la parte sexta de este volumen se extraen de José Manuel Sánchez Ron, ed., *Albert Einstein*, Crítica, Barcelona, 2005, pp. 43-83, traducción castellana de Adriana Castelar.

Finalmente, uno de los textos («Física y realidad») incluidos en la última parte de este volumen (MIS ÚLTIMOS AÑOS) reproduce la versión de Ana Goldar incluida en *Mis ideas y opiniones*, Bosch, Barcelona, 1980, pp. 261-291. El resto («La teoría de la relatividad», «$E=Mc^2$», «¿Qué es la teoría de la relatividad?», «Los fundamentos de la física teórica», «El lenguaje común de la ciencia», «Las leyes de la ciencia y las leyes de la ética», «Una derivación elemental de la equivalencia de masa y energía») se han traducido por primera vez por Javier García Sanz.

INTRODUCCIÓN

Hace un par de años, el mundo celebró el centenario del año milagroso de Einstein, año en que el científico revolucionó la física al publicar una serie de nuevas ideas asombrosas que trajeron consigo cambios profundos en la manera en que los físicos contemplaban el universo. La intuición humana nos dice que el espacio es un estado en el cual se desarrollan los acontecimientos de nuestras vidas y que el tiempo está gobernado por un reloj universal. Pero en 1905 y durante la siguiente década, Einstein demostró que espacio y tiempo no tienen significados idénticos para un observador sentado en una silla que para quien está volando en un avión. Tampoco para los que orbitan con nosotros alrededor de la Tierra, respecto de los que están tomando un té en el Cúmulo de Virgo o los que están siendo engullidos por un agujero negro.

Hubo una vez en que las ideas de Einstein dejaron estupefactos a los físicos. Hoy esas ideas se incorporan automáticamente a las ecuaciones y formalismos que aprenden los estudiantes de física. Tal como Einstein escribió en uno de los artículos de esta colección, si sus planteamientos se adoptaban como algo válido, los alemanes lo llamarían un «sabio alemán» y los ingleses un «judío suizo». Pero si un día sus ideas fueran desacreditadas, se convertiría automáticamente en un «judío suizo» para los alemanes y en un «sabio alemán» para los ingleses. Hoy quedan pocos físicos que recuerden a Einstein como un vivaz, agudo e ingenioso ser humano. Hoy sus ideas de espacio y tiempo entrelazados están integradas en la cultura popular, incluso descritas por diversos autores a lo largo de generaciones posteriores. Pero el más lúcido, por no decir entretenido, defensor de las ideas de Einstein ha sido siempre el propio Einstein.

Tal y como se describe en este volumen, la teoría de Einstein de la relatividad especial de 1905 creció a partir de una simple observación. Las leyes del electromagnetismo descubiertas por James Clerk Maxwell en la década de 1860 mostraban que si uno se acerca a un haz de luz o se aleja de él, la luz siempre se le aproxima a la misma velocidad. A partir de nuestra experiencia diaria, esto no resultaría cierto. Si corres alejándote de un tren sobrevivirás durante unos pocos segundos más que si corres acercándote a él (asumiendo que no tienes intención de saltar hacia un lado). En el primer caso, la velocidad a la que se aproxima el tren será la diferencia entre su velocidad y la tuya (en referencia a la vía). En el segundo caso, la velocidad a la que se aproxima será la suma de las dos velocidades. Lo mismo, según las leyes de Maxwell, no se aplica a la luz emitida por el faro del tren. ¿Cómo es posible que la velocidad de la luz no parezca más lenta en el primer caso que en el segundo?

Por velocidad entendemos distancia recorrida dividida por el tiempo de viaje. Por tanto, como Einstein señaló, si tomamos las leyes de Maxwell al pie de la letra, debemos cambiar nuestras ideas de espacio y tiempo. No son fijas e invariables, se ajustan según el observador, curvando o dilatándose en su justa medida para mantener constante la velocidad de la luz. La misma curvatura y dilatación significa por supuesto que la velocidad a la que el mismo tren se aproxima no es simplemente la suma o la diferencia que se ha descrito con anterioridad. Sin embargo, a velocidades muy por debajo de la velocidad de la luz, la diferencia entre sumar o restar respecto el formalismo desarrollado por Einstein es insignificante. La misma lógica llevada más allá requiere también la equi-

valencia entre masa y energía, razón por la cual tenemos energía atómica y, por desgracia, armas atómicas. Los detalles del razonamiento de Einstein, y la simplicidad de su álgebra, no encuentran una mejor explicación que la hallada aquí, en palabras del propio Einstein.

La teoría general de la relatividad también nació de una simple observación. En las teorías del movimiento de Newton aparece una magnitud llamada masa que determina cuán fácil es acelerar un objeto cuando se le aplica una fuerza. Un camión pesado es mucho más difícil de acelerar a cierta velocidad que un ligero Volkswagen. En tiempos de Newton se conocían tres tipos de fuerzas: electricidad, magnetismo y gravedad. La resistencia al cambio de velocidad en las leyes de movimiento de Newton no depende de qué tipo de fuerza se aplica. Pero Newton también descubrió la ley por la que se regía una de ellas, la fuerza de la gravedad. En esa ley aparece otra magnitud que determina la atracción gravitatoria que un objeto ejerce sobre otro, y la atracción gravitatoria que un objeto sufre en presencia de otro objeto. Esa magnitud también se llama masa. Las dos definiciones de masa juegan papeles bastante distintos, pero las dos se llaman masa por una buena razón: resultan ser la misma cosa. ¿Por qué deberían ser equivalentes? Esta cuestión, sumada a la lógica brillante de Einstein, le llevó a darse cuenta que la estructura de espacio y tiempo reacciona en presencia de materia y energía.

«En estos tiempos», decía Einstein, «cuando la experiencia nos compele a buscar una nueva y más sólida fundamentación, el físico no puede simplemente entregar al filósofo la contemplación crítica de los fundamentos teóricos, porque nadie mejor que él puede explicar con mayor acierto dónde aprieta el zapato». Einstein no estaba sólo interesado en la ciencia, sino también en la filosofía y en el lenguaje de la ciencia, e incluso en sus implicaciones éticas. Algunos de sus escritos sobre estos temas también están inclui-

dos en este libro. Y aunque Einstein escribió las palabras anteriores en 1936, hoy estamos en una época en la que los físicos también andan en busca de unos nuevos fundamentos, una época en la cual tales cuestiones metafísicas tienen tanta relevancia como la tenían entonces. Hoy, desde que Einstein describió espacio y tiempo como variables dinámicas, vemos que el universo no tiene sólo una historia, sino cualquier historia posible.

No sólo contemplamos la posibilidad de un espacio-tiempo curvo, sino si el universo tiene dimensiones adicionales. Y especulamos minuciosamente sobre el significado de tales conceptos, si están bien definidos o si son sólo aproximados. Hoy perseguimos una teoría unificada de todas las fuerzas, así como una estructura espacio-temporal en la cual experimentemos que el universo se expande. Es una búsqueda que Einstein hubiera aprobado, y para la que el extraordinario trabajo de este volumen proporciona los cimientos necesarios.

S. HAWKING

I

EL PRINCIPIO DE LA RELATIVIDAD

A veces podemos engañarnos y pensar que los grandes avances científicos, como la teoría de la relatividad de Einstein, se desarrollaron a partir de la nada y de forma completamente independiente de trabajos anteriores. En «El Principio de la Relatividad», vemos el contexto a partir del cual Einstein desarrolló su teoría, incluyendo alguno de los artículos fundamentales en los que se basó.

Para situar en su contexto este trabajo, lo mejor es considerar el *statu quo* de la física a principios del siglo XX. En 1864, James Clerk Maxwell desarrolló una teoría completa de electricidad y magnetismo, y demostró que un campo eléctrico es creado por una carga estacionaria, y que un campo magnético se genera por una carga en movimiento. Se entendían, pues, como fuerzas de naturaleza distinta.

Hendrick A. Lorentz, en una serie de artículos publicados en 1895 y 1904, planteaba una cuestión aparentemente simple. ¿Qué sucede si tenemos una carga en reposo y nosotros pasamos por su lado corriendo? Lorentz demostró que para un observador en movimiento, una carga en reposo «parecerá» una carga en movimiento, y por tanto, un campo eléctrico parecerá un campo magnético. Lorentz demostró además que para un observador en movimiento, una onda electromagnética se propagará a la misma velocidad que para un observador estacionario: a la velocidad de la luz.

En 1905 Einstein llegó a una conclusión similar: los fundamentos de las fuerzas eléctrica y magnética están relacionados entre sí, y pueden aparecer en proporciones distintas para observadores moviéndose a velocidades distintas. Pero Einstein demostró mucho más. Postuló que todas las leyes físicas deben ser válidas en cualquier «sistema de referencia inercial» (viajar a velocidad fija en módulo y dirección), y que para cualquiera de sus observadores la velocidad de la luz será una constante.

Estas suposiciones estaban bien de acuerdo tanto con las teorías de Maxwell como con el trabajo experimental de Michelson y Morley, quienes demostraron que la luz viaja a velocidad constante sin importar el movimiento de la Tierra. Einstein postuló que dos observadores con barras métricas y relojes idénticos, que se mueven el uno respecto del otro verán más corta la barra métrica de la otra persona, y verán cómo el reloj del otro funciona más lentamente. En esta aparente paradoja se basa la esencia de la relatividad.

Las transformaciones entre sistemas en movimiento, convencionalmente conocidas como transformaciones de Lorentz, trajeron consigo una importante corrección a las leyes de movimiento de sir Isaac Newton. Según Newton, el aplicar una fuerza constante a un cuerpo lo acelera. Y hacerlo indefinidamente aumentará la velocidad del cuerpo sin límites. Sin embargo, la teoría de la relatividad de Einstein demostró que nada puede sobrepasar la velocidad de la luz (Newton estaba equivocado, pero sólo en el límite en que las velocidades se aproximan a la de la luz).

Einstein se dio cuenta de que la relatividad estaba incompleta. Sólo se aplicaba a sistemas en los cuales los cuerpos se mueven a velocidades constantes, mientras que en campos gravitacionales los cuerpos están constantemente en aceleración. Así que entre 1911 y 1916 desarrolló su «teoría general de la relatividad» en varios artículos históricos, cuyos resultados principales están descritos en las secciones 7 y 8 de «El principio de la relatividad».

En uno de sus «experimentos mentales» (conocidos como *gedankenexperiments*), Einstein postuló que no debía haber ninguna diferencia entre un experimento realizado en un ascensor quieto en el suelo, y uno que está siendo acelerado hacia arriba a espacio abierto. Dado que un sistema de referencia en aceleración provocará que todos los proyectiles, incluyendo los haces de luz, sean curvados, Einstein demostró que la luz sería curvada por campos gravitacionales. De hecho, la teoría general recalca que son *espacio y tiempo* los que se curvan, y que la luz, o cualquier otro objeto, simplemente sigue una «línea recta» a lo largo del espacio-tiempo.

Como John Archibald Wheeler decía: «la materia dice al espacio-tiempo cómo curvarse, y el espacio-tiempo dice a la materia cómo moverse». Einstein se dio cuenta de que sus ecuaciones no sólo podían gobernar el comportamiento de haces de luz y estrellas, sino también del universo como conjunto. Notó que el universo podía no ser estático y que debía o bien expandirse o bien colapsar, y así es como la relatividad general constituye la base del campo que ahora se conoce como cosmología, tal y como se detalla en la sección 10.

Para forzar al universo a un estado permanentemente estático, Einstein introdujo un término ad hoc en sus ecuaciones de campo conocido como la «constante cosmológica». Cuando en 1929 Edwin Hubble descubrió que el universo se expandía, Einstein reconoció su error y se refirió a la constante cosmológica como «la mayor metedura de pata de mi vida». Recientemente, la constante cosmológica ha sido reintroducida en la cosmología con una nueva forma: la «energía oscura» que impregna el universo. Recientes observaciones de supernovas lejanas sugieren que la energía oscura es la que proporciona el combustible para una aceleración del universo.

El modelo con el que Einstein se presentó sigue aún vigente, y todavía no ha fallado en ninguna de las pruebas u observaciones a gran escala. Cuando uno lee sus pensamientos sobre estos asuntos, lo que prevalece de manera extraordinariamente notable es todo lo que él, y posteriores investigadores, fueron capaces de deducir a partir de supuestos iniciales tan simples.

1

SOBRE LA ELECTRODINÁMICA DE LOS CUERPOS EN MOVIMIENTO*

Es bien sabido que, cuando se aplica a cuerpos en movimiento, la electrodinámica de Maxwell tal como hoy se entiende normalmente conduce a asimetrías que no parecen ser inherentes a los fenómenos. Tomemos, por ejemplo, la interacción electrodinámica entre un imán y un conductor. Aquí los fenómenos observables dependen sólo del movimiento relativo del conductor y el imán, mientras que la visión habitual traza una nítida distinción entre los dos casos, en donde o bien uno u otro de los dos cuerpos está en movimiento. Pues, en efecto, si el imán está en movimiento y el conductor está en reposo, en la vecindad del imán aparece un campo electromagnético con una energía definida que produce una corriente dondequiera que haya localizados elementos del conductor. Pero si el imán está en reposo mientras que el conductor está en movimiento, no hay ningún campo eléctrico en la vecindad del imán, sino más bien una fuerza electromotriz en el conductor a la que no corresponde ninguna energía per se, sino que, suponiendo una igualdad del movimiento relativo en los dos casos, da lugar a corrientes eléctricas de la misma magnitud y el mismo curso que las producidas por las fuerzas eléctricas en el primer caso.

* «Elektrodynamik bewegter körper», *Annalen der Physik*, 17, 1905.

Ejemplos de este tipo, junto con los infructuosos intentos de detectar un movimiento de la Tierra con relación al «medio lumínico», llevan a la conjetura de que ni los fenómenos de la mecánica, ni tampoco los de la electrodinámica tienen propiedades que correspondan al concepto de reposo absoluto. Más bien, las mismas leyes de la electrodinámica y la óptica serán válidas para todos los sistemas de coordenadas en los que rigen las ecuaciones de la mecánica, como ya se ha demostrado para cantidades de primer orden. Elevaremos esta conjetura (cuyo contenido será denominado en adelante «el principio de relatividad») al estatus de un postulado e introduciremos también otro postulado, que es sólo aparentemente incompatible con él, a saber, que la luz se propaga siempre en el espacio vacío con una velocidad definida V que es independiente del estado de movimiento del cuerpo emisor. Estos dos postulados bastan para conseguir una electrodinámica de cuerpos en movimiento simple y consistente basada en la teoría de Maxwell para cuerpos en reposo. La introducción de un «éter lumínico» se mostrará superflua, puesto que la idea que se va a desarrollar aquí no requerirá un «espacio en reposo absoluto» dotado de propiedades especiales, ni asigna un vector velocidad a un punto del espacio vacío donde están teniendo lugar procesos electromagnéticos.

Como toda la electrodinámica, la teoría que va a desarrollarse aquí está basada en la cinemática de un cuerpo rígido, puesto que las afirmaciones de una teoría semejante tienen que ver con las relaciones entre cuerpos rígidos (sistemas de coordenadas), relojes y procesos electromagnéticos. Una consideración insuficiente de esta circunstancia está en la raíz de las dificultades con las que debe enfrentarse actualmente la electrodinámica de los cuerpos en movimiento.

A. PARTE CINEMÁTICA

1. DEFINICIÓN DE SIMULTANEIDAD

Consideremos un sistema de coordenadas en el que son válidas las ecuaciones mecánicas de Newton. Para distinguir nominalmente dicho sistema de aquellos que van a introducirse más tarde, y para hacer esta presentación más precisa, le llamaremos «sistema de reposo».

Si una partícula está en reposo con respecto a este sistema de coordenadas, su posición relativa al último puede determinarse por medio de varas de medir rígidas utilizando los métodos de la geometría euclidiana y expresarse en coordenadas cartesianas.

Si queremos describir el *movimiento* de una partícula, damos los valores de sus coordenadas como funciones del tiempo. Sin embargo, debemos tener en cuenta que una descripción matemática de este tipo sólo tiene sentido físico si tenemos ya claro lo que entendemos aquí por «tiempo». Debemos tener en cuenta que todos nuestros juicios que implican al tiempo son siempre juicios sobre *sucesos simultáneos*. Si, por ejemplo, yo digo que «El tren llega aquí a las 7 en punto», eso significa, más o menos, «La manecilla pequeña de mi reloj apuntando a las 7 y la llegada del tren son sucesos simultáneos».[1]

Podría parecer que todas las dificultades implicadas en la definición de «tiempo» podrían superarse si sustituyo «posición de la manecilla pequeña de mi reloj» por «tiempo». Semejante definición es suficiente si va a definirse un tiempo exclusivamente para el lugar en el que está localizado el reloj; pero la definición ya no es satisfactoria cuando tienen que enlazarse temporalmente series de

1. No discutiremos aquí la imprecisión inherente al concepto de simultaneidad de dos sucesos que tienen lugar en la misma posición (aproximadamente), lo que sólo puede ser eliminado mediante una abstracción.

sucesos que ocurren en localizaciones diferentes, o —lo que es equivalente— cuando hay que evaluar temporalmente sucesos que ocurren en lugares remotos del reloj.

Por supuesto, podríamos contentarnos con evaluar el tiempo de los sucesos estacionando en el origen de las coordenadas a un observador con un reloj; este observador asigna a cada suceso a evaluar la posición correspondiente de las manecillas del reloj cuando a través del espacio vacío le llega una señal luminosa procedente de dicho suceso. Sin embargo, sabemos por experiencia que una coordinación semejante tiene el inconveniente de que no es independiente de la posición del observador con el reloj. Llegamos a un arreglo más práctico mediante el siguiente argumento.

Si existe un reloj en el punto *A* en el espacio, entonces un observador situado en *A* puede evaluar el tiempo de los sucesos en la inmediata vecindad de *A* hallando las posiciones de las manecillas del reloj que son simultáneas con dichos sucesos. Si existe otro reloj en el punto *B* que se asemeja en todos los aspectos al que hay en *A*, entonces el tiempo de los sucesos en la inmediata vecindad de *B* puede ser evaluado por un observador en *B*. Pero no es posible comparar el tiempo de un suceso en *A* con uno en *B* sin una estipulación adicional. Hasta aquí hemos definido sólo un «tiempo-*A*» y un «tiempo-*B*», pero no un «tiempo» común para *A* y *B*. El último puede ahora determinarse estableciendo por definición que el «tiempo» requerido por la luz para viajar de *A* a *B* es igual al «tiempo» que requiere para viajar de *B* a *A*. En efecto, supongamos que un rayo de luz parte de *A* hacia *B* en un «tiempo-*A*» t_A, es reflejado desde *B* hacia *A* en un «tiempo-*B*» t_B, y llega de nuevo a *A* en un «tiempo-*A*» t'_A. Los dos relojes son síncronos por definición si

$$t_B - t_A = t'_A - t_B.$$

Suponemos que es posible que esta definición de sincronicidad esté libre de contradicciones, y que lo esté para puntos en número arbitrario, y por consiguiente son válidas en general las relaciones siguientes:

1. Si el reloj en B marcha de forma síncrona con el reloj en A, el reloj en A marcha de forma síncrona con el reloj en B.
2. Si el reloj en A marcha de forma síncrona con el reloj en B así como con el reloj en C, entonces los relojes en B y C también marchan de forma síncrona uno con relación al otro.

Por medio de ciertos experimentos (mentales) físicos hemos establecido lo que debe entenderse por relojes síncronos en reposo relativo y situados en diferentes lugares, y con ello hemos llegado obviamente a definiciones de «síncrono» y «tiempo». El «tiempo» de un suceso es la lectura obtenida simultáneamente de un reloj en reposo situado en el lugar del suceso, que para todas las determinaciones temporales marcha de forma síncrona con un reloj especificado en reposo y, por supuesto, con el reloj especificado.

Basados en la experiencia, estipulamos además que la cantidad

$$\frac{2\overline{AB}}{t'_A - t_A} = V$$

es una constante universal (la velocidad de la luz en el espacio vacío).

Es esencial que hayamos definido el tiempo por medio de relojes en reposo en el sistema de reposo; puesto que el tiempo recién definido está relacionado con el sistema en reposo, le llamaremos «el tiempo del sistema de reposo».

2. SOBRE LA RELATIVIDAD DE LONGITUDES Y TIEMPOS

Las consideraciones siguientes están basadas en el principio de relatividad y el principio de constancia de la velocidad de la luz. Definimos estos dos principios como sigue:

1. Si los dos sistemas de coordenadas están en movimiento relativo de traslación, paralela uniforme, las leyes de acuerdo con las cuales cambian los estados de un sistema físico no dependen de con cuál de los dos sistemas están relacionados dichos cambios.
2. Todo rayo luminoso se mueve en el sistema de coordenadas «de reposo» con una velocidad fija V, independientemente de si este rayo luminoso es emitido por un cuerpo en reposo o en movimiento. Por lo tanto,

$$\text{velocidad} = \frac{\text{recorrido de la luz}}{\text{intervalo de tiempo}}$$

   donde «intervalo de tiempo» debería entenderse en el sentido de la definición dada en la sección 1.

Tomemos una vara rígida en reposo; sea l su longitud, medida por una vara de medir que está también en reposo. Imaginemos ahora que se coloca el eje de la vara a lo largo del eje X del sistema de coordenadas en reposo, y que la vara es puesta entonces en movimiento de traslación paralela uniforme (con velocidad v) a lo largo del eje X en la dirección de las x crecientes. Preguntamos sobre la longitud de la vara de medir, que imaginamos debe establecerse por las dos operaciones siguientes:

a) El observador se mueve junto con la mencionada vara de medir y la vara rígida susceptible de ser medida, y mide la longitud de esta vara tendiendo la vara de medir de la misma manera que si la vara susceptible de ser medida, el observador y la vara de medir estuvieran en reposo.
b) Utilizando relojes en reposo y síncronos en el sistema de reposo como se esbozó en la sección 1, el observador determina en qué puntos del sistema de reposo están situados el principio y el final de la vara susceptible de ser medida en algún tiempo t dado. La distancia entre estos dos puntos, medida con la vara utilizada antes —pero no en reposo—, es también una longitud que podemos llamar la «longitud de la vara».

De acuerdo con el principio de relatividad, la longitud determinada por la operación (a), que llamaremos «la longitud de la vara en el sistema en movimiento», debe ser igual a la longitud l de la vara en reposo.

La longitud determinada utilizando la operación (b), que llamaremos «la longitud de la vara (en movimiento) en el sistema de reposo», será determinada sobre la base de nuestros dos principios, y encontraremos que difiere de l.

La cinemática actual supone implícitamente que las longitudes determinadas por las dos operaciones anteriores son exactamente iguales entre sí, o, en otras palabras, que en el tiempo t un cuerpo rígido en movimiento es totalmente reemplazable, en cuanto a su geometría, por el *mismo* cuerpo cuando está *en reposo* en una posición concreta.

Además, imaginamos los dos extremos (A y B) de la vara provistos de relojes que son síncronos con los relojes del sistema de reposo, i. e., cuyas lecturas corresponden siempre al «tiempo del sistema de reposo» en las localizaciones que los relojes resultan ocupar; por lo tanto, estos relojes son «síncronos en el sistema de reposo».

Imaginemos además que cada reloj tiene un observador que se mueve con él, y que estos observadores aplican a los dos relojes el criterio para el ritmo síncrono de dos relojes formulado en la sección 1. Sea un rayo de luz que parte de A en el tiempo[2] t_A, es reflejado en B en el tiempo t_B, y llega de nuevo a A en el tiempo t'_A. Teniendo en cuenta el principio de relatividad de la velocidad de la luz, encontramos que

$$t_B - t_A = \frac{r_{AB}}{V - v}$$

y

$$t'_A - t_B = \frac{r_{AB}}{V + v}$$

donde r_{AB} denota la longitud de la vara en movimiento, medida en el sistema de reposo. Los observadores que se mueven conjuntamente con la vara encontrarían así que los dos relojes no marchan de forma síncrona, mientras que los observadores en el sistema de reposo les dirían que están marchando de forma síncrona.

Vemos así que no podemos atribuir significado absoluto al concepto de simultaneidad; en su lugar, dos sucesos que son simultáneos cuando son observados desde algún sistema de coordenadas concreto ya no pueden considerarse simultáneos cuando son observados desde un sistema que está en movimiento relativo a dicho sistema.

2. «Tiempo» aquí significa tanto «tiempo del sistema en reposo» como «la posición de las manecillas del reloj en movimiento localizado en el lugar en cuestión».

3. TEORÍA DE LAS TRANSFORMACIONES DE COORDENADAS Y TIEMPO DESDE EL SISTEMA DE REPOSO A UN SISTEMA EN MOVIMIENTO DE TRASLACIÓN UNIFORME RELATIVO A AQUÉL

Sean dos sistemas de coordenadas en el espacio en «reposo», i.e., dos sistemas de tres líneas rectas materiales rígidas mutuamente perpendiculares con origen en un punto. Sean coincidentes los ejes X de los dos sistemas, y sean sus ejes Y y Z respectivamente paralelos. Cada sistema estará provisto de una vara de medir rígida y un número de relojes, y sean exactamente iguales las dos varas de medir y todos los relojes de los dos sistemas.

Ahora, pongamos el origen de uno de los dos sistemas, digamos k, en un estado de movimiento con velocidad (constante) v en la dirección de las x crecientes del otro sistema (K), que permanece en reposo; e impartamos esta nueva velocidad a los ejes coordenados de k, su correspondiente vara de medir y sus relojes. A cada tiempo t del sistema de reposo K corresponde una localización definida de los ejes del sistema en movimiento. Por razones de simetría tenemos justificación para suponer que el movimiento de k puede ser tal que en el tiempo t («t» siempre denota un tiempo del sistema de reposo) los ejes del sistema en movimiento son paralelos a los ejes del sistema de reposo.

Imaginemos ahora el espacio a ser medido tanto desde el sistema de reposo K, utilizando la vara de medir en reposo, como desde el sistema k, utilizando la vara de medir en movimiento junto con él, y que de este modo se obtienen las coordenadas x, y, z y ξ, η, ζ, respectivamente. Además, por medio de los relojes en reposo en el sistema de reposo, y utilizando rayos luminosos como se describe en la sección 1, determinamos el tiempo t del sistema de reposo para todos los puntos donde hay relojes. De manera similar, aplicando de nuevo el método de señales luminosas descrito en la sección 1, determinamos el tiempo t del sistema en movimiento para todos los puntos de este sistema en movimiento en los que hay relojes en reposo relativo a este sistema.

A cada conjunto de valores x, y, z, t que determina por completo el lugar y tiempo de un suceso en el sistema de reposo le corresponde un conjunto de valores ξ, η, ζ, τ que fija el suceso relativo al sistema k, y el problema que hay que resolver ahora es encontrar el sistema de ecuaciones que conecta dichas cantidades.

En primer lugar, es evidente que estas ecuaciones deben ser lineales debido a las propiedades de homogeneidad que atribuimos al espacio y el tiempo.

Si hacemos $x' = x - vt$, entonces es evidente que a un punto en reposo en el sistema k le pertenece un conjunto de valores x', y, z definido e independiente del tiempo. Determinamos primero τ como una función de x', y, z y t. Para esto, debemos expresar en ecuaciones que τ es de hecho el agregado de lecturas de relojes en reposo en el sistema k, sincronizados de acuerdo con la regla dada en la sección 1.

Supongamos que en el instante τ_0 se envía un rayo luminoso a lo largo del eje X desde el origen del sistema k a x', y que este rayo es reflejado en el instante τ_1 desde allí hacia el origen, adonde llega en el instante τ_2: entonces debemos tener

$$\frac{1}{2}(\tau_0 + \tau_2) = \tau_1$$

o, incluyendo los argumentos de la función τ y aplicando el principio de la constancia de la velocidad de la luz en el sistema de reposo,

$$\frac{1}{2}\left[\tau(0,0,0,t) + \tau\left(0,0,0,\left\{t + \frac{x'}{V-v} + \frac{x'}{V+v}\right\}\right)\right]$$
$$= \tau\left(x',0,0,t + \frac{x'}{V-v}\right).$$

De esto obtenemos, haciendo x infinitesimalmente pequeño,

$$\frac{1}{2}\left(\frac{1}{V-v}+\frac{1}{V+v}\right)\frac{\partial\tau}{\partial t}=\frac{\partial\tau}{\partial x'}+\frac{1}{V-v}\frac{\partial\tau}{\partial t},$$

o

$$\frac{\partial\tau}{\partial x'}+\frac{v}{V^2-v^2}\frac{\partial\tau}{\partial t}=0.$$

Habría que señalar que, en lugar del origen de coordenadas, podríamos haber escogido cualquier otro punto como origen del rayo luminoso y, por consiguiente, la ecuación recién obtenida es válida para todos los valores de x', y, z.

Un razonamiento análogo —aplicado a los ejes Y y Z— da, recordando que la luz se propaga siempre a lo largo de estos ejes con la velocidad $\sqrt{V^2-v^2}$ cuando se observa desde el sistema de reposo,

$$\frac{\partial\tau}{\partial y}=0$$

$$\frac{\partial\tau}{\partial z}=0.$$

Estas ecuaciones dan, puesto que τ es una función *lineal*,

$$\tau=a\left(t-\frac{v}{V^2-v^2}x'\right),$$

donde a es una función $\varphi(v)$ todavía desconocida, y donde suponemos por brevedad que en el origen de k tenemos $t=0$ cuando $\tau=0$.

Utilizando este resultado, podemos determinar fácilmente las cantidades ξ, η, ζ si expresamos en ecuaciones que (como exige el principio de la constancia de la velocidad de la luz en unión con el principio de relatividad) la luz se propaga también con velocidad V cuando se mide en el sistema en movimiento. Para un rayo luminoso emitido en el instante $\tau = 0$ en la dirección de las ξ crecientes, tenemos

$$\xi = V\tau,$$

o

$$\xi = aV\left(t - \frac{v}{V^2 - v^2}x'\right).$$

Pero medido en el sistema de reposo, el rayo luminoso se propaga con velocidad $V - v$ relativa al origen de k, de modo que

$$\frac{x'}{V - v} = t.$$

Sustituyendo este valor de t en la ecuación para ξ, obtenemos

$$\xi = a\frac{V^2}{V^2 - v^2}x'.$$

Análogamente, considerando rayos luminosos que se mueven a lo largo de los otros dos ejes, obtenemos

$$\eta = V\tau = aV\left(t - \frac{v}{V^2 - v^2}x'\right),$$

donde

$$\frac{y}{\sqrt{V^2 - v^2}} = t, \qquad x' = 0,$$

por lo tanto

$$\eta = a\frac{V}{\sqrt{V^2 - v^2}}\,y$$

y

$$\zeta = a\frac{V}{\sqrt{V^2 - v^2}}\,z.$$

Si sustituimos el valor para x', obtenemos

$$\tau = \varphi(v)\beta\left(t - \frac{v}{V^2}x\right).$$
$$\xi = \varphi(v)\beta(x - vt),$$
$$\eta = \varphi(v)y,$$
$$\zeta = \varphi(v)z,$$

donde

$$\beta = \frac{1}{\sqrt{1 - \left(\frac{v}{V}\right)^2}}$$

y φ es una función de v desconocida por el momento. Si no se hace ninguna hipótesis con respecto a la posición inicial del sistema en movimiento y el punto cero de τ, entonces debe sumarse una constante a los segundos miembros de estas ecuaciones.

Ahora tenemos que demostrar que, medido en el sistema en movimiento, todo rayo luminoso se propaga con la velocidad V si así lo hace, como hemos supuesto, en el sistema de reposo; pues no hemos demostrado todavía que el principio de la constancia de la velocidad de la luz es compatible con el principio de relatividad.

Supongamos que en el tiempo $t = \tau = 0$ se quite una onda esférica desde el origen de coordenadas, que en dicho instante es común a ambos sistemas, y que esta onda se propaga en el sistema K con velocidad V. Por lo tanto, si (x, y, z) es un punto alcanzado por esta onda, tenemos

$$x^2 + y^2 + z^2 = V^2t^2$$

Transformamos esta ecuación utilizando nuestras ecuaciones de transformación y, tras un sencillo cálculo, obtenemos

$$\xi^2 + \eta^2 + \zeta^2 = V^2\tau^2$$

Así pues, nuestra onda es también una onda esférica con velocidad de propagación V cuando se observa en el sistema en movimiento. Esto demuestra que nuestros dos principios fundamentales son compatibles.

Las ecuaciones de transformación que hemos obtenido contienen también una función desconocida φ de v, que queremos determinar ahora.

Para esto introducimos un tercer sistema de coordenadas K' que, con relación al sistema k, está en movimiento de traslación paralelo al eje χ, y tal que su origen se mueve a lo largo del eje χ con velocidad $-v$. Sean coincidentes los tres orígenes de coordenadas en el tiempo $t = 0$, y sea el tiempo t' del sistema K igual a cero en $t = x = y = z = 0$. Denotamos por x', y', z' las coordenadas medidas en el sistema K', y por una doble aplicación de nuestras ecuaciones de transformación, obtenemos

$$\begin{aligned} t' &= \varphi(-v)\beta(-v)\left\{\tau + \frac{v}{V^2}\xi\right\} &&= \varphi(v)\varphi(-v)t, \\ x' &= \varphi(-v)\beta(-v)\{\xi + v\tau\} &&= \varphi(v)\varphi(-v)x, \end{aligned}$$

$$y' = \varphi(-v)\eta \qquad = \varphi(v)\varphi(-v)y,$$
$$z' = \varphi(-v)\zeta \qquad = \varphi(v)\varphi(-v)z.$$

Puesto que las relaciones entre x', y', z' y x, y, z no contienen el tiempo t, los sistemas K y K' no están en reposo relativo mutuo, y es evidente que la transformación de K a K' debe ser la transformación identidad. Por lo tanto,

$$\varphi(v)\varphi(-v) = 1.$$

Exploremos ahora el significado de $\varphi(v)$. Nos centraremos en la porción del eje-Y del sistema k que se halla entre $\xi = 0$, $\eta = 0$, $\zeta = 0$ y $\xi = 0$, $\eta = l$, $\zeta = 0$. Esta porción del eje-Y es una vara que, con relación al sistema K, se mueve perpendicularmente a su eje con una velocidad v y cuyos extremos tienen coordenadas en K:

$$x_1 = vt, \qquad y_1 = \frac{l}{\varphi(v)}, \qquad z_1 = 0$$

y

$$x_2 = vt, \qquad y_2 = 0, \qquad z_2 = 0.$$

La longitud de la vara, medida en K es así $l/\varphi(v)$; esto nos da el significado de la función φ. Por razones de simetría, es ahora evidente que la longitud de una vara medida en el sistema de reposo y que se mueve perpendicularmente a su eje sólo puede depender de su velocidad y no de la dirección y sentido de su movimiento. Así pues, la longitud de la vara en movimiento medida en el sistema de reposo no cambia si se reemplaza v por $-v$. De esto concluimos

$$\frac{l}{\varphi(v)} = \frac{l}{\varphi(-v)},$$

o

$$\varphi(v) = \varphi(-v).$$

De esta relación y la encontrada antes se sigue que $\varphi(v) = 1$, de modo que las ecuaciones de transformación obtenidas se convierten en

$$\begin{aligned} \tau &= \beta\left(t - \frac{v}{V^2}x\right), \\ \xi &= \beta(x - vt), \\ \eta &= y, \\ \zeta &= z, \end{aligned}$$

donde

$$\beta = \frac{1}{\sqrt{1 - \left(\frac{v}{V}\right)^2}}.$$

4. EL SIGNIFICADO FÍSICO DE LAS ECUACIONES OBTENIDAS EN LO QUE CONCIERNE A CUERPOS RÍGIDOS Y RELOJES EN MOVIMIENTO

Consideremos una esfera rígida[3] de radio R que está en reposo relativo al sistema en movimiento k y cuyo centro yace en el origen de k. La ecuación de la superficie de esta esfera, que se mueve con velocidad v relativa a k, es

3. Por ejemplo, un cuerpo que tiene una forma esférica cuando se examina en reposo.

$$\xi^2 + \eta^2 + \zeta^2 = R^2$$

Expresada en términos de x, y, z la ecuación de esta superficie en el tiempo $t = 0$ es

$$\frac{x^2}{\left(\sqrt{1-\left(\frac{v}{V}\right)^2}\right)^2} + y^2 + z^2 = R^2.$$

Un cuerpo rígido que tiene una forma esférica cuando se mide en reposo tiene, cuando se mide en movimiento —considerado desde el sistema de reposo—, la forma de un elipsoide de revolución con ejes

$$R\sqrt{1-\left(\frac{v}{V}\right)^2}, R, R.$$

Así pues, mientras que las dimensiones Y y Z de la esfera (y, por lo tanto, también de todo cuerpo rígido, cualquiera que sea su forma) no parecen ser alteradas por el movimiento, la dimensión X parece estar contraída en la fracción 1: $\sqrt{1-(v/V)^2}$, de modo que cuanto mayor es el valor de v, mayor es la contracción. Para $v = V$ todos los objetos en movimiento considerados desde el sistema de «reposo» se contraen en estructuras planas. Para velocidades superlumínicas nuestras consideraciones dejan de tener significado; como veremos a partir de consideraciones posteriores, en nuestra teoría la velocidad de la luz representa físicamente el papel de velocidades infinitamente grandes.

Es evidente que los mismos resultados se aplican a cuerpos en reposo en el sistema de «reposo» cuando se consideran desde un sistema en movimiento uniforme.

Imaginemos además que uno de los relojes que puede indicar el tiempo t cuando está en reposo relativo al sistema de reposo y el tiempo τ cuando está en reposo relativo al sistema en movimiento, se coloca en el origen de k y se pone en marcha de tal forma que indica el tiempo τ. ¿Cuál es el ritmo de este reloj cuando se considera desde el sistema de reposo?

Las cantidades x, t y τ que hacen referencia a la posición de dicho reloj satisfacen obviamente las ecuaciones:

$$\tau = \frac{1}{\sqrt{1-\left(\frac{v}{V}\right)^2}}\left(t - \frac{v}{V^2}x\right)$$

y

$$x = vt.$$

Así pues, tenemos

$$\tau = t\sqrt{1-\left(\frac{v}{V}\right)^2} = t - \left(1-\sqrt{1-\left(\frac{v}{V}\right)^2}\right)t$$

de lo que se sigue que la lectura del reloj considerado desde el sistema de reposo se retrasa cada segundo en ($\sqrt{1-(v/V)^2}$) segundos, o, salvo cantidades de cuarto orden y superiores, en ½ $(v/V)^2$ segundos.

Esto da lugar a la siguiente consecuencia peculiar: si en los puntos A y B de K hay relojes en reposo que, considerados desde el sistema de reposo, marchan de forma síncrona, y si el reloj de A es transportado a B a lo largo de la línea que los conecta con velocidad v, entonces a la llegada de dicho reloj a B los dos relojes ya no marcharán de forma síncrona; en su lugar, el reloj que ha sido transportado de A a B se habrá retrasado ½ tv^2/V^2 segundos (salvo cantidades de cuarto orden y superiores) respecto al reloj que ha estado en B desde el principio, donde t es el tiempo necesario para que el reloj viaje de A a B.

Vemos así que este resultado es válido incluso cuando el reloj se mueve de A a B a lo largo de cualquier línea poligonal arbitraria, e incluso cuando los puntos A y B coinciden.

Si suponemos que el resultado demostrado para una línea poligonal es también válido para una línea continuamente curvada, entonces llegamos al siguiente resultado: si existen en A dos relojes que marchan de forma síncrona, y uno de ellos se lleva a lo largo de una curva cerrada con velocidad constante hasta que haya vuelto a A, lo que necesita, digamos, t segundos, entonces, a su llegada a A se habrá retrasado ½ $t(v/V)^2$ respecto al reloj que no se ha movido. De esto concluimos que un reloj de volantes situado en el ecuador debe, en circunstancias por lo demás iguales, marchar ligeramente más lento que un reloj absolutamente idéntico situado en uno de los polos terrestres.

5. EL TEOREMA DE ADICIÓN DE VELOCIDADES

En el sistema k en movimiento con velocidad v a lo largo del eje X del sistema K, sea un punto que se mueve de acuerdo con las ecuaciones

$$\xi = w_\xi \tau$$
$$\eta = w_\eta \tau,$$
$$\zeta = 0,$$

donde w_ξ y w_η denotan constantes.

Buscamos el movimiento del punto relativo al sistema K. Introduciendo las cantidades x, y, z, t en las ecuaciones de movimiento del punto por medio de las ecuaciones de transformación deducidas en la sección 3, obtenemos

$$x = \frac{w_\xi + v}{1 + \frac{v w_\xi}{V^2}} t,$$

$$y = \frac{\sqrt{1 - \left(\frac{v}{V}\right)^2}}{1 + \frac{v w_\xi}{V^2}} w_\eta t,$$

$$z = 0.$$

Así pues, de acuerdo con nuestra teoría, la suma vectorial de velocidades sólo es válida en primera aproximación. Sea

$$U^2 = \left(\frac{dx}{dt}\right)^2 + \left(\frac{dy}{dt}\right)^2,$$

$$w^2 = w_\xi^2 + w_\eta^2$$

y

$$\alpha = \arctan \frac{w_y}{w_x};$$

α debe considerarse entonces como el ángulo entre las velocidades v y w. Después de un cálculo sencillo obtenemos

$$U = \frac{\sqrt{(v^2 + w^2 + 2vw\cos\alpha) - \left(\frac{vw\sin\alpha}{V^2}\right)^2}}{1 + \frac{vw\cos\alpha}{V^2}}.$$

Vale la pena señalar que v y w entran en la expresión para la velocidad resultante de una forma simétrica. Si w tiene también la dirección del eje X (eje χ), obtenemos

$$U = \frac{v + w}{1 + \frac{vw}{V^2}}.$$

Se sigue de esta ecuación que la composición de dos velocidades que son menores que V da siempre como resultado una velocidad que es menor que ν. Pues si hacemos $v = V - \kappa$, y $w = V - \lambda$, donde κ y λ son positivas y menores que V, entonces

$$U = V \frac{2V - \kappa - \lambda}{2V - \kappa - \lambda + \dfrac{\kappa\lambda}{V}} < V.$$

Se sigue también que la velocidad de la luz V no puede alterarse al componerla con una «velocidad sublumínica». Pues en este caso obtenemos

$$U = \frac{V + w}{1 + \dfrac{w}{V}} = V.$$

En el caso en que v y w tienen la misma dirección, la fórmula para U podría haberse obtenido también componiendo dos transformaciones de acuerdo con la sección 3. Si además de los sistemas K y k, que aparecen en la sección 3, introducimos un tercer sistema de coordenadas K', que se mueve paralelo a k y cuyo origen se mueve con velocidad w a lo largo del eje χ, obtenemos ecuaciones entre las cantidades x, y, z, t y las correspondientes cantidades de k' que sólo difieren de las encontradas en la sección 3 en que «ν» es reemplazada por la cantidad

$$\frac{v + w}{1 + \dfrac{vw}{V^2}};$$

de esto vemos que tales transformaciones paralelas constituyen un grupo —como debe ser en realidad.

Hemos deducido ahora las leyes requeridas de la cinemática correspondiente a nuestros dos principios, y procedemos a su aplicación a la electrodinámica.

B. PARTE ELECTRODINÁMICA

6. TRANSFORMACIÓN DE LAS ECUACIONES DE MAXWELL-HERTZ PARA EL ESPACIO VACÍO. SOBRE LA NATURALEZA DE LAS FUERZAS ELECTROMOTRICES DEBIDAS AL MOVIMIENTO EN UN CAMPO MAGNÉTICO

Sean las ecuaciones de Maxwell-Hertz para el espacio vacío válidas para el sistema de reposo K, de modo que tenemos

$$\frac{1}{V}\frac{\partial X}{\partial t} = \frac{\partial N}{\partial y} - \frac{\partial M}{\partial z}, \qquad \frac{1}{V}\frac{\partial L}{\partial t} = \frac{\partial Y}{\partial z} - \frac{\partial Z}{\partial y},$$

$$\frac{1}{V}\frac{\partial Y}{\partial t} = \frac{\partial L}{\partial z} - \frac{\partial N}{\partial x}, \qquad \frac{1}{V}\frac{\partial M}{\partial t} = \frac{\partial Z}{\partial x} - \frac{\partial X}{\partial z},$$

$$\frac{1}{V}\frac{\partial Z}{\partial t} = \frac{\partial M}{\partial x} - \frac{\partial L}{\partial y}, \qquad \frac{1}{V}\frac{\partial N}{\partial t} = \frac{\partial X}{\partial y} - \frac{\partial Y}{\partial x},$$

donde (X, Y, Z) denota el vector fuerza eléctrica y (L, M, N), el vector fuerza magnética.

Si aplicamos a estas ecuaciones las transformaciones deducidas en la sección 3, para relacionar los procesos electromagnéticos con el sistema de coordenadas en movimiento con velocidad v allí introducido, obtenemos las siguientes ecuaciones:

$$\frac{1}{V}\frac{\partial X}{\partial \tau} = \frac{\partial \beta\left(N - \frac{v}{V}Y\right)}{\partial \eta} - \frac{\partial \beta\left(M + \frac{v}{V}Z\right)}{\partial \zeta},$$

$$\frac{1}{V}\frac{\partial \beta\left(Y - \frac{v}{V}N\right)}{\partial \tau} = \frac{\partial L}{\partial \zeta} - \frac{\partial \beta\left(N - \frac{v}{V}Y\right)}{\partial \xi},$$

$$\frac{1}{V}\frac{\partial \beta\left(Z + \frac{v}{V}M\right)}{\partial \tau} = \frac{\partial \beta\left(M + \frac{v}{V}Z\right)}{\partial \xi} - \frac{\partial L}{\partial \eta},$$

$$\frac{1}{V}\frac{\partial L}{\partial \tau} = \frac{\partial \beta\left(Y - \frac{v}{V}N\right)}{\partial \zeta} - \frac{\partial \beta\left(Z + \frac{v}{V}M\right)}{\partial \eta},$$

$$\frac{1}{V}\frac{\partial \beta\left(M + \frac{v}{V}Z\right)}{\partial \tau} = \frac{\partial \beta\left(Z + \frac{v}{V}M\right)}{\partial \xi} - \frac{\partial X}{\partial \zeta},$$

$$\frac{1}{V}\frac{\partial \beta\left(N - \frac{v}{V}Y\right)}{\partial \tau} = \frac{\partial X}{\partial \eta} - \frac{\partial \beta\left(Y - \frac{v}{V}N\right)}{\partial \xi},$$

$$\frac{1}{V}\frac{\partial \beta\left(N - \frac{v}{V}Y\right)}{\partial \tau} = \frac{\partial X}{\partial \eta} - \frac{\partial \beta\left(Y - \frac{v}{V}N\right)}{\partial \xi},$$

donde

$$\beta = \frac{1}{\sqrt{1 - \left(\frac{v}{V}\right)^2}}.$$

El principio de relatividad requiere que las ecuaciones de Maxwell-Hertz para el espacio vacío sean válidas también en el sistema *k* si son válidas en el sistema *K*, i. e., que los vectores de las fuerzas eléctrica y magnética —(*X*', *Y*', *Z*') y (*L*', *M*', *N*')— del sistema en movimiento *k*, que están definidos en dicho sistema por sus efectos ponderomotrices sobre cargas eléctricas y magnéticas, respectivamente, satisfagan las ecuaciones

$$\frac{1}{V}\frac{\partial X'}{\partial \tau} = \frac{\partial N'}{\partial \eta} - \frac{\partial M'}{\partial \zeta}, \qquad \frac{1}{V}\frac{\partial L'}{\partial \tau} = \frac{\partial Y'}{\partial \zeta} - \frac{\partial Z'}{\partial \eta},$$
$$\frac{1}{V}\frac{\partial Y'}{\partial \tau} = \frac{\partial L'}{\partial \zeta} - \frac{\partial N'}{\partial \xi}, \qquad \frac{1}{V}\frac{\partial M'}{\partial \tau} = \frac{\partial Z'}{\partial \xi} - \frac{\partial X'}{\partial \zeta},$$
$$\frac{1}{V}\frac{\partial Z'}{\partial \tau} = \frac{\partial M'}{\partial \xi} - \frac{\partial L'}{\partial \eta}, \qquad \frac{1}{V}\frac{\partial N'}{\partial \tau} = \frac{\partial X'}{\partial \eta} - \frac{\partial Y'}{\partial \xi}.$$

Obviamente, los dos sistemas de ecuaciones encontrados para el sistema k deben expresar exactamente lo mismo, puesto que ambos sistemas de ecuaciones son equivalentes a las ecuaciones de Maxwell-Hertz para el sistema K. Además, puesto que las ecuaciones para ambos sistemas están en acuerdo aparte de los símbolos que representan a los vectores, se sigue que las funciones que figuran en los sistemas de ecuaciones en lugares correspondientes deben coincidir salvo un factor $\psi(v)$, común a todas las funciones de uno de los sistemas de ecuaciones e independiente de ξ, η, ζ y τ, aunque posiblemente dependiente de v. Así pues, tenemos las relaciones:

$$X' = \psi(v)X, \qquad L' = \psi(v)L$$
$$Y' = \psi(v)\beta\left(Y - \tfrac{v}{V}N\right), \qquad M' = \psi(v)\beta\left(M + \tfrac{v}{V}Z\right),$$
$$Z' = \psi(v)\beta\left(Z + \tfrac{v}{V}M\right), \qquad N' = \psi(v)\beta\left(N - \tfrac{v}{V}Y\right).$$

Si ahora invertimos este sistema de ecuaciones, resolviendo primero las ecuaciones recién obtenidas, y aplicando en segundo lugar a las ecuaciones la transformación inversa (desde k a K), que está caracterizada por la velocidad $-v$, obtenemos, teniendo en cuenta que ambos sistemas de ecuaciones así obtenidos deben ser idénticos,

$$\psi(v) \cdot \psi(-v) = 1.$$

Además, se sigue por razones de simetría[4] que

$$\psi(v) = \psi(-v);$$

de modo que

$$\psi(v) = 1.$$

y nuestras ecuaciones toman la forma

$$\begin{aligned} X' &= X, & L' &= L \\ Y' &= \beta\left(Y - \tfrac{v}{V}N\right), & M' &= \beta\left(M + \tfrac{v}{V}Z\right), \\ Z' &= \beta\left(Z + \tfrac{v}{V}M\right), & N' &= \beta\left(N - \tfrac{v}{V}Y\right). \end{aligned}$$

Para interpretar estas ecuaciones, apuntemos los siguientes comentarios: imaginemos una carga eléctrica puntual, cuya magnitud medida en el sistema de reposo es la «unidad», i. e., que cuando está en reposo en el sistema de reposo ejerce una fuerza de 1 dina sobre una carga igual situada a una distancia de 1 cm. De acuerdo con el principio de relatividad, esta carga eléctrica es también de magnitud «unidad» si se mide en el sistema en movimiento. Si esta carga eléctrica está en reposo relativo al sistema de reposo, entonces, por definición el vector (X, Y, Z) iguala a la fuerza que actúa sobre ella. Si, por el contrario, esta carga actuante está en reposo relativo al sistema en movimiento (al menos en el instante relevante), entonces la fuerza que actúa sobre ella medida en el sistema en movimiento es igual al vector (X', Y', Z'). Por lo tanto, las tres primeras de las ecuaciones anteriores pueden expresarse en palabras de las dos formas siguientes:

4. Si, por ejemplo, $X = Y = Z = L = M = 0$ y $N \neq 0$, entonces es evidente por razones de simetría que si v cambia de signo sin cambiar su valor numérico, entonces Y' también debe cambiar de signo sin cambiar su valor numérico.

1. Si una carga eléctrica puntual unidad se mueve en un campo electromagnético, sobre ella actúa, además de la fuerza eléctrica, una «fuerza electromotriz» que, despreciando términos multiplicados por las potencias segunda y superiores de v/V, es igual al producto vectorial de la velocidad de la carga y la fuerza magnética, dividido por la velocidad de la luz. (Antiguo modo de expresión.)
2. Si una carga eléctrica puntual unidad se mueve en un campo electromagnético, la fuerza que actúa sobre ella iguala a la fuerza eléctrica en la localización de la carga unidad que se obtiene transformando el campo a un sistema de coordenadas en reposo relativo a la carga unidad. (Nuevo modo de expresión.)

Comentarios análogos son válidos para las «fuerzas magnetomotrices». Podemos ver que en la teoría aquí desarrollada, la fuerza electromotriz sólo representa el papel de un concepto auxiliar, que debe su introducción a la circunstancia de que las fuerzas eléctrica y magnética no tienen una existencia independiente del estado de movimiento del sistema de coordenadas.

Es además evidente que la asimetría en el tratamiento de las corrientes producidas por el movimiento relativo de un imán y un conductor, mencionada en la introducción, desaparece. Más aún, dejan de tener sentido las cuestiones acerca de la «sede» de las fuerzas electromotrices electrodinámicas (máquinas unipolares).

7. TEORÍA DEL PRINCIPIO DE DOPPLER Y DE LA ABERRACIÓN

Sea una fuente de ondas electromagnéticas en el sistema K y muy lejos del origen de coordenadas; en una región del espacio que contiene el origen de coordenadas, dichas ondas están representadas con precisión suficiente por las ecuaciones

$$\begin{aligned} X &= X_0 \sin\Phi, & L &= L_0 \sin\Phi, \\ Y &= Y_0 \sin\Phi, & M &= M_0 \sin\Phi, \\ Z &= Z_0 \sin\Phi, & N &= N_0 \sin\Phi, \end{aligned}$$

$$\Phi = \omega\left(t - \frac{ax+by+cz}{V}\right).$$

Aquí (X_0, Y_0, Z_0) y (L_0, M_0, N_0) son los vectores que determinan la amplitud del tren de ondas, y a, b, c son los cosenos directores de la normal a las ondas.

Queremos saber el carácter de dichas ondas cuando son investigadas por un observador en reposo en el sistema en movimiento. Aplicando las ecuaciones de transformación para las fuerzas eléctrica y magnética encontradas en la sección 6 y aquéllas para las coordenadas y el tiempo encontradas en la sección 3, obtenemos inmediatamente:

$$\begin{aligned} X' &= X_0 \sin\Phi', & L' &= L_0 \sin\Phi', \\ Y' &= \beta\left(Y_0 - \frac{v}{V}N_0\right)\sin\Phi', & M' &= \beta\left(M_0 + \frac{v}{V}Z_0\right)\sin\Phi', \\ Z' &= \beta\left(Z_0 + \frac{v}{V}M_0\right)\sin\Phi', & N' &= \beta\left(N_0 - \frac{v}{V}Y_0\right)\sin\Phi', \end{aligned}$$

$$\Phi' = \omega'\left(\tau - \frac{a'\xi + b'\eta + c'\zeta}{V}\right),$$

donde hemos hecho

$$\omega' = \omega\beta\left(1 + a\frac{v}{V}\right),$$

$$a' = \frac{a - \frac{v}{V}}{1 - a\frac{v}{V}},$$

$$b' = \frac{b}{\beta\left(1 - a\frac{v}{V}\right)},$$

$$c' = \frac{c}{\beta\left(1 - a\frac{v}{V}\right)}.$$

De la ecuación para ω' se sigue que si un observador se mueve con velocidad ν relativa a una fuente de luz de frecuencia ν infinitamente lejana, de tal modo que la línea de unión «fuente de luz-observador» forma un ángulo φ con la velocidad del observador, siendo esta velocidad relativa a un sistema de coordenadas en reposo relativo a la fuente de luz, entonces ν', la frecuencia de la luz percibida por el observador viene dada por la ecuación

$$\nu' = \nu\frac{1 - \cos\varphi\frac{v}{V}}{\sqrt{1 - \left(\frac{v}{V}\right)^2}}.$$

Éste es el principio de Doppler para velocidades arbitrarias. Para $\varphi = 0$, la ecuación toma la forma sencilla

$$\nu' = \nu\sqrt{\frac{1 - \frac{v}{V}}{1 + \frac{v}{V}}}.$$

Vemos que, contrariamente a la concepción habitual, cuando $v = -\infty$, entonces $\nu = \infty$.

Si φ' denota el ángulo entre la normal a la onda (la dirección del rayo) en el sistema en movimiento y la línea de unión «fuente de luz-observador», la ecuación para α' toma la forma

$$\cos\varphi' = \frac{\cos\varphi - \dfrac{v}{V}}{1 - \dfrac{v}{V}\cos\varphi}.$$

Esta ecuación expresa la ley de aberración en su forma más general. Si $\varphi = \pi/2$, la ecuación toma la forma simple

$$\cos\varphi' = -\frac{v}{V}.$$

Aún tenemos que encontrar la amplitud de las ondas tal como aparece en el sistema en movimiento. Si A y A' denotan la amplitud de la fuerza eléctrica y magnética en el sistema en reposo y el sistema en movimiento, respectivamente, obtenemos

$$A'^2 = A^2 \frac{\left(1 - \dfrac{v}{V}\cos\varphi\right)^2}{1 - \left(\dfrac{v}{V}\right)^2},$$

que para $\varphi = 0$ toma la forma más simple:

$$A'^2 = A^2 \frac{1 - \dfrac{v}{V}}{1 + \dfrac{v}{V}}.$$

Se sigue de estos resultados que para un observador que se aproxima a una fuente luminosa a velocidad V, dicha fuente debería aparecer de intensidad infinita.

8. TRANSFORMACIÓN DE LA ENERGÍA DE RAYOS LUMINOSOS. TEORÍA DE LA PRESIÓN DE RADIACIÓN EJERCIDA SOBRE ESPEJOS PERFECTOS

Puesto que $A^2/8\pi$ es igual a la energía luminosa por unidad de volumen, de acuerdo con el principio de relatividad tenemos que considerar $A'^2/8\pi$ como la energía luminosa en el sistema en movimiento. Por lo tanto, A'^2/A^2 sería la razón entre la energía de un complejo luminoso dado «medido en movimiento» y «medido en reposo» si el volumen de un complejo luminoso fuera el mismo medido en K y en k. Sin embargo, éste no es el caso. Si a, b, c son los cosenos directores de la normal a la onda luminosa en el sistema de reposo, entonces ninguna energía atraviesa los elementos de superficie de la superficie esférica

$$(x - Vat)^2 + (y - Vbt)^2 + (z - Vct)^2 = R^2$$

que se mueve con la velocidad de la luz; podemos decir por consiguiente que dicha superficie encierra permanentemente el mismo complejo luminoso. Investiguemos la cantidad de energía encerrada por dicha superficie considerada desde el sistema k, i. e., la energía del complejo luminoso relativa al sistema k.

Considerada en el sistema en movimiento, la superficie esférica es una superficie elipsoidal cuya ecuación en el instante $\tau = 0$ es

$$\left(\beta\xi - a\beta\frac{v}{V}\xi\right)^2 + \left(\beta\eta - b\beta\frac{v}{V}\xi\right)^2 + \left(\zeta - c\beta\frac{v}{V\xi}\right)^2 = R^2.$$

Si S denota el volumen de la esfera y S' el del elipsoide, entonces un simple cálculo muestra que

$$\frac{S'}{S} = \frac{\sqrt{1-\left(\frac{v}{V}\right)^2}}{1-\frac{v}{V}\cos\varphi}.$$

Si llamamos E a la energía de la luz encerrada por esta superficie cuando es medida en el sistema de reposo y E' cuando es medida en el sistema en movimiento, obtenemos

$$\frac{E'}{E} = \frac{\frac{A'^2}{8\pi}S'}{\frac{A^2}{8\pi}S} = \frac{1-\frac{v}{V}\cos\varphi}{\sqrt{1-\left(\frac{v}{V}\right)^2}},$$

que, para $\varphi = 0$, se simplifica en

$$\frac{E'}{E} = \sqrt{\frac{1-\frac{v}{V}}{1+\frac{v}{V}}}.$$

Es digno de mención que la energía y la frecuencia de un complejo luminoso varían con el estado de movimiento del observador de acuerdo con la misma ley.

Sea el plano de coordenadas $\xi = 0$ una superficie completamente reflectante en la que se reflejan las ondas planas consideradas en la sección 7. Investiguemos la presión de luz ejercida sobre la superficie reflectante, y la dirección, frecuencia e intensidad de la luz después de la reflexión.

Sea la luz incidente definida por las cantidades A, $\cos\varphi$ y ν (relativas al sistema K). Consideradas desde k, las cantidades correspondientes son

$$A' = A\frac{1 - \frac{v}{V}\cos\varphi}{\sqrt{1 - \left(\frac{v}{V}\right)^2}},$$

$$\cos\varphi' = \frac{\cos\varphi - \frac{v}{V}}{1 - \frac{v}{V}\cos\varphi},$$

$$\nu' = \nu\frac{1 - \frac{v}{V}\cos\varphi}{\sqrt{1 - \left(\frac{v}{V}\right)^2}}.$$

Refiriendo los procesos al sistema k, obtenemos para la luz reflejada

$$A'' = A',$$
$$\cos\varphi'' = -\cos\varphi',$$
$$\nu'' = \nu'.$$

Finalmente, transformando de nuevo al sistema de reposo K, obtenemos para la luz reflejada

$$A''' = A''\frac{1 + \frac{v}{V}\cos\varphi''}{\sqrt{1 - \left(\frac{v}{V}\right)^2}} = A\frac{1 - 2\frac{v}{V}\cos\varphi + \left(\frac{v}{V}\right)^2}{1 - \left(\frac{v}{V}\right)^2},$$

$$\cos\varphi''' = \frac{\cos\varphi'' + \frac{v}{V}}{1 + \frac{v}{V}\cos\varphi''} = -\frac{\left(1 + \left(\frac{v}{V}\right)^2\right)\cos\varphi - 2\frac{v}{V}}{1 - 2\frac{v}{V}\cos\varphi + \left(\frac{v}{V}\right)^2},$$

$$\nu''' = \nu''\frac{1 + \frac{v}{V}\cos\varphi''}{\sqrt{1 - \left(\frac{v}{V}\right)^2}} = \nu\frac{1 - 2\frac{v}{V}\cos\varphi + \left(\frac{v}{V}\right)^2}{1 - \left(\frac{v}{V}\right)^2}.$$

La energía (medida en el sistema de reposo) que incide sobre una superficie unidad del espejo por unidad de tiempo es obviamente $A^2/8\pi\ (V \cos\varphi - v)$. La energía que deja una superficie unidad del espejo por unidad de tiempo es $A'''^2/8\pi\ (-V \cos\varphi''' + v)$. De acuerdo con el principio de la conservación de la energía, la diferencia entre estas dos expresiones es el trabajo realizado por la presión de luz por unidad de tiempo. Igualando este trabajo a $P \cdot v$, donde P es la presión de luz, obtenemos

$$P = 2\frac{A^2}{8\pi}\frac{\left(\cos\varphi - \frac{v}{V}\right)^2}{1-\left(\frac{v}{V}\right)^2}.$$

En primera aproximación, en acuerdo con el experimento y con otras teorías, obtenemos

$$P = 2\frac{A^2}{8\pi}\cos^2\varphi.$$

Todos los problemas de la óptica de cuerpos en movimiento pueden resolverse mediante el método aquí utilizado. El punto esencial es que los campos eléctrico y magnético de la luz que recibe la influencia de un cuerpo en movimiento se transforman a un sistema de coordenadas que está en reposo relativo a dicho cuerpo. De esta manera, todos los problemas de la óptica de cuerpos en movimiento se reducen a una serie de problemas de la óptica de cuerpos en reposo.

9. TRANSFORMACIÓN DE LAS ECUACIONES DE MAXWELL-HERTZ CUANDO SE TIENEN EN CUENTA CORRIENTES DE CONVECCIÓN

Partimos de las ecuaciones

$$\frac{1}{V}\left\{u_x\rho+\frac{\partial X}{\partial t}\right\}=\frac{\partial N}{\partial y}-\frac{\partial M}{\partial z}, \qquad \frac{1}{V}\frac{\partial L}{\partial t}=\frac{\partial Y}{\partial z}-\frac{\partial Z}{\partial y},$$
$$\frac{1}{V}\left\{u_y\rho+\frac{\partial Y}{\partial t}\right\}=\frac{\partial L}{\partial z}-\frac{\partial N}{\partial x}, \qquad \frac{1}{V}\frac{\partial M}{\partial t}=\frac{\partial Z}{\partial x}-\frac{\partial X}{\partial z},$$
$$\frac{1}{V}\left\{u_z\rho+\frac{\partial Z}{\partial t}\right\}=\frac{\partial M}{\partial x}-\frac{\partial L}{\partial y}, \qquad \frac{1}{V}\frac{\partial N}{\partial t}=\frac{\partial X}{\partial y}-\frac{\partial Y}{\partial x},$$

donde

$$\rho=\frac{\partial X}{\partial x}+\frac{\partial Y}{\partial y}+\frac{\partial Z}{\partial z}$$

denota 4π veces la densidad de carga, y (u_x, u_y, u_z) el vector velocidad de la carga. Si se conciben las cargas eléctricas ligadas permanentemente a cuerpos rígidos y pequeños (iones, electrones), entonces estas ecuaciones constituyen el fundamento electromagnético de la electrodinámica y la óptica de Lorentz para cuerpos en movimiento.

Si, utilizando las ecuaciones de transformación presentadas en las secciones 3 y 6, transformamos estas ecuaciones, que se suponen válidas en el sistema *K*, al sistema *k*, obtenemos las ecuaciones

$$\frac{1}{V}\left\{u_\xi\rho'+\frac{\partial X'}{\partial \tau}\right\}=\frac{\partial N'}{\partial \eta}-\frac{\partial M'}{\partial \zeta}, \qquad \frac{1}{V}\frac{\partial L'}{\partial \tau}=\frac{\partial Y'}{\partial z}-\frac{\partial Z'}{\partial y},$$
$$\frac{1}{V}\left\{u_\eta\rho'+\frac{\partial Y'}{\partial \tau}\right\}=\frac{\partial L'}{\partial \zeta}-\frac{\partial N'}{\partial \xi}, \qquad \frac{1}{V}\frac{\partial M'}{\partial \tau}=\frac{\partial Z'}{\partial \xi}-\frac{\partial X'}{\partial \zeta},$$
$$\frac{1}{V}\left\{u_\zeta\rho'+\frac{\partial Z'}{\partial \tau}\right\}=\frac{\partial M'}{\partial \xi}-\frac{\partial L'}{\partial \eta}, \qquad \frac{1}{V}\frac{\partial N'}{\partial \tau}=\frac{\partial X'}{\partial \eta}-\frac{\partial Y'}{\partial \xi},$$

donde

$$\frac{u_x - v}{1 - \frac{u_x v}{V^2}} = u_\xi.$$

$$\frac{u_y}{\beta\left(1 - \frac{u_x v}{V^2}\right)} = u_\eta,$$

$$\frac{u_z}{\beta\left(1 - \frac{u_x v}{V^2}\right)} = u_\zeta,$$

y

$$\rho' = \frac{\partial X'}{\partial \xi} + \frac{\partial Y'}{\partial \eta} + \frac{\partial Z'}{\partial \zeta} = \beta\left(1 - \frac{v u_x}{V^2}\right)\rho.$$

Puesto que —como se sigue del teorema de adición de velocidades (sección 5)— el vector (u_x, u_y, u_z) es en realidad la velocidad de las cargas eléctricas medida en el sistema *k*, hemos demostrado así que, sobre la base de nuestros principios cinemáticos, el fundamento electrodinámico de la teoría de Lorentz de la electrodinámica de cuerpos en movimiento está en acuerdo con el principio de relatividad.

Permítaseme también añadir brevemente que la siguiente proposición importante puede ser deducida fácilmente a partir de las ecuaciones que hemos obtenido. Si un cuerpo eléctricamente cargado se mueve arbitrariamente en el espacio sin alterar su carga cuando se observa desde un sistema de coordenadas que se mueve con el cuerpo, entonces su carga también permanece constante cuando se observa desde el sistema «de reposo» *K*.

10. DINÁMICA DEL ELECTRÓN (LENTAMENTE ACELERADO)

Sea una partícula eléctricamente cargada con carga e (en adelante llamada un «electrón») que se mueve en un campo electromagnético; sobre su ley de movimiento hacemos solamente la siguiente hipótesis:

Si el electrón está en reposo en un instante particular, su movimiento durante el siguiente instante de tiempo tendrá lugar de acuerdo con las ecuaciones

$$\mu \frac{d^2x}{dt^2} = \epsilon X,$$
$$\mu \frac{d^2y}{dt^2} = \epsilon Y,$$
$$\mu \frac{d^2z}{dt^2} = \epsilon Z,$$

donde x, y, z denotan las coordenadas del electrón y μ su masa, siempre que el electrón se mueva lentamente.

Además, sea v la velocidad del electrón en un cierto instante. Investiguemos la ley de movimiento del electrón durante el instante de tiempo inmediatamente posterior.

Sin pérdida de generalidad, podemos suponer, y así lo haremos, que el electrón está en el origen de coordenadas y se mueve con velocidad v a lo largo del eje X del sistema K en el momento que nos interesa. Es entonces obvio que en el momento dado ($t = 0$), el electrón está en reposo relativo a un sistema de coordenadas k que se mueve con velocidad constante v paralelo al eje X.

A partir de la hipótesis anterior, combinada con el principio de relatividad, es evidente que, considerado desde el sistema k, el electrón se moverá durante el período de tiempo inmediatamente siguiente (para pequeños valores de t) de acuerdo con las ecuaciones

$$\mu\frac{d^2\xi}{d\tau^2}=\epsilon X',$$
$$\mu\frac{d^2\eta}{d\tau^2}=\epsilon Y',$$
$$\mu\frac{d^2\zeta}{d\tau^2}=\epsilon Z',$$

donde todos los símbolos ξ, η, ζ, τ, X', Y', Z' se refieren al sistema k. Si estipulamos también que, para $t = x = y = z = 0$, también será válido $\tau = \xi = \eta = \zeta = 0$, entonces son aplicables las ecuaciones de transformación de las secciones 3 y 6, de modo que obtenemos

$$\begin{aligned} \tau &= \beta\left(t-\frac{v}{V^2}x\right), & X' &= x,\\ \xi &= \beta(x-vt), & Y' &= \beta\left(Y-\frac{v}{V}N\right),\\ \eta &= y, & & \\ \zeta &= z, & Z' &= \beta\left(Z+\frac{v}{V}M\right). \end{aligned}$$

Con ayuda de estas ecuaciones transformamos las ecuaciones de movimiento anteriores desde el sistema k al sistema K, obteniendo

$$\frac{d^2x}{dt^2}=\frac{\varepsilon}{\mu}\frac{1}{\beta^3}X,$$
$$\frac{d^2y}{dt^2}=\frac{\varepsilon}{\mu}\frac{1}{\beta}\left(Y-\frac{v}{V}N\right),$$
$$\frac{d^2z}{dt^2}=\frac{\varepsilon}{\mu}\frac{1}{\beta}\left(Z-\frac{v}{V}M\right). \qquad \text{(A)}$$

Siguiendo el enfoque habitual, investiguemos ahora la masa «longitudinal» y «transversal» del electrón en movimiento. Escribamos las ecuaciones (A) en la forma

$$\mu\beta^3 \frac{d^2x}{dt^2} = \epsilon X = \epsilon X',$$
$$\mu\beta^2 \frac{d^2y}{dt^2} = \epsilon\beta\left(Y - \frac{v}{V}N\right) = \epsilon Y',$$
$$\mu\beta^2 \frac{d^2z}{dt^2} = \epsilon\beta\left(Z + \frac{v}{V}M\right) = \epsilon Z',$$

y notemos en primer lugar que $\epsilon X'$, $\epsilon Y'$, $\epsilon Z'$ son las componentes de la fuerza ponderomotriz que actúa sobre el electrón, considerado en un sistema en movimiento que, en dicho instante, se está moviendo con la misma velocidad que el electrón. (Esta fuerza podría medirse, por ejemplo, mediante una balanza de resorte en reposo en el último sistema.) Si simplemente llamamos a esta fuerza «la fuerza que actúa sobre el electrón», y mantenemos la ecuación

$$\text{Masa} \times \text{Aceleración} = \text{Fuerza},$$

estipulando, además, que las aceleraciones sean medidas en el sistema en reposo *K*, entonces las ecuaciones anteriores conducen a la definición:

$$\text{Masa longitudinal} = \frac{\mu}{\left(\sqrt{1-\left(\frac{v}{V}\right)^2}\right)^3},$$

$$\text{Masa transversal} = \frac{\mu}{1-\left(\frac{v}{V}\right)^2}.$$

Por supuesto, con una definición diferente de fuerza y aceleración obtendríamos valores diferentes para estas masas; esto muestra que debemos proceder con mucha precaución cuando comparemos diversas teorías del movimiento del electrón.

Debería advertirse que estos resultados acerca de la masa son también válidos para puntos materiales ponderables, porque de un punto material ponderable puede hacerse un electrón (en nuestro sentido de la palabra) añadiéndole una carga eléctrica *arbitrariamente pequeña.*

Determinemos ahora la energía cinética de un electrón. Si un electrón parte del origen del sistema K con una velocidad inicial 0 y continúa moviéndose a lo largo del eje X bajo la influencia de una fuerza electrostática X, es evidente que la energía que toma del campo electrostático tiene el valor $\int \epsilon X dx$. Puesto que se supone que el electrón se acelera lentamente y, en consecuencia, no puede emitir ninguna energía en forma de radiación, la energía tomada del campo electrostático debe ser igualada a la energía cinética W del electrón. Teniendo en cuenta que la primera de las ecuaciones (A) es válida durante todo el proceso del movimiento, obtenemos

$$W = \int \epsilon X dx = \int_0^v \beta^3 v dv = \mu V^2 \left\{ \frac{1}{\sqrt{1 - \left(\frac{v}{V}\right)^2}} - 1 \right\}.$$

Así pues, W se hace infinitamente grande cuando $v = V$. Igual que sucede con nuestros resultados anteriores, las velocidades superlumínicas no son posibles.

En virtud del argumento presentado antes, esta expresión para la energía cinética debe ser también válida para masas ponderables.

Enumeremos ahora las propiedades del movimiento del electrón resultante del sistema de ecuaciones (A) que son accesibles al experimento.

1. De la segunda ecuación del sistema (A) se sigue que una fuerza eléctrica Y y una fuerza magnética N tienen un efecto de-

flector igualmente intenso sobre un electrón que se mueve con velocidad v si $Y = Nv/V$. Vemos así que, utilizando nuestra teoría, es posible determinar la velocidad del electrón a partir del cociente entre la deflexión magnética A_m y la deflexión eléctrica A_e para velocidades arbitrarias, aplicando la ley

$$\frac{A_m}{A_e} = \frac{v}{V}.$$

Esta relación puede ser comprobada experimentalmente, puesto que la velocidad del electrón también puede medirse directamente, por ejemplo, utilizando campos eléctricos y magnéticos rápidamente oscilantes.

2. A partir de la deducción de la energía cinética de un electrón se sigue que la diferencia de potencial atravesada por el electrón y la velocidad v que adquiere el electrón deben estar relacionadas por la ecuación

$$P = \int X dx = \frac{\mu}{\epsilon} V^2 \left\{ \frac{1}{\sqrt{1 - \left(\frac{v}{V}\right)^2}} - 1 \right\}.$$

3. Calculamos el radio de curvatura R de la trayectoria del electrón si hay presente (como única fuerza deflectante) una fuerza magnética N que actúa perpendicularmente a su velocidad. De la segunda de las ecuaciones (A) obtenemos:

$$-\frac{d^2y}{dt^2} = \frac{v^2}{R} = \frac{\epsilon}{\mu} \frac{v}{V} N \cdot \sqrt{1 - \left(\frac{v}{V}\right)^2}$$

o

$$R = V^2 \frac{\epsilon}{\mu} \frac{\frac{v}{V}}{\sqrt{1 - \left(\frac{v}{V}\right)^2}} \cdot \frac{1}{N}.$$

Estas tres relaciones constituyen una expresión completa de las leyes según las cuales, de acuerdo con la teoría aquí presentada, debe moverse el electrón.

Para concluir, permítaseme señalar que mi amigo y colega M. Besso me apoyó incondicionalmente en mi trabajo sobre el problema aquí discutido, y que estoy en deuda con él por varias sugerencias valiosas.

2

¿DEPENDE LA INERCIA DE UN CUERPO DE SU CONTENIDO DE ENERGÍA?*

Los resultados de una investigación electrodinámica recientemente publicada por mí en esta revista llevan a una conclusión muy interesante, que se deducirá aquí.

Basé dicha investigación en las ecuaciones de Maxwell-Hertz para el espacio vacío, junto con la expresión de Maxwell para la energía electromagnética del espacio, y también en el siguiente principio:

Las leyes de acuerdo con las cuales cambian los estados de los sistemas físicos son independientes de cuál de los dos sistemas de coordenadas (supuestos en movimiento paralelo-traslacional uniforme uno con relación al otro) es utilizado para describir dichos cambios (el principio de relatividad).

Sobre esta base,[1] yo obtuve el siguiente resultado, entre otros *(loc. cit.,* sección 8).

Sea un sistema de ondas de luz planas que tienen energía *l* relativa al sistema de coordenadas (x, y, z); sea φ el ángulo que forma la dirección del rayo (la normal a la onda) con el eje x del sistema.

* «Ist die Trägheit eines Körpers von seimen Energienhalt abhängig?», *Annalen der Physik*, 18, 1905.

1. El principio de la constancia de la velocidad de la luz está contenido, naturalmente, en las ecuaciones de Maxwell.

Si introducimos un nuevo sistema de coordenadas (ξ, η, ζ), que está en traslación paralela uniforme con respecto al sistema (*x*, *y*, *z*), y cuyo origen se mueve a lo largo del eje *x* con velocidad *v*, entonces esta cantidad de luz —medida en el sistema (ξ, η, ζ)— tiene la energía

$$l = l\frac{1-\frac{v}{V}\cos\varphi}{\sqrt{1-\left(\frac{v}{V}\right)^2}},$$

donde *V* denota la velocidad de la luz. Haremos uso de este resultado en lo que sigue.

Sea un cuerpo en reposo en el sistema (*x*, *y*, *z*) cuya energía, relativa al sistema (*x*, *y*, *z*), es E_0. Sea H_0 la energía del cuerpo, relativa al sistema (ξ, η, ζ), que se mueve con velocidad v como antes.

Supongamos que este cuerpo emite ondas planas de luz de energía *L*/2, medida con relación a (*x*, *y*, *z*), en una dirección que forma un ángulo φ con el eje *x*, y al mismo tiempo emite una cantidad igual de luz en la dirección opuesta. El cuerpo permanece en reposo con respecto al sistema (*x*, *y*, *z*) durante este proceso. Este proceso debe satisfacer el principio de conservación de la energía, y debe ser cierto (de acuerdo con el principio de relatividad) con respecto a ambos sistemas de coordenadas. Si E_1 y H_1 denotan la energía del cuerpo después de la emisión de la luz, medida con relación al sistema (*x*, *y*, *z*) y el sistema (ξ, η, ζ), respectivamente, obtenemos, utilizando la relación indicada arriba,

$$E_0 = E_1 + \left[\frac{L}{2} + \frac{L}{2}\right]$$

$$H_0 = H_1 + \left[\frac{L}{2} \frac{1 - \dfrac{v}{V}\cos\varphi}{\sqrt{1-\left(\dfrac{v}{V}\right)^2}} + \frac{L}{2} \frac{1 + \dfrac{v}{V}\cos\varphi}{\sqrt{1-\left(\dfrac{v}{V}\right)^2}} \right] = H_1 + \frac{L}{\sqrt{1-\left(\dfrac{v}{V}\right)^2}}.$$

Restando, obtenemos de estas ecuaciones

$$(H_0 - E_0) - (H_1 - E_1) = L \left\{ \frac{1}{\sqrt{1-\left(\dfrac{v}{V}\right)^2}} - 1 \right\}.$$

Las dos diferencias de la forma $H - E$ que aparecen en la expresión tienen significados físicos simples. H y E son los valores de la energía del mismo cuerpo respecto a los dos sistemas de coordenadas en movimiento relativo, estando el cuerpo en reposo en uno de los sistemas, el sistema (x, y, z). Por lo tanto, es evidente que la diferencia $H - E$ sólo puede diferir de la energía cinética del cuerpo K con respecto al otro sistema, el sistema (ξ, η, ζ), en una constante aditiva C, que depende de la elección de las constantes aditivas arbitrarias en las energías H y E. Podemos así establecer

$$H_0 - E_0 = K_0 + C,$$
$$H_1 - E_1 = K_1 + C,$$

puesto que C no cambia durante la emisión de luz. De modo que obtenemos

$$K_0 - K_1 = L\left\{\frac{1}{\sqrt{1-\left(\frac{v}{V}\right)^2}} - 1\right\}.$$

La energía cinética del cuerpo con respecto a (ξ, η, ζ) disminuye como resultado de la emisión de la luz en una cantidad que es independiente de las propiedades del cuerpo. Además, la diferencia $K_0 - K_1$ depende de la velocidad de la misma forma que lo hace la energía cinética de un electrón *(loc. cit.*, sección 10).

Despreciando magnitudes de cuarto orden y superiores, podemos obtener

$$K_0 - K_1 = \frac{L}{V^2} + \frac{v^2}{2}.$$

A partir de esta ecuación se concluye inmediatamente:

Si un cuerpo emite la energía L en forma de radiación, su masa disminuye en L/V^2. Aquí, obviamente, no es esencial que la energía tomada del cuerpo se convierta en energía radiante, de modo que nos vemos llevados a la conclusión más general:

La masa de un cuerpo es una medida de su contenido de energía; si la energía cambia en L, la masa cambia en el mismo sentido en $L/9 \cdot 10^{20}$ si la energía se mide en ergios y la masa en gramos.

No hay que descartar la posibilidad de poner a prueba esta teoría utilizando cuerpos cuyo contenido de energía es variable en alto grado (por ejemplo, sales de radio).

Si la teoría está de acuerdo con los hechos, entonces la radiación transporta inercia entre cuerpos emisores y absorbentes.

3

SOBRE LA INFLUENCIA DE LA GRAVITACIÓN EN LA PROPAGACIÓN DE LA LUZ*

En una memoria publicada hace cuatro años[1] traté de responder a la pregunta de si la propagación de la luz está influida por la gravitación. Vuelvo a este tema porque mi presentación previa de la cuestión no me satisface; y por una razón más importante, porque ahora veo que una de las consecuencias más importantes de mi primer tratamiento puede ponerse a prueba experimentalmente. En efecto, de la teoría que aquí se expone se sigue que los rayos de luz que pasan cerca del Sol son desviados por el campo gravitatorio de éste, de modo que la distancia angular entre el Sol y una estrella fija que parece próxima a él se incrementa aparentemente en casi un segundo de arco.

En el curso de estas reflexiones se obtienen resultados adicionales en relación a la gravitación. Pero como la exposición de todo el grupo de consideraciones sería bastante difícil de seguir, en las páginas que siguen sólo se ofrecerán algunas reflexiones muy elementales, a partir de las cuales el lector podrá informarse fácilmente acerca de las hipótesis de la teoría y su línea de razonamiento. Las relaciones aquí deducidas, incluso si el fundamento teórico es correcto, son válidas sólo en primera aproximación.

* «Über den Einfluss der Schwerkraft auf die Ausbreitung des Lichtes», *Annalen der Physik*, 35, 1911.

1. A. Einstein, *Jahrbuch für Radioakt und Elektronik*, 4, 1907.

1. UNA HIPÓTESIS RESPECTO A LA NATURALEZA FÍSICA DEL CAMPO GRAVITATORIO

En un campo gravitatorio homogéneo (aceleración de la gravedad γ) sea un sistema de coordenadas estacionario K, orientado de forma que las líneas de fuerza del campo gravitatorio corren en la dirección negativa del eje z. En un espacio libre de gravitación, sea un segundo sistema de coordenadas K', que se mueve con aceleración uniforme (γ) en la dirección positiva del eje z. Para evitar complicaciones innecesarias, de momento no consideramos la teoría de la relatividad sino que consideramos ambos sistemas desde el punto de vista acostumbrado en cinemática, y los movimientos que ocurren en ellos desde la mecánica ordinaria.

Con respecto a K, así como con respecto a K', los puntos materiales que están sujetos a la acción de otros puntos materiales, se mueven de acuerdo con las ecuaciones

$$\frac{d^2x_y}{dt^2}=0,\ \frac{d^2y_y}{dt^2}=0,\ \frac{d^2z_y}{dt^2}=-\gamma.$$

Para el sistema acelerado K' esto se sigue directamente del principio de Galileo; pero para el sistema K, en reposo en un campo gravitatorio homogéneo, se sigue a partir de la experiencia de que todos los cuerpos en un campo semejante son igual y uniformemente acelerados. Esta experiencia, la de la caída igual de todos los cuerpos en el campo gravitatorio, es una de las más universales que ha ofrecido la observación de la naturaleza; pero a pesar de eso la ley no ha encontrado ningún lugar en el fundamento de nuestro edificio del universo físico.

Pero llegamos a una interpretación muy satisfactoria de esta ley de experiencia, si suponemos que los sistemas K y K' son exactamente equivalentes desde el punto de vista físico; es decir, si suponemos que podemos considerar igualmente bien que el sistema K está en un espacio libre de campos gravitatorios si al mismo tiempo consideramos K uniformemente acelerado. Esta hipótesis de equivalencia física exacta hace imposible que hablemos de la *aceleración absoluta* del sistema de referencia, de la misma forma que la teoría de la relatividad habitual nos prohíbe hablar de la *velocidad absoluta* de un sistema;[2] y hace que la caída igual de todos los cuerpos en un campo gravitatorio parezca una norma.

Mientras nos limitemos a procesos puramente mecánicos en el dominio donde es válida la mecánica de Newton, estamos seguros de la equivalencia de los sistemas K y K'. Pero esta concepción nuestra no tendrá ninguna significación más profunda a menos que los sistemas K y K' sean equivalentes con respecto a todos los procesos físicos, es decir, a menos que las leyes de la naturaleza con respecto a K estén en completo acuerdo con las leyes con respecto a K'. Suponiendo que es así, llegamos a un principio que, si es realmente verdadero, tiene gran importancia heurística, pues por consideración teórica de los procesos que tienen lugar con respecto a un sistema de referencia con aceleración uniforme, obtenemos información acerca del curso de los procesos en un campo gravitatorio homogéneo. Ahora mostraremos, en primer lugar, desde el punto de vista de la teoría de la relatividad ordinaria, qué grado de probabilidad es inherente a nuestra hipótesis.

2. Por supuesto, no podemos reemplazar cualquier campo gravitatorio *arbitrario* por un estado de movimiento del sistema sin un campo gravitatorio, como tampoco, por una transformación de relatividad, podemos transformar en reposo cualquier tipo de movimiento de todos los puntos de un medio.

2. SOBRE LA GRAVITACIÓN DE LA ENERGÍA

Un resultado de la teoría de la relatividad es que la masa inerte de un cuerpo aumenta con la energía que contiene; si el aumento de energía equivale a E, el aumento en la masa inerte es igual a E/c^2, donde c denota la velocidad de la luz. Ahora bien, ¿hay un aumento de masa gravitatoria correspondiente a este aumento de masa inerte? Si no lo hay, entonces un cuerpo caería en el campo gravitatorio con aceleración variable según la energía que contuviera. Ya no podría mantenerse ese resultado altamente satisfactorio de la teoría de la relatividad por el que la ley de conservación de la masa se fusiona en la ley de conservación de la energía, porque nos veríamos obligados a abandonar la ley de conservación de la masa en su forma antigua para la masa inerte, y mantenerla para la masa gravitatoria.

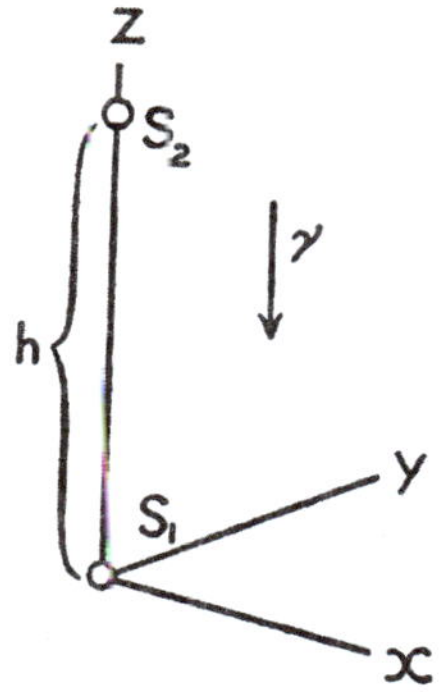

Pero esto debe considerarse muy improbable. Por otra parte, la teoría de la relatividad habitual no nos proporciona ningún argumento a partir del cual inferir que el peso de un cuerpo depende de la energía contenida en el mismo. Pero demostraremos que nuestra hipótesis de la equivalencia de los sistemas K y K' nos da la gravitación de la energía como una consecuencia necesaria.

Sean dos sistemas materiales S_1 y S_2, provistos de instrumentos de medida, situados en el eje z de K a la distancia h uno de otro,[3] de modo que el potencial gravitatorio en S_2 es mayor que el potencial en S_1 en una cantidad γh. Sea emitida una cantidad definida de energía E desde S_2 hacia S_1. Sean medidas las cantidades de energía en S_1 y S_2 por aparatos que —llevados a una misma posición z en el sistema y comparados allí— serán perfectamente iguales. En cuanto al proceso de esta transmisión de energía por radiación no podemos hacer ninguna afirmación a priori, porque no conocemos la influencia del campo gravitatorio sobre la radiación y los instrumentos de medida en S_1 y S_2.

Pero por nuestro postulado de la equivalencia de K y K', en lugar del sistema K en un campo gravitatorio homogéneo, podemos poner el sistema K' libre de gravitación, que se mueve con aceleración uniforme en la dirección de z positivo, y con cuyo eje z están rígidamente conectados los sistemas materiales S_1 y S_2.

Juzgamos el proceso de la transferencia de energía por radiación de S_2 a S_1 desde un sistema K_0, que debe estar libre de aceleración. Supongamos que en el instante en que la energía radiante E_2 es emitida desde S_2 hacia S_1, la velocidad relativa de K' con respecto a K_0 es cero. La radiación llegará a S_1 cuando haya transcurrido un tiempo h/c (en primera aproximación). Pero en este instante la velocidad de S_1 con respecto a K_0 es $\gamma h/c = v$. Por lo tanto, por la teoría de la relatividad ordinaria la radiación que llega a S_1 no posee la energía E_2 sino una energía mayor E_1, que está relacionada con E_2, en primera aproximación, por la ecuación[4]

$$E_1 = E_2\left(1+\frac{v}{c}\right) = E_2\left(1+\gamma\frac{h}{c^2}\right). \qquad (1)$$

3. Las dimensiones de S_1 y S_2 se consideran infinitamente pequeñas en comparación con h.

4. Véase *supra*.

Por nuestra hipótesis, exactamente la misma relación es válida si el mismo proceso tiene lugar en el sistema K, que no está acelerado pero en donde existe un campo gravitatorio. En este caso podemos reemplazar γh por el potencial Φ del vector gravitación en S_2, si la constante arbitraria de Φ en S_1 se hace igual a cero. Entonces tenemos la ecuación

$$E_1 = E_2 + \frac{E_2}{c^2}\Phi. \tag{1a}$$

Esta ecuación expresa la ley de energía para el proceso bajo observación. La energía E_1 que llega a S_1 es mayor que la energía S_2, medida por los mismos medios, que fue emitida en S_2, siendo el exceso la energía potencial de la masa E_2/c^2 en el campo gravitatorio. Se prueba así que para el cumplimiento del principio de la energía tenemos que adscribir a la energía E, antes de su emisión en S_2, una energía potencial debida a la gravedad, que corresponde a la masa gravitatoria E/c^2. Nuestra hipótesis de la equivalencia de K y K' elimina así la dificultad mencionada al principio de esta sección y que la teoría de la relatividad ordinaria deja sin resolver.

El significado de este resultado se muestra de manera particularmente clara si consideramos el siguiente ciclo de operaciones:

1. La energía E, medida en S_2, es emitida en forma de radiación de S_2 hacia S_1, donde, por el resultado recién obtenido, se absorbe la energía $E(1 + \gamma h/c^2)$, medida en S_1.
2. Se hace descender un cuerpo W de masa M desde S_2 a S_1, haciéndose un trabajo $M\gamma h$ en el proceso.
3. La energía E es transferida desde S_1 al cuerpo W mientras W está en S_1. Cámbiese por ello la masa M de modo que adquiere el valor M'.

4. Sea elevado de nuevo W hasta S_2, haciéndose un trabajo $M'\gamma h$ en este proceso.
5. Sea E transferida de vuelta de W a S_2.

El efecto de este ciclo es simplemente que S_1 ha experimentado el incremento de energía $E\gamma h/c^2$, y que la cantidad de energía $M'\gamma h - M\gamma h$ ha sido transmitida al sistema en forma de trabajo mecánico. Por el principio de la energía, debemos tener

$$E\gamma \frac{h}{c^2} = M'\gamma h - M\gamma h$$

o

$$M' - M = E/c^2 \ldots \quad (1b)$$

El incremento en la masa *gravitatoria* es así igual a E/c^2, y por consiguiente igual al incremento en masa *inerte* dado por la teoría de la relatividad.

El resultado se desprende aún más directamente de la equivalencia de los sistemas K y K', según la cual la masa gravitatoria respecto de K es exactamente igual a la masa inerte respecto de K'; la energía debe por lo tanto poseer una masa *gravitatoria* que es igual a su masa *inerte*. Si se suspende una masa M_0 de una balanza de resorte en el sistema K', la balanza indicará el peso aparente $M_0\gamma$ debido a la inercia de M_0. Si se transfiere a M_0 la cantidad de energía E, la balanza de resorte, por la ley de inercia de la energía, indicará $(M_0 + E/c^2)\gamma$. Por nuestra hipótesis fundamental, exactamente lo mismo debe ocurrir cuando se repite el experimento en el sistema K, es decir, en el campo gravitatorio.

3. TIEMPO Y VELOCIDAD DE LA LUZ EN EL CAMPO GRAVITATORIO

Si la radiación emitida en el sistema uniformemente acelerado K' en S_2 hacia S_1 tenía la frecuencia ν_2 con relación al reloj en S_2, entonces, a su llegada a S_1 ya no tiene la frecuencia ν_2, con relación a un reloj idéntico en S_1, sino una frecuencia mayor ν_1, tal que en la primera aproximación

$$\nu_1 = \nu_2\left(1+\gamma\frac{h}{c^2}\right). \tag{2}$$

En efecto, si introducimos otra vez el sistema de referencia no acelerado K_0, con respecto al cual, en el instante de la emisión de luz, K' no tiene velocidad, entonces S_1, en el instante de llegada de la radiación a S_1, tiene la velocidad $\gamma h/c$ con respecto a K_0, de lo que, por el principio de Doppler, resulta inmediatamente la relación dada.

De acuerdo con nuestra hipótesis de la equivalencia de los sistemas K y K', esta ecuación también es válida para el sistema de coordenadas estacionario K, en donde hay un campo gravitatorio uniforme, si en el mismo tiene lugar la transferencia por radiación tal como se ha descrito. Se sigue, entonces, que un rayo luminoso emitido en S_2 con un potencial gravitatorio definido, y que posee en su emisión la frecuencia ν_2 —comparada con un reloj en S_2— poseerá, a su llegada a S_1, una frecuencia diferente ν_1 —medida por un reloj idéntico en S_1—. Para γh sustituimos el potencial gravitatorio Φ de S_2 —tomando como cero el de S_1— y suponemos que la relación que hemos deducido para el campo gravitatorio homogéneo es también válida para otras formas de campo. Entonces

$$\nu_1 = \nu_2\left(1+\frac{\Phi}{c^2}\right). \tag{2a}$$

Este resultado (que por nuestra deducción es válido en primera aproximación) permite, en primer lugar, la siguiente aplicación. Sea ν_0 el número de vibración de un generador de luz elemental, medido por un delicado reloj en el mismo lugar. Imaginemos a ambos en un lugar en la superficie del Sol (donde está localizado nuestro S_2). De la luz allí emitida, una porción alcanza la Tierra (S_1), donde medimos la frecuencia de la luz que llega con un reloj U que se parece en todo al recién mencionado. Entonces por (2a)

$$\nu = \nu_0 \left(1 + \frac{\Phi}{c^2}\right),$$

donde Φ es la diferencia (negativa) de potencial gravitatorio entre la superficie del Sol y la Tierra. Así pues, de acuerdo con nuestra idea, las líneas espectrales de la luz solar deben estar algo desplazadas hacia el rojo, comparadas con las correspondientes líneas espectrales de las fuentes de luz terrestres, en la cantidad relativa

$$\frac{\nu_0 - \nu}{\nu_0} = -\frac{\Phi}{c^2} = 2{,}10^{-6}.$$

Si se conocieran exactamente las condiciones en las que aparecen las bandas solares, este desplazamiento sería susceptible de ser medido. Pero dado que otras influencias (presión, temperatura) afectan a la posición de los centros de las líneas espectrales, es difícil descubrir si realmente existe la influencia inferida del potencial gravitatorio.[5]

5. L. F. Jewell (*Journ. de Phys.*, 6, 1897, p. 84) y especialmente C. Fabry y H. Boisson (*Comptes Rendus*, 148, 1909, pp. 688-690) han encontrado realmente tales desplazamientos de las líneas espectrales finas hacia el extremo rojo del espectro, del orden de magnitud aquí calculado, pero lo han atribuido a un efecto de la presión en la capa absorbente.

En una consideración superficial la ecuación (2), respectivamente la (2a), parece afirmar un absurdo. Si existe transmisión constante de luz de S_2 a S_1, ¿cómo puede llegar a S_1 cualquier otro número de períodos por segundo distinto del emitido en S_2? Pero la respuesta es sencilla. No podemos considerar ν_2 o, respectivamente ν_1, simplemente como frecuencias (como número de períodos por segundo) puesto que aún no hemos determinado el tiempo en el sistema K. Lo que denota ν_2 es el número de períodos con referencia a la unidad de tiempo del reloj U en S_2, mientras que ν_1 denota el número de períodos por segundo con referencia al reloj idéntico en S_1. Nada nos obliga a suponer que haya que considerar que los relojes U en potenciales gravitatorios diferentes marchan al mismo ritmo. Por el contrario, debemos ciertamente definir el tiempo en K de tal manera que el número de crestas y vientres de onda entre S_2 y S_1 sea independiente del valor absoluto del tiempo; pues el proceso bajo observación es por naturaleza estacionario. Si no satisficiéramos esta condición llegaríamos a una definición de tiempo por aplicación de la cual el tiempo se fusionaría explícitamente en las leyes de la naturaleza, y esto ciertamente sería poco natural y poco práctico. Por consiguiente, los dos relojes en S_1 y S_2 no dan ambos el «tiempo» correctamente. Si medimos el tiempo en S_1 con el reloj U, entonces debemos medir el tiempo en S_2 con un reloj que marcha $1 + \Phi/c^2$ veces más lentamente que el reloj U cuando se compara con U en uno y el mismo lugar. Pues cuando se mide por dicho reloj, la frecuencia del rayo de luz antes considerado es en su emisión en S_2

$$\nu_2\left(1+\frac{\Phi}{\nu^2}\right),$$

y por consiguiente es, por (2a), igual a la frecuencia ν_1 del mismo rayo de luz a su llegada a S_1.

Esto tiene una consecuencia de fundamental importancia para nuestra teoría. Pues si medimos la velocidad de la luz en diferentes lugares en el sistema acelerado y libre de gravitación K', empleando relojes U de idéntica constitución, obtenemos la misma magnitud en todos estos lugares. Lo mismo es válido, por nuestra hipótesis fundamental, también para el sistema K. Pero por lo que se acaba de decir, debemos utilizar relojes de diferente constitución para medir el tiempo en lugares con diferente potencial gravitatorio. Para medir el tiempo en un lugar que, con respecto al origen de coordenadas, tiene el potencial gravitatorio Φ debemos emplear un reloj que —cuando se lleva al origen de coordenadas— va $(1 + \Phi/c^2)$ veces más lento que el reloj utilizado para medir el tiempo en el origen de coordenadas. Si llamamos c_0 a la velocidad de la luz en el origen de coordenadas, entonces la velocidad de la luz c en un lugar con el potencial gravitatorio Φ estará dada por la relación

$$c = c_0\left(1 + \frac{\Phi}{c^2}\right). \tag{3}$$

El principio de constancia de la velocidad de la luz es válido según esta teoría en una forma diferente de la que normalmente subyace a la teoría de la relatividad ordinaria.

4. CURVATURA DE RAYOS LUMINOSOS EN EL CAMPO GRAVITATORIO

A partir de la proposición que se acaba de demostrar, que la velocidad de la luz en el campo gravitatorio es función del lugar, podemos inferir fácilmente, por medio del principio de Huyghens, que los rayos luminosos que se propagan a través de un campo gravitatorio sufren una desviación. En efecto, sea E un frente de onda de una onda luminosa plana en el instante t, y sean P_1 y P_2 dos puntos en dicho plano a distancia unidad uno de otro. P_1 y P_2 están en el plano del papel, que se escoge de modo que el coeficiente diferencial de Φ, tomado en la dirección de la normal al plano, se anula, y por consiguiente también lo hace el de c. Obtenemos el correspondiente frente de onda en el instante $t + dt$, o, más bien, su línea de intersección con el plano del papel, describiendo círculos alrededor de los puntos P_1 y P_2 con radios c_1dt y c_2dt, respectivamente; donde c_1 y c_2 denotan la velocidad de la luz en los puntos P_1 y P_2, respectivamente, y trazando la tangente a dichos círculos. El ángulo en que se desvía el rayo de luz en el camino cdt es por consiguiente

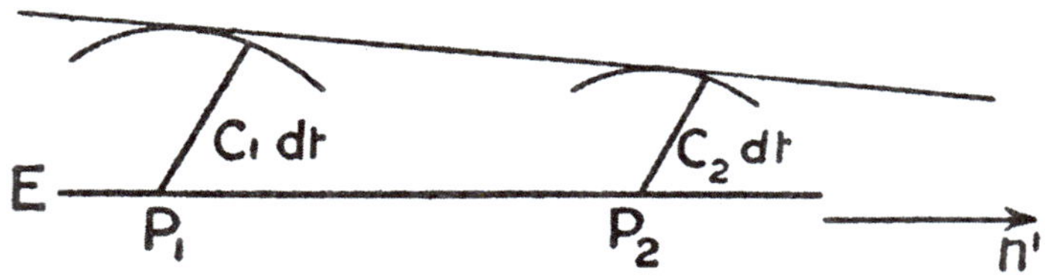

$$(c_1 - c_2)\, dt = -\frac{\partial c}{\partial n'} dt,$$

si medimos el ángulo positivamente cuando el rayo se curva hacia el lado de n' creciente. El ángulo de desviación por unidad de camino del rayo luminoso es por lo tanto

$$-\frac{1}{c}\frac{\partial c}{\partial n'}, \text{ o por (3) } -\frac{1}{c^2}\frac{\partial \Phi}{\partial n'}.$$

Finalmente, obtenemos para la desviación que experimenta un rayo luminoso hacia el lado n' en cualquier trayectoria (s) la expresión

$$a = -\frac{1}{c^2}\int \frac{\partial \Phi}{\partial n'} ds. \tag{4}$$

Podríamos haber obtenido el mismo resultado directamente considerando la propagación de un rayo luminoso en el sistema uniformemente acelerado K', y trasladando el resultado al sistema K, y de allí al caso de un campo gravitatorio de cualquier forma.

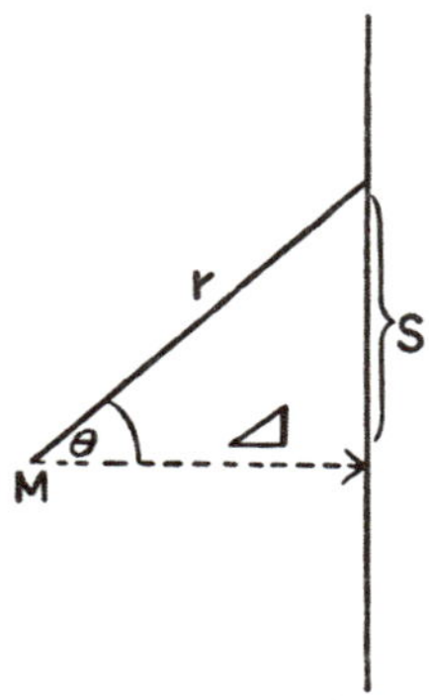

Por la ecuación (4) un rayo de luz que pasa junto a un cuerpo celeste sufre una desviación hacia el lado del potencial gravitatorio decreciente, es decir, el lado dirigido hacia el cuerpo celeste, de magnitud

$$a = -\frac{1}{c^2}\int_{\theta=-\frac{1}{2}\pi}^{\theta=\frac{1}{2}\pi} \frac{k\mathrm{M}}{r^2}\cos\theta ds = 2\frac{k\mathrm{M}}{c^2\Delta}.$$

donde k denota la constante de gravitación, M la masa del cuerpo celeste, Δ la distancia del rayo al centro del cuerpo. En consecuencia, un rayo de luz que pasa junto al Sol sufre una desviación de $4{,}10^{-6}$ = 0,83 segundos de arco. La distancia angular de la estrella al centro del Sol parece estar aumentada en esta cantidad. Puesto que las estrellas fijas en regiones del cielo próximas al Sol son visibles durante los eclipses totales de Sol, esta consecuencia de la teoría puede compararse con la experiencia. Con el planeta Júpiter el desplazamiento esperado llega a aproximadamente 1/100 de la cantidad dada. Sería deseable que los astrónomos asumieran la cuestión aquí planteada. Pues, aparte de cualquier teoría, está la cuestión de si es posible detectar con los equipos actualmente disponibles una influencia de los campos gravitatorios en la propagación de la luz.

4

EL FUNDAMENTO DE LA TEORÍA DE LA RELATIVIDAD GENERAL*

A. CONSIDERACIONES FUNDAMENTALES SOBRE EL POSTULADO DE RELATIVIDAD

1. OBSERVACIONES SOBRE LA TEORÍA DE LA RELATIVIDAD ESPECIAL

La teoría de la relatividad especial se basa en el siguiente postulado, que también es satisfecho por la mecánica de Galileo y Newton.

Si se escoge un sistema de coordenadas K con relación al cual son válidas las leyes físicas en su forma más simple, las *mismas* leyes son también válidas con relación a cualquier otro sistema de coordenadas K' que se mueve con movimiento de traslación uniforme con respecto a K. Llamamos a este postulado el «principio de relatividad especial». La palabra «especial» quiere dar a entender que el principio está restringido al caso en que K' tiene un movimiento de traslación uniforme con respecto a K, pero que la equivalencia de K' y K no se extiende al caso de movimiento no uniforme de K' con respecto a K.

* «Die Grundlage der allgemeinen Relativitätstheorie», *Annalen der Physik*, 49, 1916.

Así pues, la teoría de la relatividad especial no se aparta de la mecánica clásica por el postulado de relatividad, sino por el postulado de la constancia de la velocidad de la luz *in vacuo*, a partir del cual, en combinación con el principio de relatividad especial, se sigue, en la forma bien conocida, la relatividad de la simultaneidad, la transformación lorentziana y las leyes relacionadas para el comportamiento de cuerpos y relojes en movimiento.

La modificación a la que la teoría de la relatividad especial ha sometido a la teoría del espacio y el tiempo es realmente de largo alcance, pero hay un punto importante que ha permanecido inalterado. Pues las leyes de la geometría, incluso según la teoría de la relatividad especial, tienen que ser interpretadas directamente como leyes relacionadas con las posibles posiciones relativas de cuerpos sólidos en reposo; y, de una manera más general, las leyes de la cinemática deben interpretarse como leyes que describen las relaciones de medida de cuerpos y relojes. A dos puntos materiales seleccionados de un cuerpo rígido estacionario corresponde siempre una distancia de longitud bien definida, que es independiente de la localización y orientación del cuerpo, y es también independiente del tiempo. A dos posiciones seleccionadas de las manecillas de un reloj en reposo con respecto a un sistema de referencia privilegiado, corresponde siempre un intervalo de tiempo de longitud definida, que es independiente del lugar y el tiempo. Pronto veremos que la teoría de la relatividad especial no puede adherirse a esta interpretación física sencilla del espacio y el tiempo.

2. LA NECESIDAD DE UNA EXTENSIÓN DEL POSTULADO DE RELATIVIDAD

En mecánica clásica, y no menos en la teoría de la relatividad especial, existe un defecto epistemológico inherente que fue señalado claramente, quizá por primera vez, por Ernst Mach. Lo discutiremos mediante el siguiente ejemplo: dos cuerpos fluidos del mismo tamaño y naturaleza se mantienen libremente en el espacio a una distancia tan grande uno de otro y de todas las demás masas que sólo hay que tener en cuenta aquellas fuerzas gravitatorias que aparecen a partir de la interacción de diferentes partes del mismo cuerpo. Sea invariable la distancia entre los dos cuerpos, y supongamos que en ninguno de los dos cuerpos hay movimientos relativos de unas partes con respecto a otras. Pero supongamos que una de las dos masas, juzgada por un observador en reposo con respecto a la otra masa, rota con velocidad angular constante alrededor de la línea que une ambas masas. Éste es un movimiento relativo verificable de los dos cuerpos. Imaginemos ahora que cada uno de los cuerpos ha sido examinado por medio de instrumentos de medida en reposo con respecto al mismo, y que se muestra que la superficie de S_1 es una esfera y la de S_2 es un elipsoide de revolución. Acto seguido planteamos la pregunta: ¿cuál es la razón de esta diferencia entre los dos cuerpos? Ninguna respuesta puede admitirse como epistemológica satisfactoria,[1] a menos que la razón dada sea un *hecho de experiencia observable*. La ley de causalidad no tiene el significado de un enunciado acerca del mundo de la experiencia, excepto cuando *hechos observables* aparecen en última instancia como causas y efectos.

La mecánica newtoniana no da una respuesta satisfactoria a esta pregunta. Se pronuncia como sigue: las leyes de la mecánica se aplican al espacio R_1, con respecto al cual el cuerpo S_1 está en reposo, pero no al espacio R_2 con respecto al cual el cuerpo S_2 está en reposo. Pero el espacio privilegiado R_1 de Galileo, así introduci-

1. Por supuesto, una respuesta puede ser satisfactoria desde el punto de vista de la epistemología, y pese a todo ser físicamente errónea si está en conflicto con otras experiencias.

do, es una causa meramente *facticia*, y no algo que pueda ser observado. Es evidente, por lo tanto, que la mecánica de Newton no satisface realmente el requisito de causalidad en el caso bajo consideración, sino que lo hace sólo aparentemente, puesto que hace a la causa facticia R_1 responsable de la diferencia observable en los cuerpos S_1 y S_2.

La única respuesta satisfactoria debe ser que el sistema físico consistente en S_1 y S_2 no revela dentro de sí mismo ninguna causa imaginable a la que pueda remitirse el diferente comportamiento de S_1 y S_2. Por consiguiente, la causa debe estar *fuera* de este sistema. Tenemos que asumir que las leyes generales de movimiento, que en particular determinan las formas de S_1 y S_2, deben ser tales que el comportamiento mecánico de S_1 y S_2 está condicionado en parte, y en aspectos muy esenciales, por masas distantes que no han sido incluidas en el sistema bajo consideración. Estas masas distantes y sus movimientos con respecto a S_1 y S_2 deben considerarse entonces como la sede de las causas (que deben ser susceptibles de observación) del diferente comportamiento de nuestros dos cuerpos S_1 y S_2. Ellas asumen el papel de la causa facticia R_1. De todos los espacios imaginables R_1, R_2, etc., en cualquier tipo de movimiento relativo mutuo, no existe ninguno que podamos considerar privilegiado a priori sin reavivar la objeción epistemológica antes mencionada. *Las leyes de la física deben ser de tal naturaleza que se aplican a sistemas de referencia en cualquier tipo de movimiento*. Por este camino llegamos a una extensión del postulado de relatividad.

Además de este poderoso argumento de la teoría del conocimiento, existe un hecho físico bien conocido en favor de una extensión de la teoría de la relatividad. Sea K un sistema de referencia galileano, i. e. un sistema con respecto al cual (al menos en la región tetradimensional en consideración) una masa, suficientemente distante de otras masas, se mueve con movimiento uniforme en línea recta. Sea K' un segundo sistema de referencia que se mueve con respecto a K con traslación *uniformemente acelerada*. Entonces, con respecto a K', una masa suficientemente distante de otras masas tendría un movimiento acelerado tal que la magnitud y dirección de su aceleración son independientes de la composición material y estado físico de la masa.

¿Permite esto a un observador en reposo con respecto a K' inferir que él está en un sistema de referencia «realmente» acelerado? La respuesta es negativa; pues la relación antes mencionada de masas libremente movibles respecto a K' puede interpretarse igualmente bien de la siguiente manera. El sistema de referencia K' no está acelerado, pero el territorio espacio-temporal en cuestión está bajo el dominio de un campo gravitatorio que genera el movimiento acelerado de los cuerpos con respecto a K'.

Esta visión se hace posible para nosotros por la enseñanza de la experiencia acerca de la existencia de un campo de fuerzas, a saber, el campo gravitatorio, que posee la extraordinaria propiedad de impartir la misma aceleración a todos los cuerpos.[2] El comportamiento mecánico de los cuerpos con respecto a K' es el mismo que se presenta a la experiencia en el caso de sistemas que solemos considerar como «estacionarios» o como «privilegiados». Por consiguiente, desde el punto de vista físico, se sugiere inmediatamente la hipótesis de que los sistemas K y K' deben ser ambos considerados con igual derecho como «estacionarios», es decir, tienen el mismo título como sistemas de referencia para la descripción física de los fenómenos.

Se verá a partir de estas reflexiones que al seguir la teoría de la relatividad general nos veremos llevados a una teoría de la gravitación, puesto que podemos «producir» un campo gravitatorio cambiando meramente el sistema de coordenadas. También será obvio

2. Eötvös ha demostrado experimentalmente que el campo gravitatorio tiene esta propiedad con gran exactitud.

que el principio de la constancia de la velocidad de la luz *in vacuo* debe ser modificado, puesto que fácilmente reconocemos que la trayectoria de un rayo luminoso con respecto a K' debe ser en general curvilínea, si con respecto a K la luz se propaga en línea recta con una velocidad constante definida.

3. EL CONTINUO ESPACIO-TEMPORAL. REQUISITO DE COVARIANCIA GENERAL PARA LAS ECUACIONES QUE EXPRESAN LAS LEYES GENERALES DE LA NATURALEZA

En mecánica clásica, así como en la teoría de la relatividad especial, las coordenadas de espacio y tiempo tienen un significado físico directo. Decir que un suceso tiene x_1 como coordenada X_1 significa que la proyección del suceso sobre el eje de X_1, determinada por reglas de medir rígidas y de acuerdo con las reglas de la geometría euclidiana, se obtiene colocando una regla de medir dada (la unidad de longitud) x_1 veces a partir del origen de coordenadas a lo largo del eje de X_1. Decir que un suceso puntual tiene $x_4 = t$ como coordenada X_4 significa que un reloj estándar, construido para medir el tiempo con un período unidad definido, y que es estacionario con respecto al sistema de coordenadas y prácticamente coincidente en el espacio con el suceso puntual,[3] habrá medido $x_4 = t$ períodos en la ocurrencia del suceso.

Esta idea del espacio y el tiempo ha estado siempre en la mente de los físicos, incluso si, como regla, no han sido conscientes de

3. Suponemos la posibilidad de verificar la «simultaneidad» de sucesos inmediatamente próximos en el espacio, o —por hablar con más precisión— para inmediata proximidad o coincidencia en el espacio-tiempo, sin dar una definición de este concepto fundamental.

ella. Está claro a partir del papel que estos conceptos desempeñan en las medidas físicas; también debe subyacer a las reflexiones del lector sobre la sección precedente (2) para conectar cualquier significado con lo que allí ha leído. Pero ahora demostraremos que debemos dejarla de lado y reemplazarla por una visión más general para poder completar el postulado de relatividad general, si la teoría de la relatividad especial se aplica al caso especial de ausencia de un campo gravitatorio.

En un espacio que está libre de campos gravitatorios introducimos un sistema de referencia galileano K (x, y, z, t), y también un sistema de coordenadas K' (x', y', z', t') en rotación uniforme con respecto a K. Consideramos que los orígenes de ambos sistemas así como sus ejes Z coinciden en todo momento. Demostraremos que para una medida espacio-temporal en el sistema K' no puede mantenerse la definición anterior del significado físico de longitudes y tiempos. Por razones de simetría es evidente que un círculo alrededor del origen en el plano X, Y de K puede considerarse al mismo tiempo como un círculo en el plano X', Y' de K'. Supongamos que la circunferencia y el diámetro de este círculo han sido medidos con una medida unidad infinitamente pequeña comparada con el radio, y que tenemos el cociente de ambos resultados. Si este experimento se realizara con una regla de medir en reposo con respecto al sistema galileano K, el cociente sería π. Con una regla de medir en reposo con respecto a K', el cociente sería mayor que π. Esto se entiende inmediatamente si concebimos el proceso global de medir desde el sistema «estacionario» K, y tenemos en consideración que la regla de medir aplicada a la periferia sufre una contracción lorentziana, mientras que la aplicada a lo largo del radio no la sufre. Por lo tanto, la geometría euclidiana no se aplica a K'. La noción de coordenadas definida más arriba, que presupone la validez de la geometría euclidiana, deja de ser válida por consiguiente en relación al sistema K'. Así, también, somos incapaces de introducir un tiempo correspondiente a los requisitos físicos en K', indicado por relojes en reposo con respecto a K'. Para convencernos de esta imposibilidad, imaginemos dos relojes de idéntica constitución colocados uno en el origen de coordenadas y el otro en la circunferencia del círculo, y ambos concebidos desde el sistema «estacionario» K. Por un resultado familiar de la teoría de la relatividad especial, el reloj en la circunferencia —juzgado desde K— marcha más lento que el otro, porque el primero está en movimiento y el último en reposo. Un observador en el origen común de coordenadas, capaz de observar el reloj en la circunferencia por medio de luz, vería por consiguiente que se retrasa respecto al reloj que tiene ante él. Puesto que él no estará preparado para admitir que la velocidad de la luz a lo largo del camino en cuestión dependa explícitamente del tiempo, interpretará sus observaciones como algo que demuestra que el reloj en la circunferencia «realmente» marcha más lento que el reloj en el origen. Por lo tanto, se verá obligado a definir el tiempo de tal manera que la marcha de un reloj depende de dónde pueda estar el reloj.

Por consiguiente, llegamos a este resultado: en la teoría de la relatividad general, el espacio y el tiempo no pueden definirse de manera tal que las diferencias de las coordenadas espaciales puedan medirse directamente por la regla de medir unidad, ni las diferencias en la coordenada temporal por un reloj estándar.

El método empleado hasta ahora para tender coordenadas en el continuo espacio-temporal de una manera definida deja así de ser válido, y parece que no haya otra forma que nos permitiera adaptar sistemas de coordenadas al universo tetradimensional, de modo que pudiéramos esperar de su aplicación una formulación particularmente simple de las leyes de la naturaleza. De modo que no hay nada sino considerar todos los sistemas de coordenadas imaginables, en principio, como igualmente adecuados para la descripción de la naturaleza. Esto viene a exigir que:

Las leyes generales de la naturaleza deben expresarse por ecuaciones que sean válidas para todos los sistemas de coordenadas. Es decir, sean covariantes con respecto a cualesquiera sustituciones (generalmente covariantes).

Es evidente que una teoría física que satisfaga este postulado también será adecuada para el postulado de relatividad general. Pues la suma de todas las sustituciones incluye, en cualquier caso, a aquellas que corresponden a todos los movimientos relativos de sistemas de coordenadas tridimensionales. Que este requisito de covariancia general, que despoja al espacio y el tiempo del último residuo de objetividad física, es un requisito general, se verá a partir de la siguiente reflexión. Todas nuestras verificaciones espacio-temporales equivalen invariablemente a una determinación de coincidencias espacio-temporales. Si, por ejemplo, los sucesos consistieran meramente en el movimiento de puntos materiales, entonces nada sería observable en definitiva salvo los encuentros de dos o más de dichos puntos. Además, los resultados de nuestras medidas no son nada más que verificaciones de tales encuentros de los puntos materiales de nuestros instrumentos de medida con otros puntos materiales, coincidencias entre las manecillas de un reloj y puntos en la esfera de un reloj, y sucesos puntuales observados que suceden en el mismo lugar y al mismo tiempo.

La introducción de un sistema de referencia no tiene otro propósito que facilitar la descripción de la totalidad de tales coincidencias. Asignamos al universo cuatro variables espacio-temporales x_1, x_2, x_3, x_4, de tal manera que para todo suceso puntual existe un correspondiente sistema de valores de las variables x_1.... x_4. A dos sucesos puntuales coincidentes corresponde un sistema de valores de las variables x_1 ... x_4, i. e. la coincidencia se caracteriza por la identidad de las coordenadas. Si, en lugar de las variables x_1 ... x_4, introducimos funciones de ellas, x'_1, x'_2, x'_3, x'_4, como un nuevo sistema de coordenadas, de modo que los sistemas de valores se hacen corresponder uno a otro sin ambigüedad, la igualdad de las cuatro coordenadas en el nuevo sistema servirá también como una expresión de la coincidencia espacio-temporal de los dos sucesos puntuales. Puesto que toda nuestra experiencia física puede reducirse en última instancia a tales coincidencias, no hay ninguna razón inmediata para preferir ciertos sistemas de coordenadas a otros. Es decir, llegamos al requisito de covariancia general.

4. LA RELACIÓN DE LAS CUATRO COORDENADAS CON LA MEDIDA EN EL ESPACIO Y EL TIEMPO

No es mi propósito en esta discusión presentar la teoría de la relatividad general como un sistema tan sencillo y lógico como sea posible, y con el mínimo número de axiomas; sino que mi principal objetivo es desarrollar esta teoría de tal manera que el lector sienta que el camino en el que hemos entrado es el natural desde un punto de vista psicológico, y que las hipótesis subyacentes parecerán tener el máximo grado de seguridad posible. Con este objetivo a la vista garanticemos ahora que:

Para regiones tetradimensionales infinitamente pequeñas es apropiada la teoría de la relatividad en el sentido restringido, si las coordenadas se escogen adecuadamente.

Para este fin debemos escoger la aceleración del sistema de coordenadas («local») infinitamente pequeño de modo que no haya ningún campo gravitatorio; esto es posible para una región infinitamente pequeña. Sean X_1, X_2, X_3 las coordenadas espaciales, y X_4 la correspondiente coordenada temporal medida en la unidad apropiada.[4] Si se imagina dada una regla rígida como unidad de medi-

4. La unidad de tiempo debe escogerse de modo que la velocidad de la luz *in vacuo* medida en el sistema de coordenadas «local» sea igual a la unidad.

da, las coordenadas, con una orientación dada del sistema de coordenadas, tienen un significado físico directo en el sentido de la teoría de la relatividad especial. Por la teoría de la relatividad especial la expresión

$$ds^2 = - dX_1^2 - dX_2^2 - dX_3^2 + dX_4^2 \qquad (1)$$

tiene entonces un valor que es independiente de la orientación del sistema de coordenadas local, y que se puede determinar mediante medidas de espacio y tiempo. Llamamos ds a la magnitud del elemento de línea perteneciente a puntos del continuo tetradimensional infinitamente próximos. Siguiendo a Minkowski, si el ds perteneciente a los elementos dX_1 ... dX_4 es positivo, le llamamos de tipo tiempo; si es negativo, le llamamos de tipo espacio.

Al «elemento de línea» en cuestión, o a los dos sucesos puntuales infinitamente próximos, corresponderán también diferenciales definidas dx_1 ... dx_4 de las coordenadas tetradimensionales de cualquier sistema de referencia escogido. Si este sistema, así como el sistema «local», está dado para la región en consideración, las dX_ν podrán representarse aquí por expresiones homogéneas lineales definidas de las dx_σ:

$$dX_\nu = \sum_\sigma a_{\nu\sigma}\, dx_\sigma\,. \qquad (2)$$

Insertando estas expresiones en (1), obtenemos

$$ds^2 = \sum_{\tau\sigma} g_{\sigma\tau}\, dx_\sigma\, dx_\tau\,. \qquad (3)$$

donde las $g_{\sigma\tau}$ serán funciones de las x_σ. Éstas ya no pueden ser dependientes de la orientación y el estado de movimiento del sistema de coordenadas «local», pues ds^2 es una magnitud que se puede establecer por medidas de regla-y-reloj de sucesos puntuales infinitamente próximos en el espacio-tiempo, y definida independientemente de cualquier elección de coordenadas concreta. Las $g_{\sigma\tau}$ deben escogerse aquí de modo que $g_{\sigma\tau} = g_{\tau\sigma}$; la suma se extiende sobre todos los valores de σ y τ, de modo que la suma consta de 4×4 términos, de los cuales 12 se agrupan en pares iguales.

El caso de la teoría de la relatividad ordinaria aparece a partir del caso aquí considerado, si es posible escoger, por razón de las relaciones particulares de las $g_{\sigma\tau}$ en una región finita, el sistema de referencia en la región finita de tal manera que las $g_{\sigma\tau}$ toman los valores constantes

$$\left.\begin{array}{cccc} -1 & 0 & 0 & 0 \\ 0 & -1 & 0 & 0 \\ 0 & 0 & -1 & 0 \\ 0 & 0 & 0 & 1 \end{array}\right\} \qquad (4)$$

Encontraremos en adelante que la elección de tales coordenadas no es posible, en general, para una región finita.

De las consideraciones desarrolladas en los enunciados 2 y 3 se sigue que las cantidades $g_{\tau\sigma}$ deben considerarse desde el punto de vista físico como las cantidades que describen el campo gravitatorio en relación con el sistema de referencia escogido. Pues si ahora suponemos que la teoría de la relatividad especial se aplica a una cierta región tetradimensional con las coordenadas adecuadamente escogidas, entonces las $g_{\sigma\tau}$ tienen los valores dados en (4). Un punto material libre se mueve entonces, con respecto a este sistema, con movimiento uniforme en línea recta. Entonces, si introducimos nuevas coordenadas espacio-temporales x_1, x_2, x_3, x_4 por medio de cualquier sustitución que escojamos, las $g^{\sigma\tau}$ en este nuevo sistema ya no serán constantes, sino funciones del espacio y el tiempo. Al mismo tiempo, el movimiento del punto lateral libre se presentará en las nuevas coordenadas como un movimiento no-uniforme curvilíneo, y la ley de este movimiento será independiente de la naturaleza de la partícula que se mueve. Por consiguiente, interpretaremos este movimiento como un movimiento bajo la influencia de un campo gravitatorio. Encontramos así la presencia de un campo gravitatorio conectada con una variabilidad espacio-temporal de las g_{σ}. Así también, en el caso general, cuando ya no podemos mediante una adecuada elección de coordenadas aplicar la teoría de la relatividad especial a una región finita, nos atendremos a la idea de que las $g_{\sigma\tau}$ describen el campo gravitatorio.

Por lo tanto, según la teoría de la relatividad general la gravitación ocupa una posición excepcional con respecto a otras fuerzas, en particular las fuerzas electromagnéticas, puesto que las diez funciones $g_{\sigma\tau}$ que representan al campo gravitatorio definen al mismo tiempo las propiedades métricas del espacio medido.

B. HERRAMIENTAS MATEMÁTICAS PARA LA FORMULACIÓN DE ECUACIONES GENERALMENTE COVARIANTES

Habiendo visto en lo que precede que el postulado de relatividad general conduce al requisito de que las ecuaciones de la física sean covariantes frente a cualquier sustitución de las coordenadas $x_1 \dots x_4$, tenemos que considerar cómo pueden encontrarse tales ecuaciones generalmente covariantes. Ahora nos dirigimos hacia esta tarea puramente matemática, y encontraremos que en su solución juega un papel fundamental el invariante *ds* dado en la ecuación (3), que, tomándolo prestado de la teoría de superficies de Gauss, hemos llamado el «elemento de línea».

La idea fundamental de esta teoría general de covariantes es la siguiente: Definamos ciertos objetos («tensores») con respecto a cualquier sistema de coordenadas mediante un número de funciones de las coordenadas, llamadas «componentes» del tensor. Existen entonces ciertas reglas mediante las cuales pueden calcularse dichas componentes para un nuevo sistema de coordenadas, si se conocen para el sistema de coordenadas original. Estos objetos, en lo sucesivo llamados tensores, están además caracterizados por el hecho de que las ecuaciones de transformación para sus componentes son lineales y homogéneas. En consecuencia, todas las componentes en el nuevo sistema se anulan si todas se anulan en el sistema original. Si, por lo tanto, una ley de la naturaleza se expresa igualando a cero todas las componentes de un tensor, dicha ley es generalmente covariante. Examinando las leyes de formación de tensores adquirimos los medios de formular leyes generalmente covariantes.

5. CUADRIVECTORES CONTRAVARIANTES Y COVARIANTES

Cuadrivectores contravariantes. El elemento de línea está definido por las cuatro «componentes» dx_ν, para los que la ley de transformación se expresa por la ecuación

$$dx'_\sigma = \sum_\nu \frac{\partial x'_\sigma}{\partial x_\nu} dx_\nu. \tag{5}$$

Las dx'_σ se expresan como funciones lineales y homogéneas de las dx_ν. De aquí podemos considerar estas diferenciales de coordenadas como las componentes de un «tensor» del tipo particular que llamamos cuadrivector contravariante. Cualquier objeto que está definido con relación al sistema de coordenadas por cuatro cantidades A^ν, y que se transforma por la misma ley

$$A'^{\sigma} = \sum_{\nu} \frac{\partial x'_{\sigma}}{\partial x_{\nu}} A^{\nu}, \tag{5a}$$

se llama también un cuadrivector contravariante. De (5a) se sigue inmediatamente que las sumas ($A^{\sigma} \pm B^{\sigma}$) son también componentes de un cuadrivector, si A^{σ} y B^{σ} lo son. Relaciones correspondientes válidas para todos los «tensores» deben introducirse posteriormente. (Regla para la adición y sustracción de tensores).

Cuadrivectores covariantes. Llamamos a cuatro cantidades A_{ν} componentes de un cuadrivector covariante si para cualquier elección arbitraria del cuadrivector contravariante B^{ν}

$$\sum_{\nu} A_{\nu} B^{\nu} = \text{Invariante}. \tag{6}$$

La ley de transformación de un cuadrivector covariante se sigue de esta definición. En efecto, si sustituimos B^{ν} en el segundo miembro de la ecuación

$$\sum_{\sigma} A'_{\sigma} B'^{\sigma} = \sum_{\nu} A_{\nu} B_{\nu}$$

por la expresión resultante de la inversión de (5a),

$$\sum_{\sigma} \frac{\partial x'_{\nu}}{\partial x'_{\sigma}} B'^{\sigma},$$

obtenemos

$$\sum_{\sigma} B'^{\sigma} \sum_{\nu} \frac{\partial x'_{\nu}}{\partial x'_{\sigma}} A_{\nu} = \sum_{\sigma} B'^{\sigma} A'_{\sigma}.$$

Puesto que esta ecuación es verdadera para valores arbitrarios de las B'^{σ}, se sigue que la ley de transformación es

$$A'_\sigma = \sum_\nu \frac{\partial x'_\nu}{\partial x'_\sigma} A_\nu. \tag{7}$$

Nota sobre una forma simplificada de escribir las expresiones. Una ojeada a las ecuaciones de esta sección muestra que siempre hay una suma con respecto a los índices que aparecen dos veces bajo un signo de suma (e. g. el índice ν en (5)), y sólo con respecto a índices que aparecen dos veces. Por lo tanto, es posible, sin pérdida de claridad, omitir el signo de suma. En su lugar introducimos el siguiente convenio: si un índice aparece dos veces en un término de una expresión, siempre debe sumarse sobre el mismo a menos que se afirme expresamente lo contrario.

La diferencia entre cuadrivectores covariantes y contravariantes reside en la ley de transformación ((7) o (5) respectivamente). Ambas forma son tensores en el sentido del comentario general anterior. Ahí reside su importancia. Siguiendo a Ricci y Levi-Civita denotamos el carácter contravariante colocando el índice arriba, y el carácter covariante colocándolo abajo.

6. TENSORES DE SEGUNDO RANGO Y SUPERIORES

Tensores contravariantes. Si formamos los dieciséis productos $A^{\mu\nu}$ de las componentes A^μ y B^ν de dos cuadrivectores contravariantes

$$A^{\mu\nu} = A^\mu B^\nu. \tag{8}$$

entonces por (8) y (5a) $A^{\mu\nu}$ satisface la ley de transformación

$$A'^{\sigma\tau} = \frac{\partial x_\sigma}{\partial x'_\mu} \frac{\partial x_\tau}{\partial x'_\nu} A^{\mu\nu}. \tag{9}$$

Llamamos tensor contravariente de segundo rango a un objeto que está descrito con relación a cualquier sistema de referencia por dieciséis cantidades que satisfacen la ley de transformación (9). No todos los tensores semejantes pueden formarse de acuerdo con (8) a partir de dos cuadrivectores, pero se demuestra fácilmente que cualesquiera dieciséis $A^{\mu\nu}$ dados pueden representarse como sumas de los $A^{\mu}B^{\nu}$ de cuatro pares de cuadrivectores adecuadamente seleccionados. De aquí podemos probar casi todas las leyes que se aplican al tensor de segundo rango definido por (9) de la forma más simple demostrándolas para los tensores especiales del tipo (8).

Tensores contravariantes de cualquier rango. Es evidente que, en línea con (8) y (9), también pueden definirse tensores contravariantes de tercer rango y superiores con 4^3 componentes, y así sucesivamente. De la misma forma, se sigue de (8) y (9) que el cuadrivector contravariante puede tomarse en este sentido como un tensor contravariante de primer rango.

Tensores covariantes. Por otra parte, si tomamos los dieciséis productos $A_{\mu\nu}$ de dos cuadrivectores covariantes A_{μ} y B_{ν}

$$A_{\mu\nu} = A_{\mu}\, B_{\nu}, \tag{10}$$

la ley de transformación para éstos es

$$A'_{\sigma\tau} = \frac{\partial x_{\mu}}{\partial x'_{\sigma}} \frac{\partial x_{\nu}}{\partial x'_{\tau}} A_{\mu\nu}. \tag{11}$$

Esta ley de transformación define el tensor covariante de segundo rango. Todos nuestros comentarios previos sobre tensores contravariantes se aplican igualmente a tensores covariantes.

NOTA. Es conveniente tratar los escalares (o invariantes) como tensores contravariantes o tensores covariantes de rango cero.

Tensores mixtos. También podemos definir un tensor de segundo rango del tipo

$$A_{\mu}^{\nu} = A_{\mu} B^{\nu}. \tag{12}$$

que es covariante con respecto al índice μ y contravariante con respecto al índice ν. Su ley de transformación es

$$A'^{\tau}_{\sigma} = \frac{\partial x'_{\tau}}{\partial x'_{\nu}} \frac{\partial x'_{\mu}}{\partial x'_{\sigma}} A_{\mu}^{\nu}. \tag{13}$$

Naturalmente, existen tensores mixtos con cualquier número de índices de carácter covariante y cualquier número de índices de carácter contravariante. Los tensores covariantes y contravariantes pueden considerarse como casos especiales de tensores mixtos.

Tensores simétricos. Un tensor contravariante, o un tensor covariante, de segundo rango o superior se llama simétrico si dos componentes, que se obtienen una de otra por el intercambio de dos índices, son iguales. El tensor $A^{\mu\nu}$, o el tensor $A_{\mu\nu}$, son así simétricos si para cualquier combinación de los índices μ, ν,

$$A^{\mu\nu} = A^{\nu\mu}, \tag{14}$$

o respectivamente,

$$A_{\mu\nu} = A_{\nu\mu}. \tag{14a}$$

Hay que demostrar que la simetría así definida es una propiedad independiente del sistema de referencia. De hecho, se sigue de (9), cuando se tiene en cuenta (14), que

$$A'^{\sigma\tau} = \frac{\partial x'_\sigma}{\partial x_\mu}\frac{\partial x'_\tau}{\partial x_\nu}A^{\mu\nu} = \frac{\partial x'_\sigma}{\partial x_\mu}\frac{\partial x'_\tau}{\partial x_\nu}A^{\nu\mu} = \frac{\partial x'_\sigma}{\partial x_\nu}\frac{\partial x'_\tau}{\partial x_\mu}A^{\mu\nu} = A'^{\tau\sigma}.$$

La penúltima ecuación depende del intercambio de los índices de suma μ y ν, i. e. meramente de un cambio de notación.

Tensores antisimétricos. Un tensor contravariante o un tensor covariante de segundo, tercero o cuarto rango se llama antisimétrico si dos componentes, que se obtienen una de otra por el intercambio de dos índices, son iguales y de signo opuesto. El tensor $A^{\mu\nu}$, o el tensor $A_{\mu\nu}$, es, por lo tanto, antisimétrico si siempre

$$A^{\mu\nu} = -A^{\nu\mu}, \tag{15}$$

o respectivamente,

$$A_{\mu\nu} = -A_{\nu\mu}. \tag{15a}$$

De las dieciséis componentes $A^{\mu\nu}$, las cuatro componentes $A^{\mu\mu}$ se anulan; el resto son iguales y de signo opuesto por pares, de modo que existen sólo seis componentes numéricamente diferentes (un seis-vector). Análogamente vemos que el tensor antisimétrico de tercer rango $A^{\mu\nu\sigma}$ tiene sólo cuatro componentes numéricamente diferentes, mientras que el tensor antisimétrico $A^{\mu\nu\sigma\tau}$ tiene sólo una. No existen tensores antisimétricos de rango mayor que el cuarto en un continuo de cuatro dimensiones.

7. PRODUCTO DE TENSORES

Producto exterior de tensores. A partir de las componentes de un tensor de rango n y de un tensor de rango m, obtenemos las componentes de un tensor de rango $n + m$ multiplicando cada componente de un tensor por cada componente del otro. Así, por ejemplo, los tensores T aparecen a partir de los tensores A y B de diferentes tipos

$$T_{\mu\nu\sigma} = A_{\mu\nu} B_{\sigma},$$
$$T^{\mu\nu\sigma\tau} = A^{\mu\nu} B^{\sigma\tau},$$
$$T^{\sigma\tau}_{\mu\nu} = A_{\mu\nu} B^{\sigma\tau}.$$

La demostración del carácter tensorial de T está dada directamente por las representaciones (8), (10), (12), o por las leyes de transformación (9), (11), (13). Las propias ecuaciones (8), (10), (12) son ejemplos de producto exterior de tensores de primer rango.

«Contracción» de un tensor mixto. A partir de cualquier tensor mixto podemos formar un tensor cuyo rango es menor en dos unidades, igualando un índice de carácter covariante con uno de carácter contravariante, y sumando con respecto a dicho índice («contracción»). Así, por ejemplo, a partir del tensor mixto de cuarto rango $A^{\rho\tau}_{\mu\nu}$, obtenemos el tensor mixto de segundo rango

$$A^{\tau}_{\nu} = A^{\mu\tau}_{\mu\nu} \left(= \sum_{\mu} A^{\mu\tau}_{\mu\nu} \right),$$

y a partir de éste, por una segunda contracción, el tensor de rango cero

$$A = A^{\nu}_{\nu} = A^{\mu\nu}_{\mu\nu}.$$

La demostración de que el resultado de la contracción posee realmente el carácter tensorial está dada o bien por la representación de un tensor de acuerdo con la generalización de (12) en combinación con (6), o bien por la generalización de (13).

Productos interior y mixto de tensores. Éstos consisten en una combinación de producto exterior con contracción.

Ejemplos. A partir del tensor covariante de segundo rango $A_{\mu\nu}$ y el tensor contravariante de primer rango B^{σ} formamos por producto exterior el tensor mixto

$$D^{\sigma}_{\mu\nu} = A_{\mu\nu}\, B^{\sigma}.$$

Por contracción con respecto a los índices ν y σ, obtenemos el cuadrivector covariante

$$D_{\mu} = D^{\nu}_{\mu\nu} = A_{\mu\nu}\, B^{\nu}.$$

Llamamos a esto el producto interno de los tensores $A_{\mu\nu}$ y B^{σ}. Análogamente, a partir de los tensores $A_{\mu\nu}$ y $B^{\sigma\tau}$, formamos por producto exterior y doble contracción el producto interior $A_{\mu\nu}\, B^{\mu\nu}$. Por producto exterior y una contracción, obtenemos a partir de $A_{\mu\nu}$ y $B^{\sigma\tau}$ el tensor mixto de segundo rango $D^{\tau}_{\mu} = A_{\mu\nu}\, B^{\nu\tau}$. Esta operación puede caracterizarse apropiadamente como una operación mixta, siendo «exterior» con respecto a los índices μ y τ, e «interior» con respecto a los índices ν y σ.

Ahora demostramos una proposición que suele ser útil como evidencia del carácter tensorial. A partir de lo que se acaba de explicar, $A_{\mu\nu}\, B^{\mu\nu}$ es un escalar si $A_{\mu\nu}$ y $B^{\sigma\tau}$ son tensores. Pero también podemos hacer la siguiente afirmación: si $A_{\mu\nu}\, B^{\mu\nu}$ es un escalar *para cualquier elección del tensor* $B^{\mu\nu}$, entonces $A_{\mu\nu}$ tiene carácter tensorial. En efecto, por hipótesis, para cualquier sustitución

$$A'_{\sigma\tau}\, B'^{\sigma\tau} = A_{\mu\nu}\, B^{\mu\nu}.$$

pero por una inversión de (9)

$$B^{\mu\nu} = \frac{\partial x_{\mu}}{\partial x'_{\sigma}} \frac{\partial x_{\nu}}{\partial x'_{\tau}} B'^{\sigma\tau}.$$

Esto, insertado en la ecuación anterior, da

$$\left(A'_{\sigma\tau} - \frac{\partial x_\mu}{\partial x'_\sigma} \frac{\partial x_\nu}{\partial x'_\tau} A_{\mu\nu} \right) B'^{\sigma\tau} = 0.$$

Esto sólo puede satisfacerse para valores arbitrarios $B'^{\sigma\tau}$ si se anula el paréntesis. El resultado se sigue entonces por la ecuación (11). Esta regla se aplica correspondientemente a tensores de cualquier rango y carácter, y la demostración es análoga en todos los casos.

La regla también puede demostrarse de esta forma: si B^μ y C^ν son vectores cualesquiera, y si, para todos los valores de éstos, el producto interior $A_{\mu\nu} B^\mu C^\nu$ es un escalar, entonces $A_{\mu\nu}$ es un tensor covariante. Esta última proposición también es válida incluso si sólo es correcta la afirmación más especial: que con cualquier elección del cuadrivector B^μ, el producto interior $A_{\mu\nu} B^\mu C^\nu$ es un escalar, si además se sabe que $A_{\mu\nu}$ satisface la condición de simetría $A_{\mu\nu} = A_{\nu\mu}$. En efecto, por el método dado antes demostramos el carácter tensorial de $(A_{\mu\nu} + A_{\nu\mu})$, y de esto se sigue el carácter tensorial de $A_{\mu\nu}$ debido a la simetría. Esto también puede generalizarse fácilmente al caso de tensores covariantes y contravariantes de cualquier rango.

Finalmente, a partir de lo que se ha demostrado se sigue la siguiente ley que también puede generalizarse para tensores cualesquiera: si para cualquier elección del cuadrivector B^ν las cantidades $A_{\mu\nu} B^\nu$ forman un tensor de primer rango, entonces $A_{\mu\nu}$ es un tensor de segundo rango. En efecto, si C^μ es cualquier cuadrivector, entonces, debido al carácter tensorial de $A_{\mu\nu} B^\nu$, el producto interior $A_{\mu\nu} B^\nu C^\mu$ es un escalar para cualquier elección de los dos cuadrivectores B^ν y C^μ. De lo cual se sigue la proposición.

8. ALGUNOS ASPECTOS DEL TENSOR FUNDAMENTAL $g_{\mu\nu}$

El tensor fundamental covariante. En la expresión invariante para el cuadrado del elemento de línea

$$ds^2 = g_{\mu\nu}dx_\mu dx_\nu\,,$$

la parte que desempeñan las dx_μ es la de un vector contravariante que puede escogerse a voluntad. Puesto que además $g_{\mu\nu} = g_{\nu\mu}$, de las consideraciones de la sección precedente se sigue que $g_{\mu\nu}$ es un tensor covariante de segundo rango. Le llamamos «tensor fundamental». En lo que sigue deducimos algunas propiedades de este tensor que, es cierto, se aplican a cualquier vector de segundo rango. Pero puesto que el tensor fundamental desempeña un papel especial en nuestra teoría, que tiene su base física en el efecto peculiar de la gravitación, sucede que las relaciones que se van a desarrollar son de importancia para nosotros sólo en el caso del tensor fundamental.

El tensor fundamental contravariante. Si en el determinante formado por los elementos $g_{\mu\nu}$ tomamos el cofactor de cada uno de los $g_{\mu\nu}$ y lo dividimos por el determinante $g = |g_{\mu\nu}|$, obtenemos ciertas cantidades $g^{\mu\nu}(= g^{\nu\mu})$ que, como demostraremos, forman un tensor contravariante.

Por una conocida propiedad de los determinantes

$$g_{\mu\sigma}\, g^{\nu\sigma} = \delta_\mu^\nu\,, \tag{16}$$

donde el símbolo δ_μ^ν denota 1 o 0, según $\mu = \nu$ o $\mu \neq \nu$.

En lugar de la expresión anterior para ds^2 podemos escribir

$$g_{\mu\sigma}\, \delta_\nu^\sigma\, dx_\mu\, dx_\nu$$

o, por (16)

$$g_{\mu\sigma}\, g_{\nu\tau}\, g^{\sigma\tau}\, dx_\mu\, dx_\nu\,.$$

Pero, por las reglas del producto de la sección precedente, las cantidades

$$d\xi_\sigma = g_{\mu\sigma}\, dx_\mu$$

forman un cuadrivector covariante, y de hecho un vector arbitrario, puesto que las dx_μ son arbitrarias. Introduciendo esto en nuestra expresión obtenemos

$$ds^2 = g^{\sigma\tau}\, d\xi_\sigma\, d\xi_\tau\,.$$

Puesto que esto, con la elección arbitraria del vector $d\xi_\sigma$ es un escalar, y $g^{\sigma\tau}$ por definición es simétrico en los índices σ y τ, se sigue de los resultados de la sección precedente que $g^{\sigma\tau}$ es un tensor contravariante.

Se sigue además de (16) que δ_μ^ν es también un tensor, al que podemos llamar el tensor fundamental mixto.

El determinante del tensor fundamental. Por la regla de multiplicación de determinantes

$$|g_{\mu\alpha}\, g^{\alpha\nu}| = |g_{\mu\alpha}| \times |g^{\alpha\nu}|.$$

Por otra parte

$$|g_{\mu\alpha}\, g^{\alpha\nu}| = |\delta_\mu^\nu| = 1.$$

Se sigue por consiguiente que

$$|g_{\mu\nu}| \times |g^{\mu\nu}| = 1. \qquad (17)$$

El volumen escalar. Buscamos primero la ley de transformación del determinante $g = |g_{\mu\nu}|$. De acuerdo con (11)

$$g' = \left| \frac{\partial x_\mu}{\partial x'_\sigma} \frac{\partial x}{\partial x'_\tau} g_{\mu\nu} \right|.$$

De aquí, por una doble aplicación de la regla para la multiplicación de determinantes se sigue que

$$g' = \left| \frac{\partial x_\mu}{\partial x'_\sigma} \right| \cdot \left| \frac{\partial x_\nu}{\partial x'_\tau} \right| \cdot \left| g_{\mu\nu} \right| = \left| \frac{\partial x_\mu}{\partial x'_\sigma} \right|^2 g,$$

o

$$\sqrt{g}' = \left| \frac{\partial x_\mu}{\partial x'_\sigma} \right| \sqrt{g}.$$

Por otra parte, la ley de transformación del elemento de volumen

$$d\tau = \int dx_1\, dx_2\, dx_3\, dx_4$$

es, de acuerdo con el teorema de Jacobi

$$d\tau' = \left| \frac{\partial x'_\sigma}{\partial x_\mu} \right| d\tau.$$

Multiplicando las dos últimas ecuaciones obtenemos

$$\sqrt{g}' d\tau = \sqrt{g} d\tau. \qquad (18)$$

En lugar de $\sqrt{g}$, en lo que sigue introducimos la cantidad $\sqrt{-g}$, que es siempre real debido al carácter hiperbólico del continuo espacio-temporal. El invariante $\sqrt{-g}d\tau$ es igual a la magnitud del elemento de volumen tetradimensional en el sistema de referencia «local», medido con reglas rígidas y relojes en el sentido de la teoría de la relatividad especial.

Nota sobre el carácter del continuo espacio-temporal. Nuestra hipótesis de que la teoría de la relatividad especial siempre puede aplicarse a una región infinitamente pequeña, implica que ds^2 siempre puede expresarse de acuerdo con (1) por medio de cantidades reales $dX_1 \ldots dX_4$. Si denotamos por dt_0 el elemento de volumen «natural» dX_1, dX_2, dX_3, dX_4, entonces

$$d\tau_0 = \sqrt{-g}\, d\tau. \tag{18a}$$

Si $\sqrt{-g}$ fuera a anularse en un punto del continuo tetradimensional, ello significaría que en este punto un volumen «natural» infinitamente pequeño correspondería a un volumen finito en las coordenadas. Supongamos que nunca es así. Entonces g no puede cambiar de signo. Supondremos que en el sentido de la teoría de la relatividad especial, g tiene siempre un valor negativo finito. Ésta es una hipótesis respecto a la naturaleza física del continuo en consideración, y al mismo tiempo un convenio sobre la elección de coordenadas.

Pero si $-g$ es siempre finito y positivo, es natural establecer la elección de coordenadas a posteriori de tal manera que esta cantidad sea siempre igual a la unidad. Veremos más adelante que mediante una restricción semejante de la elección de coordenadas es posible conseguir una simplificación importante de las leyes de la naturaleza.

En lugar de (18), tenemos entonces simplemente $d\tau' = d\tau$, de lo cual, en vista del teorema de Jacobi, se sigue que

$$\left|\frac{\partial x'_\sigma}{\partial x_\mu}\right| = 1. \tag{19}$$

Así pues, con esta elección de coordenadas, sólo son permisibles sustituciones para las que el determinante es la unidad.

Pero sería erróneo creer que este paso indica un abandono parcial del postulado de relatividad general. No preguntamos: «¿Cuáles son las leyes de la naturaleza que son covariantes frente a todas las sustituciones para las que el determinante es la unidad?», sino que nuestra pregunta es: «¿Cuáles son las leyes de la naturaleza generalmente covariantes?». Hasta que no las hayamos formulado no podemos simplificar su expresión mediante una elección particular del sistema de referencia.

La formación de nuevos tensores por medio del tensor fundamental. El producto interior, exterior y mixto de un tensor por el tensor fundamental da tensores de diferente carácter y rango. Por ejemplo,

$$A^\mu = g^{\mu\sigma} A_\sigma,$$
$$A = g_{\mu\nu} A^{\mu\nu}.$$

Pueden señalarse especialmente las siguientes formas:

$$A^{\mu\nu} = g^{\mu\alpha} g^{\nu\beta} A_{\alpha\beta},$$
$$A_{\mu\nu} = g_{\mu\alpha} g_{\nu\beta} A^{\alpha\beta}.$$

(los «complementos» de tensores covariantes y contravariantes respectivamente), y

$$B_{\mu\nu} = g_{\mu\nu} g^{\alpha\beta} A_{\alpha\beta}.$$

Llamamos $B_{\mu\nu}$ al tensor reducido asociado con $A_{\mu\nu}$. Análogamente,

$$B^{\mu\nu} = g^{\mu\nu} g_{\alpha\beta} A^{\alpha\beta}.$$

Puede notarse que $g^{\mu\nu}$ no es entonces otra cosa que el complemento de $g_{\mu\nu}$, puesto que

$$g^{\mu\alpha} g^{\nu\beta} g_{\alpha\beta} = g^{\mu\alpha} \delta^{\nu}_{\alpha} = g^{\mu\nu}.$$

9. LA ECUACIÓN DE LA LÍNEA GEODÉSICA. EL MOVIMIENTO DE UNA PARTÍCULA

Puesto que el elemento de línea *ds* está definido independientemente del sistema de coordenadas, la línea trazada entre dos puntos P y P' del continuo tetradimensional de tal manera que $\int ds$ es estacionario —una línea geodésica— tiene un significado que también es independiente de la elección de coordenadas. Su ecuación es

$$\delta\left\{\int_{P}^{P'} ds\right\} = 0. \qquad (20)$$

Realizando la variación de la manera habitual, obtenemos a partir de esta ecuación cuatro ecuaciones diferenciales que definen la línea geodésica; esta operación se insertará por compleción. Sea λ una función de las coordenadas x_ν, y defina ésta una familia de superficies que intersectan a la línea geodésica requerida así como a todas las líneas en la inmediata vecindad de ella que pasan por los puntos P y P'. Cualquiera de esta líneas puede suponerse entonces dada expresando sus coordenadas x_ν como funciones de λ. Indiquemos con el símbolo δ la transición de un punto de la geodésica requerida al punto correspondiente a la misma λ en una línea vecina. Entonces para (20) podemos sustituir

$$\left.\begin{aligned} &\int_{\lambda_1}^{\lambda_2} \delta w d\lambda = 0 \\ &w^2 = g_{\mu\nu} \frac{dx_\mu}{d\lambda} \frac{dx_\nu}{d\lambda} \end{aligned}\right\} \tag{20a}$$

Pero puesto que

$$\delta w = \frac{1}{w} \left\{ \frac{1}{2} \frac{\partial x_{\mu\nu}}{\partial x_\sigma} \frac{dx_\mu}{d\lambda} \frac{dx_\nu}{d\lambda} \delta x_\sigma + g_{\mu\nu} \frac{dx_\mu}{d\lambda} \delta\left(\frac{dx_\nu}{d\lambda} \right) \right\},$$

y

$$\delta\left(\frac{dx_\nu}{d\lambda} \right) = \frac{d}{d\lambda}\left(\delta x_\nu\right),$$

obtenemos a partir de (20a), tras una integración parcial,

$$\int_{\lambda_1}^{\lambda_2} \kappa_\sigma \delta x_\sigma d\lambda = 0,$$

donde

$$\kappa_\sigma = \frac{d}{d\lambda} \left\{ \frac{g_{\mu\nu}}{w} \frac{dx_\mu}{d\lambda} \right\} - \frac{1}{2w} \frac{\partial g_{\mu\nu}}{\partial x_\sigma} \frac{dx_\mu}{d\lambda} \frac{dx_\nu}{d\lambda}. \tag{20b}$$

Puesto que los valores de δx_σ son arbitrarios, se sigue de ello que

$$\kappa_\sigma = 0 \tag{20c}$$

son las ecuaciones de la línea geodésica.

Si ds no se anula a lo largo de la línea geodésica podemos escoger la «longitud del arco» s, medida a lo largo de la línea geodésica, como parámetro λ. Entonces $w = 1$, y en lugar de (20c) obtenemos

$$g_{\alpha\sigma}\frac{d^2x_\mu}{ds^2} + \frac{\partial g_{\mu\nu}}{\partial x_\sigma}\frac{dx_\sigma}{ds}\frac{dx_\mu}{ds} - \frac{1}{2}\frac{\partial g_{\mu\nu}}{\partial x_\sigma}\frac{dx_\mu}{ds}\frac{dx_\nu}{ds} = 0$$

o, por un mero cambio de notación,

$$g_{\alpha\sigma}\frac{d^2x_\alpha}{ds^2} + \left[\mu\nu,\sigma\right]\frac{dx_\mu}{ds}\frac{dx_\nu}{ds} = 0. \tag{20d}$$

donde, siguiendo a Christoffel, hemos escrito

$$\left[\mu\nu,\sigma\right] = \frac{1}{2}\left(\frac{\partial g_{\mu\sigma}}{\partial x_\nu} + \frac{\partial g_{\nu\sigma}}{\partial x_\mu} + \frac{\partial g_{\mu\nu}}{\partial x_\sigma}\right). \tag{21}$$

Finalmente, si multiplicamos (20d) por $g^{\sigma\tau}$ (producto exterior con respecto a τ, interior con respecto a σ), obtenemos las ecuaciones de la línea geodésica en la forma

$$\frac{d^2x_\tau}{ds^2} + \left\{\mu\nu,\tau\right\}\frac{dx_\mu}{ds}\frac{dx_\nu}{ds} = 0, \tag{22}$$

donde, siguiendo a Christoffel, hemos hecho

$$\{\mu\nu,\ \tau\} = g^{\tau\alpha}\,[\mu\nu,\ \alpha]. \tag{23}$$

10. LA FORMACIÓN DE TENSORES POR DIFERENCIACIÓN

Con la ayuda de la ecuación de la línea geodésica podemos ahora deducir fácilmente las leyes mediante las cuales pueden formarse nuevos tensores a partir de los viejos por diferenciación. Por este medio somos capaces de formular por primera vez ecuaciones diferenciales generalmente covariantes. Alcanzamos este objetivo por aplicación repetida de la siguiente ley simple:

Si en nuestro continuo tenemos una curva dada, cuyos puntos están especificados por la distancia de arco s medida a partir de un punto fijo sobre la curva, y si, además, ϕ es una función invariante del espacio, entonces $d\phi/ds$ también es un invariante. La demostración descansa en esto, que ds es un invariante tanto como $d\phi$.

Puesto que

$$\frac{d\phi}{ds} = \frac{\partial \phi}{\partial x_\mu} \frac{dx_\mu}{ds},$$

y por consiguiente

$$\psi = \frac{\partial \phi}{\partial x_\mu} \frac{dx_\mu}{ds}$$

es también un invariante, y un invariante para todas las curvas que parten de un punto del continuo, es decir, para cualquier elección del vector dx_μ. De aquí se sigue inmediatamente que

$$A_\mu = \frac{\partial \phi}{\partial x_\mu} \tag{24}$$

es un cuadrivector covariante: el «gradiente» de ϕ.

De acuerdo con nuestra regla, el cociente de diferenciales

$$\chi = \frac{\partial \psi}{\partial s}$$

tomado sobre una curva es análogamente un invariante. Insertando el valor de ψ, obtenemos en primer lugar

$$\chi = \frac{\partial^2 \phi}{\partial x_\mu \partial x_\nu} \frac{dx_\mu}{ds} \frac{dx_\nu}{ds} + \frac{\partial \phi}{\partial x_\mu} \frac{d^2 x_\mu}{ds^2}.$$

La existencia de un tensor no puede deducirse inmediatamente a partir de esto. Pero si podemos tomar la curva a lo largo de la cual hemos diferenciado como una geodésica, obtenemos al sustituir d^2x_ν/ds^2 a partir de (22),

$$\chi = \left(\frac{\partial^2 \phi}{\partial x_\mu \partial x_\nu} - \{\mu\nu, \tau\} \frac{\partial \phi}{\partial x_\tau} \right) \frac{dx_\mu}{ds} \frac{dx_\nu}{ds}.$$

Puesto que podemos intercambiar el orden de las diferenciaciones, y puesto que por (23) y (21) $\{\mu\nu, \tau\}$ es simétrico en μ y ν, se sigue que la expresión entre paréntesis es simétrica en μ y ν. Puesto que una línea geodésica puede trazarse en cualquier dirección a partir de un punto del continuo, y por consiguiente dx_μ/ds es un cuadrivector con la razón de sus componentes arbitraria, se sigue de los resultados del enunciado 7 que

$$A_{\mu\nu} = \frac{\partial^2 \phi}{\partial x_\mu \partial x_\nu} - \{\mu\nu, \tau\} \frac{\partial \phi}{\partial x_\tau} \tag{25}$$

es un tensor covariante de segundo rango. Por lo tanto, hemos llegado a este resultado: a partir del tensor covariante de primer rango

$$A_\mu = \frac{\partial \phi}{\partial x_\mu}$$

podemos formar, por diferenciación, un tensor covariante de segundo rango

$$A_{\mu\nu} = \frac{\partial A_\mu}{\partial x_\nu} - \{\mu\nu, \tau\} A_\tau. \qquad (26)$$

Llamamos al tensor $A_{\mu\nu}$ la «extensión» (derivada covariante) del tensor A_μ. En primer lugar podemos demostrar inmediatamente que la operación conduce a un tensor, incluso si el vector A_μ no puede representarse como un gradiente. Para verlo, observamos en primer lugar que

$$\psi = \frac{\partial \phi}{\partial x_\mu}$$

es un vector covariante, si ψ y ϕ son escalares. La suma de cuatro de estos términos

$$S_\mu = \psi^{(1)} \frac{\partial \phi^{(1)}}{\partial x_\mu} + . + . + \psi^{(4)} \frac{\partial \phi^{(4)}}{\partial x_\mu}$$

es también un vector covariante, si $\psi^{(1)}$, $\phi^{(1)}$.... $\psi^{(4)}$, $\phi^{(4)}$ son escalares. Pero es evidente que cualquier vector covariante puede representarse en la forma S_μ. Pues, si A_μ es un vector cuyas componentes son cualesquiera funciones dadas de las x_ν, sólo tenemos que poner (en términos del sistema de coordenadas seleccionado)

$$\psi^{(1)} = A_1, \quad \phi^{(1)} = x_1,$$

$$\psi^{(2)} = A_2, \quad \phi^{(2)} = x_2,$$
$$\psi^{(3)} = A_3, \quad \phi^{(3)} = x_3,$$
$$\psi^{(4)} = A_4, \quad \phi^{(4)} = x_4,$$

para asegurar que S_μ será igual a A_μ.

Por consiguiente, para demostrar que $A_{\mu\nu}$ es un tensor si se inserta *cualquier* vector covariante en el segundo miembro de A_μ, sólo tenemos que demostrar que esto es así para el vector S_μ. Pero para este último propósito es suficiente, como nos enseña si damos una ojeada al segundo miembro de (26), ofrecer la demostración para el caso

$$A_\mu = \psi \frac{\partial \phi}{\partial x_\mu}.$$

Ahora el segundo miembro de (25) multiplicado por ψ,

$$\psi \frac{\partial^2 \phi}{\partial x_\mu \partial x_\nu} - \{\mu\nu, \tau\} \psi \frac{\partial \phi}{\partial x_\tau},$$

es un tensor. Análogamente

$$\frac{\partial \psi}{\partial x_\mu} \frac{\partial \phi}{\partial x_\nu},$$

siendo el producto exterior de dos vectores, es un tensor. Mediante suma, se sigue el carácter tensorial de

$$\frac{\partial}{\partial x_\nu}\left(\psi \frac{\partial \phi}{\partial x_\mu}\right) - \{\mu\nu, \tau\}\left(\psi \frac{\partial \phi}{\partial x_\tau}\right).$$

Como mostrará una ojeada a (26), esto completa la demostración para el vector

$$\psi \frac{\partial \phi}{\partial x_\mu},$$

y en consecuencia, a partir de lo que ya se ha demostrado, para cualquier vector A_μ.

Mediante la extensión del vector, podemos definir fácilmente la «extensión» de un tensor covariante de cualquier rango. Esta operación es una generalización de la extensión de un vector. Nos restringimos al caso de un tensor de segundo rango, puesto que esto basta para dar una idea clara de la ley de formación.

Como ya se ha observado, cualquier tensor covariante de segundo rango puede representarse[5] como suma de tensores del tipo $A_\mu B_\nu$. Por lo tanto, será suficiente con deducir la expresión para la extensión de un tensor de este tipo especial. Por (26) las expresiones

$$\frac{\partial A_\mu}{\partial x_\sigma} - \{\sigma\mu, \tau\} A_\tau,$$

$$\frac{\partial B_\nu}{\partial x_\sigma} - \{\sigma\nu, \tau\} B_\tau,$$

5. Mediante producto exterior del vector con componentes arbitrarias A_{11}, A_{12}, A_{13}, A_{14} por el vector con componentes 1, 0, 0, 0, producimos un tensor con componentes .

A_{11}	A_{12}	A_{13}	A_{14}
0	0	0	0
0	0	0	0
0	0	0	0

Mediante la suma de cuatro tensores de este tipo, obtenemos el tensor $A_{\mu\nu}$ con cualesquiera componentes asignadas.

son tensores. Por producto exterior de la primera por B_ν, y de la segunda por A_μ, obtenemos en cada caso un tensor de tercer rango. Sumándolos, tenemos el tensor de tercer rango

$$A_{\mu\nu\sigma} = \frac{\partial A_{\mu\nu}}{\partial x_\sigma} - \{\sigma\nu, \tau\} A_{\tau\nu} - \{\sigma\nu, \tau\} A_{\mu\tau}, \tag{27}$$

donde hemos puesto $A_{\mu\nu} = A_\mu B_\nu$. Puesto que el segundo miembro de (27) es lineal y homogéneo en las $A_{\mu\nu}$ y sus primeras derivadas, esta ley de formación lleva a un tensor, no sólo en el caso de un tensor del tipo $A_\mu B_\nu$ sino también en el caso de una suma de tales tensores, i. e., en el caso de cualquier tensor covariante de segundo rango. Llamamos a $A_{\mu\nu\sigma}$ la extensión del tensor $A_{\mu\nu}$.

Es evidente que (26) y (24) conciernen sólo a casos especiales de extensión (la extensión de los tensores de rango uno y cero respectivamente).

En general, todas las leyes especiales de formación de tensores están incluidas en (27) en combinación con el producto de tensores.

11. ALGUNOS CASOS DE ESPECIAL IMPORTANCIA

El tensor fundamental. Demostraremos primero algunos lemas que serán útiles en lo sucesivo. Por la regla para la diferenciación de determinantes

$$dg = g^{\mu\nu} g dg_{\mu\nu} = -g_{\mu\nu} g dg^{\mu\nu}. \tag{28}$$

El último miembro se obtiene del penúltimo si se tiene en cuenta que $g_{\mu\nu} dg^{\mu'\nu} = \delta_\mu^{\mu'}$ de modo que $g_{\mu\nu} g^{\mu\nu} = 4$, y en consecuencia

$$g_{\mu\nu}\,dg^{\mu\nu} + g^{\mu\nu}\,g d g_{\mu\nu} = 0.$$

De (28) se sigue que

$$\frac{1}{\sqrt{-g}}\frac{\partial\sqrt{-g}}{\partial x_\sigma} = \frac{1}{2}\frac{\partial \log(-g)}{\partial x_\sigma} = \frac{1}{2}g^{\mu\nu}\frac{\partial g_{\mu\nu}}{\partial x_\sigma} = \frac{1}{2}g_{\mu\nu}\frac{\partial g^{\mu\nu}}{\partial x_\sigma}. \tag{29}$$

Además, de $g_{\mu\sigma}g^{\nu\sigma} = \delta_\mu^\nu$, se sigue por diferenciación que

$$\left.\begin{aligned} g_{\mu\sigma}dg^{\mu\sigma} &= -g^{\nu\sigma}dg_{\mu\sigma} \\ g_{\mu\sigma}\frac{\partial g^{\nu\sigma}}{\partial x_\lambda} &= -g^{\nu\sigma}\frac{\partial g_{\mu\sigma}}{\partial x_\lambda} \end{aligned}\right\} \tag{30}$$

De éstos, por producto mixto por $g^{\sigma\tau}$ y $g_{\nu\lambda}$ respectivamente, y un cambio de notación para los índices, tenemos

$$\left.\begin{aligned} dg^{\mu\nu} &= -g^{\mu\alpha}g^{\nu\beta}dg_{\alpha\beta} \\ \frac{\partial g^{\mu\nu}}{\partial x_\sigma} &= -g^{\mu\alpha}g^{\nu\beta}\frac{\partial g_{\alpha\beta}}{\partial x_\sigma} \end{aligned}\right\} \tag{31}$$

y

$$\left.\begin{aligned} dg_{\mu\nu} &= -g_{\mu\alpha}g_{\nu\beta}dg^{\alpha\beta} \\ \frac{\partial g_{\mu\nu}}{\partial x_\sigma} &= -g_{\mu\alpha}g_{\nu\beta}\frac{\partial g^{\alpha\beta}}{\partial x_\sigma} \end{aligned}\right\} \tag{32}$$

La relación (31) admite una transformación, de la que también haremos uso con frecuencia. De (21)

$$\frac{\partial g_{\alpha\beta}}{\partial x_\sigma} = [\alpha\sigma, \beta] + [\beta\sigma, \alpha]. \tag{33}$$

Insertando esto en la segunda fórmula de (31), obtenemos, en vista de (23)

$$\frac{\partial g^{\mu\tau}}{\partial x_\sigma} = -g^{\mu\tau}\{\tau\sigma, \nu\} - g^{\nu\tau}\{\tau\sigma, \mu\}. \tag{34}$$

Sustituyendo el segundo miembro de (34) en (29) tenemos

$$\frac{1}{\sqrt{-g}}\frac{\partial\sqrt{-g}}{\partial x_\sigma} = \{\mu\sigma, \mu\}. \tag{29a}$$

La «divergencia» de un vector contravariante. Si tomamos el producto interior de (26) por el tensor fundamental contravariante $g^{\mu\nu}$, el segundo miembro, después de una transformación del primer término, toma la forma

$$\frac{\partial}{\partial x_\nu} = \left(g^{\mu\nu} A_\mu\right) - A_\mu \frac{\partial g^{\mu\nu}}{\partial x_\nu} - \frac{1}{2}\left(\frac{\partial g_{\mu\alpha}}{\partial x_\nu} + \frac{\partial g_{\nu\alpha}}{\partial x_\mu} - \frac{\partial g_{\mu\nu}}{\partial x_\alpha}\right) g^{\mu\nu} A_\tau.$$

De acuerdo con (31) y (29), el último término de esta expresión puede escribirse

$$\frac{1}{2}\frac{\partial g^{\tau\nu}}{\partial x_\nu} A_\tau + \frac{1}{2}\frac{\partial g^{\tau\mu}}{\partial x_\mu} A_\tau + \frac{1}{\sqrt{-g}}\frac{\partial\sqrt{-g}}{\partial x_\alpha} g^{\tau\alpha} A_\tau.$$

Puesto que los símbolos de los índices de suma son mudos, los primeros dos términos de esta expresión cancelan el segundo de la expresión inmediatamente anterior. Si entonces escribimos

$g^{\mu\nu}A_\mu = A^\nu$, de modo que A^ν, como A_μ, es un vector arbitrario, obtenemos finalmente

$$\Phi = \frac{1}{\sqrt{-g}} \frac{\partial}{\partial x_\nu}\left(\sqrt{-g}A^\nu\right). \tag{35}$$

Este escalar es la divergencia del vector contravariante A^ν.

El «rotacional» de un vector covariante. El segundo término en (26) es simétrico en los índices μ y ν. Por lo tanto $A_{\mu\nu} - A_{\nu\mu}$ es un tensor antisimétrico construido de forma particularmente simple. Obtenemos

$$B_{\mu\nu} = \frac{\partial A_\mu}{\partial x_\nu} - \frac{\partial A_\nu}{\partial x_\mu}. \tag{36}$$

Extensión antisimétrica de un seis-vector. Aplicando (27) a un tensor antisimétrico de segundo rango $A_{\mu\nu}$, formando además las dos ecuaciones que aparecen mediante permutaciones cíclicas de los índices y sumando estas tres ecuaciones, obtenemos el tensor de tercer rango

$$B_{\mu\nu\sigma} = A_{\mu\nu\sigma} + A_{\nu\sigma\mu} + A_{\sigma\mu\nu} = \frac{\partial A_{\mu\nu}}{\partial x_\sigma} + \frac{\partial A_{\nu\sigma}}{\partial x_\mu} + \frac{\partial A_{\sigma\mu}}{\partial x_\nu}, \tag{37}$$

que es fácil probar que es antisimétrico.

La divergencia de un seis-vector. Tomando el producto mixto de (27) por $g^{\mu\alpha}g^{\nu\beta}$, obtenemos también un tensor. El primer término del segundo miembro de (27) puede escribirse en la forma

$$\frac{\partial}{\partial x_\sigma}\left(g^{\mu\alpha}g^{\nu\beta}A_{\mu\nu}\right) - g_{\mu\alpha}\frac{\partial g^{\nu\beta}}{\partial x_\sigma}A_{\mu\nu} - g^{\nu\beta}\frac{\partial g^{\mu\alpha}}{\partial x_\sigma}A_{\mu\nu}.$$

Si escribimos $A^{\alpha\beta}_{\sigma}$ para $g^{\mu\alpha}g^{\nu\beta}A_{\mu\nu\sigma}$ y $A^{\alpha\beta}$ para $g^{\mu\alpha}g^{\nu\beta}A_{\mu\nu}$, y en el primer término transformado sustituimos

$$\frac{\partial g^{\nu\beta}}{\partial x_{\sigma}} \text{ y } \frac{\partial g^{\mu\alpha}}{\partial x_{\sigma}}$$

por sus valores dados por (34), resulta del segundo miembro de (27) una expresión consistente en siete términos, cuatro de los cuales se cancelan, y queda

$$A^{\alpha\beta}_{\sigma} = \frac{\partial A^{\alpha\beta}}{\partial x_{\sigma}} + \{\sigma\gamma,\alpha\}A^{\gamma\beta} + \{\sigma\gamma,\beta\}A^{\alpha\gamma}. \tag{38}$$

Ésta es la expresión para la extensión de un tensor contravariante de segundo rango, y también pueden formarse expresiones correspondientes para la extensión de tensores contravariantes de rango superior e inferior.

Notemos que de forma análoga también podemos formar la extensión de un tensor mixto:

$$A^{\alpha}_{\mu\sigma} = \frac{\partial A^{\alpha}_{\mu}}{\partial x_{\sigma}} + \{\sigma\mu,\tau\}A^{\alpha}_{\tau} + \{\sigma\tau,\mu\}A^{\tau}_{\mu}. \tag{39}$$

Contrayendo (38) con respecto a los índices β y σ (producto interior por δ^{σ}_{μ}), obtenemos el vector

$$A^{\alpha} = \frac{\partial A^{\alpha\beta}}{\partial x_{\beta}} + \{\beta\gamma,\beta\}A^{\alpha\gamma} + \{\beta\gamma,\alpha\}A^{\gamma\beta}.$$

Debido a la simetría de $\{\beta\gamma,\alpha\}$ con respecto a los índices β y γ, el tercer término del segundo miembro se anula, si $A^{\alpha\beta}$ es, como supondremos, un tensor antisimétrico. El segundo término admite ser transformado de acuerdo con (29a). Así obtenemos

$$A^{\alpha} = \frac{1}{\sqrt{-g}} \frac{\partial\left(\sqrt{-g}A^{\alpha\beta}\right)}{\partial x_{\beta}}. \tag{40}$$

Ésta es la expresión para la divergencia de un seis-vector contravariante.

La divergencia de un tensor mixto de segundo rango. Contrayendo (39) con respecto a los índices α y σ, y teniendo en consideración (29a), obtenemos

$$\sqrt{-g}A_{\mu} = \frac{\partial\left(\sqrt{-g}A_{\mu}^{\sigma}\right)}{\partial x_{\sigma}} - \{\sigma\mu,\tau\}\sqrt{-g}A_{\tau}^{\sigma}. \tag{41}$$

Si introducimos en el último término el tensor contravariante $A^{\rho\sigma} = g^{\rho\tau} A_{\tau}^{\sigma}$, toma la forma

$$-[\sigma\mu,\rho]\sqrt{-g}A^{\rho\sigma}.$$

Si, además, el tensor $A^{\rho\sigma}$ es simétrico, esto se reduce a

$$-\frac{1}{2}\sqrt{-g}\,\frac{\partial g_{\rho\sigma}}{\partial x_{\mu}}A^{\rho\sigma}.$$

Si en lugar de $A^{\rho\sigma}$ hubiéramos introducido el tensor covariante $A_{\rho\sigma} = g_{\rho\alpha}\, g_{\sigma\beta}\, A^{\alpha\beta}$, que es también simétrico, el último término, en virtud de (31), tomaría la forma

$$\frac{1}{2}\sqrt{-g}\,\frac{\partial g^{\rho\sigma}}{\partial x_{\mu}}A_{\rho\sigma}.$$

En el caso de simetría en cuestión, (41) puede por lo tanto ser reemplazado por las dos formas

$$\sqrt{-g}\mathrm{A}_{\mu} = \frac{\partial\left(\sqrt{-g}\mathrm{A}_{\mu}^{\sigma}\right)}{\partial x_{\sigma}} - \frac{1}{2}\frac{\partial g^{\rho\sigma}}{\partial x_{\mu}}\sqrt{-g}\mathrm{A}^{\rho\sigma}, \tag{41a}$$

$$\sqrt{-g}\mathrm{A}_{\mu} = \frac{\partial\left(\sqrt{-g}\mathrm{A}_{\mu}^{\sigma}\right)}{\partial x_{\sigma}} + \frac{1}{2}\frac{\partial g^{\rho\sigma}}{\partial x_{\mu}}\sqrt{-g}\mathrm{A}_{\rho\sigma} \tag{41b}$$

que tenemos que emplear más adelante.

12. EL TENSOR DE RIEMANN-CHRISTOFFEL

Buscamos ahora el tensor que puede obtenerse a partir del tensor fundamental solamente, por diferenciación. A primera vista, la solución parece obvia. Coloquemos el tensor fundamental de las $g_{\mu\nu}$ en (27) en lugar de cualquier tensor dado $\mathrm{A}_{\mu\nu}$, y así tenemos un nuevo tensor, a saber, la extensión del tensor fundamental. Pero fácilmente nos convencemos de que esta extensión es idénticamente nula. Alcanzamos nuestro objetivo, sin embargo, de la siguiente manera. En (27) colocamos

$$\mathrm{A}_{\mu\nu} = \frac{\partial \mathrm{A}_{\mu}}{\partial x_{\nu}} - \{\mu\nu,\rho\}\mathrm{A}_{\rho},$$

i. e. la extensión del cuadrivector A_{μ}. Entonces (nombrando los índices de forma algo diferente) tenemos el tensor de tercer rango

$$\mathrm{A}_{\mu\sigma\tau} = \frac{\partial^2 \mathrm{A}_{\mu}}{\partial x_{\sigma}\partial x_{\tau}} - \{\mu\sigma,\rho\}\frac{\partial \mathrm{A}_{\rho}}{\partial x_{\tau}} - \{\mu\tau,\rho\}\frac{\partial \mathrm{A}_{\rho}}{\partial x_{\sigma}} - \{\sigma\tau,\rho\}\frac{\partial \mathrm{A}_{\mu}}{\partial x_{\rho}} +$$

$$+\left[-\frac{\partial}{\partial x_{\tau}}\{\mu\sigma,\rho\} + \{\mu\tau,\alpha\}\{\alpha\sigma,\rho\} + \{\sigma\tau,\alpha\}\{\alpha\mu,\rho\}\right]\mathrm{A}_{\rho}.$$

Esta expresión sugiere formar el tensor $A_{\mu\sigma\tau} - A_{\mu\tau\sigma}$. Pues, si lo hacemos, los términos siguientes de la expresión para $A_{\mu\sigma\tau}$ cancelan a los de $A_{\mu\tau\sigma}$, el primero, el cuarto y el miembro correspondiente al último término entre paréntesis cuadrados; puesto que todos estos son simétricos en σ y τ. Lo mismo es válido para la suma del segundo y tercer términos. Así obtenemos

$$A_{\mu\sigma\tau} - A_{\mu\tau\sigma} = B^{\rho}_{\mu\sigma\tau} A_{\rho}, \tag{42}$$

donde

$$\begin{aligned} B^{\rho}_{\mu\sigma\tau} &= -\frac{\partial}{\partial x_{\tau}}\{\mu\sigma,\rho\} + \frac{\partial}{\partial x_{\sigma}}\{\mu\tau,\rho\} - \\ &-\{\mu\sigma,\alpha\}\{\alpha\tau,\rho\} + \{\mu\tau,\alpha\}\{\alpha\sigma,\rho\}. \end{aligned} \tag{43}$$

La característica esencial del resultado es que en el segundo miembro de (42) las A_{ρ} aparecen solas, sin sus derivadas. Del carácter tensorial de $A_{\mu\sigma\tau} - A_{\mu\tau\sigma}$ junto con el hecho de que A_{ρ} es un vector arbitrario, se sigue, por el enunciado 7, que $B^{\sigma}_{\mu\sigma\tau}$ es un tensor (el tensor de Riemann-Christoffel).

La importancia matemática de este vector es la siguiente: Si el continuo es de naturaleza tal que existe un sistema de coordenadas con referencia al cual las $g_{\mu\nu}$ son constantes, entonces todas las $B^{\rho}_{\mu\sigma\tau}$ se anulan. Si escogemos cualquier nuevo sistema de coordenadas en lugar de las originales, las $g_{\mu\nu}$ allí referidas no serán constantes, pero a consecuencia de su carácter tensorial las componentes transformadas de $B^{\rho}_{\mu\sigma\tau}$ seguirán siendo nulas en el nuevo sistema. Así, la anulación del tensor de Riemann es una condición necesaria para que, por una elección apropiada del sistema de referencia, las $g_{\mu\nu}$ puedan ser constantes. En nuestro problema esto corresponde al caso en el que,[6] con una elección adecuada del sistema de referencia, la teoría de la relatividad especial es válida para una región finita del continuo.

Contrayendo (43) con respecto a los índices τ y ρ obtenemos el tensor covariante de segundo rango

$$G_{\mu\nu} = B^{\rho}_{\mu\nu\rho} = R_{\mu\nu} + S_{\mu\nu}$$

donde

$$\left.\begin{aligned} R_{\mu\nu} &= -\frac{\partial}{\partial x_{\alpha}}\{\mu\nu,\alpha\} + \{\mu\alpha,\beta\}\{\nu\beta,\alpha\} \\ S_{\mu\nu} &= \frac{\partial^2 \log\sqrt{-g}}{\partial x_{\mu}\partial x_{\nu}} - \{\mu\nu,\alpha\}\frac{\partial \log\sqrt{-g}}{\partial x_{\alpha}} \end{aligned}\right\} \tag{44}$$

Nota sobre la elección de coordenadas. Ya se ha observado en el enunciado 8, en conexión con la ecuación (18a), que la elección de las coordenadas puede hacerse ventajosamente de modo que $\sqrt{-g} = 1$. Una ojeada a las ecuaciones obtenidas en las dos últimas secciones muestra que con tal elección las leyes de formación de tensores experimentan una importante simplificación. Esto se aplica en particular a $G_{\mu\nu}$, el tensor que acabamos de desarrollar, que desempeña un papel fundamental en la teoría a establecer. Pues esta particularización de la elección de coordenadas produce la anulación de $S_{\mu\nu}$, de modo que el tensor $G_{\mu\nu}$ se reduce a $R_{\mu\nu}$.

Debido a esto, en lo sucesivo daré todas las relaciones en la forma simplificada que trae consigo esta particularización de la elec-

6. Los matemáticos han demostrado que ésta es también una condición *suficiente*.

ción de coordenadas. Será entonces fácil volver a las ecuaciones *generalmente* covariantes si en un caso especial parece deseable.

C. TEORÍA DEL CAMPO GRAVITATORIO

13. ECUACIONES DE MOVIMIENTO DE UN PUNTO MATERIAL EN EL CAMPO GRAVITATORIO. EXPRESIÓN PARA LAS COMPONENTES DE CAMPO DE LA GRAVITACIÓN

Un cuerpo libremente movible no sometido a fuerzas externas se mueve, según la teoría de la relatividad especial, uniformemente y en línea recta. Éste es también el caso, según la teoría de la relatividad general, para una parte de un espacio tetradimensional en la que el sistema de coordenadas K_0, puede ser, y lo es, escogido de modo que ellas tienen los valores constantes especiales dados en (4).

Si consideramos precisamente este movimiento desde cualquier sistema de coordenadas escogido K_1, el cuerpo, observado desde K_1, se mueve, según las consideraciones de 2, en un campo gravitatorio. La ley de movimiento con respecto a K_1 resulta sin dificultad de la siguiente consideración. Con respecto a K_0 la ley de movimiento corresponde a una línea recta tetradimensional, i. e. a una línea geodésica. Ahora bien, puesto que la línea geodésica está definida independientemente del sistema de referencia, su ecuación será también la ecuación de movimiento del punto material con respecto a K_1. Si hacemos

$$\Gamma^{\tau}_{\mu\nu} = -\{\mu\nu, \tau\} \tag{45}$$

la ecuación de movimiento del punto con respecto a K_1 se convierte en

$$\frac{d^2 x_\tau}{ds^2} = \Gamma^{\rho}_{\mu\nu} \frac{dx_\mu}{\partial x_\tau} \frac{dx_\nu}{ds}. \tag{46}$$

Planteamos ahora la hipótesis, que se sugiere inmediatamente, de que este sistema de coordenadas covariante define también el movimiento del punto en el campo gravitatorio en el caso en que no hay ningún sistema de referencia K_0 con respecto al cual la teoría de la relatividad especial es válida en una región finita. Tenemos más justificación para esta hipótesis por cuanto (46) contiene sólo derivadas primeras de las $g_{\mu\nu}$, entre las cuales no subsisten relaciones ni siquiera en el caso especial de la existencia de K_0.[7]

Si las $\Gamma^{\tau}_{\mu\nu}$ se anulan, entonces el punto se mueve uniformemente en una línea recta. Por lo tanto, estas cantidades condicionan la desviación del movimiento respecto de la uniformidad. Son las componentes del campo gravitatorio.

14. LAS ECUACIONES DE CAMPO DE LA GRAVITACIÓN EN AUSENCIA DE MATERIA

En lo sucesivo hacemos una distinción entre «campo gravitatorio» y «materia» de esta manera: denotamos todo salvo el campo gravitatorio como «materia». Por lo tanto, nuestro uso de la palabra incluye no sólo la materia en el sentido ordinario, sino también el campo electromagnético.

Nuestra próxima tarea es encontrar las ecuaciones de campo de la gravitación en ausencia de materia. Aquí aplicamos de nuevo el método empleado en la sección precedente al formular las ecuacio-

7. La relación $B^{\rho}_{\mu\sigma\tau} = 0$ sólo subsiste, por el enunciado 12, entre las segundas (y primeras) derivadas.

nes de movimiento del punto material. Un caso especial en el que las ecuaciones requeridas deben ser satisfechas en cualquier caso es el de la teoría de la relatividad especial, en el que las $g_{\mu\nu}$ tienen ciertos valores constantes. Sea éste el caso en un cierto espacio finito en relación con un sistema de coordenadas definido K_0. Con respecto a este sistema todas las componentes del tensor de Riemann $B^{\rho}_{\mu\sigma\tau}$, definido en (43), se anulan. Para el espacio en consideración se anulan entonces también en cualquier otro sistema de coordenadas.

Así pues, las ecuaciones requeridas del campo gravitatorio libre de materia deben ser satisfechas en cualquier caso si todas las $B^{\rho}_{\mu\sigma\tau}$ se anulan. Pero esta condición va demasiado lejos. En efecto, es evidente que, e. g., el campo gravitatorio generado por un punto material en su entorno no puede ciertamente ser «eliminado» por ninguna elección del sistema de coordenadas, i. e. no puede transformarse en el caso de $g_{\mu\nu}$ constante.

Esto nos impulsa a exigir para el campo gravitatorio libre de energía que el tensor simétrico $G_{\mu\nu}$, derivado del tensor $B^{\rho}_{\mu\nu\tau}$, se anulará. Así, obtenemos diez ecuaciones para las diez cantidades $g_{\mu\nu}$, que se satisfacen en el caso especial de la anulación de todas la $B^{\rho}_{\mu\nu\tau}$. Con la elección que hemos hecho de un sistema de coordenadas, y teniendo en cuenta (44), las ecuaciones para el campo libre de materia son

$$\left.\begin{array}{l} \dfrac{\partial\Gamma^{\alpha}_{\mu\nu}}{\partial x_{\alpha}} + \Gamma^{\alpha}_{\mu\beta}\Gamma^{\beta}_{\nu\alpha} = 0 \\ \sqrt{-g} = 1 \end{array}\right\} \qquad (47)$$

Debe señalarse que existe sólo un mínimo de arbitrariedad en la elección de estas ecuaciones. Pues aparte de $G_{\mu\nu}$ no hay ningún tensor de segundo rango que esté formado a partir de las $g_{\mu\nu}$ y sus derivadas, no contenga derivaciones más altas que la segunda y sea lineal en dichas derivadas.[8]

Estas ecuaciones, que proceden, por el método de las puras matemáticas, del requisito de la teoría de la relatividad general, nos dan, en combinación con las ecuaciones de movimiento (46), en primera aproximación la ley de atracción de Newton, y en segunda aproximación la explicación del movimiento del perihelio del planeta Mercurio descubierto por Leverrier (tal como queda una vez que se han hecho correcciones para la perturbación). En mi opinión, estos hechos deben tomarse como una prueba convincente de la corrección de la teoría.

15. LA FUNCIÓN HAMILTONIANA PARA EL CAMPO GRAVITATORIO. LEYES DEL MOMENTO Y LA ENERGÍA

Para demostrar que las ecuaciones de campo corresponden a las leyes del momento y la energía, es más conveniente escribirlas en la siguiente forma hamiltoniana:

$$\begin{aligned} &\delta\{\mathrm{H}dt\} = 0. \\ &\mathrm{H} = g^{\mu\nu}\Gamma^{\alpha}_{\mu\beta}\Gamma^{\beta}_{\nu\alpha} \\ &\sqrt{-g} = 1 \end{aligned} \tag{47a}$$

8. Propiamente hablando, esto sólo puede afirmarse del tensor

$$G_{\mu\nu} + \lambda g_{\mu\nu}\, g^{\alpha\beta} G_{\alpha\beta}$$

donde λ es constante. Si, sin embargo, hacemos este tensor = 0, volvemos a las ecuaciones $G_{\mu\nu} = 0$.

donde, en la frontera de la región de integración tetradimensional finita que tenemos a la vista, las variaciones se anulan.

Primero tenemos que demostrar que la forma (47a) es equivalente a las ecuaciones (47). Para este fin consideramos H como una función de las $g^{\mu\nu}$ y las $g^{\mu\nu}_{\rho}$ $(= \delta g^{\mu\nu} / \delta x_{\sigma})$

Entonces, en primer lugar

$$\delta \mathrm{H} = \Gamma^{\alpha}_{\mu\beta}\Gamma^{\beta}_{\nu\alpha}\delta g^{\mu\nu} + 2g^{\mu\nu}\Gamma^{\alpha}_{\mu\beta}\delta\Gamma^{\beta}_{\nu\alpha} = -\Gamma^{\alpha}_{\mu\beta}\Gamma^{\beta}_{\nu\alpha}\delta g^{\mu\nu} + 2\Gamma^{\alpha}_{\mu\beta}\delta(g^{\mu\nu}\Gamma^{\beta}_{\nu\alpha}).$$

Pero

$$\delta\left(g^{\mu\nu}\Gamma^{\beta}_{\nu\alpha}\right) = -\frac{1}{2}\delta\left[g^{\mu\nu}g^{\beta\nu}\left(\frac{\partial g_{\nu\lambda}}{\partial x_{\alpha}} + \frac{\partial g_{\alpha\lambda}}{\partial x_{\nu}} + \frac{\partial g_{\alpha\nu}}{\partial x_{\lambda}}\right)\right].$$

Los términos que aparecen de los dos últimos términos entre paréntesis redondos son de signo diferente, y resultan uno de otro (puesto que la denominación de los índices de suma carece de importancia) a través del intercambio de los índices μ y β. Se cancelan mutuamente en la expresión para δH, porque están multiplicados por la cantidad $\Gamma^{\alpha}_{\mu\beta}$ que es simétrica respecto a los índices μ y β. Así pues, sólo queda por considerar el primer término entre paréntesis redondos, de modo que, teniendo en cuenta (31), obtenemos

$$\delta \mathrm{H} = -\Gamma^{\alpha}_{\mu\beta}\Gamma^{\beta}_{\nu\alpha}\delta g^{\mu\nu} - \Gamma^{\alpha}_{\mu\beta}\delta g^{\mu\beta}_{\alpha}.$$

Así pues

$$\left.\begin{aligned} \frac{\partial \mathrm{H}}{\partial g^{\mu\nu}} &= -\Gamma^{\alpha}_{\mu\beta}\Gamma^{\beta}_{\nu\alpha} \\ \frac{\partial \mathrm{H}}{\partial g^{\mu\nu}_{\sigma}} &= \Gamma^{\alpha}_{\mu\nu} \end{aligned}\right\} \qquad (48)$$

Realizando la variación en (47a), obtenemos en primer lugar

$$\frac{\partial}{\partial x_\alpha}\left(\frac{\partial H}{\partial g_\alpha^{\mu\nu}}\right)-\frac{\partial H}{\partial g^{\mu\nu}}=0, \tag{47b}$$

que, debido a (48), coincide con (47), como había que demostrar.

Si multiplicamos (47b) por $g_\sigma^{\mu\nu}$, entonces, puesto que,

$$\frac{\partial g_\sigma^{\mu\nu}}{\partial x_\alpha}=\frac{\partial g_\alpha^{\mu\nu}}{\partial g_\sigma}$$

y, en consecuencia,

$$g_\sigma^{\mu\nu}\frac{\partial}{\partial x_\alpha}\left(\frac{\partial H}{\partial g_\alpha^{\mu\nu}}\right)=\frac{\partial}{\partial x_\alpha}\left(g_\sigma^{\mu\nu}\frac{\partial H}{\partial g_\alpha^{\mu\nu}}\right)-\frac{\partial H}{\partial g_\alpha^{\mu\nu}}\frac{\partial g_\alpha^{\mu\nu}}{\partial x_\alpha},$$

obtenemos la ecuación

$$\frac{\partial}{\partial x_\alpha}\left(g_\sigma^{\mu\nu}\frac{\partial H}{\partial g_\alpha^{\mu\nu}}\right)-\frac{\partial H}{\partial x_\sigma}=0$$

o[9]

$$\left.\begin{aligned}&\frac{\partial t_\sigma^\alpha}{\partial x_\alpha}=0\\&-2\kappa t_\sigma^\alpha=g_\sigma^{\mu\nu}\frac{\partial H}{\partial g_\alpha^{\mu\nu}}-\delta_\sigma^\alpha H\end{aligned}\right\} \tag{49}$$

9. La razón para la introducción del factor –2κ se hará evidente más adelante.

donde, debido a (48), la segunda ecuación de (47), y (34)

$$\kappa t_\sigma^\alpha = \frac{1}{2}\delta_\sigma^\alpha g^{\mu\nu}\Gamma_{\mu\beta}^\lambda \Gamma_{\nu\lambda}^\beta - g^{\mu\nu}\Gamma_{\mu\beta}^\alpha \Gamma_{\nu\sigma}^\beta . \tag{50}$$

Hay que notar que t_σ^α no es un tensor; por otra parte (49) se aplica a todos los sistemas de coordenadas para los que $\sqrt{-g} = 1$. Esta ecuación expresa la ley de conservación del momento y de la energía para el campo gravitatorio. Realmente la integración de esta ecuación sobre un volumen tridimensional V da las cuatro ecuaciones

$$\frac{d}{dx_4}\int t_\sigma^4 \, dV = \int (lt_\sigma^1 + mt_\sigma^2 + nt_\sigma^3)\, dS, \tag{49a}$$

donde *l, m, n* denotan los cosenos directores de la dirección de la normal interior en el elemento *d*S de la superficie frontera (en el sentido de la geometría euclidiana). Reconocemos en esto la expresión de las leyes de conservación en su forma habitual. A las cantidades t_σ^α las llamamos las «componentes de energía» del campo gravitatorio.

Ahora daré las ecuaciones (47) en una tercera forma, que es particularmente útil para una vívida comprensión de nuestro tema. Multiplicando las ecuaciones de campo (47) por $g^{\nu\sigma}$, éstas se obtienen en la forma «mixta». Notemos que

$$g^{\nu\sigma}\frac{\partial \Gamma_{\mu\nu}^\alpha}{\partial x_\alpha} = \frac{\partial}{\partial x_\alpha}\left(g^{\nu\sigma}\Gamma_{\mu\beta}^\alpha\right) - \frac{\partial g^{\nu\sigma}}{\partial x_\alpha}\Gamma_{\mu\nu}^\alpha ,$$

cuya magnitud, debido a (34), es igual a

$$\frac{\partial}{\partial x_\alpha}\left(g^{\nu\sigma}\Gamma_{\mu\nu}^\alpha\right) - g^{\nu\beta}\Gamma_{\alpha\beta}^\sigma \Gamma_{\mu\nu}^\alpha - g^{\sigma\beta}\Gamma_{\alpha\beta}^\nu \Gamma_{\mu\nu}^\alpha ,$$

o (con símbolos diferentes para los índices de suma)

$$\frac{\partial}{\partial x_\alpha}\left(g^{\alpha\beta}\Gamma^\alpha_{\mu\beta}\right) - g^{\lambda\delta}\Gamma^\sigma_{\gamma\beta}\Gamma^\beta_{\delta\mu} - g^{\nu\sigma}\Gamma^\alpha_{\mu\beta}\Gamma^\beta_{\nu\alpha}.$$

El tercer término de esta expresión se cancela con el que aparece del segundo término de las ecuaciones de campo (47); utilizando la relación (50), el segundo término puede escribirse

$$\kappa\left(t^\sigma_\mu - \frac{1}{2}\delta^\sigma_\mu t\right)$$

donde $t = t^\alpha_\alpha$. Así pues, en lugar de las ecuaciones (47) obtenemos

$$\left.\begin{aligned}\frac{\partial}{\partial x_\alpha}\left(g^{\sigma\beta}\Gamma^\alpha_{\mu\beta}\right) &= -\kappa\left(t^\sigma_\mu - \frac{1}{2}\delta^\sigma_\mu t\right)\\ \sqrt{-g} &= 1\end{aligned}\right\} \qquad (51)$$

16. LA FORMA GENERAL DE LAS ECUACIONES DE CAMPO DE LA GRAVITACIÓN

Las ecuaciones de campo para el espacio libre de materia en el epígrafe 15 deben compararse con la ecuación de campo

$$\nabla^2\phi = 0$$

de la teoría de Newton. Exigimos que la ecuación correspondiente a la ecuación de Poisson

$$\nabla^2\phi = 4\pi\lambda\rho,$$

donde ρ denota la densidad de materia.

La teoría de la relatividad especial ha llevado a la conclusión de que la masa inerte no es ni más ni menos que energía, que encuentra su completa expresión matemática en un tensor simétrico de segundo rango, el tensor-energía. Así, en la teoría de la relatividad general debemos introducir un correspondiente tensor-energía de materia T_σ^α, que, como las componentes de energía t_σ^α [ecuaciones (49) y (50)] del campo gravitatorio, tendrán carácter mixto, pero pertenecerán a un tensor covariante simétrico.[10]

El sistema de ecuaciones (51) muestra cómo este tensor-energía (correspondiente a la densidad ρ en la ecuación de Poisson) debe introducirse en las ecuaciones de campo de la gravitación. Pues si consideramos un sistema completo (e. g. el sistema solar), la masa total del sistema, y por lo tanto también su acción gravitatoria total, dependerá de la energía total del sistema, y por lo tanto de la energía ponderable junto con la energía gravitatoria. Esto admitirá ser expresado introduciendo en (51), en lugar de las componentes de energía del campo gravitatorio solo, las sumas $t_\mu^\sigma + T_\mu^\sigma$ de las componentes de energía de materia y de campo gravitatorio. Así, en lugar de (51) obtenemos la ecuación tensorial

$$\left.\begin{aligned} &\frac{\partial}{\partial x_\alpha}\left(g^{\sigma\beta}T^\alpha_{\mu\beta}\right) = -\kappa\left[\left(t^\sigma_\mu + T^\sigma_\mu\right) - \frac{1}{2}\delta^\sigma_\mu(t+T)\right] \\ &\sqrt{-g} = 1 \end{aligned}\right\} \quad (52)$$

donde hemos hecho $T = T_\mu^\mu$ (escalar de Laue). Éstas son las requeridas ecuaciones generales de campo de gravitación en forma mixta. Trabajando hacia atrás a partir de ellas, tenemos en lugar de (47)

10. $g_{\alpha\tau}T_\mu^\sigma = T_{\sigma\tau}$, y $g_{\sigma\beta}\, T_\sigma^\alpha = T^{\sigma\beta}$ deben ser tensores simétricos.

$$\left.\begin{aligned}&\frac{\partial}{\partial x_\alpha}\Gamma^\alpha_{\mu\nu}+\Gamma^\alpha_{\mu\beta}\Gamma^\beta_{\mu\alpha}=-\kappa\left(T_{\mu\nu}-\frac{1}{2}g_{\mu\nu}T\right),\\&\sqrt{-g}=1\end{aligned}\right\}\qquad(53)$$

Hay que admitir que esta introducción del tensor-energía de materia no está justificada solamente por el postulado de relatividad. Por esta razón la hemos deducido aquí del requisito de que la energía del campo gravitatorio actuará gravitatoriamente de la misma manera que cualquier otro tipo de energía. Pero la razón más fuerte para la elección de estas ecuaciones reside en su consecuencia: que las ecuaciones de conservación del momento y la energía, correspondientes exactamente a las ecuaciones (49) y (49a), son válidas para las componentes de la energía total. Esto se demostrará en el epígrafe 17.

17. LAS LEYES DE CONSERVACIÓN EN EL CASO GENERAL

La ecuación (52) puede transformarse fácilmente de modo que el segundo término del segundo miembro se anule. Contraemos (52) con respecto a los índices μ y σ, y después de multiplicar la ecuación resultante por ½ δ^σ_μ, la restamos de (52). Esto da

$$\frac{\partial}{\partial x_\alpha}\left(g^{\sigma\beta}\Gamma^\alpha_{\mu\beta}-\frac{1}{2}\delta^\sigma_\mu g^{\lambda\beta}\Gamma^\alpha_{\lambda\beta}\right)=-\kappa\left(t^\sigma_\mu+T^\sigma_\mu\right).\qquad(52a)$$

Sobre esta ecuación realizamos la operación $\delta/\delta x_\sigma$. Tenemos

$$\frac{\partial^2}{\partial x_\alpha\partial x_\sigma}\left(g^{\sigma\beta}\Gamma^\alpha_{\beta\mu}\right)=-\frac{1}{2}\frac{\partial^2}{\partial x_\alpha\partial x_\sigma}\left[g^{\sigma\beta}g^{\alpha\lambda}\left(\frac{\partial g_{\mu\lambda}}{\partial x_\beta}+\frac{\partial g_{\beta\lambda}}{\partial x_\mu}+\frac{\partial g_{\mu\beta}}{\partial x_\lambda}\right)\right].$$

El primero y el tercer término de los paréntesis redondos producen contribuciones que se cancelan mutuamente, como puede verse intercambiando, en la contribución del tercer término, los índices de suma α y σ por una parte, y β y λ por otra. El segundo término puede remodelarse por (31), de modo que tenemos

$$\frac{\partial^2}{\partial x_\alpha \partial x_\beta}\left(g^{\sigma\beta}\Gamma^\alpha_{\mu\beta}\right)=\frac{1}{2}\frac{\partial^3 g^{\alpha\beta}}{\partial x_\alpha \partial x_\beta \partial x_\mu}. \tag{54}$$

El segundo término del primer miembro de (52a) da en primer lugar

$$-\frac{1}{2}\frac{\partial^2}{\partial x_\alpha \partial x_\mu}\left(g^{\lambda\beta}\Gamma^\alpha_{\lambda\beta}\right)$$

o

$$\frac{1}{4}\frac{\partial^2}{\partial x_\alpha \partial x_\mu}\left[g^{\lambda\beta}g^{\alpha\delta}\left(\frac{\partial g_{\delta\lambda}}{\partial x_\beta}+\frac{\partial g_{\delta\beta}}{\partial x_\lambda}-\frac{\partial g_{\lambda\beta}}{\partial x_\delta}\right)\right].$$

Con la elección de coordenadas que hemos hecho, el término que se deriva del último término entre paréntesis redondos desaparece debido a (29). Los otros dos pueden combinarse, y juntos, por (31), dan

$$-\frac{1}{2}\frac{\partial^3 g^{\alpha\beta}}{\partial x_\alpha \partial x_\beta \partial x_\mu},$$

de modo que considerando (54) tenemos la identidad

$$\frac{\partial^2}{\partial x_\alpha \partial x_\sigma}\left(g^{\sigma\beta}\Gamma_{\mu\beta}-\frac{1}{2}g^\sigma_\mu g^{\lambda\beta}\Gamma^\alpha_{\lambda\beta}\right)=0 \tag{55}$$

De (55) y (52a), se sigue que

$$\frac{\partial\left(t_\mu^\sigma + \mathrm{T}_\mu^\sigma\right)}{\partial x_\sigma} = 0. \tag{56}$$

Así pues, resulta de nuestras ecuaciones de campo de gravitación que se satisfacen las leyes de conservación de momento y energía. Esto puede verse más fácilmente a partir de la consideración que lleva a la ecuación (49a); salvo que aquí, en lugar de las componentes de energía t^σ del campo gravitatorio, tenemos que introducir la totalidad de las componentes de energía de materia y campo gravitatorio.

18. LAS LEYES DE MOMENTO Y ENERGÍA PARA MATERIA, COMO CONSECUENCIA DE LAS ECUACIONES DE CAMPO

Multiplicando (53) por $dg^{\mu\nu}/dx_\sigma$ obtenemos, por el método adoptado en el epígrafe 15, a la vista de la anulación de

$$g_{\mu\nu}\frac{\partial g^{\mu\nu}}{\partial x_\sigma},$$

la ecuación

$$\frac{\partial t_\sigma^\alpha}{\partial x_\alpha} + \frac{1}{2}\frac{\partial g^{\mu\nu}}{\partial x_\sigma}\mathrm{T}_{\mu\nu} = 0,$$

o, en vista de (56),

$$\frac{\partial t_\sigma^\alpha}{\partial x_\alpha} + \frac{1}{2}\frac{\partial g^{\mu\nu}}{\partial x_\sigma}\mathrm{T}_{\mu\nu} = 0. \tag{57}$$

La comparación con (41b) muestra que, con la elección del sistema de coordenadas que hemos hecho, esta ecuación afirma ni más ni menos que la anulación de la divergencia del tensor-energía material. Físicamente, la aparición del segundo término en el primer miembro muestra que las leyes de conservación de momento y energía no se aplican en sentido estricto para la materia solamente, o que se aplican sólo cuando las $g^{\mu\nu}$ son constantes, i. e. cuando se anulan las intensidades de campo de gravitación. Este segundo término es una expresión para el momento, y para la energía, transferidos por unidad de volumen y unidad de tiempo desde el campo gravitatorio a la materia. Esto se manifiesta aún más claramente reescribiendo (57) en el sentido de (41) como

$$\frac{\partial T^{\alpha}_{\sigma}}{\partial x_{\alpha}} = \Gamma^{\beta}_{\alpha\sigma} T^{\alpha}_{\beta}. \qquad (57a)$$

El miembro derecho expresa el efecto energético del campo gravitatorio sobre la materia.

Así pues, las ecuaciones de campo de gravitación contienen cuatro condiciones que gobiernan el curso de los fenómenos materiales. Dan por completo las ecuaciones de los fenómenos materiales, si las últimas pueden caracterizarse por cuatro ecuaciones diferenciales mutuamente independientes.[11]

D. FENÓMENOS MATERIALES

Las herramientas matemáticas desarrolladas en la parte B nos permiten generalizar inmediatamente las leyes físicas de la materia

11. Sobre esta cuestión, véase H. Hilbert, *Nachr. d. K. Gesellsch. d. Wiss. zu Göttingen, Math.-phys. Klasse*, 1915, p. 3.

(hidrodinámica, electrodinámica de Maxwell), tal como están formuladas en la teoría de la relatividad especial, de modo que encajen en la teoría de la relatividad general. Cuando se hace así, el principio de relatividad general no nos ofrece una limitación adicional de posibilidades; pero nos familiariza con la influencia del campo gravitatorio sobre todos los procesos, sin que tengamos que introducir ninguna hipótesis nueva.

De aquí resulta que no es necesario introducir hipótesis definidas respecto a la naturaleza física de la materia (en el sentido más restringido). En particular sigue siendo una cuestión abierta si la teoría del campo electromagnético en conjunción con la del campo gravitatorio proporciona o no una base suficiente para la teoría de la materia. El postulado de relatividad general es incapaz en principio de decirnos nada sobre ello. Debe quedar por ver, durante la elaboración de la teoría, si la teoría electromagnética y la doctrina de la gravitación en colaboración pueden realizar lo que la primera es incapaz de hacer por sí sola.

19. ECUACIONES DE EULER PARA UN FLUIDO ADIABÁTICO SIN FRICCIÓN

Sean p y ρ dos escalares, al primero de los cuales llamamos «presión» y al segundo «densidad» de un fluido; y haya una ecuación que los relaciona. Sea el tensor simétrico contravariante

$$\mathrm{T}^{\alpha\beta} = -g^{\alpha\beta} p + \rho \frac{dx_\alpha}{ds}\frac{dx_\beta}{ds} \qquad (58)$$

el tensor-energía contravariante del fluido. A él pertenece el tensor covariante

$$T_{\mu\nu} = -g_{\mu\nu}p + g_{\mu\alpha}g_{\mu\beta}\frac{dx_\alpha}{ds}\frac{dx_\beta}{ds}\rho, \tag{58a}$$

así como el tensor mixto[12]

$$T_\sigma^\alpha = -g_\sigma^\alpha p + g_{\sigma\beta}\frac{dx_\alpha}{ds}\frac{dx_\beta}{ds}\rho. \tag{58b}$$

Insertando el segundo miembro de (58b) en (57a) obtenemos las ecuaciones hidrodinámicas eulerianas de la teoría de la relatividad general. Éstas dan, en teoría, una solución completa al problema de movimiento, puesto que las cuatro ecuaciones (57a), junto con la ecuación dada entre p y ρ, y la ecuación

$$g_{\alpha\beta}\frac{dx_\alpha}{ds} - \frac{dx_\beta}{ds} = 1,$$

son suficientes, estando dadas las $g_{\alpha\beta}$, para definir las seis incógnitas

$$p,\ \rho,\ \frac{dx_\alpha}{ds},\ \frac{dx_2}{ds},\ \frac{dx_3}{ds},\ \frac{dx_4}{ds}.$$

Si se desconocen también las $g_{\mu\nu}$, intervienen las ecuaciones (53). Hay once ecuaciones para definir las diez funciones $g_{\mu\nu}$, de modo que dichas funciones aparecen sobredeterminadas. Debemos recordar, sin embargo, que las ecuaciones (57a) ya están contenidas en las ecuaciones (53), de modo que las últimas representan sólo sie-

12. Para un observador que utiliza un sistema de referencia en el sentido de la teoría de la relatividad especial para una región infinitamente pequeña, y que se mueve con éste, la densidad de energía T_4^4 es igual a $\rho - p$. Esto da la definición de ρ. Así pues, ρ no es constante para un fluido incompresible.

te ecuaciones independientes. Hay una buena razón para esta falta de determinación, en cuanto que la amplia libertad de elección de coordenadas hace que el problema quede matemáticamente indeterminado en tal grado que tres de las funciones del espacio pueden ser escogidas a voluntad.[13]

20. ECUACIONES DEL CAMPO ELECTROMAGNÉTICO DE MAXWELL PARA EL ESPACIO LIBRE

Sean ϕ_ν las componentes de un vector covariante: el vector potencial electromagnético. A partir de ellas formamos, de acuerdo con (36) las componentes $F_{\rho\sigma}$ del seis-vector covariante del campo electromagnético, de acuerdo con el sistema de ecuaciones

$$F_{\rho\sigma} = \frac{\partial \phi_\rho}{\partial x_\sigma} - \frac{\partial \phi_\sigma}{\partial x_\rho}. \tag{59}$$

Se sigue de (59) que el sistema de ecuaciones

$$\frac{\partial F_{\rho\sigma}}{\partial x_\tau} + \frac{\partial F_{\sigma\tau}}{\partial x_\rho} + \frac{\partial F_{\sigma\rho}}{\partial x_\sigma} = 0 \tag{60}$$

es satisfecho, siendo su miembro izquierdo, por (37), un tensor antisimétrico de tercer rango. El sistema (60) contiene así esencialmente cuatro ecuaciones que se escriben como sigue

13. Sobre el abandono de la elección de coordenadas con $g = -1$, quedan cuatro funciones del espacio con libertad de elección, correspondientes a las cuatro funciones arbitrarias a nuestra disposición en la elección de coordenadas.

$$\left.\begin{aligned}
\frac{\partial F_{23}}{\partial x_4} + \frac{\partial F_{34}}{\partial x_2} + \frac{\partial F_{42}}{\partial x_3} &= 0 \\
\frac{\partial F_{34}}{\partial x_1} + \frac{\partial F_{41}}{\partial x_3} + \frac{\partial F_{13}}{\partial x_4} &= 0 \\
\frac{\partial F_{41}}{\partial x_2} + \frac{\partial F_{12}}{\partial x_4} + \frac{\partial F_{24}}{\partial x_1} &= 0 \\
\frac{\partial F_{12}}{\partial x_3} + \frac{\partial F_{23}}{\partial x_1} + \frac{\partial F_{31}}{\partial x_2} &= 0
\end{aligned}\right\} \tag{60a}$$

Este sistema corresponde al segundo sistema de ecuaciones de Maxwell. Reconocemos esto inmediatamente haciendo

$$\left.\begin{aligned}
F_{23} &= H_x, \quad F_{14} = E_x \\
F_{31} &= H_y, \quad F_{24} = E_y \\
F_{12} &= H_z, \quad F_{34} = E_z
\end{aligned}\right\} \tag{61}$$

Entonces, en lugar de (60a) podemos poner, en la notación usual del análisis vectorial tridimensional

$$\left.\begin{aligned}
-\frac{\partial H}{\partial t} &= \text{curl } E \\
\text{div } H &= 0
\end{aligned}\right\} \tag{60b}$$

Obtenemos el primer sistema de Maxwell generalizando la forma dada por Minkowski. Introducimos el seis-vector contravariante asociado con $F^{\alpha\beta}$

$$F^{\mu\nu} = g^{\mu\alpha} g^{\nu\beta} F_{\alpha\beta}, \tag{62}$$

y también el vector contravariante J^{μ} de la densidad de corriente eléctrica. Entonces, teniendo en cuenta (40), las siguientes ecuaciones serán invariantes para cualquier sustitución cuyo invariante sea la unidad (en acuerdo con las coordenadas escogidas):

$$\frac{\partial}{\partial x_{\nu}} F_{\mu\nu} = J^{\mu}. \tag{63}$$

Sean

$$\left.\begin{array}{l} F^{23} = H'_{x}, \quad F'^{14} = -E'_{x} \\ F^{31} = H'_{y}, \quad F'^{24} = -E'_{y} \\ F^{12} = H'_{z}, \quad F'^{34} = -E'_{z} \end{array}\right\} \tag{64}$$

cuyas cantidades son iguales a las cantidades H_x ... E_z en el caso especial de la teoría de la relatividad restringida; si además

$$J^1 = j_x, \; J^2 = j_y, \; J^3 = j_z, \; J^4 = \rho,$$

obtenemos en lugar de (63)

$$\left.\begin{array}{l} \dfrac{\partial E'}{\partial t} + j = \text{curl } H' \\ \text{div } E' = \rho \end{array}\right\} \tag{63a}$$

Las ecuaciones (60), (62) y (63) constituyen así la generalización de las ecuaciones de campo de Maxwell para el espacio libre, con el convenio que hemos establecido con respecto a la elección de coordenadas.

Las componentes-de-energía del campo electromagnético. Formemos el producto interior

$$\kappa_\sigma = F_{\sigma\mu} J^\mu. \tag{65}$$

Por (61) sus componentes, escritas a la manera tridimensional, son

$$\left.\begin{array}{l} \kappa_1 = \rho E_x + [j \cdot H]_x \\ \vdots \quad \vdots \quad \vdots \\ \kappa_4 = -(jE) \end{array}\right\} \tag{65a}$$

κ_σ es un vector covariante cuyas componentes son iguales al momento negativo, o, respectivamente, la energía, que se transfiera desde las masas eléctricas al campo electromagnético por unidad de tiempo y volumen. Si las masas eléctricas son libres, es decir, están bajo la sola influencia del campo electromagnético, el vector covariante κ_σ se anulará.

Para obtener las componentes de energía T_σ^ν del campo electromagnético, sólo tenemos que dar a la ecuación $\kappa_\sigma = 0$ la forma de la ecuación (57). A partir de (63) y (65) tenemos en primer lugar

$$\kappa_\sigma = F_{\sigma\mu} \frac{\partial F^{\mu\nu}}{\partial x_\nu} = \frac{\partial}{\partial x_\nu}\left(F_{\sigma\mu} F^{\mu\nu}\right) - F^{\mu\rho} \frac{\partial F_{\sigma\mu}}{\partial x_\nu}.$$

El segundo término del segundo miembro, en virtud de (60), permite la transformación

$$F^{\mu\nu} \frac{\partial F_{\sigma\mu}}{\partial x_\nu} = -\frac{1}{2} F^{\mu\nu} \frac{\partial F_{\mu\nu}}{\partial x_\sigma} = -\frac{1}{2} g^{\mu\alpha} g^{\nu\beta} F_{\alpha\beta} \frac{\partial F_{\sigma\mu}}{\partial x_\sigma}.$$

cuya última expresión puede, por razones de simetría, escribirse también en la forma

$$-\frac{1}{4}\left[g^{\mu\alpha}g^{\nu\beta}F_{\alpha\beta}\frac{\partial F_{\mu\nu}}{\partial x_\sigma}+g^{\mu\alpha}g^{\nu\beta}F_{\alpha\beta}\frac{\partial F_{\mu\beta}}{\partial x_\sigma}F_{\mu\nu}\right].$$

Pero para esto podemos hacer

$$-\frac{1}{4}\frac{\partial}{\partial x_\sigma}\left(g^{\mu\alpha}g^{\nu\beta}F_{\alpha\beta}F_{\mu\nu}\right)+-\frac{1}{4}F_{\alpha\beta}F_{\mu\nu}\frac{\partial}{\partial x_\sigma}\left(g^{\mu\alpha}g^{\nu\beta}\right).$$

El primero de estos términos se escribe de forma más breve

$$-\frac{1}{4}\frac{\partial}{\partial x_\sigma}\left(F^{\mu\nu}F_{\mu\nu}\right);$$

el segundo, una vez llevada a cabo la diferenciación, y tras alguna simplificación, resulta

$$-\frac{1}{2}F^{\mu\tau}F_{\mu\nu}g^{\nu\rho}\frac{\partial g_{\sigma\tau}}{\partial x_\sigma}.$$

Juntando los tres términos obtenemos la relación

$$\kappa_\sigma=\frac{\partial T_\sigma^\nu}{\partial x_\nu}-\frac{1}{2}g^{\tau\mu}\frac{\partial g_{\mu\nu}}{\partial x_\sigma}T_\tau^\nu, \qquad (66)$$

donde

$$T_\sigma^\nu=-F_{\sigma\alpha}F^{\nu\alpha}+\frac{1}{4}\delta_\sigma^\nu F_{\alpha\beta}F^{\alpha\beta}.$$

La ecuación (66), si se anula κ_σ, es, debido a (30), equivalente a (57) o (57a) respectivamente. Por consiguiente, las T_σ^ν son las componentes de energía del campo electromagnético. Con la ayuda de (61) y (64) es fácil demostrar que estas componentes de energía del campo electromagnético en el caso de la teoría de la relatividad especial dan las bien conocidas expresiones de Maxwell-Poynting.

Ahora hemos deducido las leyes generales que son satisfechas por el campo gravitatorio y la materia, utilizando de manera consistente un sistema de coordenadas para el que $\sqrt{-g} = 1$. Con ello hemos conseguido una considerable simplificación de fórmulas y cálculos, sin dejar de satisfacer el requisito de covariancia general; pues hemos extraído nuestras ecuaciones de ecuaciones generalmente covariantes particularizando el sistema de coordenadas.

Aún queda la cuestión, no carente de interés formal, de si con una definición correspondientemente generalizada de las componentes de energía del campo gravitatorio y la materia, incluso sin particularizar el sistema de coordenadas, es posible formular leyes de conservación en forma de ecuación (56), y ecuaciones de campo de la gravitación de la misma naturaleza que (52) o (52a), de tal manera que a la izquierda tengamos una divergencia (en el sentido ordinario) y a la derecha la suma de las componentes de energía de materia y gravitación. He encontrado que en ambos casos es realmente así. Pero no creo que la comunicación de mis algo extensas reflexiones sobre este tema merezcan la pena, porque después de todo no nos dan nada que sea materialmente nuevo.

21. LA TEORÍA DE NEWTON COMO PRIMERA APROXIMACIÓN

Como ya ha sido mencionado más de una vez, la teoría de la relatividad especial como un caso especial de la teoría general se caracteriza porque las $g_{\mu\nu}$ tienen los valores constantes (4). Por lo que ya se ha dicho, esto significa despreciar por completo los efectos de la gravitación. Llegamos a una aproximación más cercana a la realidad considerando el caso en donde las $g_{\mu\nu}$ difieren de los valores de (4) en cantidades que son pequeñas comparadas con 1, y despreciando pequeñas cantidades de segundo orden y superiores. (Primer punto de vista de aproximación).

Hay que suponer, además, que en el territorio espacio-temporal en consideración las $g_{\mu\nu}$ en el infinito espacial, con una elección de coordenadas adecuada, tienden hacia los valores (4); i. e. estamos considerando campos gravitatorios que pueden considerarse generados exclusivamente por materia en la región finita.

Podría pensarse que estas aproximaciones deben llevarnos a la teoría de Newton. Pero para este fin aún necesitamos aproximar las ecuaciones fundamentales desde un segundo punto de vista. Prestemos atención al movimiento de un punto material de acuerdo con las ecuaciones (16). En el caso de la teoría de la relatividad especial las componentes

$$\frac{dx_1}{ds}, \frac{dx_2}{ds}, \frac{dx_3}{ds}$$

pueden tomar cualquier valor. Esto significa que puede aparecer cualquier velocidad

$$v = \sqrt{\left(\frac{dx_1}{ds}\right)^2 + \left(\frac{dx_2}{ds}\right)^2 + \left(\frac{dx_3}{ds}\right)^2}$$

que sea menor que la velocidad de la luz *in vacuo*. Si nos restringimos al caso que casi exclusivamente se ofrece a nuestra experiencia, de que v sea pequeña comparada con la velocidad de la luz, esto denota que las componentes

$$\frac{dx_1}{ds}, \frac{dx_2}{ds}, \frac{dx_3}{ds}$$

deben ser tratadas como cantidades pequeñas, mientras que dx_4/ds, a segundo orden de cantidades pequeñas, es igual a 1. (Segundo punto de vista de aproximación).

Notemos ahora que desde el primer punto de vista de aproximación las magnitudes $\Gamma^{\tau}_{\mu\nu}$ son todas pequeñas magnitudes de al menos primer orden. Una ojeada a (46) muestra así que en esta ecuación, desde el segundo punto de vista de aproximación, tenemos que considerar solamente términos para los que $\mu = \nu = 4$. Restringiéndonos a términos de orden más bajo obtenemos primero en lugar de (46) las ecuaciones

$$\frac{d^2 x_\tau}{dt^2} = \Gamma^{\tau}_{44},$$

donde hemos hecho $ds = dx_4 = dt$; o con restricción a términos que desde el primer punto de vista de aproximación son de primer orden

$$\frac{d^2 x_\tau}{dt^2} = [44, \tau](\tau = 1, 2, 3)$$
$$\frac{d^2 x_4}{dt^2} = -[44, 4].$$

Si además suponemos que el campo gravitatorio es un campo cuasi estático, limitándonos al caso en donde el movimiento de la materia que genera el campo gravitatorio es lento (en comparación con la velocidad de propagación de la luz), podemos despreciar en el segundo miembro las derivadas con respecto al tiempo en comparación con las derivadas con respecto a las coordenadas espaciales, de modo que tenemos

$$\frac{d^2 x_\tau}{dt^2} = -\frac{1}{2}\frac{\partial t_{44}}{\partial x_\tau}\left(\tau = 1,\ 2,\ 3\right). \tag{67}$$

Ésta es la ecuación de movimiento del punto material según la teoría de Newton, en la que g_{44} desempeña el papel del potencial gravitatorio. Lo que es notable en este resultado es que la componente g_{44} del tensor fundamental define por sí sola, en primera aproximación, el movimiento del punto material.

Volvamos ahora a las ecuaciones de campo (53). Aquí debemos tener en cuenta que el tensor-energía de «materia» está definido casi exclusivamente por la densidad de materia en el sentido más estrecho, i. e. por el segundo término del segundo miembro de (58) [o, respectivamente (58a) o (58b)]. Si formamos la aproximación en cuestión, todas las componentes se anulan con la única excepción de $T_{44} = \rho = T$. En el primer miembro de (53) el segundo término es una cantidad pequeña de segundo orden; el primero da, en la aproximación en cuestión,

$$\frac{\partial}{\partial x_1}\left[\mu\nu,1\right]+\frac{\partial}{\partial x_2}\left[\mu\nu,2\right]+\frac{\partial}{\partial x_3}\left[\mu\nu,3\right]-\frac{\partial}{\partial x_4}\left[\mu\nu,4\right].$$

Para $\mu = \nu = 4$, esto da, con la omisión de los términos derivados con respecto al tiempo

$$-\frac{1}{2}\left(\frac{\partial^2 g_{44}}{\partial x_1^2}+\frac{\partial^2 g_{44}}{\partial x_2^2}+\frac{\partial^2 g_{44}}{\partial x_3^2}\right) = -\frac{1}{2}\nabla^2 g_{44}.$$

La última de las ecuaciones (53) da así

$$\nabla^2 g_{44} = \kappa\rho. \tag{68}$$

Las ecuaciones (67) y (68) juntas son equivalentes a la ley de gravitación de Newton.

Por (67) y (68) la expresión para el potencial gravitatorio se convierte en

$$-\frac{\kappa}{8\pi}\int\frac{\rho d\tau}{r}, \tag{68a}$$

mientras que la teoría de Newton, con la unidad de tiempo que hemos escogido, da

$$-\frac{\mathrm{K}}{r^2}\int\frac{\rho d\tau}{r},$$

en donde K denota la constante $6{,}7 \times 10^{-8}$, normalmente llamada constante de gravitación. Por comparación obtenemos

$$\kappa = \frac{8\pi\mathrm{K}}{c^2} = 1 \cdot 87 \times 10^{-27}. \tag{69}$$

22. COMPORTAMIENTO DE REGLAS Y RELOJES EN EL CAMPO GRAVITATORIO ESTÁTICO. CURVATURA DE RAYOS LUMINOSOS. MOVIMIENTO DEL PERIHELIO DE UNA ÓRBITA PLANETARIA

Para llegar a la teoría de Newton como una primera aproximación tuvimos que calcular solamente una componente, g_{44}, de las diez $g_{\mu\nu}$ del campo gravitatorio, puesto que sólo esta componente entra en la primera aproximación, (67), de la ecuación para el movimiento del punto material en el campo gravitatorio. A partir de esto, sin embargo, es ya evidente que otras componentes de las $g_{\mu\nu}$ deben diferir de los valores dados en (4) en pequeñas cantidades de primer orden. Esto es exigido por la condición $g = -1$.

Para una masa puntual productora de campo en el origen de coordenadas, obtenemos, en primera aproximación, la solución con simetría radial

$$\left.\begin{aligned} g_{\rho\sigma} &= -\delta_{\rho\sigma} - \alpha \frac{x_\rho x_\sigma}{r^3} \quad (\rho, \sigma = 1, 2, 3) \\ g_{\rho 4} &= -\delta_{4\rho} = 0 \qquad (\rho = 1, 2, 3) \\ g_{44} &= 1 - \frac{\alpha}{r} \end{aligned}\right\} \tag{70}$$

donde $\delta_{\rho\sigma}$ es 1 ó 0, respectivamente, según sea $\rho = \sigma$ ó $\rho \neq \sigma$, y r es la cantidad $\sqrt{x_1^2 + x_2^2 + x_3^2}$ debido a (68a)

$$\alpha = \frac{\kappa M}{4\pi}, \tag{70a}$$

si M denota la masa productora de campo. Es fácil verificar que las ecuaciones de campo (fuera de la masa) resultan satisfechas en primer orden de pequeñas cantidades.

Examinemos ahora la influencia ejercida por el campo de la masa M sobre las propiedades métricas del espacio. La relación

$$ds^2 = g_{\mu\nu}\, dx_\mu\, dx_\nu$$

es válida siempre entre las longitudes «localmente» medidas (4) y tiempos ds por una parte, y las diferencias de coordenadas dx_ν por otra.

Para una unidad de medida de longitud tendida «paralela» al eje de las x, por ejemplo, tendríamos que hacer $ds^2 = -1$; $dx_2 = dx_3 = dx_4 = 0$. Por consiguiente, $-1 = g_{11} dx_1^2$. Si además la unidad de medida reposa sobre el eje de las x, la primera de las ecuaciones (70) da

$$g_{11} = -\left(1 + \frac{\alpha}{r}\right).$$

De estas dos relaciones se sigue que, hasta primer orden de pequeñas cantidades,

$$dx = 1 - \frac{\alpha}{2r}. \tag{71}$$

La regla de medir unidad aparece así un poco acortada con relación al sistema de coordenadas por la presencia del campo gravitatorio, si la regla está tendida a lo largo de un radio.

De manera análoga obtenemos la longitud de coordenadas en dirección tangencial si, por ejemplo, hacemos

$$ds^2 = -1;\ dx_1 = dx_3 = dx_4 = 0;\ x_1 = r;\ x_2 = x_3 = 0.$$

El resultado es

$$-1 = g_{22}\, dx_2^2 = -dx_2^2. \tag{71a}$$

Con la posición tangencial, por lo tanto, el campo gravitatorio del punto de masa no tiene influencia sobre la longitud de la regla.

Así pues, la geometría euclidiana no es válida ni siquiera en primera aproximación en el campo gravitatorio, si queremos tomar una y la misma regla independientemente de su lugar y orientación como una realización del mismo intervalo; aunque, por supuesto, una ojeada a (70a) y (69) muestra que las desviaciones que se pueden esperar son demasiado pequeñas para que sea posible advertirlas en medidas de la superficie de la Tierra.

Examinemos también la marcha de un reloj unidad, que está preparado para estar en reposo en un campo gravitatorio estático. Aquí tenemos para un período de reloj $ds = 1$; $dx_1 = dx_2 = dx_3 = 0$. Por consiguiente

$$-1 = g_{44} dx_4^2;$$

$$dx_4 = \frac{1}{\sqrt{-g_{44}}} = \frac{1}{\sqrt{\left(1 + \left(g_{44} - 1\right)\right)}} = 1 - \frac{1}{2}\left(g_{44} - 1\right)$$

o

$$dx_4 = 1 + \frac{\kappa}{8\pi} \int \rho \frac{d\tau}{r}. \tag{72}$$

Así pues, el reloj marcha más despacio si se encuentra en la vecindad de masas ponderables. De esto se sigue que las líneas espectrales de la luz que nos llega desde la superficie de grandes estrellas debe aparecer desplazada hacia el extremo rojo del espectro.[14]

Examinemos ahora el curso de los rayos luminosos en el campo gravitatorio estático. Por la teoría de la relatividad especial la velocidad de la luz viene dada por la ecuación

$$-dx_1^2 - dx_2 - dx_3^2 - dx_4^2 = 0$$

14. Según E. Freundlich, observaciones espectroscópicas de ciertos tipos de estrellas fijas indican la existencia de un efecto de este tipo, pero todavía no se ha realizado un test crucial de esta consecuencia.

y, por lo tanto, por la teoría de la relatividad general viene dada por la ecuación

$$ds^2 = g_{\mu\nu}\, dx_\mu\, dx_\nu = 0. \tag{73}$$

Si la dirección, i. e. la razón $dx_1 : dx_2 : dx_3$ es dada, la ecuación (73) da las cantidades

$$\frac{dx_1}{dx_4}, \frac{dx_2}{dx_4}, \frac{dx_3}{dx_4}$$

y en consecuencia la velocidad

$$\sqrt{\left(\frac{dx_1}{dx_4}\right)^2 + \left(\frac{dx_2}{dx_4}\right)^2 + \left(\frac{dx_3}{dx_4}\right)^2} = \gamma$$

definida en el sentido de la geometría euclidiana. Reconocemos fácilmente que el curso de los rayos luminosos debe estar curvado con respecto al sistema de coordenadas, si las $g_{\mu\nu}$ no son constantes. Si n es una dirección perpendicular a la propagación de la luz, el principio de Huyghens muestra que el rayo luminoso, imaginado en el plano (γ, n), tiene la curvatura $-\delta\gamma/\delta n$.

Examinemos la curvatura sufrida por un rayo luminoso que pasa frente a una masa M a una distancia Δ. Si escogemos el sistema de coordenadas de acuerdo con el diagrama que se acompaña, la curvatura total del rayo (calculada positivamente si es cóncava hacia el origen) viene dada con suficiente aproximación por

$$\int_{-\infty}^{+\infty} \frac{\partial\gamma}{\partial x_1} dx_2,$$

mientras que (73) y (70) dan

$$\gamma = \sqrt{\left(-\frac{g_{44}}{g_{22}}\right)} = 1 + \frac{a}{2r}\left(1 + \frac{x_2^2}{r^2}\right).$$

Haciendo el cálculo, esto da

$$\mathrm{B} = \frac{2\alpha}{\Delta} = \frac{\kappa \mathrm{M}}{2\pi\Delta}. \tag{74}$$

Según esto, un rayo luminoso que pasa cerca del Sol sufre una desviación de 1.7''; y un rayo que pasa cerca del planeta Júpiter sufre una desviación de aproximadamente 0.02''.

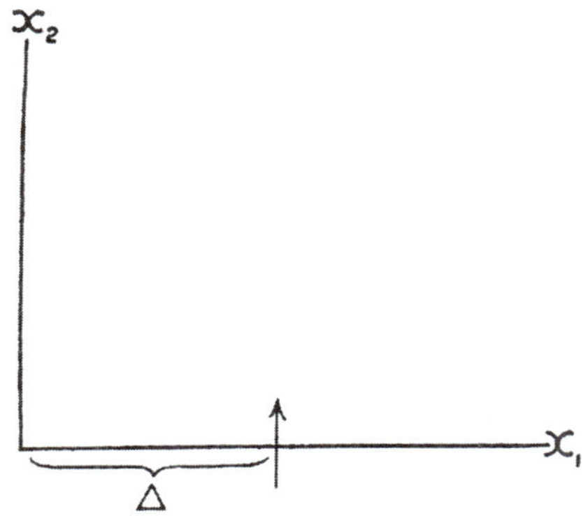

Si calculamos el campo gravitatorio en un grado de aproximación superior, y con una precisión correspondiente al movimiento orbital de un punto material de masa relativa infinitamente pequeña, encontramos una desviación del siguiente tipo de las leyes de Kepler-Newton del movimiento planetario. La elipse orbital de un planeta experimenta una lenta rotación en la dirección de movimiento, de valor

$$\varepsilon = 24\pi^3 \frac{\alpha^2}{T^2 c^2 \left(1 - e^2\right)} \tag{75}$$

por revolución. En esta fórmula *a* denota el semieje mayor, *c* la velocidad de la luz en la medida normal, *e* la excentricidad, T el tiempo de revolución en segundos.[15]

El cálculo da para el planeta Mercurio una rotación de la órbita de 43'' por siglo, que corresponde exactamente a la observación astronómica (Leverrier); pues los astrónomos han descubierto en el movimiento del perihelio de este planeta, una vez consideradas las perturbaciones debidas a otros planetas, un residuo inexplicable de esta magnitud.

15. Para el cálculo me remito a los artículos originales: A. Einstein, *Sitzungsber. D. Preuss. Akad. Wiss.*, 1915, p. 831, y K. Schwarzschild, *ibid.*, 1916, p. 189.

5

EL PRINCIPIO DE HAMILTON Y LA TEORÍA DE LA RELATIVIDAD GENERAL*

La teoría de la relatividad general ha sido recientemente expuesta en una forma particularmente clara por H. A. Lorentz y D. Hilbert,[1] quienes han deducido sus ecuaciones a partir de un único principio variacional. Lo mismo se hará en el presente artículo. Pero mi propósito aquí es presentar las conexiones fundamentales de una forma tan clara como sea posible y en términos tan generales como sea permisible desde el punto de vista de la teoría de la relatividad general. En particular, haremos las mínimas hipótesis particularizadoras posibles, en marcado contraste con el tratamiento del tema por parte de Hilbert. Por otra parte, en antítesis con mi más reciente tratamiento del tema, habrá una completa libertad de elección del sistema de coordenadas.

* «Hamiltonsches Princip und allgemeine Relativitätstheorie», *Sitzungsberichte der Preussischen Akad.Wissenschaften*, 1916.

1. Cuatro artículos de Lorentz en las Publicaciones de la Koninkl. Akad. yan Wetensch. te Amsterdam, 1915 y 1916; D. Hilbert en *Göttingen Nachr.*, 1915, parte 3.

1. EL PRINCIPIO VARIACIONAL Y LAS ECUACIONES DE CAMPO DE LA GRAVITACIÓN Y LA MATERIA

Sea el campo gravitatorio descrito, como es habitual, por el tensor[2] de las $g_{\mu\nu}$ (o las $g^{\mu\nu}$); y sea la materia, incluyendo el campo electromagnético, descrita por cualquier número de funciones espaciotemporales $q_{(\rho)}$. No nos importa cómo puedan estar caracterizadas dichas funciones en la teoría de invariantes. Además, sea $\mathfrak{H}$ una función de las

$$g^{\mu\nu},\ g_{\sigma}^{\mu\nu}\left(=\frac{\partial g^{\mu\nu}}{\partial x_{\sigma}}\right) \text{ y } g_{\sigma\tau}^{\mu\tau}\left(=\frac{\partial^2 g^{\mu\nu}}{\partial x_{\sigma}\partial x_{\tau}}\right), \text{ las } q_{(\rho)} \text{ y } q_{(\rho)\alpha}\left(=\frac{\partial q_{(\rho)}}{\partial x_{\alpha}}\right).$$

El principio variacional

$$\delta\left\{\int \mathfrak{H}\, d\tau\right\} = 0 \tag{1}$$

nos da entonces tantas ecuaciones diferenciales como funciones $g_{\mu\nu}$ y $q_{(\rho)}$ hay que determinar, si las $g^{\mu\nu}$ y $q_{(\rho)}$ se varían independientemente unas de otras, y de tal manera que en los límites de integración las $\delta q_{(\rho)}$, $\delta g^{\mu\nu}$ y $\frac{\partial}{dx_{\sigma}}(\delta g_{\mu\nu})$ se anulan.

Supondremos ahora que $\mathfrak{H}$ es lineal en las $g_{\sigma\tau}$, y que los coeficientes de las $g_{\sigma\tau}^{\mu\nu}$ dependen sólo de las $g^{\mu\nu}$. Podemos entonces sustituir el principio variacional (1) por otro que es más conveniente para nosotros. En efecto, por una integración parcial apropiada obtenemos

2. No se hace uso por el momento del carácter tensorial de las $g_{\mu\nu}$.

$$\int \mathfrak{H} d\tau = \int \mathfrak{H}^* d\tau + \mathrm{F}, \tag{2}$$

donde F denota una integral sobre la frontera del dominio en cuestión, y $\mathfrak{H}^*$ depende sólo de las $g^{\mu\nu}$, $g^{\mu\nu}_{\sigma}$, $q_{(\rho)}$, $q_{(\rho)\alpha}$ y ya no de las $g^{\mu\nu}_{\sigma\tau}$. A partir de (2) obtenemos, para variaciones tales como las que nos interesan,

$$\delta \left\{ \int \mathfrak{H} d\tau \right\} = \delta \left\{ \int \mathfrak{H}^* d\tau \right\}, \tag{3}$$

de modo que podemos reemplazar nuestro principio variacional (1) por la forma más conveniente

$$\delta \left\{ \int \mathfrak{H}^* d\tau \right\} = 0. \tag{1a}$$

Efectuando la variación de las $g^{\mu\nu}$ y las $q_{(\rho)}$ obtenemos, como ecuaciones de campo de la gravitación y materia, las ecuaciones[3]

$$\frac{\partial}{\partial x_\alpha}\left(\frac{\partial \mathfrak{H}^*}{\partial g^{\mu\nu}_{\sigma}}\right) - \frac{\partial \mathfrak{H}^*}{\partial g^{\mu\nu}} = 0 \tag{4}$$

$$\frac{\partial}{\partial x_\alpha}\left(\frac{\partial \mathfrak{H}^*}{\partial q_{(\rho)\alpha}}\right) - \frac{\partial \mathfrak{H}^*}{\partial q_{(\rho)}} = \tag{5}$$

3. Por brevedad, los símbolos de suma se omiten en las fórmulas. Siempre hay que sumar sobre los índices que aparecen dos veces en un término. Así, en (4), por ejemplo, $\frac{\partial}{\partial x_\alpha}\left(\frac{\partial \mathrm{i}^*}{\partial g^{\mu\nu}_{\alpha}}\right)$ denota el término $\sum_\alpha \frac{\partial}{\partial x_\alpha}\left(\frac{\partial \mathfrak{H}^*}{\partial g^{\mu\nu}_{\alpha}}\right)$.

2. EXISTENCIA INDEPENDIENTE DEL CAMPO GRAVITATORIO

Si no formulamos ninguna hipótesis restrictiva respecto a la manera en que $\mathfrak{H}$ depende de las $g_{\mu\nu}$, $g_{\sigma}^{\mu\nu}$, $q_{(\rho)}$, $q_{(\rho)\sigma}$, las componentes de energía no pueden dividirse en dos partes, una perteneciente al campo gravitatorio y otra a la materia. Para asegurar esta característica de la teoría, formulamos la siguiente hipótesis

$$\mathfrak{H} = \mathfrak{G} + \mathfrak{M}, \tag{6}$$

donde $\mathfrak{G}$ va a depender sólo de las $g^{\mu\nu}$, $g_{\sigma}^{\mu\nu}$, y $\mathfrak{M}$ sólo de las $g^{\mu\nu}$, $q_{(\rho)}$, $q_{(\rho)\alpha}$. Las ecuaciones (4), (4a) toman entonces la forma

$$\frac{\partial}{\partial x_{\alpha}}\left(\frac{\partial \mathfrak{G}^*}{\partial g_{\sigma}^{\mu\nu}}\right) - \frac{\partial \mathfrak{G}^*}{\partial g^{\mu\nu}} = \frac{\partial \mathfrak{M}^*}{\partial g^{\mu\nu}} \tag{7}$$

$$\frac{\partial}{\partial x_{\alpha}}\left(\frac{\partial \mathfrak{M}}{\partial q_{(\rho)\alpha}}\right) - \frac{\partial \mathfrak{M}^*}{\partial q_{(\rho)}} = 0. \tag{8}$$

Aquí $\mathfrak{G}^*$ guarda la misma relación con $\mathfrak{G}$ que $\mathfrak{H}^*$ con $\mathfrak{H}$.

Debe notarse cuidadosamente que las ecuaciones (8) o (5) tendrían que dar paso a otras, si fuéramos a suponer que $\mathfrak{M}$ o $\mathfrak{H}$ son también independientes de las derivadas de las $q_{(\rho)}$ de orden superior al primero. Análogamente, podría imaginarse que las $q_{(\rho)}$ deberían tomarse no mutuamente independientes, sino conectadas por ecuaciones condicionales. Todo esto no tiene importancia para los desarrollos que siguen, pues están basados solamente en las ecuaciones (7), que se han encontrado variando nuestra integral con respecto a las $g^{\mu\nu}$.

3. PROPIEDADES DE LAS ECUACIONES DE CAMPO DE LA GRAVITACIÓN CONDICIONADAS POR LA TEORÍA DE INVARIANTES

Introducimos ahora la hipótesis de que

$$ds^2 = g_{\mu\nu}\, dx_\mu\, dx_\nu \tag{9}$$

es un invariante. Ésta determina el carácter transformacional de las $g_{\mu\nu}$. Respecto al carácter transformacional de la $q_{(\rho)}$, que describen la materia, no planteamos ninguna hipótesis. Por otra parte, sean las funciones $H = \frac{\mathfrak{H}}{\sqrt{-g}}$ así como $G = \frac{\mathfrak{G}}{\sqrt{-g}}$ y $M = \frac{\mathfrak{M}}{\sqrt{-g}}$, invariantes respecto a cualesquiera sustituciones y coordenadas espacio-temporales. A partir de estas hipótesis se sigue la covariancia general de las ecuaciones (7) y (8), deducidas del tensor de curvatura de Riemann; porque no hay ningún otro invariante con las propiedades requeridas para G.[4] Por ello $\mathfrak{G}^*$ está también perfectamente determinado, y en consecuencia también lo está el primer miembro de la ecuación de campo (7).[5]

$$x'_\nu = x_\nu + \Delta x_\nu\,, \tag{10}$$

donde la Δx_ν son funciones arbitrarias e infinitamente pequeñas de las coordenadas, y x'_ν son las coordenadas, en el nuevo sistema, del punto-universo que tiene las coordenadas x_ν en el sistema ori-

4. Aquí hay que encontrar la razón por la que el postulado de relatividad general conduce a una teoría muy precisa de la gravitación.

5. Efectuando la integración parcial, obtenemos $\mathfrak{G}^* = \sqrt{-g}\, g^{\mu\nu}\, [\{\mu\alpha, \beta\}\{\nu\beta, \alpha\} - \{\mu\nu, \alpha\}\{\alpha\beta, \beta\}]$.

ginal. Igual que para las coordenadas, también para cualquier otra magnitud ψ, es válida una ley de transformación del tipo

$$\psi' + \psi + \Delta\psi,$$

donde $\Delta\psi$ debe ser siempre expresable mediante las Δx_ν. De la propiedad de covariancia de las $g^{\mu\nu}$ deducimos fácilmente para las $g^{\mu\nu}$ y las $g_\sigma^{\mu\nu}$ las leyes de transformación

$$\Delta g^{\mu\nu} = g^{\mu\alpha}\frac{\partial(\Delta x_\nu)}{\partial x_\alpha} + g^{\nu\alpha}\frac{\partial(\Delta x_\mu)}{\partial x_\alpha} \qquad (11)$$

$$\Delta g_\sigma^{\mu\nu} = \frac{\partial(\Delta x^{\mu\nu})}{\partial x_\alpha} - g_\sigma^{\mu\nu}\frac{\partial(\Delta x_\alpha)}{\partial x_\sigma}. \qquad (12)$$

Puesto que $\mathfrak{G}^*$ depende sólo de las $g^{\mu\nu}$ y $g_\sigma^{\mu\nu}$, es posible, con ayuda de (11) y (12), calcular $\Delta\mathfrak{G}^*$. Obtenemos así la ecuación

$$\sqrt{-g}\Delta\left(\frac{\mathfrak{G}^*}{\sqrt{-g}}\right) = \mathrm{S}_\sigma^\nu\frac{\partial(\Delta x_\sigma)}{\partial x_\nu} + 2\frac{\partial\mathfrak{G}^*}{\partial g_\alpha^{\mu\nu}}g^{\mu\nu}\frac{\partial^2\Delta x_\sigma}{\partial x_\nu\partial x_\alpha}, \qquad (13)$$

donde por brevedad hemos hecho

$$\mathrm{S}_\sigma^\nu = 2\frac{\partial\mathfrak{G}^*}{\partial g^{\mu\sigma}}g^{\mu\nu} + 2\frac{\partial\mathfrak{G}^*}{\partial g_\alpha^{\mu\sigma}}g_\alpha^{\mu\sigma} + \mathfrak{G}^*\delta_\sigma^\nu - \frac{\partial\mathfrak{G}^*}{\partial g_\nu^{\mu\alpha}}g_\sigma^{\mu\alpha}. \qquad (14)$$

De estas dos ecuaciones sacamos dos inferencias importantes para lo que sigue. Sabemos que $\frac{\mathfrak{G}}{\sqrt{-g}}$ es un invariante con respecto a cualquier sustitución, pero no sabemos esto de $\frac{\mathfrak{G}}{\sqrt{-g}}$. Es fácil demostrar, no obstante, que la última cantidad es un invariante con respecto a cualquier sustitución *lineal* de las coordenadas. De aquí se sigue $\frac{\partial^2 \Delta x_\sigma}{\partial x_\nu \partial x_\alpha}$ que el segundo miembro de (13) debe anularse siempre si todas las se anulan. En consecuencia, $\mathfrak{G}^*$ debe satisfacer la identidad

$$S_\sigma^\nu \equiv 0 \tag{15}$$

Si, además, escogemos las Δx_ν de modo que difieran de cero sólo en el interior de un dominio dado, pero se anulan en una proximidad infinitesimal de la frontera, entonces, con la transformación en cuestión, el valor de la integral de contorno que aparece en la ecuación (2) no cambia. Por lo tanto $\Delta F = 0$, y, en consecuencia[6]

$$\Delta\int \mathfrak{G} d\tau = \Delta\int \mathfrak{G}^* d\tau.$$

Pero el primer miembro de la ecuación debe anularse, puesto que $\frac{\mathfrak{G}}{\sqrt{-g}}$ y $\sqrt{-g d\tau}$ son invariantes. En consecuencia, el segundo miembro también se anula. Así pues, teniendo en cuenta (14), (15) y (16), obtenemos, en primer lugar, la ecuación

$$\int \frac{\partial \mathfrak{G}^*}{\partial g_\alpha^{\mu\sigma}} g^{\mu\nu} \frac{\partial^2 (\Delta x_\sigma)}{\partial x_\nu \partial x_\alpha} d\tau = 0. \tag{16}$$

Transformando esta ecuación mediante dos integraciones parciales, y habiendo considerado la libertad de elección de las Δx_σ, obtenemos la identidad

$$\frac{\partial^2}{\partial x_\nu \partial x_\alpha} \left(g^{\mu\nu} \frac{\partial \mathfrak{G}^*}{\partial g_\alpha^{\mu\sigma}} \right) \equiv 0. \tag{17}$$

6. Por la introducción de $\mathfrak{G}$ y $\mathfrak{G}^*$ en lugar de $\mathfrak{H}$ y $\mathfrak{H}^*$.

Ahora tenemos que extraer conclusiones de las dos identidades (16) y (17) que resultan de la invariancia de $\frac{\mathfrak{G}}{\sqrt{-g}}$ y, por consiguiente, del postulado de relatividad general.

Primero transformamos las ecuaciones de campo (7) de la gravitación por producto mixto por $g^{\mu\sigma}$. Luego obtenemos (intercambiando los índices σ y ν), como equivalentes de las ecuaciones de campo (7), las ecuaciones

$$\frac{\partial}{\partial x_\alpha}\left(g^{\mu\nu}\frac{\partial \mathfrak{G}^*}{\partial g_\alpha^{\mu\sigma}}\right) = -\left(\mathfrak{T}_\sigma^\nu + t_\sigma^\nu\right). \tag{18}$$

donde hemos hecho

$$\mathfrak{T}_\sigma^\nu = -\frac{\partial \mathfrak{M}}{\partial g^{\mu\sigma}} g^{\mu\nu} \tag{19}$$

$$t_\sigma^\nu = -\left(\frac{\partial \mathfrak{G}^*}{\partial g_\alpha^{\mu\sigma}} g_\alpha^{\mu\sigma} + \frac{\partial \mathfrak{G}^*}{\partial g^{\mu\sigma}} g^{\mu\nu}\right) = \frac{1}{2}\left(\mathfrak{G}^* \delta_\sigma^\nu - \frac{\partial \mathfrak{G}^*}{\partial g_\nu^{\mu\sigma}} g_\alpha^{\mu\sigma}\right). \tag{20}$$

La última ecuación para t_μ^ν está justificada por (14) y (15). Diferenciando (18) con respecto a x_ν, y sumando para ν, se sigue, en vista de (17)

$$\frac{\partial}{\partial x_\nu}\left(\mathfrak{T}_\sigma^\nu + t_\sigma^\nu\right) = 0. \tag{21}$$

La ecuación (21) expresa la conservación de momento y energía. Llamamos $\mathfrak{T}_\sigma^\nu$ a las componentes de energía de la materia, t_σ^ν a las componentes de la energía del campo gravitatorio.

Habiendo considerado (20), se sigue de las ecuaciones de campo (7) de la gravitación, mediante producto por $g_\sigma^{\mu\nu}$ y suma con respecto a μ y ν,

$$\frac{\partial t_\sigma^\nu}{\partial x_\nu} + \frac{1}{2} g_\sigma^{\mu\nu} \frac{\partial \mathfrak{M}}{\partial g^{\mu\nu}} = 0,$$

o, en vista de (19) y (21)

$$\frac{\partial \mathfrak{T}_\sigma^\nu}{\partial x_\nu} - \frac{1}{2} g_\sigma^{\mu\nu} \mathfrak{T}_{\mu\nu} = 0. \tag{22}$$

donde $\mathfrak{T}_{\mu\nu}$ denota las cantidades $g_{\nu\sigma}\mathfrak{T}_{\mu\nu}$. Éstas son cuatro ecuaciones que las componentes de energía de la materia tienen que satisfacer.

Hay que resaltar que las leyes (generalmente covariantes) de conservación (21) y (22) están deducidas a partir de las ecuaciones de campo (7) de la gravitación, en combinación con el postulado de covariancia general (relatividad) *solamente*, sin utilizar las ecuaciones de campo (8) para fenómenos materiales.

6
CONSIDERACIONES COSMOLÓGICAS SOBRE LA TEORÍA DE LA RELATIVIDAD GENERAL*

Es bien sabido que la ecuación de Poisson

$$\nabla^2\phi = 4\pi K\rho \qquad (1)$$

en combinación con las ecuaciones de movimiento de un punto material no es por el momento un sustituto perfecto para la teoría de Newton de acción a distancia. Aún hay que tener en cuenta la condición de que en el infinito espacial el potencial ϕ tiende hacia un valor límite fijo. Existe un estado de cosas análogo en la teoría de la gravitación en relatividad general. También aquí debemos suplementar las ecuaciones diferenciales con condiciones límite en el infinito espacial, si realmente vamos a considerar que el universo tiene una extensión espacial infinita.

En mi tratamiento del problema planetario escogí dichas condiciones límite en forma de la siguiente hipótesis: es posible seleccionar un sistema de referencia de modo que en el infinito espacial todos los potenciales gravitatorios $g_{\mu\nu}$ se hagan constantes. Pero no es en absoluto evidente a priori que podamos establecer las mis-

* «Kosmologische Betrachtungen zur allgemeinen Relativitätstheorie», *Sitzunsberichte der Preussischen Akad. d. Wissenschaften*, 1917.

mas condiciones límite cuando queremos tomar en consideración porciones más grandes del universo físico. En las páginas siguientes se ofrecerán las reflexiones que, hasta el presente, he hecho sobre esta cuestión de fundamental importancia.

1. LA TEORÍA NEWTONIANA

Es bien sabido que la condición límite de Newton del límite constante para ϕ en el infinito espacial lleva a la concepción de que la densidad de materia se hace cero en el infinito. Pues imaginemos que pueda haber un lugar en el espacio universal en el cual el campo gravitatorio de materia, visto a gran escala, posee simetría esférica. Se sigue entonces de la ecuación de Poisson que, para que ϕ pueda tender a un límite en el infinito, la densidad media ρ debe decrecer hacia cero más rápidamente que $1/r^2$ a medida que aumenta la distancia r al centro del universo.[1] En este sentido, por consiguiente, el universo según Newton es finito, aunque puede poseer una masa total infinitamente grande.

De esto se sigue en primer lugar que la radiación emitida por los cuerpos celestes dejará, en parte, el sistema newtoniano del universo, saliendo radialmente hacia fuera, para hacerse inefectiva y perderse en el infinito. ¿Puede pasar lo mismo con los cuerpos celestes? Difícilmente es posible dar una respuesta negativa a esta pregunta. En efecto, se sigue de la hipótesis de un límite finito para ϕ en el infinito espacial que un cuerpo celeste con energía cinética finita puede llegar al infinito espacial superando las fuerzas de atracción newtonianas. Por la mecánica estadística este caso debe darse

1. ρ es la densidad media de materia, calculada para una región que es grande comparada con la distancia entre estrellas fijas vecinas, pero pequeña en comparación con las dimensiones del sistema estelar completo.

de vez en cuando, siempre que la energía total del sistema estelar —transferida a una única estrella— sea suficientemente grande para enviar la estrella en su viaje al infinito, de donde nunca puede volver.

Podríamos tratar de evitar esta dificultad peculiar suponiendo un valor muy alto para el potencial límite en el infinito. Ésa sería una forma posible, si el propio valor del potencial gravitatorio no estuviera necesariamente condicionado por los cuerpos celestes. Lo cierto es que nos vemos obligados a considerar la ocurrencia de cualesquiera grandes diferencias de potencial del campo gravitatorio como algo que contradice los hechos. Tales diferencias deben ser realmente de un orden de magnitud tan bajo que las velocidades estelares generadas por ellas no superen las velocidades realmente observadas.

Si aplicamos a las estrellas la ley de distribución de Boltzmann para moléculas, asimilando el sistema estelar a un gas en equilibrio térmico, encontramos que el sistema estelar newtoniano no puede existir en absoluto. En efecto, existe una razón finita de densidades correspondiente a la diferencia de potencial finita entre el centro y el infinito espacial. Una anulación de la densidad en el infinito implica así una anulación de la densidad en su centro.

Apenas parece posible superar estas dificultades sobre la base de la teoría newtoniana. Podemos preguntarnos si pueden eliminarse mediante una modificación de la teoría newtoniana. Antes de nada, indicaremos un método que no pretende ser tomado seriamente; meramente sirve como contrapunto para lo que sigue. En lugar de la ecuación de Poisson escribimos

$$\nabla^2\phi - \lambda\phi = 4\pi\kappa\rho. \qquad (2)$$

donde λ denota una constante universal. Si ρ_0 es la densidad uniforme de distribución de masa, entonces

$$\phi = -\frac{4\pi\kappa}{\lambda}\rho_0 \tag{3}$$

es una solución de la ecuación (2). Esta solución correspondería al caso en el que la materia de las estrellas fijas estuviera distribuida uniformemente por el espacio, si se hace la densidad ρ_0 igual a la densidad media real de materia en el universo. La solución entonces corresponde a una extensión infinita del espacio central, llena uniformemente de materia. Si, sin realizar ningún cambio de densidad media, imaginamos que la materia no esté uniformemente distribuida localmente, habrá, además del ϕ con el valor constante de la ecuación (3), un ϕ adicional, que en la vecindad de masas más densas se parecerá tanto más al campo newtoniano cuanto menor sea $\lambda\phi$ en comparación con $4\pi\kappa\rho$.

Un universo así constituido no tendría centro, con respecto a su campo gravitatorio. No habría que suponer una disminución de densidad en el infinito espacial, sino que tanto el potencial medio como la densidad media quedarían constantes en el infinito. El conflicto con la mecánica estadística que encontrábamos en el caso de la teoría newtoniana no se repite. Con una densidad definida pero extraordinariamente pequeña la materia está en equilibrio, sin que se requiera ninguna forma material interna (presiones) para mantener el equilibrio.

2 LAS CONDICIONES DE CONTORNO SEGÚN LA TEORÍA DE LA RELATIVIDAD GENERAL

En la presente sección llevaré al lector por el camino que yo mismo he recorrido, un camino más bien áspero y sinuoso, porque de otro modo no puedo esperar que se tome mucho interés en el resultado final del viaje. La conclusión a la que llegaré es que las ecuaciones de campo de la gravitación que he defendido hasta ahora necesitan todavía una ligera modificación, de modo que sobre la base de la teoría de la relatividad general pueden evitarse aquellas dificultades fundamentales que se han presentado en el epígrafe 1 como enfrentadas a la teoría newtoniana. Esta modificación corresponde perfectamente a la transición de la ecuación de Poisson (1) a la ecuación (2) del epígrafe 1. Finalmente inferimos que las condiciones de contorno en el infinito espacial desaparecen por completo, porque el continuo universal con respecto a sus dimensiones espaciales debe verse como un continuo autocontenido de volumen (tridimensional) espacial finito.

La opinión que yo mantenía hasta hace poco tiempo, respecto a las condiciones límite a fijar en el infinito espacial, se basaba en las siguientes consideraciones. En una teoría de la relatividad consistente no puede haber inercia *relativa al «espacio»*, sino sólo una inercia de *unas masas con respecto a otras*. Si, por consiguiente, yo tengo una masa a distancia suficiente de todas las demás masas en el universo, su inercia debe reducirse a cero. Trataremos de formular matemáticamente esta condición.

Según la teoría de la relatividad general el momento negativo viene dado por las tres primeras componentes, y la energía por la última componente del tensor covariante multiplicado por $\sqrt{-g}$

$$m\sqrt{-g}\,g_{\mu\alpha}\frac{dx_\alpha}{ds}, \tag{4}$$

donde, como siempre, hacemos

$$ds^2 = -\,g_{\mu\nu}\,dx_\mu\,dx_\nu. \tag{5}$$

En el caso particularmente claro de la posibilidad de escoger el sistema de coordenadas de modo que el campo gravitatorio en cada punto sea espacialmente isótropo, tenemos de forma más simple

$$ds^2 = -\mathrm{A}\,(dx_1^2 + dx_2^2 + dx_3^2) + \mathrm{B}dx_4^2 .$$

Si, además, al mismo tiempo

$$\sqrt{-g} = 1 = \sqrt{\mathrm{A}^3\mathrm{B}}$$

obtenemos de (4), en primera aproximación para velocidades pequeñas,

$$m\frac{\mathrm{A}}{\sqrt{\mathrm{B}}}\frac{dx_1}{dx_4},\ m\frac{\mathrm{A}}{\sqrt{\mathrm{B}}}\frac{dx_2}{dx_4},\ m\frac{\mathrm{A}}{\sqrt{\mathrm{B}}}\frac{dx_3}{dx_4}$$

para las componentes del momento, y para la energía (en el caso estático)

$$m\sqrt{\mathrm{B}}.$$

De las expresiones para el momento se sigue que $m\frac{\mathrm{A}}{\sqrt{\mathrm{B}}}$ desempeña el papel de la masa en reposo. Puesto que m es una constante intrínseca de la masa puntual, independientemente de su posición, esta expresión, si retenemos la condición $\sqrt{-g} = 1$ en el infinito espacial, sólo puede anularse cuando A disminuye hasta cero mientras que B aumenta hasta infinito. Parece, por lo tanto, que tal degeneración de los coeficientes $g_{\mu\nu}$ es exigida por el postulado de relatividad de toda la inercia. Este requisito implica que la energía potencial $m\sqrt{\mathrm{B}}$ se hace infinitamente grande en el infinito. Así pues, una masa puntual nunca puede abandonar el sistema; y una investigación más detallada muestra que lo mismo se aplica a los rayos luminosos. Un sistema del universo con un comportamiento semejante de los potenciales gravitatorios en el infinito no correría así el riesgo de echar a perder lo que se ha propuesto hasta ahora en conexión con la teoría newtoniana.

Quiero señalar que las hipótesis simplificadoras acerca de los potenciales gravitatorios sobre las que se basa este razonamiento han sido introducidas meramente por razón de claridad. Es posible encontrar formulaciones generales para el comportamiento de las $g_{\mu\nu}$ en el infinito que expresan los puntos esenciales de la cuestión sin hipótesis restrictivas adicionales.

En este punto, con la amable asistencia del matemático J. Grommer, investigué campos gravitatorios estáticos, con simetría central, que degeneran en el infinito de la forma mencionada. Se aplicaban los potenciales gravitatorios $g_{\mu\nu}$ y a partir de ellos se calculaba el tensor-energía $T_{\mu\nu}$ de materia sobre la base de las ecuaciones de campo de la gravitación. Pero aquí se demostraba que para el sistema de las estrellas fijas no puede intervenir en absoluto ninguna condición de contorno de este tipo, como también ha remarcado recientemente el astrónomo de Sitter.

El tensor-energía contravariante $T^{\mu\nu}$ de la materia ponderable viene dado por

$$T^{\mu\nu} = \rho \frac{dx_\mu}{ds} \frac{dx_\nu}{ds},$$

donde ρ es la densidad de materia en la medida natural. Con una elección apropiada del sistema de coordenadas las velocidades estelares son muy pequeñas en comparación con la de la luz. Por lo tanto, podemos sustituir $\sqrt{g_{44}}\, dx_4$ por ds. Esto nos muestra que todas las componentes de $T^{\mu\nu}$ deben ser muy pequeñas en comparación con la última componente T^{44}. Pero fue completamente imposible reconciliar esta condición con las condiciones de contorno escogidas. Visto en retrospectiva, este resultado no parece sorprendente. El hecho de las pequeñas velocidades de las estrellas permite la conclusión de que donde quiera que haya estrellas fijas, los potenciales gravitatorios (en nuestro caso $\sqrt{B}$) nunca pueden ser mucho mayores que aquí en la Tierra. Esto se sigue de un razonamiento estadístico, exactamente como en el caso de la teoría newtoniana. En cualquier caso, nuestros cálculos me han convencido de que no pueden postularse tales condiciones de degeneración para las $g_{\mu\nu}$ en el infinito espacial.

Tras el fracaso de este intento, se ofrecen dos posibilidades.

(*a*) Podemos exigir, como en el problema de los planetas, que, con una elección adecuada del sistema de referencia, las $g_{\mu\nu}$ en el infinito espacial se aproximen a los valores

$$\begin{matrix} -1 & 0 & 0 & 0 \\ 0 & -1 & 0 & 0 \\ 0 & 0 & -1 & 0 \\ 0 & 0 & 0 & 1 \end{matrix}$$

(*b*) Podemos abstenernos por completo de fijar condiciones de contorno para el infinito espacial que reclamen validez general; pero en el límite espacial del dominio en consideración tenemos que dar las $g_{\mu\nu}$ por separado en cada caso individual, como hasta ahora estábamos habituados a dar por separado las condiciones iniciales para el tiempo.

La posibilidad (*b*) no ofrece ninguna esperanza de resolver el problema, sino que equivale a abandonarlo. Ésta es una posición irrebatible, que actualmente es asumida por De Sitter.[2] Pero debo

2. De Sitter, *Akad. van Wetensch. Te Amsterdam*, 8 Nov., 1916.

confesar que semejante resignación total en esta cuestión fundamental es para mí algo difícil. Yo no la aceptaré hasta que se haya demostrado vano todo esfuerzo por avanzar hacia una visión satisfactoria.

La posibilidad (*a*) es insatisfactoria en más de un aspecto. En primer lugar, aquellas condiciones de contorno presuponen una elección definida del sistema de referencia, que es contraria al espíritu del principio de relatividad. En segundo lugar, si adoptamos esta idea, dejamos de satisfacer el requisito de la relatividad de la inercia. Pues la inercia de un punto de masa material m (en medida natural) depende de las $g_{\mu\nu}$; pero éstas difieren poco de sus valores postulados, dados antes, para el infinito espacial. Así pues, la inercia estaría *influida*, pero no estaría *condicionada* por la materia (presente en el espacio finito). Si sólo hubiera presente una masa puntual finita, según esta visión, poseería inercia, y de hecho una inercia casi tan grande como cuando está rodeado por las demás masas del universo real. Finalmente, frente a esta visión deben plantearse las objeciones estadísticas que se mencionaron con respecto a la teoría de Newton.

De lo que se ha dicho ahora se verá que no he tenido éxito en formular condiciones de contorno para el infinito espacial. De todas formas, hay todavía una posible salida, sin renunciar como se sugería en (*b*). En efecto, si fuera posible considerar el universo como un continuo que es *finito (cerrado) con respecto a sus dimensiones espaciales*, no necesitaríamos en absoluto ninguna de tales condiciones de contorno. Procederemos a demostrar que el postulado de relatividad general y el hecho de las pequeñas velocidades estelares son compatibles con la hipótesis de un universo espacialmente finito; aunque ciertamente, para llevar a cabo esta idea, necesitamos una modificación generalizadora de las ecuaciones de campo de la gravitación.

3. EL UNIVERSO ESPACIALMENTE FINITO CON UNA DISTRIBUCIÓN UNIFORME DE MATERIA

Según la teoría de la relatividad general el carácter métrico (curvatura) del continuo espacio-temporal tetradimensional está definido en cada punto por la materia en dicho punto y el estado de dicha materia. Por lo tanto, debido a la falta de uniformidad en la distribución de la materia, la estructura métrica de este continuo debe ser por fuerza extraordinariamente complicada. Pero si estamos interesados sólo en la estructura a gran escala, podemos representarnos la materia como estando uniformemente distribuida sobre espacios enormes, de modo que su densidad de distribución es una función variable que varía de forma extraordinariamente lenta. Así pues, nuestro procedimiento recordará algo al de los geodestas que aproximan por un elipsoide la forma de la superficie terrestre, que a pequeña escala es extraordinariamente complicada.

El hecho más importante que extraemos de la experiencia acerca de la distribución de materia es que las velocidades relativas de las estrellas son muy pequeñas comparadas con la velocidad de la luz. Por ello pienso que por el momento podemos basar nuestro razonamiento en la siguiente hipótesis aproximada. Existe un sistema de referencia con respecto al cual la materia puede considerarse permanentemente en reposo. Con respecto a este sistema, por consiguiente, el tensor-energía contravariante $T^{\mu\nu}$ de materia es, debido a (5) de la forma simple

$$\left.\begin{matrix} 0 & 0 & 0 & 0 \\ 0 & 0 & 0 & 0 \\ 0 & 0 & 0 & 0 \\ 0 & 0 & 0 & \rho \end{matrix}\right\} \qquad (6)$$

El escalar ρ de la densidad (media) de distribución puede ser a priori una función de las coordenadas espaciales. Pero si suponemos que el universo es espacialmente finito, nos vemos impulsados a la hipótesis de que ρ debe ser independiente de la localización. En esta hipótesis basamos las consideraciones que siguen.

En lo que concierne al campo gravitatorio, se sigue de la ecuación de movimiento del punto material

$$\frac{d^2 x_\nu}{ds^2} + \{\alpha\beta, \nu\} \frac{dx_\alpha}{ds} \frac{dx_\beta}{ds} = 0$$

que un punto material en un campo gravitatorio estático sólo puede permanecer en reposo cuando g_{44} es independiente de la localización. Puesto que, además, presuponemos independencia de la coordenada temporal x_4 para todas las magnitudes, podemos exigir para la solución requerida que, para toda x_ν,

$$g_{44} = 1. \tag{7}$$

Además, como sucede siempre con problemas estáticos, tendremos que hacer

$$g_{14} = g_{24} = g_{34} = 0. \tag{8}$$

Queda ahora por determinar aquellas componentes del potencial gravitatorio que definen las relaciones puramente geométrico-espaciales de nuestro continuo (g_{11}, g_{12}, ... g_{33}). De nuestra hipótesis sobre la uniformidad de distribución de las masas que generan el campo se sigue que la curvatura del espacio requerido debe ser constante. Con esta distribución de masa, por consiguiente, el requerido continuo finito de las x_1, x_2, x_3, con x_4 constante, será un espacio esférico.

Llegamos a un espacio semejante, por ejemplo, de la siguiente manera. Partimos de un espacio euclidiano de cuatro dimensiones $\xi_1, \xi_2, \xi_3, \xi_4$ con un elemento de línea $d\sigma$; sea, por consiguiente

$$\delta\sigma^2 = d\xi_1^2 + d\xi_2^2 + d\xi_3^2 + d\xi_4^2. \tag{9}$$

En este espacio consideramos la hipersuperficie

$$R^2 = \xi_1^2 + \xi_2^2 + \xi_3^2 + \xi_4^2, \tag{10}$$

donde R denota una constante. Los puntos de esta hipersuperficie forman un continuo tridimensional, un espacio esférico de radio de curvatura R.

El espacio euclidiano tetradimensional del que partimos sirve sólo para una definición conveniente de nuestra hipersuperficie. Sólo nos interesan aquellos puntos de la hipersuperficie que tienen propiedades métricas en acuerdo con las del espacio físico con una distribución uniforme de materia. Para la descripción de este continuo tridimensional podemos emplear las coordenadas ξ_1, ξ_2, ξ_3 (la proyección sobre el hiperplano $\xi_4 = 0$), puesto que, debido a (10), ξ_4 puede expresarse en términos de ξ_1, ξ_2, ξ_3. Eliminando ξ_4 de (9) obtenemos para el elemento de línea del espacio esférico la expresión

$$\left.\begin{aligned} d\sigma^2 &= \gamma_{\mu\nu} d\xi_\mu d\xi_\nu \\ \gamma_{\mu\nu} &= \delta_{\mu\nu} + \frac{\xi_\mu \xi_\nu}{R^2 - \rho^2} \end{aligned}\right\} \tag{11}$$

donde $\delta_{\mu\nu} = 1$, si $\mu = \nu$; $\delta_{\mu\nu} = 0$, si $\mu \neq \nu$, y $\rho^2 = \xi_1^2 + \xi_2^2 + \xi_3^2$. Las coordenadas escogidas son convenientes cuando se trata de examinar el entorno de uno de los dos puntos $\xi_1 = \xi_2 = \xi_3 = 0$.

Ahora, el elemento de línea del universo espacio-temporal tetradimensional requerido también nos está dado. Para el potencial $g_{\mu\nu}$, cuyos dos índices difieren de 4, tenemos que hacer

$$g_{\mu\nu} = -\left(\delta_{\mu\nu} + \frac{x_\mu x_\nu}{R^2 - \left(x_1^2 + x_2^2 + x_3^2\right)} \right), \tag{12}$$

ecuación que, en combinación con (7) y (8), define perfectamente el comportamiento de reglas de medir, relojes y rayos luminosos.

4. SOBRE UN TÉRMINO ADICIONAL PARA LAS ECUACIONES DE CAMPO DE LA GRAVITACIÓN

Mis ecuaciones de campo de la gravitación propuestas para cualquier sistema de coordenadas escogido son las siguientes:

$$\left.\begin{aligned} G_{\mu\nu} &= -\kappa\left(T_{\mu\nu} - \frac{1}{2} g_{\mu\nu} T \right), \\ G_{\mu\nu} &= -\frac{\partial}{\partial x_\alpha}\{\mu\nu, \alpha\} + \{\mu\nu, \beta\} + \{\nu\beta, \alpha\} + \\ &+ \frac{\partial^2 \log\sqrt{-g}}{\partial x_\mu \partial x_\nu} - \{\mu\nu, \alpha\} \frac{\partial \log\sqrt{-g}}{\partial x_\alpha} \end{aligned}\right\} \tag{13}$$

El sistema de ecuaciones (13) no se satisface en absoluto cuando insertamos para las $g_{\mu\nu}$ los valores dados en (7), (8) y (12), y para el tensor-energía (contravariante) de materia los valores indicados en (6). Se demostrará en la siguiente sección cómo puede hacerse este cálculo convenientemente. De modo que, si fuese cierto que las ecuaciones de campo (13) que he utilizado hasta ahora fueran las únicas compatibles con el postulado de relatividad general, probablemente tendríamos que concluir que la teoría de la relatividad no admite la hipótesis de un universo espacialmente finito.

Sin embargo, el sistema de ecuaciones (14) permite una extensión fácilmente sugerida que es compatible con el postulado de relatividad, y es perfectamente análoga a la extensión de la ecuación de Poisson dada por la ecuación (2). En efecto, en el primer miembro de la ecuación de campo (13) podemos añadir el tensor fundamental $g_{\mu\nu}$, multiplicado por una constante universal, $-\lambda$, desconocida por el momento, sin destruir la covariancia general. En lugar de la ecuación de campo (13) escribimos

$$G_{\mu\nu} - \lambda g_{\mu\nu} = -\kappa\left(T_{\mu\nu} - \frac{1}{2} g_{\mu\nu} T\right). \qquad (13a)$$

La ecuación de campo, con λ suficientemente pequeña, es en cualquier caso compatible también con los hechos de experiencia derivados del sistema solar. También satisface leyes de conservación de momento y energía, porque llegamos a (13a) en lugar de (13) introduciendo en el principio de Hamilton, en lugar del escalar del tensor de Riemann, este escalar aumentado en una constante universal; y el principio de Hamilton, por supuesto, garantiza la validez de leyes de conservación. Se demostrará en el epígrafe 5 que la ecuación de campo (13a) es compatible con nuestras conjeturas sobre campo y materia.

5. CÁLCULOS Y RESULTADO

Puesto que todos los puntos de nuestro continuo están en pie de igualdad, es suficiente efectuar el cálculo para un punto, e. g., para uno de los dos puntos con coordenadas

$$x_1 = x_2 = x_3 = x_4 = 0.$$

Entonces, para las $g_{\mu\nu}$ en (13a), tenemos que insertar los valores

$$\begin{matrix} -1 & 0 & 0 & 0 \\ 0 & -1 & 0 & 0 \\ 0 & 0 & -1 & 0 \\ 0 & 0 & 0 & 1 \end{matrix}$$

dondequiera que aparecen derivados sólo una vez o ninguna. Obtenemos así en primer lugar

$$G_{\mu\nu} = \frac{\partial}{\partial x_1}\left[\mu\nu,\ 1\right] + \frac{\partial}{\partial x_2}\left\{\mu\nu,\ 2\right\} + \frac{\partial}{\partial x_3}\left\{\mu\nu,\ 3\right\} + \frac{\partial^2 \log\sqrt{-g}}{\partial x_\alpha \partial x_\nu}.$$

A partir de esto descubrimos fácilmente, teniendo en cuenta (7), (8) y (13), que todas las ecuaciones (13a) se satisfacen si se cumplen las dos relaciones

$$-\frac{2}{R^2} + \lambda = -\frac{\kappa\rho}{2},\ -\lambda = -\frac{\kappa\rho}{2},$$

o

$$\lambda = \frac{\kappa\rho}{2} = \frac{1}{R^2}. \qquad (14)$$

Por lo tanto, la recién introducida constante universal λ define tanto la densidad media de distribución ρ que puede permanecer en equilibrio como el radio R y el volumen $2\pi^2R^3$ del espacio esférico. La masa total M del universo, según nuestra visión, es finita, y de hecho es

$$M = \rho \cdot 2\pi^2 R^3 = 4\pi^2 \frac{R}{\kappa} = \pi^2 \sqrt{\frac{32}{\kappa^3 \rho}}. \tag{15}$$

Así pues, la concepción teórica del universo real, si está en correspondencia con nuestro razonamiento, es la siguiente. La curvatura del espacio es variable en el tiempo y el lugar, según la distribución de materia, pero podemos aproximarla groseramente por medio de un espacio esférico. En cualquier caso, esta concepción es lógicamente consistente, y desde el punto de vista de la teoría de la relatividad general es la más accesible; si es sostenible desde el punto de vista del conocimiento astronómico presente no se discutirá aquí. Para llegar a esta concepción consistente, tuvimos por supuesto que introducir una extensión de las ecuaciones de campo de la gravitación que no está justificada por nuestro conocimiento real de la gravitación. Hay que resaltar, sin embargo, que nuestros resultados dan una curvatura positiva del espacio, incluso si no se introduce el término suplementario. Este término es necesario solamente con el objetivo de hacer posible una distribución cuasi estática de materia, como se requiere por el hecho de las velocidades pequeñas de las estrellas.

7

¿DESEMPEÑAN LOS CAMPOS GRAVITATORIOS UN PAPEL ESENCIAL EN LA ESTRUCTURA DE LAS PARTÍCULAS ELEMENTALES DE LA MATERIA?*

Ni la teoría newtoniana ni la teoría relativista de la gravitación han llevado hasta ahora a ningún avance en la teoría de la constitución de la materia. En vista de este hecho se demostrará en las páginas siguientes que existen razones para pensar que las formaciones elementales que van a constituir los átomos se mantienen unidas por fuerzas gravitatorias.

1. DEFECTOS DE LA VISIÓN ACTUAL

Se han realizado grandes esfuerzos por desarrollar una teoría que diera cuenta del equilibrio de la electricidad que constituye el electrón. G. Mie, en particular, ha dedicado profundas investigaciones a esta cuestión. Su teoría, que ha encontrado un considerable apoyo entre los físicos teóricos, se basa principalmente en la introduc-

* «Spielen Gravitationsfelder im Aufber der materiellen Elementarteilchen eine wesentliche Rolle?», *Sitzungsberichte der Preussischen Akad. d. Wissenschaften*, 1919.

ción en el tensor-energía de términos suplementarios que dependen de las componentes del potencial electrodinámico, además de los términos de energía de la teoría de Maxwell-Lorentz. Estos nuevos términos, que en el espacio exterior no son importantes, son sin embargo efectivos en el interior de los electrones al mantener el equilibrio frente a la repulsión eléctrica. A pesar de la belleza de la estructura formal de esta teoría, erigida por Mie, Hilbert y Weyl, sus resultados físicos hasta ahora han sido insatisfactorios. Por una parte, la multiplicidad de posibilidades es desalentadora, y por otra parte dichos términos adicionales no han podido ser formulados de una manera tan simple que la solución pudiera ser satisfactoria.

Hasta ahora la teoría de la relatividad general no ha hecho ningún cambio en este estado de la cuestión. Si por el momento no consideramos el término cosmológico adicional, las ecuaciones de campo toman la forma

$$G_{\mu\nu} = \frac{1}{2} g_{\mu\nu} G = -\kappa T_{\mu\nu}, \qquad (1)$$

donde $G_{\mu\nu}$ denota el tensor de curvatura de Riemann contraído, G el escalar de curvatura formado por contracción repetida, y $T_{\mu\nu}$ el tensor de energía de «materia». La hipótesis de que las $T_{\mu\nu}$ *no* dependen de las derivadas de las $g_{\mu\nu}$ está en consonancia con el desarrollo histórico de estas ecuaciones. Pues estas cantidades son, por supuesto, las componentes de energía en el sentido de la teoría de la relatividad especial, en donde no aparecen variables $g_{\mu\nu}$. El segundo término del primer miembro de la ecuación se escoge de modo que la divergencia del primer miembro de (1) se anule idénticamente, de modo que al tomar la divergencia de (1), obtenemos la ecuación

$$\frac{\partial \mathfrak{T}_{\mu}^{\sigma}}{\partial x_{\sigma}} + \frac{1}{2} g_{\mu}^{\sigma\tau} \mathfrak{T}_{\sigma\tau} = 0, \tag{2}$$

que en el caso límite de la teoría de la relatividad especial da las ecuaciones completas de conservación

$$\frac{\partial \mathrm{T}_{\mu\nu}}{\partial x_{\nu}} = 0.$$

En ello reside el fundamento físico del segundo término del primer miembro de (1). No está en absoluto establecido a priori que un paso al límite de este tipo tenga algún posible significado. Pues si los campos gravitatorios desempeñan una parte esencial en la estructura de las partículas de materia, la transición al caso límite de $g_{\mu\nu}$ constante habría perdido, para ellas, su justificación, pues en realidad, con $g_{\mu\nu}$ constante, no podría haber partículas de materia. De modo que si deseamos contemplar la posibilidad de que la gravitación pueda tomar parte en la estructura de los campos que constituyen los corpúsculos, no podemos considerar confirmada la ecuación (1).

Colocando en (1) las componentes de energía de Maxwell-Lorentz del campo electromagnético $\phi_{\mu\nu}$,

$$\mathrm{T}_{\mu\nu} = \frac{1}{4} g_{\mu\nu} \phi_{\sigma\tau} \phi^{\sigma\tau} - \phi_{\mu\sigma} \phi_{\nu\tau} g^{\sigma\tau} \tag{3}$$

obtenemos para (2), tomando la divergencia, y tras alguna reducción,[1]

1. Véase, por ejemplo, A. Einstein, *Sitzungsber d. Preuss. Akad. D. Wiss.*, 1916, pp. 187, 188.

$$\phi_{\mu\sigma}\mathfrak{J}^{\sigma} = 0, \tag{4}$$

donde, por brevedad, hemos hecho

$$\frac{\partial}{\partial x_{\tau}}\left(\sqrt{-g}\phi_{\mu\nu}g^{\mu\sigma}g^{\nu\tau}\right) = \frac{\partial^{\sigma\tau}}{\partial x_{\tau}} = \mathfrak{J}^{\sigma}. \tag{5}$$

En los cálculos hemos empleado el segundo sistema de ecuaciones de Maxwell

$$\frac{\partial\phi_{\mu\nu}}{\partial x_{\rho}} + \frac{\partial\phi_{\nu\rho}}{\partial x_{\mu}} + \frac{\partial\phi_{\rho\mu}}{\partial x_{\nu}} = 0. \tag{6}$$

Vemos de (4) que la densidad de corriente $\mathfrak{J}^{\sigma}$ debe anularse en todas partes. Por lo tanto, por la ecuación (1), no podemos llegar a una teoría del electrón restringiéndonos a las componentes electromagnéticas de la teoría de Maxwell-Lorentz, como se ha sabido desde hace tiempo. Así, si mantenemos (1) nos vemos llevados al camino de la teoría de Mie.[2]

No sólo el problema de la materia, sino también el problema cosmológico, lleva a dudar de la ecuación (1). Como he demostrado en el artículo anterior, la teoría de la relatividad general requiere que el universo sea espacialmente finito. Pero esta visión del universo necesitaba una extensión de las ecuaciones (1), con la introducción de una nueva constante universal λ, que está en una relación fija con la masa total del universo (o, respectivamente, con la densidad de equilibrio de la materia). Esto va en grave detrimento de la belleza formal de la teoría.

2. Véase D. Hilbert, Göttinger Nachr., 20 Nov., 1915.

2. LAS ECUACIONES DE CAMPO LIBERADAS DE ESCALARES

Las dificultades planteadas más arriba se eliminan si en lugar de las ecuaciones de campo (1) establecemos las ecuaciones de campo

$$G_{\mu\nu} = \frac{1}{4} g_{\mu\nu} G = -\kappa T_{\mu\nu}, \tag{1a}$$

donde $T_{\mu\nu}$ denota el tensor de energía del campo electromagnético dado por (3).

La justificación formal para el factor –¼ en el segundo término de esta ecuación reside en que hace que el escalar del primer miembro

$$g^{\mu\nu}\left(G_{\mu\nu} - \frac{1}{4} g_{\mu\nu} G\right),$$

se haga idénticamente nulo, como lo hace el escalar $g^{\nu\mu}T_{\mu\nu}$ del segundo miembro debido a (3). Si hubiésemos razonado sobre la base de las ecuaciones (1) en lugar de las (1a) habríamos obtenido, por el contrario, la condición G = 0, que hubiese sido válida en todas partes para las $g_{\mu\nu}$, independientemente del campo eléctrico. Es evidente que el sistema de ecuaciones [(1a),(3)] es una consecuencia del sistema [(1),(3)], pero no a la inversa.

A primera vista podríamos sentir dudas acerca de si (1a) junto con (6) son suficientes para definir todo el campo. En una teoría relativista general necesitamos $n - 4$ ecuaciones diferenciales, mutuamente independientes, para la definición de n variables independientes, puesto que, debido a la libertad de elección de las coordenadas, en la solución deben aparecer de forma natural cuatro funciones completamente arbitrarias de todas las coordenadas.

Así, para determinar las dieciséis cantidades independientes $g_{\mu\nu}$ y $\phi_{\mu\nu}$ necesitamos doce ecuaciones, todas ellas mutuamente independientes. Pero resulta que nueve de las ecuaciones (1a) y tres de las ecuaciones (6) son mutuamente independientes.

Formando la divergencia de (1a) y teniendo en cuenta que la divergencia de $G_{\mu\nu} - \frac{1}{2} g_{\mu\nu} G$ se anula, obtenemos

$$\phi_{\mu\alpha} J^{\alpha} + \frac{1}{4\kappa} \frac{\partial G}{\partial x_{\sigma}} = 0. \tag{4a}$$

A partir de esto reconocemos antes de nada que el escalar de curvatura G es constante en los dominios tetradimensionales en donde se anula la densidad de electricidad. Si suponemos que todas estas partes del espacio están conectadas, y por consiguiente que la densidad de electricidad difiere de cero sólo en «líneas de universo» separadas, entonces el escalar de curvatura, en todo lugar fuera de dichas líneas de universo, posee un valor constante G_0. Pero la ecuación (4a) también permite una importante conclusión respecto al comportamiento de G dentro de los dominios que tienen una densidad de electricidad distinta de cero. Si, como es costumbre, consideramos la electricidad como una densidad de carga en movimiento, haciendo

$$J^{\sigma} = \frac{\mathfrak{J}^{\sigma}}{\sqrt{-g}} = \rho \frac{dx_{\sigma}}{ds}, \tag{7}$$

obtenemos de (4a) por un producto interno por J^{σ}, y debido a la antisimetría de $\phi_{\mu\nu}$, la relación

$$\frac{\partial G}{dx_{\sigma}} \frac{dx_{\sigma}}{ds} = 0. \tag{8}$$

Así pues, el escalar de curvatura es constante en toda línea de universo del movimiento de la electricidad. La ecuación (4a) puede interpretarse de una manera gráfica por el enunciado: El escalar de curvatura desempeña el papel de una presión negativa que, fuera de los corpúsculos eléctricos, tiene un valor constante G_0. En el interior de cada corpúsculo subsiste una presión negativa ($G - G_0$ positivo) cuya caída mantiene la fuerza electrodinámica en equilibrio. El mínimo de la presión o, respectivamente, el máximo del escalar de curvatura, no cambia con el tiempo en el interior del corpúsculo.

Ahora escribimos las ecuaciones de campo (1a) en la forma

$$\left(G_{\mu\nu} - \frac{1}{2} g_{\mu\nu} G\right) + \frac{1}{4} g_{\mu\nu} G_0 = -\kappa \left(T_{\mu\nu} - \frac{1}{4\kappa} g_{\mu\nu} (G - G_0) \right). \quad (9)$$

Por otra parte, transformamos las ecuaciones completadas con el término cosmológico como ya se han dado

$$G_{\mu\nu} - \lambda g_{\mu\nu} = -\kappa \left(T_{\mu\nu} - \frac{1}{4\kappa} g_{\mu\nu} T \right).$$

Restando la ecuación escalar multiplicada por ½, obtenemos a continuación

$$\left(G_{\mu\nu} - \frac{1}{2} g_{\mu\nu} G\right) + g_{\mu\nu}\lambda = -\kappa T.$$

Ahora, en las regiones donde sólo hay presentes campos eléctricos o gravitatorios el segundo miembro de esta ecuación se anula. Para tales regiones obtenemos, formando el escalar,

$$G + 4\lambda = 0.$$

En tales regiones, por lo tanto, el escalar de curvatura es constante, de modo que λ puede reemplazarse por $^1/_4 G_0$. Así, podemos escribir la ecuación de campo anterior (1) en la forma

$$G_{\mu\nu} - \frac{1}{2} g_{\mu\nu} G + \frac{1}{4\kappa} g_{\mu\nu} G_0 = -\kappa T_{\mu\nu}. \qquad (10)$$

Comparando (9) con (10) vemos que no hay diferencia entre las nuevas ecuaciones de campo y las anteriores, excepto que en lugar de $T_{\mu\nu}$ como tensor de «masa gravitatoria» ahora aparece $T_{\mu\nu} + \frac{1}{4\kappa} g_{\mu\nu}(G - G_0)$ que es independiente del escalar de curvatura. Pero la nueva formulación tiene esta gran ventaja, que la cantidad λ aparece en las ecuaciones fundamentales como una constante de integración, y ya no como una constante universal característica de la ley fundamental.

3. SOBRE LA CUESTIÓN COSMOLÓGICA

El último resultado permite ya suponer que con nuestra nueva formulación el universo puede considerarse espacialmente finito, sin necesidad de ninguna hipótesis adicional. Como en el artículo precedente, demostraré una vez más que, con una distribución uniforme de materia, un mundo esférico es compatible con las ecuaciones.

En primer lugar hacemos

$$ds^2 = -\gamma_{ik}\, dx_i\, dx_k + dx_4^2 \ (i, k = 1, 2, 3). \qquad (11)$$

Entonces si P_{ik} y P son, respectivamente, el tensor de curvatura de segundo rango y el escalar de curvatura en el espacio tridimensional, tenemos

$$
\begin{aligned}
&G_{ik} = P_{ik}\ (i, k = 1, 2, 3)\\
&G_4^i = G_{4i} = G_{44} = 0\\
&G = -P\\
&-g = \gamma.
\end{aligned}
$$

Se sigue por lo tanto para nuestro caso que

$$
\begin{aligned}
&G_{ik} - \frac{1}{2} g_{ik} G = P_{ik} - \frac{1}{2} \gamma_{ik} P (i, k = 1, 2, 3)\\
&G_{44} - \frac{1}{2} g_{44} G = \frac{1}{2} P.
\end{aligned}
$$

A partir de este momento continuamos nuestras reflexiones de dos maneras. En primer lugar, con el apoyo de la ecuación (1a). Aquí $T_{\mu\nu}$ denota el tensor-energía del campo electromagnético, que aparece por las partículas eléctricas que constituyen la materia. Para este campo tenemos en todo lugar

$$
\mathfrak{T}_1^1 + \mathfrak{T}_2^2 + \mathfrak{T}_3^3 + \mathfrak{T}_4^4 = 0.
$$

Las $\mathfrak{T}_\mu^\nu$ individuales son cantidades que varían rápidamente con la posición; pero para nuestro objetivo podemos reemplazarlas sin duda por sus valores medios. Por lo tanto tenemos que escoger

$$
\left.
\begin{aligned}
&\mathfrak{T}_1^1 = \mathfrak{T}_2^2 = \mathfrak{T}_3^3 = \frac{1}{3} \mathfrak{T}_4^4 = \text{const.}\\
&\mathfrak{T}_\mu^\nu = 0 (\text{para } \mu \neq \nu),
\end{aligned}
\right\} \qquad (12)
$$

y por consiguiente

$$
T_{ik} = \frac{1}{3} \frac{\mathfrak{T}_4^4}{\sqrt{\gamma}} \gamma_{ik}, T_{44} = \frac{\mathfrak{T}_4^4}{\sqrt{\gamma}}.
$$

Considerando lo que se ha mostrado hasta ahora, obtenemos en lugar de (1a)

$$P_{ik} - \frac{1}{4}\gamma_{ik}P = -\frac{1}{3}\gamma_{ik}\frac{\kappa\mathfrak{T}_4^4}{\sqrt{\gamma}}. \tag{13}$$

$$\frac{1}{4}P = -\frac{\kappa\mathfrak{T}_4^4}{\sqrt{\gamma}}. \tag{14}$$

El escalar de la ecuación (13) coincide con (14). Por esto es por lo que nuestras ecuaciones fundamentales permiten la idea de un universo esférico. Pues de (13) y (14) se sigue

$$P_{ik} + \frac{4}{3}\frac{\kappa\mathfrak{T}_4^4}{\sqrt{\gamma}}\gamma_{ik} = 0. \tag{15}$$

y es sabido[3] que este sistema es satisfecho por un universo esférico (tridimensional).

Pero también podemos basar nuestras reflexiones en las ecuaciones (9). En el segundo miembro de (9) están aquellos términos que, desde el punto de vista fenomenológico, deben ser sustituidos por el tensor-energía de materia; es decir, deben ser reemplazados por

$$\begin{matrix} 0 & 0 & 0 & 0 \\ 0 & 0 & 0 & 0 \\ 0 & 0 & 0 & 0 \\ 0 & 0 & 0 & \rho \end{matrix}$$

3. Véase H. Weyl, «Raum, Zeit, Materie», párrafo 33.

donde ρ denota la densidad media de materia que se supone en reposo. Obtenemos así las ecuaciones

$$P_{ik} + \frac{1}{2}\gamma_{ik}P - \frac{1}{4}\gamma_{ik}G_0 = 0 \tag{16}$$

$$\frac{1}{2}P + \frac{1}{4}G_0 = -k\rho \tag{17}$$

A partir del escalar de la ecuación (16) y de (17) obtenemos

$$G_0 = -\frac{2}{3}P = 2\kappa\rho, \tag{18}$$

y en consecuencia a partir de (16)

$$P_{ik} - \kappa\rho\gamma_{ik} = 0. \tag{19}$$

ecuación que, salvo la expresión para los coeficientes, coincide con (15). Por comparación obtenemos

$$\mathfrak{T}_4^4 = \frac{3}{4}\rho\sqrt{\gamma} \tag{20}$$

Esta ecuación significa que tres cuartos de la energía que constituye la materia deben atribuirse al campo electromagnético, y un cuarto al campo gravitatorio.

4. COMENTARIOS FINALES

Las reflexiones anteriores muestran la posibilidad de una construcción teórica de la materia a partir del campo gravitatorio y el campo electromagnético solamente, sin la introducción de hipotéticos términos suplementarios en la línea de la teoría de Mie. Esta posibilidad se presenta particularmente prometedora en cuanto que nos libera de la necesidad de introducir una constante especial λ para la solución del problema cosmológico. Por otra parte, existe una dificultad peculiar. En efecto, si particularizamos (1) para el caso estático con simetría esférica obtenemos una ecuación menos de las necesarias para definir los $g_{\mu\nu}$ y $\phi_{\mu\nu}$, con el resultado de que *cualquier distribución esféricamente simétrica* de electricidad parece capaz de permanecer en equilibrio. Así, el problema de la constitución de los cuantos elementales no puede ser aún resuelto sobre la base inmediata de las ecuaciones de campo dadas.

II

RELATIVIDAD:
LA TEORÍA ESPECIAL
Y GENERAL

La Tierra es una esfera ligeramente aplastada, y a pesar de ello, desde su superficie parece plana. Y de hecho, se creyó plana durante bastantes miles de años. De la misma manera, nuestro universo nos parece «plano» en cuanto que los axiomas de Euclides nos parecen obviamente ciertos, siendo el más famoso el que establece que dos líneas rectas o haces de luz pueden cruzarse como mucho una vez. Este escenario «plano» del espacio es el más simple, y también el escenario aceptado por todos los físicos anteriores a Einstein.

Einstein no echó por la borda de forma inmediata el modelo de universo plano, sino que simplemente añadió otra dimensión a altura, anchura y largura: el tiempo. En «Relatividad: la Teoría Especial y General», Einstein describió la física en un espacio plano, el dominio de la relatividad especial. Sus postulados fueron bastante simples: primero, las leyes de la física son las mismas para todos los observadores desplazándose a velocidad constante; y segundo, todos ellos medirán la misma velocidad de la luz. Ciertamente, sir Isaac Newton hubiera asentido el primer punto, pero hubiera tenido que desestimar el segundo. Einstein consiguió este efecto tras recalcar que las leyes de la física eran invariables no sólo bajo rotaciones entre direcciones del espacio, sino también bajo «rotaciones» entre espacio y tiempo.

Einstein se dio cuenta de que la teoría no incluía la gravedad, y por tanto necesariamente estaba incompleta. Para remediarlo, como se discute en la Parte II, Einstein argumentaba que el universo debería también ser curvo. La curvatura de espacio y tiempo conlleva un número de implicaciones profundas: la luz no viaja en línea recta, sino que más bien se curva alrededor de cuerpos masivos; relojes cercanos a cuerpos masivos van más despacio respecto a relojes lejanos. En otras palabras, Einstein notó que no sólo el espacio se curva, también el tiempo lo hace. Con un simple conjunto de «ecuaciones de campo», Einstein derivó no sólo las leyes de movimiento y gravedad expuestas por Newton, sino que también allanó el camino para entender diversos fenómenos hasta entonces inexplicables.

Casi inmediatamente después de que Einstein publicara su teoría general de la relatividad en 1915, Karl Schwarzschild demostró que las ecuaciones de campo de Einstein podían ser resueltas para el caso de un único cuerpo masivo. Aunque entonces no se dieran cuenta, y nunca llegara a ser admitido por Einstein, esta solución describe objetos compactos de los cuales ni siquiera la luz puede escapar: lo que ahora llamamos «agujeros negros». Hoy creemos que algunas estrellas finalizan sus vidas como agujeros negros, y que en el centro de la mayoría de las galaxias, si no en todas, subyacen agujeros negros muy masivos. De hecho, en nuestra propia galaxia Vía Láctea, evidencias recientes sugieren que existe un agujero negro de aproximadamente tres millones de veces la masa del sol.

Dado que la luz se tuerce alrededor de objetos masivos, las imágenes de galaxias distantes pueden estar distorsionadas, o incluso multiplicadas en su camino hacia los observadores aquí en la Tierra. Este efecto, bautizado como «lentes gravitacionales», no es muy distinto al de la curvatura de una pieza de cristal. Una de las primeras observaciones que confirmaron la relatividad general fue un efecto de lente gravitacional por sir Arthur Eddington durante un eclipse solar en 1919. Eddington notó que la posición de una estrella parecía desplazarse en el firmamento respecto a su posición normal. El desplazamiento era consistente con el resultado predicho por Einstein teniendo en cuenta la masa solar.

La curvatura del espacio no es necesariamente local. La mayoría de los astrofísicos modernos está preocupada por la «forma» global que tiene el universo, si resulta ser «plano», «cerrado» como una esfera (y por tanto, finito), o «abierto» como una silla de montar (y por tanto, infinito). Observaciones recientes del satélite Wilkinson Microwave Anisotropy Probe (WMAP) sugieren que el universo es plano. O tan extenso, que todavía no puede ser distinguido respecto a una planicie perfecta.

Al proponer Einstein su relatividad general, reconoció que su teoría predecía que el universo como un todo podía no ser estático como siempre se había asumido: la atracción gravitatoria implicaba que el universo debía de estar o bien expandiéndose, o bien contrayéndose. Por tanto, añadió una «constante cosmológica» para equilibrar la atracción de la gravedad y mantener el universo estático. En 1922, el astrónomo Edwin Hubble midió la expansión del universo mediante una observación, una expansión totalmente consistente con la teoría original de Einstein, pero no con su valor para la constante cosmológica. En el Apéndice 4 de este trabajo, Einstein responde a los descubrimientos recientes, y en otras notas añade que su introducción ad hoc de una constante cosmológica fue su «mayor metedura de pata». Como epílogo interesante, diremos que a mediados de los años noventa, se realizaron mediciones tras explosiones de supernovas distantes que indican que, aunque no sea el valor propuesto por Einstein, puede que después de todo exista una constante cosmológica.

PRÓLOGO

El presente librito pretende dar una idea lo más exacta posible de la teoría de la relatividad, pensando en aquellos que, sin dominar el aparato matemático de la física teórica, tienen interés en la teoría desde el punto de vista científico o filosófico general. La lectura exige una formación de bachillerato aproximadamente y —pese a su brevedad— no poca paciencia y voluntad por parte del lector. El autor ha puesto todo su empeño en resaltar con la máxima claridad y sencillez las ideas principales, respetando por lo general el orden y el contexto en que realmente surgieron. En aras de la claridad me pareció inevitable repetirme a menudo, sin reparar lo más mínimo en la elegancia expositiva; me atuve obstinadamente al precepto del genial teórico L. Boltzmann, de dejar la elegancia para los sastres y zapateros. Las dificultades que radican en la teoría propiamente dicha creo no habérselas ocultado al lector, mientras que las bases físicas empíricas de la teoría las he tratado deliberadamente con cierta negligencia, para que al lector alejado de la física no le ocurra lo que al caminante, a quien los árboles no le dejan ver el bosque. Espero que el librito depare a más de uno algunas horas de alegre entretenimiento.*

A. EINSTEIN
Diciembre de 1916

* Título original de la obra: *Über die spezielle und allgemeine Relativitätstheorie*.

Primera parte
SOBRE LA TEORÍA DE LA RELATIVIDAD ESPECIAL

1. EL CONTENIDO FÍSICO DE LOS TEOREMAS GEOMÉTRICOS

Seguro que también tú, querido lector, entablaste de niño conocimiento con el soberbio edificio de la geometría de Euclides y recuerdas, quizá con más respeto que amor, la imponente construcción por cuyas altas escalinatas te pasearon durante horas sin cuento los meticulosos profesores de la asignatura. Y seguro que, en virtud de ese tu pasado, castigarías con el desprecio a cualquiera que declarase falso incluso el más recóndito teoremita de esta ciencia. Pero es muy posible que este sentimiento de orgullosa seguridad te abandonara de inmediato si alguien te preguntara: «¿Qué entiendes tú al afirmar que estos teoremas son verdaderos?». Detengámonos un rato en esta cuestión.

La geometría parte de ciertos conceptos básicos, como el de plano, punto, recta, a los que estamos en condiciones de asociar representaciones más o menos claras, así como de ciertas proposiciones simples (axiomas) que, sobre la base de aquellas representaciones, nos inclinamos a dar por «verdaderas». Todos los demás teoremas son entonces referidos a aquellos axiomas (es decir, son demostrados) sobre la base de un método lógico cuya justificación nos sentimos obligados a reconocer. Un teorema es correcto, o «verdadero», cuando se deriva de los axiomas a través de ese método reconocido. La cuestión de la «verdad» de los distintos teoremas geométricos remite, pues, a la de la «verdad» de los axiomas. Sin embargo, se sabe desde hace mucho que esta última cuestión no sólo no es resoluble con los métodos de la geometría, sino que ni siquiera tiene sentido en sí. No se puede preguntar si es verdad o no que por dos puntos sólo pasa *una* recta. Únicamente cabe decir que la geometría euclidiana trata de figuras a las que llama «rectas» y a las cuales asigna la propiedad de quedar unívocamente determinadas por dos de sus puntos. El concepto de «verdadero» no se aplica a las proposiciones de la geometría pura, porque con la palabra «verdadero» solemos designar siempre, en última instancia, la coincidencia con un objeto «real»; la geometría, sin embargo, no se ocupa de la relación de sus conceptos con los objetos de la experiencia, sino sólo de la relación lógica que guardan estos conceptos entre sí.

El que, a pesar de todo, nos sintamos inclinados a calificar de «verdaderos» los teoremas de la geometría tiene fácil explicación. Los conceptos geométricos se corresponden más o menos exactamente con objetos en la naturaleza, que son, sin ningún género de dudas, la única causa de su formación. Aunque la geometría se distancie de esto para dar a su edificio el máximo rigor lógico, lo cierto es que la costumbre, por ejemplo, de ver un segmento como dos lugares marcados en un cuerpo prácticamente rígido está muy afincada en nuestros hábitos de pensamiento. Y también estamos acostumbrados a percibir tres lugares como situados sobre una recta cuando, mediante adecuada elección del punto de observación, podemos hacer coincidir sus imágenes al mirar con un solo ojo.

Si, dejándonos llevar por los hábitos de pensamiento, añadimos ahora a los teoremas de la geometría euclidiana un único teorema más, el de que a dos puntos de un cuerpo prácticamente rígido les corresponde siempre la misma distancia (segmento), independientemente de las variaciones de posición a que sometamos el cuerpo, entonces los teoremas de la geometría euclidiana se convierten en teoremas referentes a las posibles posiciones relativas de cuerpos prácticamente rígidos[1]. La geometría así ampliada hay que contemplarla como una rama de la física. Ahora sí cabe preguntarse por la «verdad» de los teoremas geométricos así interpretados, porque es posible preguntar si son válidos o no para aquellos objetos reales que hemos asignado a los conceptos geométricos. Aunque con cierta imprecisión, podemos decir, pues, que por «verdad» de un teorema geométrico entendemos en este sentido su validez en una construcción con regla y compás.

Naturalmente, la convicción de que los teoremas geométricos son «verdaderos» en este sentido descansa exclusivamente en experiencias harto incompletas. De entrada daremos por supuesta esa verdad de los teoremas geométricos, para luego, en la última parte de la exposición (la teoría de la relatividad general), ver que esa verdad tiene sus límites y precisar cuáles son éstos.

2. EL SISTEMA DE COORDENADAS

Basándonos en la interpretación física de la distancia que acabamos de señalar estamos también en condiciones de determinar la distancia entre dos puntos de un cuerpo rígido por medio de mediciones. Para ello necesitamos un segmento (regla S) que podamos

1. De esta manera se le asigna también a la línea recta un objeto de la naturaleza. Tres puntos de un cuerpo rígido *A*, *B*, *C* se hallan situados sobre una línea recta cuando, dados los puntos *A* y *C*, el punto *B* está elegido de tal manera que la suma de las distancias $\overline{AB}$ y $\overline{BC}$ es lo más pequeña posible. Esta definición, defectuosa desde luego, puede bastar en este contexto.

utilizar de una vez para siempre y que sirva de escala unidad. Si A y B son dos puntos de un cuerpo rígido, su recta de unión es entonces construible según las leyes de la geometría; sobre esta recta de unión, y a partir de A, llevamos el segmento S tantas veces como sea necesario para llegar a B. El número de repeticiones de esta operación es la medida del segmento $\overline{AB}$. Sobre esto descansa toda medición de longitudes.[2]

Cualquier descripción espacial del lugar de un suceso o de un objeto consiste en especificar el punto de un cuerpo rígido (cuerpo de referencia) con el cual coincide el suceso, y esto vale no sólo para la descripción científica, sino también para la vida cotidiana. Si analizo la especificación de lugar «en Berlín, en la Plaza de Potsdam», veo que significa lo siguiente. El suelo terrestre es el cuerpo rígido al que se refiere la especificación de lugar; sobre él, «Plaza de Potsdam en Berlín» es un punto marcado, provisto de nombre, con el cual coincide espacialmente el suceso.[3]

Este primitivo modo de localización sólo atiende a lugares situados en la superficie de cuerpos rígidos y depende de la existencia de puntos distinguibles sobre aquélla. Veamos cómo el ingenio humano se libera de estas dos limitaciones sin que la esencia del método de localización sufra modificación alguna. Si sobre la Plaza de Potsdam flota por ejemplo una nube, su posición, referida a la superficie terrestre, cabrá fijarla sin más que erigir en la plaza un mástil vertical que llegue hasta la nube. La longitud del mástil medida con la regla unidad, junto con la especificación del lugar que

2. Se ha supuesto, sin embargo, que la medición es exacta, es decir, que da un número entero. De esta dificultad se deshace uno empleando escalas subdivididas, cuya introducción no exige ningún método fundamentalmente nuevo.

3. No es preciso entrar aquí con más detenimiento en el significado de «coincidencia espacial», pues este concepto es claro en la medida en que, en un caso real, apenas habría división de opiniones en torno a su validez.

ocupa el pie del mástil, constituyen entonces una localización completa. El ejemplo nos muestra de qué manera se fue refinando el concepto de lugar:

a) Se prolonga el cuerpo rígido al que se refiere la localización, de modo que el cuerpo rígido ampliado llegue hasta el objeto a localizar.
b) Para la caracterización del lugar se utilizan *números*, y no la nomenclatura de puntos notables (en el caso anterior, la longitud del mástil medida con la regla).
c) Se sigue hablando de la altura de la nube aun cuando no se erija un mástil que llegue hasta ella. En nuestro caso, se determina —mediante fotografías de la nube desde diversos puntos del suelo y teniendo en cuenta las propiedades de propagación de la luz— qué longitud habría que dar al mástil para llegar a la nube.

De estas consideraciones se echa de ver que para la descripción de lugares es ventajoso independizarse de la existencia de puntos notables, provistos de nombres y situados sobre el cuerpo rígido al que se refiere la localización, y utilizar en lugar de ello números. La física experimental cubre este objetivo empleando el sistema de coordenadas cartesianas.

Este sistema consta de tres paredes rígidas, planas, perpendiculares entre sí y ligadas a un cuerpo rígido. El lugar de cualquier suceso, referido al sistema de coordenadas, viene descrito (en esencia) por la especificación de la longitud de las tres verticales o coordenadas (x, y, z) [cf. figura p. 214] que pueden trazarse desde el suceso hasta esas tres paredes. Las longitudes de estas tres perpendiculares pueden determinarse mediante una sucesión de manipulaciones con reglas rígidas, manipulaciones que vienen prescritas por las leyes y métodos de la geometría euclidiana.

En las aplicaciones no suelen construirse realmente esas paredes rígidas que forman el sistema de coordenadas; y las coordenadas tampoco se determinan realmente por medio de construcciones con reglas rígidas, sino indirectamente. Pero el sentido físico de las localizaciones debe buscarse siempre en concordancia con las consideraciones anteriores, so pena de que los resultados de la física y la astronomía se diluyan en la falta de claridad.[4]

La conclusión es, por tanto, la siguiente: toda descripción espacial de sucesos se sirve de un cuerpo rígido al que hay que referirlos espacialmente. Esa referencia presupone que los «segmentos» se rigen por las leyes de la geometría euclidiana, viniendo representados físicamente por dos marcas sobre un cuerpo rígido.

3. ESPACIO Y TIEMPO EN LA MECÁNICA CLÁSICA

Si formulo el objetivo de la mecánica diciendo que «la mecánica debe describir cómo varía con el tiempo la posición de los cuerpos en el espacio», sin añadir grandes reservas y prolijas explicaciones, cargaría sobre mi conciencia algunos pecados capitales contra el sagrado espíritu de la claridad. Indiquemos antes que nada estos pecados.

No está claro qué debe entenderse aquí por «posición» y «espacio». Supongamos que estoy asomado a la ventanilla de un vagón de ferrocarril que lleva una marcha uniforme, y dejo caer una piedra a la vía, sin darle ningún impulso. Entonces veo (prescindiendo de la influencia de la resistencia del aire) que la piedra cae en línea recta. Un peatón que asista a la fechoría desde el terraplén

4. No es sino en la teoría de la relatividad general, estudiada en la segunda parte del libro, donde se hace necesario afinar y modificar esta concepción.

observa que la piedra cae a tierra según un arco de parábola. Yo pregunto ahora: las «posiciones» que recorre la piedra ¿están «realmente» sobre una recta o sobre una parábola? Por otro lado, ¿qué significa aquí movimiento en el «espacio»? La respuesta es evidente después de lo dicho en el epígrafe 2. Dejemos de momento a un lado la oscura palabra «espacio», que, para ser sinceros, no nos dice absolutamente nada; en lugar de ella ponemos «movimiento respecto a un cuerpo de referencia prácticamente rígido». Las posiciones con relación al cuerpo de referencia (vagón del tren o vías) han sido ya definidas explícitamente en el epígrafe anterior. Introduciendo en lugar de «cuerpo de referencia» el concepto de «sistema de coordenadas», que es útil para la descripción matemática, podemos decir: la piedra describe, con relación a un sistema de coordenadas rígidamente unido al vagón, una recta; con relación a un sistema de coordenadas rígidamente ligado a las vías, una parábola. En este ejemplo se ve claramente que en rigor no existe una trayectorias,[5] sino sólo una trayectoria con relación a un cuerpo de referencia determinado.

Ahora bien, la descripción *completa* del movimiento no se obtiene sino al especificar cómo varía la posición del cuerpo *con el tiempo*, o lo que es lo mismo, para cada punto de la trayectoria hay que indicar en qué momento se encuentra allí el cuerpo. Estos datos hay que completarlos con una definición del tiempo en virtud de la cual podamos considerar estos valores temporales como magnitudes esencialmente observables (resultados de mediciones). Nosotros, sobre el suelo de la mecánica clásica, satisfacemos esta condición —con relación al ejemplo anterior— de la siguiente manera. Imaginemos dos relojes exactamente iguales; uno de ellos lo tiene el hombre en la ventanilla del vagón de tren; el otro, el hombre que está de pie en el terraplén. Cada uno de ellos verifica en qué lugar

5. Es decir, una curva a lo largo de la cual se mueve el cuerpo.

del correspondiente cuerpo de referencia se encuentra la piedra en cada instante marcado por el reloj que tiene en la mano. Nos abstenemos de entrar aquí en la imprecisión introducida por el carácter finito de la velocidad de propagación de la luz. Sobre este extremo, y sobre una segunda dificultad que se presenta aquí, hablaremos detenidamente más adelante.

4. EL SISTEMA DE COORDENADAS DE GALILEO

Como es sabido, la ley fundamental de la mecánica de Galileo y Newton, conocida por la ley de inercia, dice: un cuerpo suficientemente alejado de otros cuerpos persiste en su estado de reposo o de movimiento rectilíneo uniforme. Este principio se pronuncia no sólo sobre el movimiento de los cuerpos, sino también sobre qué cuerpos de referencia o sistemas de coordenadas son permisibles en la mecánica y pueden utilizarse en las descripciones mecánicas. Algunos de los cuerpos a los que sin duda cabe aplicar con gran aproximación la ley de inercia son las estrellas fijas. Ahora bien, si utilizamos un sistema de coordenadas solidario con la Tierra, cada estrella fija describe, con relación a él y a lo largo de un día (astronómico), una circunferencia de radio enorme, en contradicción con el enunciado de la ley de inercia. Así pues, si uno se atiene a esta ley, entonces los movimientos sólo cabe referirlos a sistemas de coordenadas con relación a los cuales las estrellas fijas no ejecutan movimientos circulares. Un sistema de coordenadas cuyo estado de movimiento es tal que con relación a él es válida la ley de inercia lo llamamos «sistema de coordenadas de Galileo». Las leyes de la mecánica de Galileo-Newton sólo tienen validez para sistemas de coordenadas de Galileo.

5. EL PRINCIPIO DE LA RELATIVIDAD (EN SENTIDO RESTRINGIDO)

Para conseguir la mayor claridad posible, volvamos al ejemplo del vagón de tren que lleva una marcha uniforme. Su movimiento decimos que es una traslación uniforme («uniforme», porque es de velocidad y dirección constantes; «traslación», porque aunque la posición del vagón varía con respecto a la vía, no ejecuta ningún giro). Supongamos que por los aires vuela un cuervo en línea recta y uniformemente (respecto a la vía). No hay duda de que el movimiento del cuervo es —respecto al vagón en marcha— un movimiento de distinta velocidad y diferente dirección, pero sigue siendo rectilíneo y uniforme. Expresado de modo abstracto: si una masa *m* se mueve en línea recta y uniformemente respecto a un sistema de coordenadas *K*, entonces también se mueve en línea recta y uniformemente respecto a un segundo sistema de coordenadas *K'*, siempre que éste ejecute respecto a *K* un movimiento de traslación uniforme. Teniendo en cuenta lo dicho en el párrafo anterior, se desprende de aquí lo siguiente:

Si *K* es un sistema de coordenadas de Galileo, entonces también lo es cualquier otro sistema de coordenadas *K'* que respecto a *K* se halle en un estado de traslación uniforme. Las leyes de la mecánica de Galileo-Newton valen tanto respecto a *K'* como respecto a *K*.

Demos un paso más en la generalización y enunciemos el siguiente principio: Si *K'* es un sistema de coordenadas que se mueve uniformemente y sin rotación respecto a *K*, entonces los fenómenos naturales transcurren con respecto a *K'* según idénticas leyes generales que con respecto a *K*. Esta proposición es lo que llamaremos el «principio de relatividad» (en sentido restringido).

Mientras se mantuvo la creencia de que todos los fenómenos naturales se podían representar con ayuda de la mecánica clásica, no se podía dudar de la validez de este principio de relatividad. Sin embargo, los recientes adelantos de la electrodinámica y de la óptica hicieron ver cada vez más claramente que la mecánica clásica, como base de toda descripción física de la naturaleza, no era suficiente. La cuestión de la validez del principio de relatividad se tornó así perfectamente discutible, sin excluir la posibilidad de que la solución fuese en sentido negativo.

Existen, con todo, dos hechos generales que de entrada hablan muy a favor de la validez del principio de relatividad. En efecto, aunque la mecánica clásica no proporciona una base suficientemente ancha para representar teóricamente *todos* los fenómenos físicos, tiene que poseer un contenido de verdad muy importante, pues da con admirable precisión los movimientos reales de los cuerpos celestes. De ahí que en el campo de la mecánica tenga que ser válido con gran exactitud el principio de relatividad. Y que un principio de generalidad tan grande y que es válido, con tanta exactitud, en un determinado campo de fenómenos fracase en otro campo es, a priori, poco probable.

El segundo argumento, sobre el que volveremos más adelante, es el siguiente. Si el principio de relatividad (en sentido restringido) no es válido, entonces los sistemas de coordenadas de Galileo K, K', K'', etc., que se mueven uniformemente unos respecto a los otros, no serán equivalentes para la descripción de los fenómenos naturales. En ese caso no tendríamos más remedio que pensar que las leyes de la naturaleza sólo pueden formularse con especial sencillez y naturalidad si de entre todos los sistemas de coordenadas de Galileo eligiésemos como cuerpo de referencia *uno* (K_0) que tuviera un estado de movimiento determinado. A éste lo calificaríamos, y con razón (por sus ventajas para la descripción de la naturaleza), de «absolutamente en reposo», mientras que de los demás sistemas galileanos K diríamos que son «móviles». Si la vía fuese el sistema K_0, pongamos por caso, entonces nuestro vagón de ferrocarril sería un sistema K respecto al cual regirían leyes menos sencillas que respecto a K_0. Esta menor simplicidad habría que atribuirla a que el vagón K se mueve respecto a K_0 (es decir, «realmente»). En estas leyes generales de la naturaleza formuladas respecto a K tendrían que desempeñar un papel el módulo y la dirección de la velocidad del vagón. Sería de esperar, por ejemplo, que el tono de un tubo de órgano fuese distinto cuando su eje fuera paralelo a la dirección de marcha que cuando estuviese perpendicular. Ahora bien, la Tierra, debido a su movimiento orbital alrededor del Sol, es equiparable a un vagón que viajara a unos 30 km por segundo. Por consiguiente, caso de no ser válido el principio de relatividad, sería de esperar que la dirección instantánea del movimiento terrestre interviniera en las leyes de la naturaleza y que, por lo tanto, el comportamiento de los sistemas físicos dependiera de su orientación espacial respecto a la Tierra; porque, como la velocidad del movimiento de rotación terrestre varía de dirección en el transcurso del año, la Tierra no puede estar todo el año en reposo respecto al hipotético sistema K_0. Pese al esmero que se ha puesto en detectar una tal anisotropía del espacio físico terrestre, es decir, una no equivalencia de las distintas direcciones, jamás ha podido ser observada. Lo cual es un argumento de peso a favor del principio de la relatividad.

6. EL TEOREMA DE ADICIÓN DE VELOCIDADES SEGÚN LA MECÁNICA CLÁSICA

Supongamos que nuestro tan traído y llevado vagón de ferrocarril viaja con velocidad constante v por la línea, e imaginemos que por su interior camina un hombre en la dirección de marcha con velocidad w. ¿Con qué velocidad W avanza el hombre respecto a la vía al caminar? La única respuesta posible parece desprenderse de la siguiente consideración:

Si el hombre se quedara parado durante un segundo, avanzaría, respecto a la vía, un trecho v igual a la velocidad del vagón. Pero en ese segundo recorre además, respecto al vagón, y por tanto también respecto a la vía, un trecho w igual a la velocidad con que camina. Por consiguiente, en ese segundo avanza en total el trecho

$$W = v + w$$

respecto a la vía. Más adelante veremos que este razonamiento, que expresa el teorema de adición de velocidades según la mecánica clásica, es insostenible y que la ley que acabamos de escribir no es válida en realidad. Pero entre tanto edificaremos sobre su validez.

7. LA APARENTE INCOMPATIBILIDAD DE LA LEY DE PROPAGACIÓN DE LA LUZ CON EL PRINCIPIO DE LA RELATIVIDAD

Apenas hay en la física una ley más sencilla que la de propagación de la luz en el espacio vacío. Cualquier escolar sabe (o cree saber) que esta propagación se produce en línea recta con una velocidad de c = 300.000 km/s. En cualquier caso, sabemos con gran exactitud que esta velocidad es la misma para todos los colores, porque si no fuera así, el mínimo de emisión en el eclipse de una estrella fija por su compañera oscura no se observaría simultáneamente para los diversos colores. A través de un razonamiento similar, relativo a observaciones de las estrellas dobles, el astrónomo holandés De Sitter consiguió también demostrar que la velocidad de propagación de la luz no puede depender de la velocidad del movimiento del cuerpo emisor. La hipótesis de que esta velocidad de propagación depende de la dirección «en el espacio» es de suyo improbable. Supongamos, en resumen, que el escolar cree justificadamente en la sencilla ley de la constancia de la velocidad de la luz c (en el vacío). ¿Quién diría que esta ley tan simple ha sumido a los físicos más concienzudos en grandísimas dificultades conceptuales? Los problemas surgen del modo siguiente.

Como es natural, el proceso de la propagación de la luz, como cualquier otro, hay que referirlo a un cuerpo de referencia rígido (sistema de coordenadas). Volvemos a elegir como tal las vías del tren e imaginamos que el aire que había por encima de ellas lo hemos eliminado por bombeo. Supongamos que a lo largo del terraplén se emite un rayo de luz cuyo vértice, según lo anterior, se propaga con la velocidad c respecto a aquél. Nuestro vagón de ferrocarril sigue viajando con la velocidad v, en la misma dirección en que se propaga el rayo de luz, pero naturalmente mucho más despacio. Lo que nos interesa averiguar es la velocidad de propagación del rayo de luz respecto al vagón. Es fácil ver que el razonamiento del epígrafe anterior tiene aquí aplicación, pues el hombre que corre con respecto al vagón desempeña el papel del rayo de luz. En lugar de su velocidad W respecto al terraplén aparece aquí la velocidad de la luz respecto a éste; la velocidad w que buscamos, la de la luz respecto al vagón, es por tanto igual a:

$$w = c - v.$$

Así pues, la velocidad de propagación del rayo de luz respecto al vagón resulta ser menor que c.

Ahora bien, este resultado atenta contra el principio de la relatividad expuesto en el apartado 5, porque, según este principio, la ley de propagación de la luz en el vacío, como cualquier otra ley general de la naturaleza, debería ser la misma si tomamos el vagón como cuerpo de referencia que si elegimos las vías, lo cual parece imposible según nuestro razonamiento. Si cualquier rayo de luz se propaga respecto al terraplén con la velocidad *c*, la ley de propagación respecto al vagón parece que tiene que ser, por eso mismo, otra distinta... en contradicción con el principio de relatividad.

A la vista del dilema parece ineludible abandonar, o bien el principio de relatividad, o bien la sencilla ley de la propagación de la luz en el vacío. El lector que haya seguido atentamente las consideraciones anteriores esperará seguramente que sea el principio de relatividad —que por su naturalidad y sencillez se impone a la mente como algo casi ineludible— el que se mantenga en pie, sustituyendo en cambio la ley de la propagación de la luz en el vacío por una ley más complicada y compatible con el principio de relatividad. Sin embargo, la evolución de la física teórica demostró que este camino era impracticable. Las innovadoras investigaciones teóricas de H. A. Lorentz sobre los procesos electrodinámicos y ópticos en cuerpos móviles demostraron que las experiencias en estos campos conducen con necesidad imperiosa a una teoría de los procesos electromagnéticos que tiene como consecuencia irrefutable la ley de la constancia de la luz en el vacío. Por eso, los teóricos de vanguardia se inclinaron más bien por prescindir del principio de relatividad, pese a no poder hallar ni un solo hecho experimental que lo contradijera.

Aquí es donde entró la teoría de la relatividad. Mediante un análisis de los conceptos de espacio y tiempo se vio que *en realidad no existía ninguna incompatibilidad entre el principio de la relatividad y la ley de propagación de la luz*, sino que, ateniéndose uno sistemáticamente a estas dos leyes, se llegaba a una teoría lógicamente impecable. Esta teoría, que para diferenciarla de su ampliación (comentada más adelante) llamamos «teoría de la relatividad especial», es la que expondremos a continuación en sus ideas fundamentales.

8. SOBRE EL CONCEPTO DE TIEMPO EN LA FÍSICA

Un rayo ha caído en dos lugares muy distantes *A* y *B* de la vía. Yo añado la afirmación de que ambos impactos han ocurrido *simultáneamente*. Si ahora te pregunto, querido lector, si esta afirmación tiene o no sentido, me contestarás con un «sí» contundente. Pero si luego te importuno con el ruego de que me expliques con más precisión ese sentido, advertirás tras cierta reflexión que la respuesta no es tan sencilla como parece a primera vista.

Al cabo de algún tiempo quizá te acuda a la mente la siguiente respuesta: «El significado de la afirmación es claro de por sí y no necesita de ninguna aclaración; sin embargo, tendría que reflexionar un poco si se me exige determinar, mediante observaciones, si en un caso concreto los dos sucesos son o no simultáneos». Pero con esta respuesta no puedo darme por satisfecho, por la siguiente razón. Suponiendo que un experto meteorólogo hubiese hallado, mediante agudísimos razonamientos, que el rayo tiene que caer siempre simultáneamente en los lugares *A* y *B*, se plantearía el problema de comprobar si ese resultado teórico se corresponde o no con la realidad. Algo análogo ocurre en todas las proposiciones físicas en las que interviene el concepto de «simultáneo». Para el físico no existe el concepto mientras no se brinde la posibilidad de averiguar en un caso concreto si es verdadero o no. Hace falta, por tanto, una definición de simultaneidad que proporcione el método para decidir experimentalmente en el caso presente si los dos rayos han caído simultáneamente o no. Mientras no se cumpla este requisito, me estaré entregando como físico (¡y también como no físico!)

a la ilusión de creer que puedo dar sentido a esa afirmación de la simultaneidad. (No sigas leyendo, querido lector, hasta concederme esto plenamente convencido.)

Tras algún tiempo de reflexión haces la siguiente propuesta para constatar la simultaneidad. Se mide el segmento de unión *AB* a lo largo de la vía y se coloca en su punto medio *M* a un observador provisto de un dispositivo (dos espejos formando 90° entre sí, por ejemplo) que le permite la visualización óptica simultánea de ambos lugares *A* y *B*. Si el observador percibe los dos rayos simultáneamente, entonces es que son simultáneos.

Aunque la propuesta me satisface mucho, sigo pensando que la cuestión no queda aclarada del todo, pues me siento empujado a hacer la siguiente objeción: «Tu definición sería necesariamente correcta si yo supiese ya que la luz que la percepción de los rayos transmite al observador en *M* se propaga con la misma velocidad en el segmento ($A \longrightarrow M$) que en el segmento ($B \longrightarrow M$). Sin embargo, la comprobación de este supuesto sólo sería posible si se dispusiera ya de los medios para la medición de tiempos. Parece, pues, que nos movemos en un círculo lógico».

Después de reflexionar otra vez, me lanzas con toda razón una mirada algo despectiva y me dices: «A pesar de todo, mantengo mi definición anterior, porque en realidad no presupone nada sobre la luz. A la definición de simultaneidad solamente hay que imponerle una condición, y es que en cualquier caso real permita tomar una decisión empírica acerca de la pertinencia o no pertinencia del concepto a definir. Que mi definición cubre este objetivo es innegable. Que la luz tarda el mismo tiempo en recorrer el camino $A \longrightarrow M$ que el $B \longrightarrow M$ no es en realidad ningún *supuesto previo ni hipótesis* sobre la naturaleza física de la luz, sino una *estipulación* que puedo hacer a discreción para llegar a una definición de simultaneidad».

Está claro que esta definición se puede utilizar para dar sentido exacto al enunciado de simultaneidad, no sólo de dos sucesos, sino de un número arbitrario de ellos, sea cual fuere su posición con respecto al cuerpo de referencia.[6] Con ello se llega también a una definición del «tiempo» en la física. Imaginemos, en efecto, que en los puntos *A*, *B*, *C* de la vía (sistema de coordenadas) existen relojes de idéntica constitución y dispuestos de tal manera que las posiciones de las manillas sean simultáneamente (en el sentido anterior) las mismas. Se entiende entonces por «tiempo» de un suceso la hora (posición de las manillas) marcada por aquel de esos relojes que está inmediatamente contiguo (espacialmente) al suceso. De este modo se le asigna a cada suceso un valor temporal que es esencialmente observable.

Esta definición entraña otra hipótesis física de cuya validez, en ausencia de razones empíricas en contra, no se podrá dudar. En efecto, se supone que todos los relojes marchan «igual de rápido» si tienen la misma constitución. Formulándolo exactamente: si dos relojes colocados en reposo en distintos lugares del cuerpo de referencia son puestos en hora de tal manera que la posición de las manillas del uno sea *simultánea* (en el sentido anterior) *a la misma* posición de las manillas del otro, entonces posiciones iguales de las manillas son en general simultáneas (en el sentido de la definición anterior).

9. LA RELATIVIDAD DE LA SIMULTANEIDAD

Hasta ahora hemos referido nuestros razonamientos a un determinado cuerpo de referencia que hemos llamado «terraplén» o «vías».

6. Suponemos además que cuando ocurren tres fenómenos *A*, *B*, *C* en lugares distintos y *A* es simultáneo a *B* y *B* simultáneo a *C* (en el sentido de la definición anterior), entonces se cumple también el criterio de simultaneidad para la pareja de sucesos *A*-*C*. Este supuesto es una hipótesis física sobre la ley de propagación de la luz; tiene que cumplirse necesariamente para poder mantener en pie la ley de la constancia de la velocidad de la luz en el vacío.

Supongamos que por los carriles viaja un tren muy largo, con velocidad constante *v* y en la dirección señalada en la figura siguiente. Las personas que viajan en este tren hallarán ventajoso utilizar el tren como cuerpo de referencia rígido (sistema de coordenadas) y referirán todos los sucesos al tren. Todo suceso que se produce a lo largo de la vía, se produce también en un punto determinado del tren. Incluso la definición de simultaneidad se puede dar exactamente igual con respecto al tren que respecto a las vías. Sin embargo, se plantea ahora la siguiente cuestión:

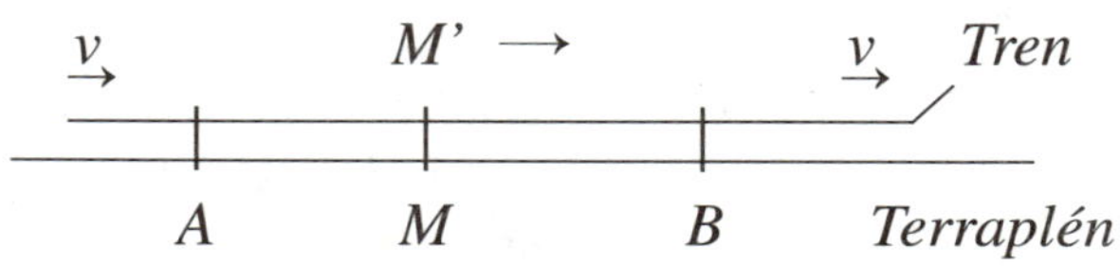

Dos sucesos (por ejemplo, los dos rayos *A* y *B*) que son simultáneos *respecto al terraplén*, ¿son también simultáneos *respecto al tren*? Enseguida demostraremos que la respuesta tiene que ser negativa.

Cuando decimos que los rayos *A* y *B* son simultáneos respecto a las vías, queremos decir: los rayos de luz que salen de los lugares *A* y *B* se reúnen en el punto medio *M* del tramo de vía *A*-*B*. Ahora bien, los sucesos *A* y *B* se corresponden también con lugares *A* y *B* en el tren. Sea *M'* el punto medio del segmento *A*-*B* del tren en marcha. Es cierto que en el instante de la caída de los rayos[7] este punto *M'* coincide con el punto *M*, pero, como se indica en la figura, se mueve hacia la derecha con la velocidad *v* del tren. Un observador que estuviera sentado en el tren en *M'*, pero que no poseyera esta velocidad, permanecería constantemente en *M*, y los rayos de luz

7. ¡Desde el punto de vista del terraplén!

que parten de las chispas A y B lo alcanzarían simultáneamente, es decir, estos dos rayos de luz se reunirían precisamente en él. La realidad es, sin embargo, que (juzgando la situación desde el terraplén) este observador va al encuentro del rayo de luz que viene de B, huyendo en cambio del que avanza desde A. Por consiguiente, verá antes la luz que sale de B que la que sale de A. En resumidas cuentas, los observadores que utilizan el tren como cuerpo de referencia tienen que llegar a la conclusión de que la chispa eléctrica B ha caído antes que la A. Llegamos así a un resultado importante:

Sucesos que son simultáneos respecto al terraplén no lo son respecto al tren, y viceversa (relatividad de la simultaneidad). Cada cuerpo de referencia (sistema de coordenadas) tiene su tiempo especial, una localización temporal tiene sólo sentido cuando se indica el cuerpo de referencia al que remite.

Antes de la teoría de la relatividad, la física suponía siempre implícitamente que el significado de los datos temporales era absoluto, es decir, independiente del estado de movimiento del cuerpo de referencia. Pero acabamos de ver que este supuesto es incompatible con la definición natural de simultaneidad; si prescindimos de él, desaparece el conflicto, expuesto en el epígrafe 7, entre la ley de la propagación de la luz y el principio de la relatividad.

En efecto, el conflicto proviene del razonamiento del epígrafe 6 que ahora resulta insostenible. Inferimos allí que el hombre que camina por el vagón y recorre el trecho w *en un segundo*, recorre ese mismo trecho también *en un segundo* respecto a las vías. Ahora bien, toda vez que, en virtud de las reflexiones anteriores, el tiempo que necesita un proceso con respecto al vagón no cabe igualarlo a la duración del mismo proceso juzgada desde el cuerpo de referencia del terraplén, tampoco se puede afirmar que el hombre, al caminar respecto a las vías, recorra el trecho w en un tiempo que —juzgado desde el terraplén— es igual a un segundo.

Digamos de paso que el razonamiento del apartado 6 descansa

además en un segundo supuesto que, a la luz de una reflexión rigurosa, se revela arbitrario, lo cual no quita para que, antes de establecerse la teoría de la relatividad, fuese aceptado siempre (de modo implícito).

10. SOBRE LA RELATIVIDAD DEL CONCEPTO DE DISTANCIA ESPACIAL

Observamos dos lugares concretos del tren[8] que viaja con velocidad v por la línea y nos preguntamos qué distancia hay entre ellos. Sabemos ya que para medir una distancia se necesita un cuerpo de referencia respecto al cual hacerlo. Lo más sencillo es utilizar el propio tren como cuerpo de referencia (sistema de coordenadas). Un observador que viaja en el tren mide la distancia, transportando en línea recta una regla sobre el suelo de los vagones, por ejemplo, hasta llegar desde uno de los puntos marcados al otro. El número que indica cuántas veces transportó la regla es entonces la distancia buscada.

Otra cosa es si se quiere medir la distancia desde la vía. Aquí se ofrece el método siguiente. Sean A' y B' los dos puntos del tren de cuya distancia se trata; estos dos puntos se mueven con velocidad v a lo largo de la vía. Preguntémonos primero por los puntos A y B de la vía por donde pasan A' y B' en un momento determinado t (juzgado desde la vía). En virtud de la definición de tiempo dada en el apartado 8, estos puntos A y B de la vía son determinables. A continuación se mide la distancia entre A y B transportando repetidamente el metro a lo largo de la vía.

A priori no está dicho que esta segunda medición tenga que pro-

8. El centro de los vagones primero y centésimo, por ejemplo.

porcionar el mismo resultado que la primera. La longitud del tren, medida desde la vía, puede ser distinta que medida desde el propio tren. Esta circunstancia se traduce en una segunda objeción que oponer al razonamiento, aparentemente tan meridiano, del epígrafe 6. Pues si el hombre en el vagón recorre en una unidad de tiempo el trecho *w medido desde el tren*, este trecho, *medido desde la vía*, no tiene por qué ser igual a *w*.

11. LA TRANSFORMACIÓN DE LORENTZ

Las consideraciones hechas en los tres últimos epígrafes nos muestran que la aparente incompatibilidad de la ley de propagación de la luz con el principio de relatividad en el epígrafe 7 está deducida a través de un razonamiento que tomaba a préstamo de la mecánica clásica dos hipótesis injustificadas; estas hipótesis son:

1. El intervalo temporal entre dos sucesos es independiente del estado de movimiento del cuerpo de referencia.
2. El intervalo espacial entre dos puntos de un cuerpo rígido es independiente del estado de movimiento del cuerpo de referencia.

Si eliminamos estas dos hipótesis, desaparece el dilema del epígrafe 7, porque el teorema de adición de velocidades deducido en el epígrafe 6 pierde su validez. Ante nosotros surge la posibilidad de que la ley de la propagación de la luz en el vacío sea compatible con el principio de relatividad. Llegamos así a la pregunta: ¿cómo hay que modificar el razonamiento del epígrafe 6 para eliminar la aparente contradicción entre estos dos resultados fundamentales de la experiencia? Esta cuestión conduce a otra de índole general. En el razonamiento del epígrafe 6 aparecen lugares y tiempos con relación al tren y con relación a las vías. ¿Cómo se hallan el lugar y el tiempo de un suceso con relación al tren cuando se conocen el lugar y el tiempo del suceso con respecto a las vías? ¿Esta pregunta tiene alguna respuesta de acuerdo con la cual la ley de la propagación en el vacío no contradiga al principio de relatividad? O expresado de otro modo: ¿cabe hallar alguna relación entre las posiciones y tiempos de los distintos sucesos con relación a ambos cuerpos de referencia, de manera que todo rayo de luz tenga la velocidad de propagación *c* respecto a las vías y respecto al tren? Esta pregunta conduce a una respuesta muy determinada y afirmativa, a una ley de transformación muy precisa para las magnitudes espacio-temporales de un suceso al pasar de un cuerpo de referencia a otro.

Antes de entrar en ello, intercalemos la siguiente consideración. Hasta ahora solamente hemos hablado de sucesos que se producían a lo largo de la vía, la cual desempeñaba la función matemática de una recta. Pero, siguiendo lo indicado en el epígrafe 2, cabe imaginar que este cuerpo de referencia se prolonga hacia los lados y hacia arriba por medio de un andamiaje de varillas, de manera que cualquier suceso, ocurra donde ocurra, puede localizarse respecto a ese andamiaje. Análogamente, es posible imaginar que el tren que viaja con velocidad *v* se prolonga por todo el espacio, de manera que cualquier suceso, por lejano que esté, también pueda localizarse respecto al segundo andamio. Sin incurrir en defecto teórico, podemos prescindir del hecho de que en realidad esos andamios se destrozarían uno contra el otro debido a la impenetrabilidad de los cuerpos sólidos. En cada uno de estos andamios imaginamos que se erigen tres paredes mutuamente perpendiculares que denominamos «planos coordenados» («sistema de coordenadas»). Al terraplén le corresponde entonces un sistema de coordenadas *K*, y al tren otro *K'*. Cualquier suceso, donde quiera que ocurra, viene fijado espacialmente respecto a *K* por las tres perpendiculares *x*, *y*,

z a los planos coordenados, y temporalmente por un valor t. *Ese mismo suceso* viene fijado espacio-temporalmente respecto a K' por valores correspondientes x', y', z', t', que, como es natural, no coinciden con x, y, z, t. Ya explicamos antes con detalle cómo interpretar estas magnitudes como resultados de mediciones físicas.

Es evidente que el problema que tenemos planteado se puede formular exactamente de la manera siguiente: Dadas las cantidades x, y, z, t de un suceso respecto a K, ¿cuáles son los valores x', y', z', t' del mismo suceso respecto a K'? Las relaciones hay que elegirlas de tal modo que satisfagan la ley de propagación de la luz en el vacío para uno y el mismo rayo de luz (y además para cualquier rayo de luz) respecto *a* K y K'. Para la orientación espacial relativa indicada en el dibujo de la figura de la página 214, el problema queda resuelto por las ecuaciones:

$$x' = \frac{x - vt}{\sqrt{1 - \frac{v^2}{c^2}}}$$

$$y' = y$$

$$z' = z$$

$$t' = \frac{t - \frac{v}{c^2} \cdot x}{\sqrt{1 - \frac{v^2}{c^2}}}$$

Este sistema de ecuaciones se designa con el nombre de «transformación de Lorentz».[9]

9. En el Apéndice 1 se da una derivación sencilla de la transformación de Lorentz.

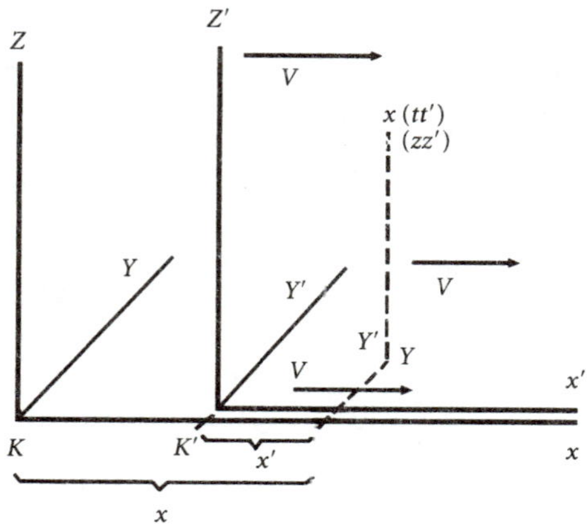

Ahora bien, si en lugar de la ley de propagación de la luz hubiéramos tomado como base los supuestos implícitos en vieja mecánica, relativos al carácter absoluto de los tiempos y las longitudes, en vez de las anteriores ecuaciones de transformación habríamos obtenido estas otras:

$$x' = x - vt$$
$$y' = y$$
$$z' = z$$
$$t' = t,$$

sistema que a menudo se denomina «transformación de Galileo». La transformación de Galileo se obtiene de la de Lorentz igualando en ésta la velocidad de la luz c a un valor infinitamente grande.

El siguiente ejemplo muestra claramente que, según la transformación de Lorentz, la ley de propagación de la luz en el vacío se cumple tanto respecto al cuerpo de referencia K como respecto al cuerpo de referencia K'. Supongamos que se envía una señal luminosa a lo largo del eje x positivo, propagándose la excitación luminosa según la ecuación

$$x = ct,$$

es decir, con velocidad c. De acuerdo con las ecuaciones de la transformación de Lorentz, esta sencilla relación entre x y t determina una relación entre x' y t'. En efecto, sustituyendo x por el valor ct en las ecuaciones primera y cuarta de la transformación de Lorentz obtenemos:

$$x' = \frac{(c - v)t}{\sqrt{1 - \frac{v^2}{c^2}}}$$

$$t' = \frac{\left(1 - \frac{v}{c}\right)t}{\sqrt{1 - \frac{v^2}{c^2}}}$$

de donde, por división, resulta inmediatamente

$$x' = ct'$$

La propagación de la luz, referida al sistema K', se produce según esta ecuación. Se comprueba, por tanto, que la velocidad de propagación es también igual a c respecto al cuerpo de referencia K'; y análogamente para rayos de luz que se propaguen en cualquier otra dirección. Lo cual, naturalmente, no es de extrañar, porque las ecuaciones de la transformación de Lorentz están derivadas con este criterio.

12. EL COMPORTAMIENTO DE REGLAS Y RELOJES MÓVILES

Coloco una regla de un metro sobre el eje *x'* de *K'*, de manera que un extremo coincida con el punto $x' = 0$ y el otro con el punto $x' = 1$. ¿Cuál es la longitud de la regla respecto al sistema *K*? Para averiguarlo podemos determinar las posiciones de ambos extremos respecto a *K* en un momento determinado *t*. De la primera ecuación de la transformación de Lorentz, para $t = 0$, se obtiene para estos dos puntos:

$$x_{(\text{origen de la escala})} = 0 \cdot \sqrt{1 - \frac{v^2}{c^2}}$$

$$x_{(\text{extremo de la escala})} = 1 \cdot \sqrt{1 - \frac{v^2}{c^2}}$$

estos dos puntos distan entre sí $\sqrt{1 - \frac{v^2}{c^2}}$. Ahora bien, el metro se mueve respecto a *K* con la velocidad *v*, de donde se deduce que la longitud de una regla rígida de un metro que se mueve con velocidad *v* en el sentido de su longitud es de $\sqrt{1 - \frac{v^2}{c^2}}$ metros. La regla rígida en movimiento es más corta que la misma regla cuando está en estado de reposo, y es tanto más corta cuanto más rápidamente se mueva. Para la velocidad $v = c$ sería $\sqrt{1 - \frac{v^2}{c^2}} = 0$, para velocidades aún mayores la raíz se haría imaginaria. De aquí inferimos que en la teoría de la relatividad la velocidad c desempeña el papel de una velocidad límite que no puede alcanzar ni sobrepasar ningún cuerpo real.

Añadamos que este papel de la velocidad c como velocidad límite se sigue de las propias ecuaciones de la transformación de Lorentz, porque éstas pierden todo sentido cuando v se elige mayor que c.

Si hubiésemos procedido a la inversa, considerando un metro que se halla en reposo respecto a K sobre el eje X, habríamos comprobado que en relación a K', tiene la longitud de $\sqrt{1-\frac{v^2}{c^2}}$, lo cual está totalmente de acuerdo con el principio de la relatividad, en el cual hemos basado nuestras consideraciones.

A priori es evidente que las ecuaciones de transformación tienen algo que decir sobre el comportamiento físico de reglas y relojes, porque las cantidades x, y, z, t no son otra cosa que resultados de medidas obtenidas con relojes y reglas. Si hubiésemos tomado como base la transformación de Galileo, no habríamos obtenido un acortamiento de longitudes como consecuencia del movimiento.

Imaginemos ahora un reloj con segundero que reposa constantemente en el origen ($x' = 0$) de K'. Sean $t' = 0$ y $t' = 1$ dos señales sucesivas de este reloj. Para estos dos tics, las ecuaciones primera y cuarta de la transformación de Lorentz dan:

$$t = 0$$

y

$$t = \frac{1}{\sqrt{1-\frac{v^2}{c^2}}}$$

Juzgado desde K, el reloj se mueve con la velocidad v; respecto a este cuerpo de referencia, entre dos de sus señales transcurre, no un segundo, sino $\frac{1}{\sqrt{1-\frac{v^2}{c^2}}}$ segundos, o sea un tiempo algo mayor. Como consecuencia de su movimiento, el reloj marcha algo más despacio que un estado de reposo. La velocidad de la luz c desempeña, también aquí, el papel de una velocidad límite inalcanzable.

13. TEOREMA DE ADICIÓN DE VELOCIDADES. EXPERIMENTO DE FIZEAU

Dado que las velocidades con que en la práctica podemos mover relojes y reglas son pequeñas frente a la velocidad de la luz c, es difícil que podamos comparar los resultados del epígrafe anterior con la realidad. Y puesto que, por otro lado, esos resultados le parecerán al lector harto singulares, voy a extraer de la teoría otra consecuencia que es muy fácil de deducir de lo anteriormente expuesto y que los experimentos confirman brillantemente.

En el epígrafe 6 hemos deducido el teorema de adición para velocidades de la misma dirección, tal y como resulta de las hipótesis de la mecánica clásica. Lo mismo se puede deducir fácilmente de la transformación de Galileo (epígrafe 11). En lugar del hombre que camina por el vagón introducimos un punto que se mueve respecto al sistema de coordenadas K' según la ecuación

$$x' = wt'.$$

Mediante las ecuaciones primera y cuarta de la transformación de Galileo se pueden expresar *x'* y *t'* en función de *x* y *t*, obteniendo

$$x = (v + w)t.$$

Esta ecuación no expresa otra cosa que la ley de movimiento del punto respecto al sistema *K* (del hombre respecto al terraplén), la velocidad que designamos por *W*, con lo cual se obtiene, como en el epígrafe 6:

$$W = v + w. \tag{A}$$

Pero este razonamiento lo podemos efectuar igual de bien basándonos en la teoría de la relatividad. Lo que hay que hacer entonces es expresar *x'* y *t'* en la ecuación

$$x' = wt'$$

en función de *x* y *t*, utilizando las ecuaciones primera y cuarta de la transformación de Lorentz. En lugar de la ecuación (A) se obtiene entonces esta otra:

$$W = \frac{v + w}{1 - \frac{vw}{c^2}}, \tag{B}$$

que corresponde al teorema de adición de velocidades de igual dirección según la teoría de la relatividad. La cuestión es cuál de estos dos teoremas resiste el cotejo con la experiencia. Sobre el particular nos instruye un experimento extremadamente importante, realizado hace más de medio siglo por el genial físico Fizeau y desde entonces repetido por algunos de los mejores físicos experimentales, por lo cual el resultado es irrebatible. El experimento versa sobre la siguiente cuestión. Supongamos que la luz se propaga en un cierto líquido en reposo con una determinada velocidad *w*. ¿Con qué velocidad se propaga en el tubo *R* de la figura

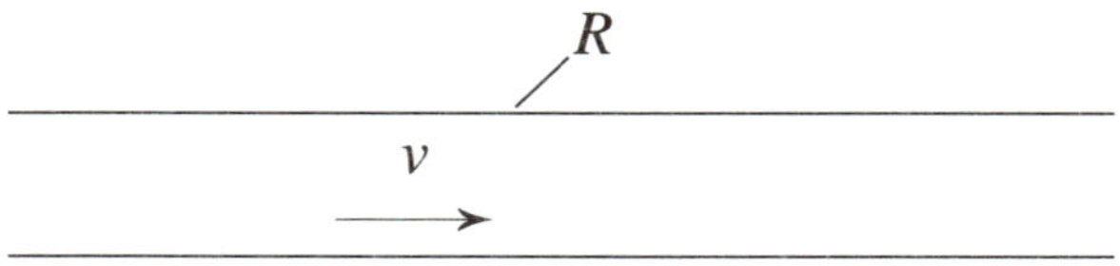

en la dirección de la flecha, cuando dentro de este tubo fluye el líquido con velocidad *v*?

En cualquier caso, fieles al principio de la relatividad, tendremos que sentar el supuesto de que, *respecto al líquido*, la propagación de la luz se produce siempre con la misma velocidad *w*, muévase o no el líquido respecto a otros cuerpos. Son conocidas, por tanto, la velocidad de la luz respecto al líquido y la velocidad de éste respecto al tubo, y se busca la velocidad de la luz respecto al tubo.

Está claro que el problema vuelve a ser el mismo que el del epígrafe 6. El tubo desempeña el papel de las vías o del sistema de coordenadas *K*; el líquido, el papel del vagón o del sistema de coordenadas *K'*; la luz, el del hombre que camina por el vagón o el del punto móvil mencionado en este apartado. Así pues, si llamamos *W* a la velocidad de la luz respecto al tubo, ésta vendrá dada por la ecuación (A) o por la (B), según que sea la transformación de Galileo o la de Lorentz la que se corresponde con la realidad.

El experimento[10] falla a favor de la ecuación (B) deducida de la teoría de la relatividad, y además con gran exactitud. Según las últimas y excelentes mediciones de Zeeman, la influencia de la velocidad de la corriente v sobre la propagación de la luz viene representada por la fórmula (B) con una exactitud superior al 1 por 100.

Hay que destacar, sin embargo, que H. A. Lorentz, mucho antes de establecerse la teoría de la relatividad, dio ya una teoría de este fenómeno por vía puramente electrodinámica y utilizando determinadas hipótesis sobre la estructura electromagnética de la materia. Pero esta circunstancia no merma para nada el poder probatorio del experimento, en tanto que *experimentum crucis* a favor de la teoría de la relatividad. Pues la electrodinámica de Maxwell-Lorentz, sobre la cual descansaba la teoría original, no está en absoluto en contradicción con la teoría de la relatividad. Esta última ha emanado más bien de la electrodinámica como resumen y generalización asombrosamente sencillos de las hipótesis, antes mutuamente independientes, que servía de fundamento a la electrodinámica.

10. Fizeau halló $W = w + v\left(1 - \frac{1}{n^2}\right)$, donde $n = \frac{c}{w}$ es el índice de refracción del líquido. Por otro lado, debido a que $\frac{vw}{c^2}$ es muy pequeño frente a 1, se puede sustituir (B) por $W = (w+v)\left(1 - \frac{vw}{2}\right)$, o bien, con la misma aproximación $w + v\left(1 - \frac{1}{n^2}\right)$, lo cual concuerda con el resultado de Fizeau.

14. EL VALOR HEURÍSTICO DE LA TEORÍA DE LA RELATIVIDAD

La cadena de ideas que hemos expuesto hasta aquí se puede resumir brevemente como sigue. La experiencia ha llevado a la convicción de que, por un lado, el principio de la relatividad (en sentido restringido) es válido, y por otro, que la velocidad de propagación de la luz en el vacío es igual a una constante *c*. Uniendo estos dos postulados resultó la ley de transformación para las coordenadas rectangulares *x*, *y*, *z* y el tiempo *t* de los sucesos que componen los fenómenos naturales, obteniéndose, no la transformación de Galileo, sino (en discrepancia con la mecánica clásica) la transformación de Lorentz.

En este razonamiento desempeñó un papel importante la ley de propagación de la luz, cuya aceptación viene justificada por nuestro conocimiento actual. Ahora bien, una vez en posesión de la transformación de Lorentz, podemos unir ésta con el principio de relatividad y resumir la teoría en el enunciado siguiente:

Toda ley general de la naturaleza tiene que estar constituida de tal modo que se transforme en otra ley de idéntica estructura al introducir, en lugar de las variables espacio-temporales *x*, *y*, *z*, *t* del sistema de coordenadas original *K*, nuevas variables espacio-temporales *x'*, *y'*, *z'*, *t'* de otro sistema de coordenadas *K'*, donde la relación matemática entre las cantidades con prima y sin prima viene dada por la transformación de Lorentz. Formulado brevemente: las leyes generales de la naturaleza son covariantes respecto a la transformación de Lorentz.

Ésta es una condición matemática muy determinada que la teoría de la relatividad prescribe a las leyes naturales, con lo cual se convierte en valioso auxiliar heurístico en la búsqueda de leyes generales de la naturaleza. Si se encontrara una ley general de la naturaleza que no cumpliera esa condición, quedaría refutado por lo menos uno de los dos supuestos fundamentales de la teoría. Veamos ahora lo que esta última ha mostrado en cuanto a resultados generales.

15. RESULTADOS GENERALES DE LA TEORÍA

De las consideraciones anteriores se desprende que la teoría de la relatividad (especial) ha nacido de la electrodinámica y de la óptica. En estos campos no ha modificado mucho los enunciados de la teoría, pero ha simplificado notablemente el edificio teórico, es decir, la derivación de las leyes, y, lo que es incomparablemente más importante, ha reducido mucho el número de hipótesis independientes sobre las que descansa la teoría. A la teoría de Maxwell-Lorentz le ha conferido un grado tal de evidencia, que aquélla se habría impuesto con carácter general entre los físicos aunque los experimentos hubiesen hablado menos convincentemente a su favor.

La mecánica clásica precisaba de una modificación antes de poder armonizar con el requisito de la teoría de la relatividad especial. Pero esta modificación afecta únicamente, en esencia, a las leyes para movimientos rápidos en los que las velocidades v de la materia no sean demasiado pequeñas frente a la de la luz. Movimientos tan rápidos sólo nos los muestra la experiencia en electrones e iones; en otros movimientos las discrepancias respecto a las leyes de la mecánica clásica son demasiado pequeñas para ser detectables en la práctica. Del movimiento de los astros no hablaremos hasta llegar a la teoría de la relatividad general. Según la teoría de la relatividad, la energía cinética de un punto material de masa m no viene dado ya por la conocida expresión

$$m\frac{v^2}{2},$$

sino por la expresión

$$\frac{mc^2}{\sqrt{1-\frac{v^2}{c^2}}}.$$

Esta expresión se hace infinita cuando la velocidad v se aproxima a la velocidad de la luz c. Así pues, por grande que sea la energía invertida en la aceleración, la velocidad tiene que permanecer siempre inferior a c. Si se desarrolla en serie la expresión de la energía cinética, se obtiene:

$$mc^2 + m\frac{v^2}{2} + \frac{3}{8}m\frac{v^2}{c^2} + \ldots$$

El tercer término es siempre pequeño frente al segundo (el único considerado en la mecánica clásica) cuando $\frac{v^2}{c^2}$ es pequeño comparado con 1. El primer término mc^2 no depende de la velocidad, por lo cual no entra en consideración al tratar el problema de cómo la energía de un punto material depende de la velocidad. Sobre su importancia teórica hablaremos más adelante.

El resultado más importante de índole general al que ha conducido la teoría de la relatividad especial concierne al concepto de masa. La física prerrelativista conoce dos principios de conservación de importancia fundamental, el de la conservación de la energía y el de la conservación de la masa; estos dos principios fundamentales aparecen completamente independientes uno de otro. La teoría de la relatividad los funde en uno solo. A continuación explicaremos brevemente cómo se llegó hasta ahí y cómo hay que interpretar esta fusión.

El principio de relatividad exige que el postulado de conservación de la energía se cumpla, no sólo respecto a un sistema de coordenadas K, sino respecto a cualquier sistema de coordenadas K' que se encuentre con relación a K en movimiento de traslación uniforme (dicho brevemente, respecto a cualquier sistema de coordenadas «de Galileo»). En contraposición a la mecánica clásica, el paso entre dos de esos sistemas viene regido por la transformación de Lorentz.

A partir de estas premisas, y en conjunción con las ecuaciones fundamentales de la electrodinámica maxwelliana, se puede inferir rigurosamente, mediante consideraciones relativamente sencillas, que: un cuerpo que se mueve con velocidad v y que absorbe la energía E_0 en forma de radiación[11] sin variar por eso su velocidad, experimenta un aumento de energía en la cantidad:

$$\frac{E_0}{\sqrt{1-\frac{v^2}{c^2}}}$$

Teniendo en cuenta la expresión que dimos antes para la energía cinética, la energía del cuerpo vendrá dada por:

$$\frac{\left(m+\frac{E_0}{c^2}\right)c^2}{\sqrt{1-\frac{v^2}{c^2}}}.$$

El cuerpo tiene entonces la misma energía que otro de velocidad v y masa $m+\frac{E_0}{2}$. Cabe por tanto decir: si un cuerpo absorbe

11. E_0 es la energía absorbida respecto a un sistema de coordenadas que se mueve con el cuerpo.

la energía E_0, su masa inercial crece en $\frac{E_0}{2}$; la masa inercial de un cuerpo no es una constante, sino variable según la modificación de su energía. La masa inercial de un sistema de cuerpos cabe contemplarla precisamente como una medida de su energía. El postulado de la conservación de la masa de un sistema coincide con el de la conservación de la energía y sólo es válido en la medida en que el sistema no absorbe ni emite energía. Si escribimos la expresión de la energía en la forma

$$\frac{mc^2 + E_0}{\sqrt{1 - \frac{v^2}{c^2}}},$$

se ve que el término mc^2, que ya nos llamó la atención con anterioridad, no es otra cosa que la energía que poseía el cuerpo[12] antes de absorber la energía E_0.

El cotejo directo de este postulado con la experiencia queda por ahora excluido, porque las variaciones de energía E_0 que podemos comunicar a un sistema no son suficientemente grandes para hacerse notar en forma de una alteración de la masa inercial del sistema. $\frac{E_0}{c^2}$ es demasiado pequeño en comparación con la masa m que existía antes de la variación de energía. A esta circunstancia se debe el que se pudiera establecer con éxito un principio de conservación de la masa de validez independiente.

Una última observación de naturaleza teórica. El éxito de la interpretación de Faraday-Maxwell de la acción electrodinámica a distancia a través de procesos intermedios con velocidad de propa-

12. Respecto a un sistema de coordenadas solidario con el cuerpo.

gación finita hizo que entre los físicos arraigara la convicción de que no existían acciones a distancia instantáneas e inmediatas del tipo de la ley de gravitación de Newton. Según la teoría de la relatividad, en lugar de la acción instantánea a distancia, o acción a distancia con velocidad de propagación infinita, aparece siempre la acción a distancia con la velocidad de la luz, lo cual tiene que ver con el papel teórico que desempeña la velocidad *c* en esta teoría. En la segunda parte se mostrará cómo se modifica este resultado en la teoría de la relatividad general.

16. LA TEORÍA DE LA RELATIVIDAD ESPECIAL Y LA EXPERIENCIA

La pregunta de hasta qué punto se ve apoyada la teoría de la relatividad especial por la experiencia no es fácil de responder, por un motivo que ya mencionamos al hablar del experimento fundamental de Fizeau. La teoría de la relatividad especial cristalizó a partir de la teoría de Maxwell-Lorentz de los fenómenos electromagnéticos, por lo cual todos los hechos experimentales que apoyan esa teoría electromagnética apoyan también la teoría de la relatividad. Mencionaré aquí, por ser de especial importancia, que la teoría de la relatividad permite derivar, de manera extremadamente simple y en consonancia con la experiencia, aquellas influencias que experimenta la luz de las estrellas fijas debido al movimiento relativo de la Tierra respecto a ellas. Se trata del desplazamiento anual de la posición aparente de las estrellas fijas como consecuencia del movimiento terrestre alrededor del Sol (aberración) y el influjo que ejerce la componente radial de los movimientos relativos de las estrellas fijas respecto a la Tierra sobre el color de la luz que llega hasta nosotros; este influjo se manifiesta en un pequeño corrimiento de las rayas espectrales de la luz que nos llega desde una estrella fija, respecto a la posición espectral de las mismas rayas espectrales obtenidas con una fuente luminosa terrestre (principio de Doppler). Los argumentos experimentales a favor de la teoría de Maxwell-Lorentz, que al mismo tiempo son argumentos a favor de la teoría de la relatividad, son demasiado copiosos como para exponerlos aquí. De hecho, restringen hasta tal punto las posibilidades teóricas, que ninguna otra teoría distinta de la de Maxwell-Lorentz se ha podido imponer frente a la experiencia.

Sin embargo, hay dos clases de hechos experimentales constatados hasta ahora que la teoría de Maxwell-Lorentz sólo puede acomodar a base de recurrir a una hipótesis auxiliar que de suyo —es decir, sin utilizar la teoría de la relatividad— parece extraña.

Es sabido que los rayos catódicos y los así llamados rayos β emitidos por sustancias radiactivas constan de corpúsculos eléctricos negativos (electrones) de pequeñísima inercia y gran velocidad. Investigando la desviación de estas radiaciones bajo la influencia de campos eléctricos y magnéticos se puede estudiar muy exactamente la ley del movimiento de estos corpúsculos.

En el tratamiento teórico de estos electrones hay que luchar con la dificultad de que la electrodinámica por sí sola no es capaz de explicar su naturaleza. Pues dado que las masas eléctricas de igual signo se repelen, las masas eléctricas negativas que constituyen el electrón deberían separarse unas de otras bajo la influencia de su interacción si no fuese por la acción de otras fuerzas cuya naturaleza nos resulta todavía oscura.[13] Si suponemos ahora que las distancias relativas de las masas eléctricas que constituyen el electrón permanecen constantes al moverse éste (unión rígida en el sentido de la mecánica clásica), llegamos a una ley del movimiento del electrón que no concuerda con la experiencia. H. A. Lorentz, guiado

13. La teoría de la relatividad general propone la idea de que las masas eléctricas de un electrón se mantienen unidas por fuerzas gravitacionales.

por consideraciones puramente formales, fue el primero en introducir la hipótesis de que el cuerpo del electrón experimenta, en virtud del movimiento, una contracción proporcional a la expresión $\sqrt{1-\frac{v^2}{c^2}}$ en la dirección del movimiento. Esta hipótesis, que electrodinámicamente no se justifica en modo alguno, proporciona esa ley del movimiento que se ha visto confirmada con gran precisión por la experiencia en los últimos años.

La teoría de la relatividad suministra la misma ley del movimiento sin necesidad de sentar hipótesis especiales sobre la estructura y el comportamiento del electrón. Algo análogo ocurría, como hemos visto en el epígrafe 13, con el experimento de Fizeau, cuyo resultado lo explicaba la teoría de la relatividad sin tener que hacer hipótesis sobre la naturaleza física del fluido.

La segunda clase de hechos que hemos señalado se refiere a la cuestión de si el movimiento terrestre en el espacio se puede detectar o no en experimentos efectuados en la Tierra. Ya indicamos en el epígrafe 5 que todos los intentos realizados en este sentido dieron resultado negativo. Con anterioridad a la teoría relativista, la ciencia no podía explicar fácilmente este resultado negativo, pues la situación era la siguiente. Los viejos prejuicios sobre el espacio y el tiempo no permitían ninguna duda acerca de que la transformación de Galileo era la que regía el paso de un cuerpo de referencia a otro. Suponiendo entonces que las ecuaciones de Maxwell-Lorentz sean válidas para un cuerpo de referencia *K*, resulta que no valen para otro cuerpo de referencia *K'* que se mueva uniformemente respecto a *K* si se acepta que entre las coordenadas de *K* y *K'* rigen las relaciones de la transformación de Galileo. Esto parece indicar que de entre todos los sistemas de coordenadas de Galileo se destaca físicamente uno (*K*) que posee un determinado estado de movimiento. Físicamente se interpretaba este resultado diciendo que

K está en reposo respecto a un hipotético éter luminífero, mientras que todos los sistemas de coordenadas *K'* en movimiento respecto a *K* estarían también en movimiento respecto al éter. A este movimiento de *K'* respecto al éter («viento del éter» en relación a *K'*) se le atribuían las complicadas leyes que supuestamente valían respecto a *K'*. Para ser consecuentes, había que postular también un viento del éter semejante con relación a la Tierra, y los físicos pusieron durante mucho tiempo su empeño en probar su existencia.

Michelson halló con este propósito un camino que parecía infalible. Imaginemos dos espejos montados sobre un cuerpo rígido, con las caras reflectantes mirándose de frente. Si todo este sistema se halla en reposo respecto al éter luminífero, cualquier rayo de luz necesita un tiempo muy determinado *T* para ir de un espejo al otro y volver. Por el contrario, el tiempo (calculado) para ese proceso es algo diferente (*T'*) cuando el cuerpo, junto con los espejos, se mueve respecto al éter. ¡Es más! Los cálculos predicen que, para una determinada velocidad *v* respecto al éter, ese tiempo *T'* es distinto cuando el cuerpo se mueve perpendicularmente al plano de los espejos que cuando lo hace paralelamente. Aun siendo ínfima la diferencia calculada entre estos dos intervalos temporales, Michelson y Morley realizaron un experimento de interferencias en el que esa discrepancia tendría que haberse puesto claramente de manifiesto. El resultado del experimento fue, no obstante, negativo, para gran desconcierto de los físicos. Lorentz y FitzGerald sacaron a la teoría de este desconcierto, suponiendo que el movimiento del cuerpo respecto al éter determinaba una contracción de aquél en la dirección del movimiento y que dicha contracción compensaba justamente esa diferencia de tiempos. La comparación con las consideraciones del epígrafe 12 demuestra que esta solución era también la correcta desde el punto de vista de la teoría de la relatividad. Pero la interpretación de la situación según esta última es incomparablemente más satisfactoria. De acuerdo con ella, no existe ningún sistema de coordenadas privilegiado que dé pie a introducir la idea del éter, ni tampoco ningún viento del éter ni experimento alguno que lo ponga de manifiesto. La contracción de los cuerpos en movimiento se sigue aquí, sin hipótesis especiales, de los dos principios básicos de la teoría; y lo decisivo para esta contracción no es el movimiento en sí, al que no podemos atribuir ningún sentido, sino el movimiento respecto al cuerpo de referencia elegido en cada caso. Así pues, el cuerpo que sostiene los espejos en el experimento de Michelson y Morley no se acorta respecto a un sistema de referencia solidario con la Tierra, pero sí respecto a un sistema que se halle en reposo en relación al Sol.

17 EL ESPACIO CUADRIDIMENSIONAL DE MINKOWSKI

El no matemático se siente sobrecogido por un escalofrío místico al oír la palabra «cuadridimensional», una sensación no disímil de la provocada por el fantasma de una comedia. Y, sin embargo, no hay enunciado más banal que el que afirma que nuestro mundo cotidiano es un continuo espacio-temporal cuadridimensional.

El *espacio* es un continuo tridimensional. Quiere decir esto que es posible describir la posición de un punto (en reposo) mediante tres números x, y, z (coordenadas) y que, dado cualquier punto, existen puntos arbitrariamente «próximos» cuya posición se puede describir mediante valores coordenados (coordenadas) x_1, y_1, z_1 que se aproximan arbitrariamente a las coordenadas x, y, z del primero. Debido a esta última propiedad hablamos de un «continuo»; debido al carácter triple de las coordenadas, de «tridimensional».

Análogamente ocurre con el universo del acontecer físico, con lo que Minkowski llamara brevemente «mundo» o «universo», que es naturalmente cuadridimensional en el sentido espacio-temporal.

Pues ese universo se compone de sucesos individuales, cada uno de los cuales puede describirse mediante cuatro números, a saber, tres coordenadas espaciales x, y, z y una coordenada temporal, el valor del tiempo t. El «universo» es en este sentido también un continuo, pues para cada suceso existen otros (reales o imaginables) arbitrariamente «próximos» cuyas coordenadas x_1, y_1, z_1, t_1 se diferencian arbitrariamente poco de las del suceso contemplado x, y, z, t. El que no estemos acostumbrados a concebir el mundo en este sentido como un continuo cuadridimensional se debe a que el tiempo desempeñó en la física prerrelativista un papel distinto, más independiente, frente a las coordenadas espaciales, por lo cual nos hemos habituado a tratar el tiempo como un continuo independiente. De hecho, en la física clásica el tiempo es absoluto, es decir, independiente de la posición y *del estado de movimiento* del sistema de referencia, lo cual queda patente en la última ecuación de la transformación de Galileo ($t' = t$).

La teoría de la relatividad sirve en bandeja la visión cuadridimensional del «mundo», pues según esta teoría el tiempo es despojado de su independencia, tal y como muestra la cuarta ecuación de la transformación de Lorentz:

$$t' = \frac{t - \dfrac{v}{c^2}x}{\sqrt{1 - \dfrac{v^2}{c^2}}}.$$

En efecto, según esta ecuación la diferencia temporal $\Delta t'$ de dos sucesos respecto a K' no se anula en general, aunque la diferencia temporal Δt de aquéllos respecto a K sea nula. Una distancia puramente espacial entre dos sucesos con relación a K tiene como consecuencia una distancia temporal de aquéllos con respecto a K'. La importancia del descubrimiento de Minkowski para el desarrollo formal de la teoría de la relatividad no reside tampoco aquí, sino en el reconocimiento de que el continuo cuadridimensional de la teoría de la relatividad muestra en sus principales propiedades formales el máximo parentesco con el continuo tridimensional del espacio geométrico euclidiano.[14] Sin embargo, para hacer resaltar del todo este parentesco es preciso sustituir las coordenadas temporales usuales t por la cantidad imaginaria $\sqrt{-1}\ ct$, proporcional a ellas. Las leyes de la naturaleza que satisfacen los requisitos de la teoría de la relatividad (especial) toman entonces formas matemáticas en las que la coordenada temporal desempeña exactamente el mismo papel que las tres coordenadas espaciales. Estas cuatro coordenadas se corresponden exactamente, desde el punto de vista formal, con las tres coordenadas espaciales de la geometría euclidiana. Incluso al no matemático le saltará a la vista que, gracias a este hallazgo puramente formal, la teoría tuvo que ganar una dosis extraordinaria de claridad.

Tan someras indicaciones no dan al lector sino una noción muy vaga de las importantes ideas de Minkowski, sin las cuales la teoría de la relatividad general, desarrollada a continuación en sus líneas fundamentales, se habría quedado quizá en pañales. Ahora bien, como para comprender las ideas fundamentales de la teoría de la relatividad especial o general no es necesario entender con más exactitud esta materia, sin duda de difícil acceso para el lector no ejercitado en la matemática, lo dejaremos en este punto para volver sobre ello en las últimas consideraciones de este librito.

14. Cf. la exposición algo más detallada en el Apéndice 2.

Segunda parte

SOBRE LA TEORÍA DE LA RELATIVIDAD GENERAL

18. PRINCIPIOS DE LA RELATIVIDAD ESPECIAL Y GENERAL

La tesis fundamental alrededor de la cual giraban todas las consideraciones anteriores era el principio de la relatividad *especial*, es decir, el principio de la relatividad física de todo movimiento *uniforme*. Volvamos a analizar exactamente su contenido.

Que cualquier movimiento hay que entenderlo conceptualmente como un movimiento meramente *relativo* es algo que siempre fue evidente. Volviendo al ejemplo, tantas veces frecuentado ya, del terraplén y el vagón de ferrocarril, el hecho del movimiento que aquí tiene lugar cabe expresarlo con igual razón en cualquiera de las dos formas siguientes:

a) el vagón se mueve respecto al terraplén,
b) el terraplén se mueve respecto al vagón.

En el caso *a*) es el terraplén el que hace las veces de cuerpo de referencia; en el caso *b*), el vagón. Cuando se trata simplemente de constatar o describir el movimiento es teóricamente indiferente a qué cuerpo de referencia se refiera el movimiento. Lo cual es, repetimos, evidente y no debemos confundirlo con la proposición, mucho más profunda, que hemos llamado «principio de relatividad» y en la que hemos basado nuestras consideraciones.

El principio que nosotros hemos utilizado no se limita a sostener que para la descripción de cualquier suceso se puede elegir lo mismo el vagón que el terraplén como cuerpo de referencia (porque también eso es evidente). Nuestro principio afirma más bien que si se formulan las leyes generales de la naturaleza, tal y como resultan de la experiencia, sirviéndose

a) del terraplén como cuerpo de referencia,
b) del vagón como cuerpo de referencia,

en ambos casos dichas leyes generales (por ejemplo, las leyes de la mecánica o la ley de la propagación de la luz en el vacío) tienen exactamente el mismo enunciado. Dicho de otra manera: en la descripción *física* de los procesos naturales no hay ningún cuerpo de referencia *K* o *K'* que se distinga del otro. Este último enunciado no tiene que cumplirse necesariamente a priori, como ocurre con el primero; no está contenido en los conceptos de «movimiento» y «cuerpo de referencia», ni puede deducirse de ellos, sino que su verdad o falsedad depende sólo de la *experiencia*.

Ahora bien, nosotros no hemos afirmado hasta ahora para nada la equivalencia de *todos* los cuerpos de referencia *K* de cara a la formulación de las leyes naturales. El camino que hemos seguido ha sido más bien el siguiente. Partimos inicialmente del supuesto de que existe un cuerpo de referencia *K* con un estado de movimiento respecto al cual se cumple el principio fundamental de Galileo: un punto material abandonado a su suerte y alejado lo suficiente de todos los demás se mueve uniformemente y en línea recta. Referidas a *K* (cuerpo de referencia de Galileo), las leyes de la naturaleza debían ser lo más sencillas posible. Pero al margen de *K*, deberían ser privilegiados en este sentido y exactamente equivalentes a *K* de cara a la formulación de las leyes de la naturaleza todos aquellos cuerpos de referencia *K'* que ejecutan respecto a *K* un movimiento *rectilíneo, uniforme e irrotacional*: a todos estos cuerpos de referencia se los considera cuerpos de referencia de Galileo. La validez del principio de la relatividad solamente la supusimos para estos cuerpos de referencia, no para otros (animados de otros movimientos). En este sentido hablamos del principio de la relatividad especial o de la teoría de la relatividad especial.

En contraposición a lo anterior entenderemos por «principio de la relatividad general» el siguiente enunciado: todos los cuerpos de referencia *K*, *K'*, etc., sea cual fuere su estado de movimiento, son equivalentes de cara a la descripción de la naturaleza (formulación de las leyes naturales generales). Apresurémonos a señalar, sin embargo, que esta formulación es preciso sustituirla por otra más abstracta, por razones que saldrán a la luz más adelante.

Una vez que la introducción del principio de la relatividad especial ha salido airosa, tiene que ser tentador, para cualquier espíritu que aspire a la generalización, el atreverse a dar el paso que lleva al principio de la relatividad general. Pero basta una observación muy simple, en apariencia perfectamente verosímil, para que el intento parezca en principio condenado al fracaso. Imagínese el lector instalado en ese famoso vagón de tren que viaja con velocidad uniforme. Mientras el vagón mantenga su marcha uniforme, los ocupantes no notarán en absoluto el movimiento del tren; lo cual explica asimismo que el ocupante pueda interpretar la situación en el sentido de que el vagón está en reposo y que lo que se mueve es el terraplén, sin sentir por ello que violenta su intuición. Y según el principio de la relatividad especial, esta interpretación está perfectamente justificada desde el punto de vista físico.

Ahora bien, si el movimiento del vagón se hace no uniforme porque el tren frena violentamente, pongamos por caso, el viajero experimentará un tirón igual de fuerte hacia adelante. El movimiento acelerado del vagón se manifiesta en el comportamiento mecánico de los cuerpos respecto a él; el comportamiento mecánico es distinto que en el caso antes considerado, y por eso parece estar excluido que con relación al vagón en movimiento no uniforme valgan las mismas leyes mecánicas que respecto al vagón en reposo o en movimiento uniforme. En cualquier caso, está claro que en relación al vagón que se mueve no uniformemente no vale el principio fundamental de Galileo. De ahí que en un primer momento nos sintamos impelidos a atribuir, en contra del principio de la relatividad general, una especie de realidad física absoluta al movimiento no uniforme. En lo que sigue veremos, sin embargo, que esta inferencia no es correcta.

19. EL CAMPO GRAVITATORIO

A la pregunta de por qué cae al suelo una piedra levantada y soltada en el aire suele contestarse «porque es atraída por la Tierra». La Física moderna formula la respuesta de un modo algo distinto, por la siguiente razón. A través de un estudio más detenido de los fenómenos electromagnéticos se ha llegado a la conclusión de que no existe una acción inmediata a distancia. Cuando un imán atrae un trozo de hierro, por ejemplo, no puede uno contentarse con la explicación de que el imán actúa directamente sobre el hierro a través del espacio intermedio vacío; lo que se hace es, según idea de Faraday, imaginar que el imán crea siempre en el espacio circundante algo físicamente real que se denomina «campo magnético». Este campo magnético actúa a su vez sobre el trozo de hierro, que tiende a moverse hacia el imán. No vamos a entrar aquí en la justificación de este concepto interviniente que en sí es arbitrario. Señalemos tan sólo que con su ayuda es posible explicar teóricamente de modo mucho más satisfactorio los fenómenos electromagnéticos, y en especial la propagación de las ondas electromagnéticas. De manera análoga se interpreta también la acción de la gravedad.

La influencia de la Tierra sobre la piedra se produce indirectamente. La Tierra crea alrededor suyo un campo gravitatorio. Este campo actúa sobre la piedra y ocasiona su movimiento de caída. La intensidad de la acción sobre un cuerpo decrece al alejarse más y más de la Tierra, y decrece según una ley determinada. Lo cual, en nuestra interpretación, quiere decir que: la ley que rige las propiedades espaciales del campo gravitatorio tiene que ser una ley muy determinada para representar correctamente la disminución de la acción gravitatoria con la distancia al cuerpo que ejerce la acción. Se supone, por ejemplo, que el cuerpo (la Tierra, pongamos por caso) genera directamente el campo en su vecindad inmediata; la intensidad y dirección del campo a distancias más grandes vienen entonces determinadas por la ley que rige las propiedades espaciales de los campos gravitatorios.

El campo gravitatorio, al contrario que el campo eléctrico y magnético, muestra una propiedad sumamente peculiar que es de importancia fundamental para lo que sigue. Los cuerpos que se mueven bajo la acción exclusiva del campo gravitatorio experimentan una *aceleración que no depende lo más mínimo ni del material ni del estado físico del cuerpo*. Un trozo de plomo y un trozo de madera, por ejemplo, caen exactamente igual en el campo gravitatorio (en ausencia de aire) cuando los dejamos caer sin velocidad inicial o con velocidades iniciales iguales. Esta ley, que se cumple con extremada exactitud, se puede formular también de otra manera sobre la base de la siguiente consideración.

Según la ley del movimiento de Newton se cumple

$$(\text{fuerza}) = (\text{masa inercial}) \cdot (\text{aceleración}),$$

donde la «masa inercial» es una constante característica del cuerpo acelerado. Si la fuerza aceleradora es la de la gravedad, tenemos, por otro lado, que

$$(\text{fuerza}) = (\text{masa gravitatoria}) \cdot (\text{intensidad del campo gravitatorio}),$$

Pues bien, si queremos que para un campo gravitatorio dado la aceleración sea siempre la misma, independientemente de la naturaleza y del estado del cuerpo, tal

$$(\text{fuerza}) = \frac{(\text{masa gravitatoria})}{(\text{masa inercial})} \cdot (\text{intensidad del campo gravitatorio})$$

y como demuestra la experiencia, la relación entre la masa gravitatoria y la masa inercial tiene que ser también igual para todos los cuerpos. Mediante adecuada elección de las unidades puede hacerse que esta relación valga 1, siendo entonces válido el teorema siguiente: la masa *gravitatoria* y la masa *inercial* de un cuerpo son iguales.

La antigua mecánica *registró* este importante principio, pero no lo *interpretó*. Una interpretación satisfactoria no puede surgir sino reconociendo que *la misma* cualidad del cuerpo se manifiesta como «inercia» o como «gravedad», según las circunstancias. En los apartados siguientes veremos hasta qué punto es ése el caso y qué relación guarda esta cuestión con el postulado de la relatividad general.

20. LA IGUALDAD ENTRE MASA INERCIAL Y MASA GRAVITATORIA COMO ARGUMENTO A FAVOR DEL POSTULADO DE LA RELATIVIDAD GENERAL

Imaginemos un trozo amplio de espacio vacío, tan alejado de estrellas y de grandes masas que podamos decir con suficiente exactitud que nos encontramos ante el caso previsto en la ley fundamental de Galileo. Para esta parte del universo es entonces posible elegir un cuerpo de referencia de Galileo con respecto al cual los puntos en reposo permanecen en reposo y los puntos en movimiento persisten constantemente en un movimiento uniforme y rectilíneo. Como cuerpo de referencia nos imaginamos un espacioso cajón con la forma de una habitación; y suponemos que en su interior se halla un observador pertrechado de aparatos. Para él no existe, como es natural, ninguna gravedad. Tiene que sujetarse con cuerdas al piso, so pena de verse lanzado hacia el techo al mínimo golpe contra el suelo.

Supongamos que en el centro del techo del cajón, por fuera, hay un gancho con una cuerda, y que un ser —cuya naturaleza nos es indiferente— empieza a tirar de ella con fuerza constante. El cajón, junto con el observador, empezará a volar hacia «arriba» con movimiento uniformemente acelerado. Su velocidad adquirirá con el tiempo cotas fantásticas... siempre que juzguemos todo ello desde otro cuerpo de referencia del cual no se tire con una cuerda.

Pero el hombre que está en el cajón ¿cómo juzga el proceso? El suelo del cajón le transmite la aceleración por presión contra los pies. Por consiguiente, tiene que contrarrestar esta presión con ayuda de sus piernas si no quiere medir el suelo con su cuerpo. Así pues, estará de pie en el cajón igual que lo está una persona en una habitación de cualquier vivienda terrestre. Si suelta un cuerpo que antes sostenía en la mano, la aceleración del cajón dejará de actuar sobre aquél, por lo cual se aproximará al suelo en movimiento relativo acelerado. El observador se convencerá también de que *la aceleración del cuerpo respecto al suelo es siempre igual de grande, independientemente del cuerpo con que realice el experimento.*

Apoyándose en sus conocimientos del campo gravitatorio, tal y como los hemos comentado en el último epígrafe, el hombre llegará así a la conclusión de que se halla, junto con el cajón, en el seno de un campo gravitatorio bastante constante. Por un momento se sorprenderá, sin embargo, de que el cajón no caiga en este campo gravitatorio, mas luego descubre el gancho en el centro del techo y la cuerda tensa sujeta a él e infiere correctamente que el cajón cuelga en reposo en dicho campo.

¿Es lícito reírse del hombre y decir que su concepción es un error? Opino que, si queremos ser consecuentes, no podemos hacerlo, debiendo admitir por el contrario que su explicación no atenta ni contra la razón ni contra las leyes mecánicas conocidas. Aun cuando el cajón se halle acelerado respecto al «espacio de Galileo» considerado en primer lugar, cabe contemplarlo como inmóvil. Tenemos, pues, buenas razones para extender el principio de relatividad a cuerpos de referencia que estén acelerados unos respecto a otros, habiendo ganado así un potente argumento a favor de un postulado de relatividad generalizado.

Tómese buena nota de que la posibilidad de esta interpretación descansa en la propiedad fundamental que posee el campo gravitatorio de comunicar a todos los cuerpos la misma aceleración, o lo que viene a ser lo mismo, en el postulado de la igualdad entre masa inercial y masa gravitatoria. Si no existiera esta ley de la naturaleza, el hombre en el cajón acelerado no podría interpretar el comportamiento de los cuerpos circundantes a base de suponer la existencia de un campo gravitatorio, y ninguna experiencia le autorizaría a suponer que su cuerpo de referencia está «en reposo».

Imaginemos ahora que el hombre del cajón ata una cuerda en la parte interior del techo y fija un cuerpo en el extremo libre. El cuerpo hará que la cuerda cuelgue «verticalmente» en estado tenso. Preguntémonos por la causa de la tensión. El hombre en el cajón dirá: «El cuerpo suspendido experimenta en el campo gravitatorio una fuerza hacia abajo y se mantiene en equilibrio debido a la tensión de la cuerda; lo que determina la magnitud de la tensión es la masa *gravitatoria* del cuerpo suspendido». Por otro lado, un observador que flote libremente en el espacio juzgará la situación así: «La cuerda se ve obligada a participar del movimiento acelerado del cajón y lo transmite al cuerpo sujeto a ella. La tensión de la cuerda es justamente suficiente para producir la aceleración del cuerpo. Lo que determina la magnitud de la tensión en la cuerda es la *masa inercial* del cuerpo». En este ejemplo vemos que la extensión del principio de relatividad pone de manifiesto la *necesidad* del postulado de la igualdad entre masa inercial y gravitatoria. Con lo cual hemos logrado una interpretación física de este postulado.

El ejemplo del cajón acelerado demuestra que una teoría de la relatividad general ha de proporcionar resultados importantes en punto a las leyes de la gravitación. Y en efecto, el desarrollo consecuente de la idea de la relatividad general ha suministrado las leyes que satisface el campo gravitatorio. Sin embargo, he de prevenir desde este mismo momento al lector de una confusión a que pueden inducir estas consideraciones. Para el hombre del cajón existe un campo gravitatorio, pese a no existir tal respecto al sistema de coordenadas inicialmente elegido. Diríase entonces que la existencia de un campo gravitatorio es siempre meramente *aparente*. Podría pensarse que, independientemente del campo gravitatorio que exista, siempre cabría elegir otro cuerpo de referencia de tal manera que respecto a él no existiese ninguno. Pues bien, eso no es cierto para cualquier campo gravitatorio, sino sólo para aquellos que poseen una estructura muy especial. Es imposible, por ejemplo, elegir un cuerpo de referencia respecto al cual el campo gravitatorio de la Tierra desaparezca (en toda su extensión).

Ahora nos damos cuenta de por qué el argumento esgrimido al final del apartado 18 contra el principio de la relatividad general no es concluyente. Sin duda es cierto que el observador que se halla en el vagón siente un tirón hacia adelante como consecuencia del frenazo, y es verdad que en eso nota la no uniformidad del movimiento. Pero nadie le obliga a atribuir el tirón a una aceleración «real» del vagón. Igual podría interpretar el episodio así: «Mi cuerpo de referencia (el vagón) permanece constantemente en reposo. Sin embargo, (durante el tiempo de frenada) existe respecto a él un campo gravitatorio temporalmente variable, dirigido hacia adelante. Bajo la influencia de este último, el terraplén, junto con la Tierra, se mueve no uniformemente, de suerte que su velocidad inicial, dirigida hacia atrás, disminuye cada vez más. Este campo gravitatorio es también el que produce el tirón del observador».

21. ¿HASTA QUÉ PUNTO SON INSATISFACTORIAS LAS BASES DE LA MECÁNICA Y DE LA TEORÍA DE LA RELATIVIDAD ESPECIAL?

Como ya hemos dicho en varias ocasiones, la mecánica clásica parte del principio siguiente: los puntos materiales suficientemente alejados de otros puntos materiales se mueven uniformemente y en línea recta o persisten en estado de reposo. También hemos subrayado repetidas veces que este principio fundamental sólo puede ser válido para cuerpos de referencia *K* que se encuentran en determinados estados de movimiento y que se hallan en movimiento de traslación uniforme unos respecto a otros. Con relación a otros cuerpos de referencia *K'* no vale el principio. Tanto en la mecánica clásica como en la teoría de la relatividad especial se distingue, por tanto, entre cuerpos de referencia *K* respecto a los cuales son válidas las leyes de la naturaleza y cuerpos de referencia *K'* respecto a los cuales no lo son.

Ahora bien, ninguna persona que piense con un mínimo de lógica se dará por satisfecha con este estado de cosas, y preguntará: ¿Cómo es posible que determinados cuerpos de referencia (o bien sus estados de movimiento) sean privilegiados frente a otros (o frente a sus estados de movimiento respectivos)? *¿Cuál es la razón de ese privilegio?* Para mostrar claramente lo que quiero decir con esta pregunta, me serviré de una comparación.

Estoy ante un hornillo de gas. Sobre él se encuentran, una al lado de la otra, dos ollas de cocina idénticas, hasta el punto de que podríamos confundirlas. Ambas están llenas de agua hasta la mitad. Advierto que de una de ellas sale ininterrumpidamente vapor, mientras que de la otra no, lo cual me llamará la atención aunque jamás me haya echado a la cara un hornillo de gas ni una olla de cocina. Si entonces percibo algo que brilla con luz azulada bajo la primera olla, pero no bajo la segunda, se desvanecerá mi asombro aun en el caso de que jamás haya visto una llama de gas, pues ahora podré decir que ese algo azulado es la causa, o al menos la *posible* causa de la emanación de vapor. Pero si no percibo bajo ninguna de las dos ollas ese algo azulado y veo que una no cesa de echar vapor mientras que en la otra no es así, entonces no saldré del asombro y de la insatisfacción hasta que detecte alguna circunstancia a la que pueda hacer responsable del dispar comportamiento de las dos ollas.

Análogamente, busco en vano en la mecánica clásica (o en la teoría de la relatividad especial) un algo real al que poder atribuir el dispar comportamiento de los cuerpos respecto a los sistemas *K* y *K'*.[1] Esta objeción la vio ya Newton, quien intentó en vano neutralizarla. Pero fue E. Mach el que la detectó con mayor claridad, proponiendo como solución colocar la mecánica sobre fundamentos nuevos. La objeción solamente se puede evitar en una física que se corresponda con el principio de la relatividad general, porque las ecuaciones de una teoría semejante valen para cualquier cuerpo de referencia, sea cual fuere su estado de movimiento.

22. ALGUNAS CONCLUSIONES DEL PRINCIPIO DE LA RELATIVIDAD GENERAL

Las consideraciones hechas en el epígrafe 20 muestran que el principio de la relatividad general nos permite deducir propiedades del campo gravitatorio por vía puramente teórica. Supongamos, en efecto, que conocemos la evolución espacio-temporal de un proceso natural cualquiera, tal y como ocurre en el terreno galileano respecto a un cuerpo de referencia de Galileo *K*. En estas condiciones es posible averiguar mediante operaciones puramente teóricas, es decir, por simples cálculos, cómo se comporta este proceso natural conocido respecto a un cuerpo de referencia *K'* que está acelerado con relación a *K*. Y como respecto a este nuevo cuerpo de referencia *K'* existe un campo gravitatorio, el cálculo nos informa de cómo influye el campo gravitatorio en el proceso estudiado.

Así descubrimos, por poner un caso, que un cuerpo que respecto a *K* ejecuta un movimiento uniforme y rectilíneo (según el principio de Galileo), ejecuta respecto al cuerpo de referencia acelerado

1. La objeción adquiere especial contundencia cuando el estado de movimiento del cuerpo de referencia es tal que para mantenerlo no requiere de ninguna influencia exterior, por ejemplo en el caso de que el cuerpo de referencia rote uniformemente.

K' (cajón) un movimiento acelerado, de trayectoria generalmente curvada. Esta aceleración, o esta curvatura, responde a la influencia que sobre el cuerpo móvil ejerce el campo gravitatorio que existe respecto a *K'*. Que el campo gravitatorio influye de este modo en el movimiento de los cuerpos es ya sabido, de modo que la reflexión no aporta nada fundamentalmente nuevo.

Sí se obtiene, en cambio, un resultado nuevo y de importancia capital al hacer consideraciones equivalentes para un rayo de luz. Respecto al cuerpo de referencia de Galileo *K*, se propaga en línea recta con velocidad *c*. Respecto al cajón acelerado (cuerpo de referencia *K'*), la trayectoria del mismo rayo de luz ya no es una recta, como se deduce fácilmente. De aquí se infiere que *los rayos de luz en el seno de campos gravitatorios se propagan en general según líneas curvas*. Este resultado es de gran importancia por dos conceptos.

En primer lugar, cabe contrastarlo con la realidad. Aun cuando una reflexión detenida demuestra que la curvatura que predice la teoría de la relatividad general para los rayos luminosos es ínfima en el caso de los campos gravitatorios que nos brinda la experiencia, tiene que ascender a 1,7 segundos de arco para rayos de luz que pasan por las inmediaciones del Sol. Este efecto debería traducirse en el hecho de que las estrellas fijas situadas en las cercanías del Sol, y que son observables durante eclipses solares totales, aparezcan alejadas de él en esa cantidad, comparado con la posición que ocupan para nosotros en el cielo cuando el Sol se halla en otro lugar de la bóveda celeste. La comprobación de la verdad o falsedad de este resultado es una tarea de la máxima importancia, cuya solución es de esperar que nos la den muy pronto los astrónomos.[2]

2. La existencia de la desviación de la luz exigida por la teoría fue comprobada fotográficamente durante el eclipse de Sol del 30 de mayo de 1919 por dos expediciones organizadas por la Royal Society bajo la dirección de los astrónomos Eddington y Crommelin.

En segundo lugar, la consecuencia anterior demuestra que, según la teoría de la relatividad general, la tantas veces mencionada ley de la constancia de la velocidad de la luz en el vacío —que constituye uno de los dos supuestos básicos de la teoría de la relatividad especial— no puede aspirar a validez ilimitada, pues los rayos de luz solamente pueden curvarse si la velocidad de propagación de ésta varía con la posición. Cabría pensar que esta consecuencia da al traste con la teoría de la relatividad especial y con toda la teoría de la relatividad en general. Pero en realidad no es así. Tan sólo cabe inferir que la teoría de la relatividad especial no puede arrogarse validez en un campo ilimitado; sus resultados sólo son válidos en la medida en que se pueda prescindir de la influencia de los campos gravitatorios sobre los fenómenos (los luminosos, por ejemplo).

Habida cuenta de que los detractores de la teoría de la relatividad han afirmado a menudo que la relatividad general tira por la borda la teoría de la relatividad especial, voy a aclarar el verdadero estado de cosas mediante una comparación. Antes de quedar establecida la electrodinámica, las leyes de la electrostática pasaban por ser las leyes de la electricidad en general. Hoy sabemos que la electrostática sólo puede explicar correctamente los campos eléctricos en el caso —que en rigor jamás se da— de que las masas eléctricas estén estrictamente en reposo unas respecto a otras y en relación al sistema de coordenadas. ¿Quiere decir eso que las ecuaciones de campo electrodinámicas de Maxwell hayan tirado por la borda a la electrostática? ¡De ningún modo! La electrostática se contiene en la electrodinámica como caso límite; las leyes de esta última conducen directamente a las de aquélla en el supuesto de que los campos sean temporalmente invariables. El sino más hermoso de una teoría física es el de señalar el camino para establecer otra más amplia, en cuyo seno pervive como caso límite.

En el ejemplo que acabamos de comentar, el de la propagación de la luz, hemos visto que el principio de la relatividad general nos permite derivar por vía teórica la influencia del campo gravitatorio sobre la evolución de fenómenos cuyas leyes son ya conocidas para el caso de que no exista campo gravitatorio. Pero el problema más atractivo de entre aquellos cuya clave proporciona la teoría de la relatividad general tiene que ver con la determinación de las leyes que cumple el propio campo de gravitación. La situación es aquí la siguiente.

Conocemos regiones espacio-temporales que, previa elección adecuada del cuerpo de referencia, se comportan (aproximadamente) «al modo galileano», es decir, regiones en las cuales no existen campos gravitatorios. Si referimos una región semejante a un cuerpo de referencia de movimiento arbitrario *K'*, entonces existe respecto a *K'* un campo gravitatorio temporal y espacialmente variable.[3] La estructura de este campo depende naturalmente de cómo elijamos el movimiento de *K'*. Según la teoría de la relatividad general, la ley general del campo gravitatorio debe cumplirse para todos los campos gravitatorios así obtenidos. Aun cuando de esta manera no se pueden engendrar ni de lejos todos los campos gravitatorios, cabe la esperanza de poder deducir de estos campos de clase especial la ley general de la gravitación. ¡Y esta esperanza se ha visto bellísimamente cumplida! Pero desde que se vislumbró claramente esta meta hasta que se llegó de verdad a ella hubo que superar una seria dificultad que no debo ocultar al lector, por estar arraigada en la esencia misma del asunto. La cuestión requiere profundizar nuevamente en los conceptos del continuo espacio-temporal.

3. Esto se sigue por generalización del razonamiento expuesto en el epígrafe 20.

23. EL COMPORTAMIENTO DE RELOJES Y REGLAS SOBRE UN CUERPO DE REFERENCIA EN ROTACIÓN

Hasta ahora me he abstenido intencionadamente de hablar de la interpretación física de localizaciones espaciales y temporales en el caso de la teoría de la relatividad general. Con ello me he hecho culpable de un cierto desaliño que, según sabemos por la teoría de la relatividad especial, no es en modo alguno banal ni perdonable. Hora es ya de llenar esta laguna; pero advierto de antemano que el asunto demanda no poca paciencia y capacidad de abstracción por parte del lector.

Partimos una vez más de casos muy especiales y muy socorridos. Imaginemos una región espacio-temporal en la que, respecto a un cuerpo de referencia *K* que posea un estado de movimiento convenientemente elegido, no exista ningún campo gravitatorio; en relación a la región considerada, *K* es entonces un cuerpo de referencia de Galileo, siendo válidos respecto a él los resultados de la teoría de la relatividad especial. Imaginemos la misma región, pero referida a un segundo cuerpo de referencia *K'* que rota uniformemente respecto a *K*. Para fijar las ideas, supongamos que *K'* es un disco circular que gira uniformemente alrededor de su centro y en su mismo plano. Un observador sentado en posición excéntrica sobre el disco circular *K'* experimenta una fuerza que actúa en dirección radial hacia afuera y que otro observador que se halle en reposo respecto al cuerpo de referencia original *K* interpreta como acción inercial (fuerza centrífuga). Supongamos, sin embargo, que el observador sentado en el disco considera éste como un cuerpo de referencia «en reposo», para lo cual está autorizado por el principio de relatividad. La fuerza que actúa sobre él —y en general sobre los cuerpos que se hallan en reposo respecto al disco— la interpreta como la acción de un campo gravitatorio. La distribución espacial de este campo no sería posible según la teoría newtoniana de la gravitación.[4] Pero como el observador cree en la teoría de la relatividad general, no le preocupa este detalle; espera, con razón, poder establecer una ley general de la gravitación que explique correctamente no sólo el movimiento de los astros, sino también el campo de fuerzas que él percibe.

Este observador, instalado en su disco circular, experimenta con relojes y reglas, con la intención de obtener, a partir de lo observado, definiciones exactas para el significado de los datos temporales y espaciales respecto al disco circular *K'*. ¿Qué experiencias tendrá en ese intento?

Imaginemos que el observador coloca primero dos relojes de idéntica constitución, uno en el punto medio del disco circular, el otro en la periferia del mismo, de manera que ambos se hallan en reposo respecto al disco. En primer lugar nos preguntamos si estos dos relojes marchan o no igual de rápido desde el punto de vista del cuerpo de referencia de Galileo *K*, que no rota. Juzgado desde *K*, el reloj situado en el centro no tiene ninguna velocidad, mientras que el de la periferia, debido a la rotación respecto a *K*, está en movimiento. Según un resultado del epígrafe 12, este segundo reloj marchará constantemente más despacio —respecto a *K*— que el reloj situado en el centro del disco circular. Lo mismo debería evidentemente constatar el hombre del disco, a quien vamos a imaginar sentado en el centro, junto al reloj que hay allí. Así pues, en nuestro disco circular, y con más generalidad en cualquier campo gravitatorio, los relojes marcharán más deprisa o más despacio según el lugar que ocupe el reloj (en reposo). Por consiguiente, con ayuda de relojes colocados en reposo respecto al cuerpo de referencia no es posible dar una definición razonable del tiempo.

4. El campo se anula en el centro del disco y aumenta hacia afuera proporcionalmente a la distancia al punto medio.

Análoga dificultad se plantea al intentar aplicar aquí nuestra anterior definición de simultaneidad, tema en el que no vamos a profundizar.

También la definición de las coordenadas espaciales plantea aquí problemas que en principio son insuperables. Porque si el observador que se mueve junto con el disco coloca su escala unidad (una regla pequeña, comparada con el radio del disco) tangencialmente sobre la periferia de éste, su longitud, juzgada desde el sistema de Galileo, será más corta que 1, pues según el epígrafe 12 los cuerpos en movimiento experimentan un acortamiento en la dirección del movimiento. Si en cambio coloca la regla en la dirección del radio del disco, no habrá acortamiento respecto a *K*. Por consiguiente, si el observador mide primero el perímetro del disco, luego su diámetro y divide estas dos medidas, obtendrá como cociente, no el conocido número $n = 3{,}14...$, sino un número mayor,[5] mientras que en un disco inmóvil respecto a *K* debería resultar exactamente n en esta operación, como es natural. Con ello queda ya probado que los teoremas de la geometría euclidiana no pueden cumplirse exactamente sobre el disco rotatorio ni, en general, en un campo gravitacional, al menos si se atribuye a la reglilla la longitud 1 en cualquier posición y orientación. También el concepto de línea recta pierde con ello su significado. No estamos, pues, en condiciones de definir exactamente las coordenadas x, y, z respecto al disco, utilizando el método empleado en la teoría de la relatividad especial. Y mientras las coordenadas y los tiempos de los sucesos no estén definidos, tampoco tienen significado exacto las leyes de la naturaleza en las que aparecen esas coordenadas.

5. En todo este razonamiento hay que utilizar el sistema de Galileo *K* (que no rota) como cuerpo de coordenadas, porque la validez de los resultados de la teoría de la relatividad especial sólo cabe suponerla respecto a *K* (en relación a *K'* existe un campo gravitatorio).

Todas las consideraciones que hemos hecho anteriormente sobre la relatividad general parecen quedar así en tela de juicio. En realidad hace falta dar un sutil rodeo para aplicar exactamente el postulado de la relatividad general. Las siguientes consideraciones prepararán al lector para este cometido.

24. EL CONTINUO EUCLIDIANO Y EL NO EUCLIDIANO

Delante de mí tengo la superficie de una mesa de mármol. Desde cualquier punto de ella puedo llegar hasta cualquier otro a base de pasar un número (grande) de veces hasta un punto «vecino», o dicho de otro modo, yendo de un punto a otro sin dar «saltos». El lector (siempre que no sea demasiado exigente) percibirá sin duda con suficiente precisión lo que se entiende aquí por «vecino» y «saltos». Esto lo expresamos diciendo que la superficie es un continuo.

Imaginemos ahora que fabricamos un gran número de varillas cuyo tamaño sea pequeño comparado con las medidas de la mesa, y todas ellas igual de largas. Por esto último se entiende que se pueden enrasar los extremos de cada dos de ellas. Colocamos ahora cuatro de estas varillas sobre la superficie de la mesa, de modo que sus extremos formen un cuadrilátero cuyas diagonales sean iguales (cuadrado). Para conseguir la igualdad de las diagonales nos servimos de una varilla de prueba. Pegados a este cuadrado construimos otros iguales que tengan en común con él una varilla; junto a estos últimos otros tantos, etc. Finalmente tenemos todo el tablero cubierto de cuadrados, de tal manera que cada lado interior pertenece a dos cuadrados y cada vértice interior, a cuatro.

El que se pueda llevar a cabo esta operación sin tropezar con grandísimas dificultades es un verdadero milagro. Basta con pensar en lo siguiente. Cuando en un vértice convergen tres cuadrados, están ya colocados dos lados del cuarto, lo cual determina totalmente la colocación de los dos lados restantes de éste. Pero ahora ya no puedo retocar el cuadrilátero para igualar sus diagonales. Si lo son de por sí, será en virtud de un favor especial de la mesa y de las varillas, ante el cual me tendré que mostrar maravillado y agradecido. Y para que la construcción se logre, tenemos que asistir a muchos milagros parecidos.

Si todo ha ido realmente sobre ruedas, entonces digo que los puntos del tablero forman un continuo euclidiano respecto a la varilla utilizada como segmento. Si destaco uno de los vértices de la malla en calidad de «punto de origen», cualquier otro podré caracterizarlo, respecto al punto de origen, mediante dos números. Me basta con especificar cuántas varillas hacia «la derecha» y cuántas luego hacia «arriba» tengo que recorrer a partir del origen para llegar al vértice en cuestión. Estos dos números son entonces «las coordenadas cartesianas» de ese vértice con respecto al «sistema de coordenadas» determinado por las varillas colocadas.

La siguiente modificación del experimento mental demuestra que también hay casos en los que fracasa esta tentativa. Supongamos que las varillas «se dilatan» con la temperatura y que se calienta el tablero en el centro pero no en los bordes. Sigue siendo posible enrasar dos de las varillas en cualquier lugar de la mesa, pero nuestra construcción de cuadrados quedará ahora irremisiblemente desbaratada, porque las varillas de la parte interior de la mesa se dilatan, mientras que las de la parte exterior, no.

Respecto a nuestras varillas —definidas como segmentos unidad— la mesa ya no es un continuo euclidiano, y tampoco estamos ya en condiciones de definir directamente con su ayuda unas coordenadas cartesianas, porque no podemos realizar la construcción anterior. Sin embargo, como existen otros objetos sobre los cuales la temperatura de la mesa no influye de la misma manera que sobre las varillas (o sobre los cuales no influye ni siquiera), es posible, sin forzar las cosas, mantener aun así la idea de que la mesa es un «continuo euclidiano», y es posible hacerlo de modo satisfactorio mediante una constatación más sutil acerca de la medición o comparación de segmentos.

Ahora bien, si todas las varillas, de cualquier clase o material, mostraran *idéntico* comportamiento termosensible sobre la mesa irregularmente temperada, y si no tuviéramos otro medio de percibir la acción de la temperatura que el comportamiento geométrico de las varillas en experimentos análogos al antes descrito, entonces podría ser conveniente adscribir a dos puntos de la mesa la distancia 1 cuando fuese posible enrasar con ellos los extremos de una de nuestras varillas; porque ¿cómo definir si no el segmento, sin caer en la más crasa de las arbitrariedades? En ese caso hay que abandonar, sin embargo, el método de las coordenadas cartesianas y sustituirlo por otro que no presuponga la validez de la geometría euclidiana.[6] El lector advertirá que la situación aquí descrita se corresponde con aquella que ha traído consigo el postulado de la relatividad general (epígrafe 23).

6. Nuestro problema se les planteó a los matemáticos de la siguiente manera. Dada una superficie —por ejemplo, la de un elipsoide— en el espacio de medida tridimensional euclidiano, existe sobre ella una geometría bidimensional, exactamente igual que en el plano. Gauss se planteó el problema de tratar teóricamente esta geometría bidimensional sin utilizar el hecho de que la superficie pertenece a un continuo euclidiano de tres dimensiones. Si imaginamos *que en la superficie* (igual que antes sobre la mesa) realizamos construcciones con varillas rígidas, las leyes que valen para ellas son distintas de las de la geometría euclidiana del plano. La superficie no es, respecto a las varillas, un continuo euclidiano, ni tampoco se pueden definir coordenadas cartesianas *en la superficie*. Gauss mostró los principios con arreglo a los cuales se pueden tratar las condiciones geométricas en la superficie, señalando así el camino hacia el tratamiento riemanniano de continuos no euclidianos multidimensionales. De ahí que los matemáticos tengan resueltos desde hace mucho los problemas formales a que conduce el postulado de la relatividad general.

25. COORDENADAS GAUSSIANAS

Este tratamiento geométrico-analítico se puede conseguir, según Gauss, de la siguiente manera. Imaginemos dibujados sobre el tablero de la mesa un sistema de curvas arbitrarias (véase figura siguiente) que llamamos curvas *u*, cada una de las cuales la caracterizamos con un número. En la figura están dibujadas las curvas $u = 1$, $u = 2$ y $u = 3$. Pero entre las curvas $u = 1$ y $u = 2$ hay que imaginarse dibujadas infinitas más, correspondientes a todos los números reales que están comprendidos entre 1 y 2. Tenemos entonces un sistema de curvas *u* que recubren la mesa de manera infinitamente densa. Ninguna curva *u* corta a ninguna otra, sino que por cada punto de la mesa pasa una curva y sólo una. A cada punto de la superficie de la mesa le corresponde entonces un valor *u* perfectamente determinado. Supongamos también que sobre la superficie se ha dibujado un sistema de curvas *v* que satisfacen las mismas condiciones, que están caracterizadas de manera análoga por números y que pueden tener también una forma arbitraria. A cada punto de la mesa le corresponde así un valor *u* y un valor *v*, y a estos dos números los llamamos las coordenadas de la mesa (coordenadas gaussianas). El punto *P* de la figura, por ejemplo, tiene como coordenadas gaussianas $u = 3$; $v = 1$. A dos puntos vecinos *P* y *P'* de la superficie les corresponden entonces las coordenadas

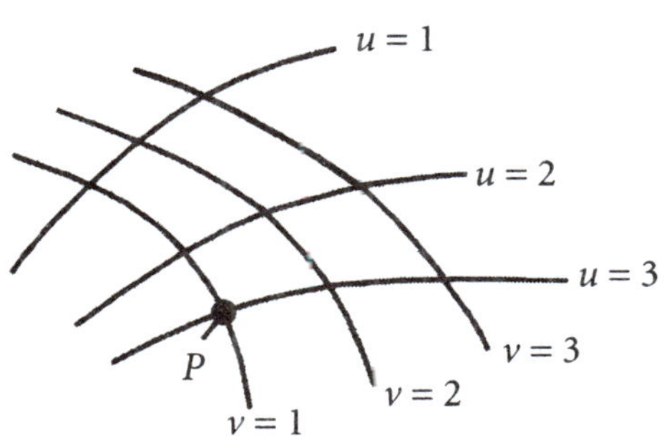

$$P : u; v$$
$$P': u + du; v + dv,$$

donde *du* y *dv* representan números muy pequeños. Sea *ds* un número también muy pequeño que representa la distancia entre *P* y *P'* medida con una reglilla. Según Gauss se cumple entonces:

$$ds^2 = g_{11} du^2 + 2g_{12} dudv + g_{22} dv^2,$$

donde g_{11}, g_{12}, g_{22} son cantidades que dependen de manera muy determinada de *u* y de *v*. Las cantidades g_{11}, g_{12} y g_{22} determinan el comportamiento de las varillas respecto a las curvas *u* y *v*, y por tanto también respecto a la superficie de la mesa. En el caso de que los puntos de la superficie considerada constituyan respecto a las reglillas de medida un continuo euclidiano —y sólo en ese caso— será posible dibujar las curvas *u* y *v* y asignarles números de tal manera que se cumpla sencillamente

$$ds^2 = du^2 + dv^2$$

Las curvas *u* y *v* son entonces líneas rectas en el sentido de la geometría euclidiana, y perpendiculares entre sí. Y las coordenadas gaussianas serán sencillamente coordenadas cartesianas. Como se ve, las coordenadas gaussianas no son más que una asignación de dos números a cada punto de la superficie considerada, de tal manera que a puntos espacialmente vecinos se les asigna valores numéricos que difieren muy poco entre sí.

Estas consideraciones valen en primera instancia para un continuo de dos dimensiones. Pero el método gaussiano se puede aplicar también a un continuo de tres, cuatro o más. Con un continuo de cuatro dimensiones, por ejemplo, resulta la siguiente representación. A cada punto del continuo se le asignan arbitrariamente cuatro números x_1, x_2, x_3, x_4 que se denominan «coordenadas». Puntos vecinos se corresponden con valores vecinos de las coordenadas. Si a dos puntos vecinos *P* y *P'* se les asigna una distancia *ds* físicamente bien definida, susceptible de ser determinada mediante mediciones, entonces se cumple la fórmula:

$$ds^2 = g_{11}dx_1^2 + 2g_{12}dx_1dx_2 \ldots + g_{44}dx_4^2,$$

donde las cantidades g_{11}, etc. tienen valores que varían con la posición en el continuo. Solamente en el caso de que el continuo sea euclidiano será posible asignar las coordenadas $x_1 \ldots x_4$ a los puntos del continuo de tal manera que se cumpla simplemente

$$ds^2 = dx_1^2 + dx_2^2 + dx_3^2 + dx_4^2.$$

Las relaciones que se cumplen entonces en el continuo cuadridimensional son análogas a las que rigen en nuestras mediciones tridimensionales.

Señalemos que la representación gaussiana para ds^2 que acabamos de dar no siempre es posible; sólo lo es cuando existan regiones suficientemente pequeñas del continuo en cuestión que quepa considerar como continuos euclidianos. Lo cual se cumple evidentemente en el caso de la mesa y de la temperatura localmente variable, por ejemplo, porque en una porción pequeña de la mesa es prácticamente constante la temperatura, y el comportamiento geométrico de las varillas es *casi* el que exigen las reglas de la geometría euclidiana. Así pues, las discordancias en la construcción de cuadrados del epígrafe anterior no se ponen claramente de manifiesto mientras la operación no se extienda a una parte importante de la mesa.

En resumen, podemos decir: Gauss inventó un método para el tratamiento de cualquier continuo en el que estén definidas relaciones de medidas («distancia» entre puntos vecinos). A cada punto del continuo se le asignan tantos números (coordenadas gaussianas) como dimensiones tenga el continuo. La asignación se realiza de tal modo que se conserve la univocidad y de manera que a puntos vecinos les correspondan números (coordenadas gaussianas) que difieran infinitamente poco entre sí. El sistema de coordenadas gaussianas es una generalización lógica del sistema de coordenadas cartesianas. También es aplicable a continuos no euclidianos, pero solamente cuando pequeñas porciones del continuo considerado se comporten, respecto a la medida definida («distancia»), tanto más euclidianamente cuanto menor sea la parte del continuo considerada.

26. EL CONTINUO ESPACIO-TEMPORAL DE LA TEORÍA DE LA RELATIVIDAD ESPECIAL COMO CONTINUO EUCLIDIANO

Ahora estamos en condiciones de formular con algo más de precisión las ideas de Minkowski que esbozamos vagamente en el epígrafe 17. Según la teoría de la relatividad especial, en la descripción del continuo espacio-temporal cuadridimensional gozan de privilegio ciertos sistemas de coordenadas que hemos llamado «sistemas de coordenadas de Galileo». Para ellos, las cuatro coordenadas x, y, z, t que determinan un suceso —o expresado de otro modo, un punto del continuo cuadridimensional— vienen definidas físicamente de manera muy simple, como ya se explicó en la primera parte de este librito. Para el paso de un sistema de Galileo a otro que se mueva uniformemente respecto al primero son válidas las ecuaciones de la transformación de Lorentz, que constituyen la base para derivar las consecuencias de la teoría de la relatividad especial y que por su parte no son más que la expresión de la validez universal de la ley de propagación de la luz para todos los sistemas de referencia de Galileo.

Minkowski descubrió que las transformaciones de Lorentz satisfacen las sencillas condiciones siguientes. Consideremos dos sucesos vecinos, cuya posición mutua en el continuo cuadridimensional venga dada por las diferencias de coordenadas espaciales dx, dy, dz y la diferencia temporal dt respecto a un cuerpo de referencia de Galileo K. Respecto a un segundo sistema de Galileo, sean dx', dy', dz', dt' las correspondientes diferencias para ambos sucesos. Entre ellas se cumple entonces siempre la condición:[7]

$$dx^2 + dy^2 + dz^2 - c^2dt^2 = dx'^2 + dy'^2 + dz'^2 - c^2dt'^2$$

Esta condición tiene como consecuencia la validez de la transformación de Lorentz. Lo cual podemos expresarlo así: la cantidad

$$ds^2 = dx^2 + dy^2 + dz^2 - c^2dt^2,$$

correspondiente a dos puntos vecinos del continuo espacio-temporal cuadridimensional, tiene el mismo valor para todos los cuerpos de referencia privilegiados (de Galileo). Si se sustituye x, y, z, $\sqrt{-1}\, ct$, por x_1, x_2, x_3, x_4, se obtiene el resultado de que

$$ds^2 = dx_1^2 + dx_2^2 + dx_3^2 + dx_4^2$$

es independiente de la elección del cuerpo de referencia. A la cantidad ds la llamamos «distancia» de los dos sucesos o puntos cuadridimensionales.

7. Cf. Apéndices 1 y 2. Las relaciones (11a) y (12) deducidas allí para las coordenadas valen también para *diferencias* de coordenadas, y por tanto para diferenciales de las mismas (diferencias infinitamente pequeñas).

Así pues, si se elige la variable imaginaria $\sqrt{-1}\ ct$, en lugar de la *t* real como variable temporal, cabe interpretar el continuo espacio-temporal de la teoría de la relatividad especial como un continuo cuadridimensional «euclidiano», como se desprende de las consideraciones del último epígrafe.

27. EL CONTINUO ESPACIO-TEMPORAL DE LA TEORÍA DE LA RELATIVIDAD NO ES UN CONTINUO EUCLIDIANO

En la primera parte de este opúsculo nos hemos podido servir de coordenadas espacio-temporales que permitían una interpretación física directa y simple y que, según el epígrafe 26, podían interpretarse como coordenadas cartesianas cuadridimensionales. Esto fue posible en virtud de la ley de la constancia de la velocidad de la luz, ley que, sin embargo, según el epígrafe 21, la teoría de la relatividad general no puede mantener; llegamos, por el contrario, al resultado de que según aquélla la velocidad de la luz depende siempre de las coordenadas cuando existe un campo gravitatorio. En el epígrafe 23 constatamos además, en un ejemplo especial, que la existencia de un campo gravitatorio hace imposible esa definición de las coordenadas y del tiempo que nos condujo a la meta en la teoría de la relatividad especial.

Teniendo en cuenta estos resultados de la reflexión, llegamos al convencimiento de que, según el principio de la relatividad general, no cabe interpretar el continuo espacio-temporal como un continuo euclidiano, sino que nos hallamos aquí ante el caso que vimos para el continuo bidimensional de la mesa con temperatura localmente variable. Así como era imposible construir allí un sistema de coordenadas cartesiano con varillas iguales, ahora es también imposible construir, con ayuda de cuerpos rígidos y relojes, un sistema (cuerpo de referencia) de manera que escalas y relojes que sean fijos respecto a otros indiquen directamente la posición y el tiempo. Ésta es en esencia la dificultad con que tropezamos en el epígrafe 23.

Sin embargo, las consideraciones de los epígrafes 25 y 26 señalan el camino que hay que seguir para superarla. Referimos de manera arbitraria el continuo espacio-temporal cuadridimensional a coordenadas gaussianas. A cada punto del continuo (suceso) le asignamos cuatro números x_1, x_2, x_3, x_4 (coordenadas) que no poseen ningún significado físico inmediato, sino que sólo sirven para enumerar los puntos de una manera determinada, aunque arbitraria. Esta correspondencia no tiene ni siquiera que ser de tal carácter que obligue a interpretar x_1, x_2, x_3 como coordenadas «espaciales» y x_4 como coordenada «temporal».

El lector quizá piense que semejante descripción del mundo es absolutamente insatisfactoria. ¿Qué significa asignar a un suceso unas determinadas coordenadas x_1, x_2, x_3, x_4 que en sí no significan nada? Una reflexión más detenida demuestra, sin embargo, que la preocupación es infundada. Contemplemos, por ejemplo, un punto material de movimiento arbitrario. Si este punto tuviera sólo una existencia momentánea, sin duración, entonces vendría descrito espacio-temporalmente a través de un sistema de valores único x_1, x_2, x_3, x_4. Su existencia permanente viene, por tanto, caracterizada por un número infinitamente grande de semejantes sistemas de valores, en donde las coordenadas se encadenan ininterrumpidamente; al punto material le corresponde, por consiguiente, una línea (unidimensional) en el continuo cuadridimensional. Y a una multitud de puntos móviles les corresponden otras tantas líneas en nuestro continuo. De todos los enunciados que atañen a estos puntos, los únicos que pueden aspirar a realidad física son aquellos que versan sobre encuentros de estos puntos. En el marco de nuestra representación matemática, un encuentro de esta especie se traduce en el hecho de que las dos líneas que representan los correspondientes movimientos de los puntos tienen en común un determinado sistema x_1, x_2, x_3, x_4 de valores de las coordenadas. Que semejantes encuentros son en realidad las únicas constataciones reales de carácter espacio-temporal que encontramos en las proposiciones físicas es algo que el lector admitirá sin duda tras pausada reflexión.

Cuando antes describíamos el movimiento de un punto material respecto a un cuerpo de referencia, no especificábamos otra cosa que los encuentros de este punto con determinados puntos del cuerpo de referencia. Incluso las correspondientes especificaciones temporales se reducen a constatar encuentros del cuerpo con relojes, junto con la constatación del encuentro de las manillas del reloj con determinados puntos de la esfera. Y lo mismo ocurre con las mediciones espaciales con ayuda de escalas, como se verá a poco que se reflexione.

En general, se cumple lo siguiente: toda descripción física se reduce a una serie de proposiciones, cada una de las cuales se refiere a la coincidencia espacio-temporal de dos sucesos *A* y *B*. Cada una de estas proposiciones se expresa en coordenadas gaussianas mediante la coincidencia de las cuatro coordenadas x_1, x_2, x_3, x_4. Por tanto, es cierto que la descripción del continuo espacio-temporal a través de coordenadas gaussianas sustituye totalmente a la descripción con ayuda de un cuerpo de referencia, sin adolecer de los defectos de este último método, pues no está ligado al carácter euclidiano del continuo a representar.

28. FORMULACIÓN EXACTA DEL PRINCIPIO DE LA RELATIVIDAD GENERAL

Ahora estamos en condiciones de sustituir la formulación provisional del principio de la relatividad general que dimos en el epígrafe 18 por otra que es exacta. La versión de entonces —«Todos los cuerpos de referencia *K*, *K'*, etc., son equivalentes para la descripción de la naturaleza (formulación de las leyes generales de la naturaleza), sea cual fuere su estado de movimiento»— es insostenible, porque en general no es posible utilizar cuerpos de referencia rígidos en la descripción espacio-temporal en el sentido del método seguido en la teoría de la relatividad especial. En lugar del cuerpo de referencia tiene que aparecer el sistema de coordenadas gaussianas. La idea fundamental del principio de la relatividad general responde al enunciado: *Todos los sistemas de coordenadas gaussianas son esencialmente equivalentes para la formulación de las leyes generales de la naturaleza.*

Este principio de la relatividad general cabe enunciarlo en otra forma que permite reconocerlo aún más claramente como una extensión natural del principio de la relatividad especial. Según la teoría de la relatividad especial, al sustituir las variables espacio-temporales *x*, *y*, *z*, *t* de un cuerpo de referencia *K* (de Galileo) por las variables espacio-temporales *x'*, *y'*, *z'*, *t'* de un nuevo cuerpo de referencia *K'* utilizando la transformación de Lorentz, las ecuaciones que expresan las leyes generales de la naturaleza se convierten en otras de la misma forma. Por el contrario, según la teoría de la relatividad general, las ecuaciones tienen que transformarse en otras de la misma forma al hacer *cualesquiera sustituciones* de las variables gaussianas x_1, x_2, x_3, x_4; pues toda sustitución (y no sólo la de la transformación de Lorentz) corresponde al paso de un sistema de coordenadas gaussianas a otro.

Si no se quiere renunciar a la habitual representación tridimensional, podemos caracterizar como sigue la evolución que vemos experimentar a la idea fundamental de la teoría de la relatividad general: la teoría de la relatividad especial se refiere a regiones de Galileo, es decir, aquellas en las que no existe ningún campo gravitatorio. Como cuerpo de referencia actúa aquí un cuerpo de referencia de Galileo, es decir, un cuerpo rígido cuyo estado de movimiento es tal que respecto a él es válido el principio de Galileo del movimiento rectilíneo y uniforme de puntos materiales «aislados».

Ciertas consideraciones sugieren referir esas mismas regiones de Galileo a cuerpos de referencia no galileanos también. Respecto a éstos existe entonces un campo gravitatorio de tipo especial (epígrafes 20 y 23).

Sin embargo, en los campos gravitatorios no existen cuerpos rígidos con propiedades euclidianas; la ficción del cuerpo de referencia rígido fracasa, pues, en la teoría de la relatividad general. Y los campos gravitatorios también influyen en la marcha de los relojes, hasta el punto de que una definición física del tiempo con la ayuda directa de relojes no posee ni mucho menos el grado de evidencia que tiene en la teoría de la relatividad especial.

Por esa razón se utilizan cuerpos de referencia no rígidos que, vistos como un todo, no sólo tienen un movimiento arbitrario, sino que durante su movimiento sufren alteraciones arbitrarias en su forma. Para la definición del tiempo sirven relojes cuya marcha obedezca a una ley arbitraria y todo lo irregular que se quiera; cada uno de estos relojes hay que imaginárselo fijo en un punto del cuerpo de referencia no rígido, y cumplen una sola condición: la de que los datos simultáneamente perceptibles en relojes espacialmente vecinos difieran infinitamente poco entre sí. Este cuerpo de referencia no rígido, que no sin razón cabría llamarlo «molusco de referencia», equivale en esencia a un sistema de coordenadas gaussianas, cuadridimensional y arbitrario. Lo que le confiere al «molusco» un cierto atractivo frente al sistema de coordenadas gaussianas es la conservación formal (en realidad injustificada) de la peculiar existencia de las coordenadas espaciales frente a la coordenada temporal. Todo punto del molusco es tratado como un punto espacial; todo punto material que esté en reposo respecto a él será tratado como en reposo, a secas, mientras se utilice el molusco como cuerpo de referencia. El principio de la relatividad general exige que todos estos moluscos se puedan emplear, con igual derecho y éxito parejo, como cuerpos de referencia en la formulación de las leyes generales de la naturaleza; estas leyes deben ser totalmente independientes de la elección del molusco.

En la profunda restricción que se impone con ello a las leyes de la naturaleza reside la sagacidad que le es inherente al principio de la relatividad general.

29. LA SOLUCIÓN DEL PROBLEMA DE LA GRAVITACIÓN SOBRE LA BASE DEL PRINCIPIO DE LA RELATIVIDAD GENERAL

Si el lector ha seguido todos los razonamientos anteriores, no tendrá ya dificultad ninguna para comprender los métodos que conducen a la solución del problema de la gravitación.

Partimos de la contemplación de una región de Galileo, es decir, de una región en la que no existe ningún campo gravitatorio respecto a un cuerpo de referencia de Galileo *K*. El comportamiento de escalas y relojes respecto a *K* es ya conocido por la teoría de la relatividad especial, lo mismo que el comportamiento de puntos materiales «aislados»; estos últimos se mueven en línea recta y uniformemente.

Referimos ahora esta región a un sistema de coordenadas gaussiano arbitrario, o bien a un «molusco», como cuerpo de referencia *K'*. Respecto a *K'* existe entonces un campo gravitatorio *G* (de clase especial). Por simple conversión se obtiene así el comportamiento de reglas y relojes, así como de puntos materiales libremente móviles, respecto a *K'*. Este comportamiento se interpreta como el comportamiento de reglas, relojes y puntos materiales bajo la acción del campo gravitatorio *G*. Se introduce entonces la hipótesis de que la acción del campo gravitatorio sobre escalas, relojes y puntos materiales libremente móviles se produce según las mismas leyes aun en el caso de que el campo gravitatorio reinante no se pueda derivar del caso especial galileano por mera transformación de coordenadas.

A continuación se investiga el comportamiento espacio-temporal del campo gravitatorio *G* derivado del caso especial galileano por simple transformación de coordenadas y se formula este comportamiento mediante una ley que es válida independientemente de cómo se elija el cuerpo de referencia (molusco) utilizado para la descripción.

Esta ley no es todavía la ley *general* del campo gravitatorio, porque el campo gravitatorio *G* estudiado es de una clase especial. Para hallar la ley general del campo gravitatorio hace falta generalizar además la ley así obtenida; no obstante, cabe encontrarla, sin ningún género de arbitrariedad, si se tienen en cuenta los siguientes requisitos:

a) La generalización buscada debe satisfacer también el postulado de la relatividad general.
b) Si existe materia en la región considerada, entonces lo único que determina su acción generadora de un campo es su masa inercial, es decir, según el epígrafe 15, su energía únicamente.
c) Campo gravitatorio y materia deben satisfacer juntos la ley de conservación de la energía (y del impulso).

El principio de la relatividad general nos permite por fin determinar la influencia del campo gravitatorio sobre la evolución de todos aquellos procesos que en ausencia de campo gravitatorio discurren según leyes conocidas, es decir, que están incluidos ya en el marco de la teoría de la relatividad especial. Aquí se procede esencialmente por el método que antes analizamos para reglas, relojes y puntos materiales libremente móviles.

La teoría de la gravitación derivada así del postulado de la relatividad general no sólo sobresale por su belleza, no sólo elimina el defecto indicado en el epígrafe 21 y del cual adolece la mecánica clásica, no sólo interpreta la ley empírica de la igualdad entre masa inercial y masa gravitatoria, sino que ya ha explicado también dos resultados experimentales de la astronomía, esencialmente muy distintos, frente a los cuales fracasa la mecánica clásica. El segundo de estos resultados, la curvatura de los rayos luminosos en el campo gravitatorio del Sol, ya lo hemos mencionado; el primero tiene que ver con la órbita del planeta Mercurio.

En efecto, si se particularizan las ecuaciones de la teoría de la relatividad general al caso de que los campos gravitatorios sean débiles y de que todas las masas se muevan respecto al sistema de coordenadas con velocidades pequeñas comparadas con la de la luz, entonces se obtiene la teoría de Newton como primera aproximación; así pues, esta teoría resulta aquí sin necesidad de sentar ninguna hipótesis especial, mientras que Newton tuvo que introducir como hipótesis la fuerza de atracción inversamente proporcional al cuadrado de la distancia entre los puntos materiales que interactúan. Si se aumenta la exactitud del cálculo, aparecen desviaciones respecto a la teoría de Newton, casi todas las cuales son, sin embargo, todavía demasiado pequeñas para ser observables.

Una de estas desviaciones debemos examinarla aquí con especial detenimiento. Según la teoría newtoniana, los planetas se mueven en torno al Sol según una elipse que conservaría eternamente su posición respecto a las estrellas fijas si se pudiera prescindir de la influencia de los demás planetas sobre el planeta considerado, así como del movimiento propio de las estrellas fijas. Fuera de estas dos influencias, la órbita del planeta debería ser una elipse inmutable respecto a las estrellas fijas, siempre que la teoría de Newton fuese exactamente correcta. En todos los planetas, menos en Mercurio, el más próximo al Sol, se ha confirmado esta consecuencia —que se puede comprobar con eminente precisión— hasta el límite de exactitud que permiten los métodos de observación actuales. Ahora bien, del planeta Mercurio sabemos desde Leverrier que la elipse de su órbita respecto a las estrellas fijas, una vez corregida en el sentido anterior, no es fija, sino que rota —aunque lentísimamente— en el plano orbital y en el sentido de su revolución. Para este movimiento de rotación de la elipse orbital se obtuvo un valor de 43 segundos de arco por siglo, valor que es seguro con una imprecisión de pocos segundos de arco. La explicación de este fenómeno dentro de la mecánica clásica sólo es posible mediante la utilización de hipótesis poco verosímiles, inventadas exclusivamente con este propósito.

Según la teoría de la relatividad general resulta que toda elipse planetaria alrededor del Sol debe necesariamente rotar en el sentido indicado anteriormente, que esta rotación es en todos los planetas, menos en Mercurio, demasiado pequeña para poder detectarla con la exactitud de observación hoy día alcanzable, pero que en el caso de Mercurio debe ascender a 43 segundos de arco por siglo, exactamente como se había comprobado en las observaciones.

Al margen de esto, sólo se ha podido extraer de la teoría otra consecuencia accesible a la contrastación experimental, y es un corrimiento espectral de la luz que nos envían las grandes estrellas respecto a la luz generada de manera equivalente (es decir, por la misma clase de moléculas) en la Tierra. No me cabe ninguna duda de que también esta consecuencia de la teoría hallará pronto confirmación.

Tercera parte

CONSIDERACIONES ACERCA DEL UNIVERSO COMO UN TODO

30. DIFICULTADES COSMOLÓGICAS DE LA TEORÍA NEWTONIANA

Aparte del problema expuesto en el epígrafe 21, la mecánica celeste clásica adolece de una segunda dificultad teórica que, según mis conocimientos, fue examinada detenidamente por primera vez por el astrónomo Seeliger. Si uno reflexiona sobre la pregunta de cómo imaginar el mundo como un todo, la respuesta inmediata será seguramente la siguiente. El universo es espacialmente (y temporalmente) infinito. Existen estrellas por doquier, de manera que la densidad de materia será en puntos concretos muy diversa, pero en todas partes la misma por término medio. Expresado de otro modo: por mucho que se viaje por el universo, en todas partes se hallará un enjambre suelto de estrellas fijas de aproximadamente la misma especie e igual densidad.

Esta concepción resulta del todo irreconciliable con la teoría newtoniana. Esta última exige más bien que el universo tenga una especie de centro en el cual la densidad de estrellas sea máxima, y que la densidad de estrellas disminuya de allí hacia afuera, de manera que acabe dando paso, más allá todavía, a un vacío infinito. El mundo estelar debería formar una isla finita en medio del infinito océano del espacio.[1]

Esta representación es de por sí poco satisfactoria. Pero lo es aún menos porque de este modo se llega a la consecuencia de que la luz emitida por las estrellas, así como algunas de las estrellas mismas del sistema estelar, emigran ininterrumpidamente hacia el infinito, sin que jamás regresen ni vuelvan a entrar en interacción con otros objetos de la naturaleza. El mundo de la materia, apelotonada en un espacio finito, iría empobreciéndose entonces paulatinamente.

Para eludir estas consecuencias Seeliger modificó la *ley* newtoniana en el sentido de suponer que a distancias grandes la atracción de dos masas disminuye más deprisa que la ley de $\frac{1}{r^2}$. Con ello se consigue que la densidad media de la materia sea constante en todas partes hasta el infinito, sin que surjan campos gravitatorios infinitamente grandes, con lo cual se deshace uno de la antipática idea de que el mundo material posee una especie de punto medio. Sin embargo, el precio que se paga por liberarse de los problemas teóricos descritos es una modificación y complicación de la ley de Newton que no se justifican ni experimental ni teóricamente. Cabe imaginar un número arbitrario de leyes que cumplan el mismo propósito, sin que se pueda dar ninguna razón para que una de ellas pri-

1. *Justificación.* Según la teoría newtoniana, en una masa m van a morir una cierta cantidad de «líneas de fuerza» que provienen del infinito y cuyo número es proporcional a la masa m. Si la densidad de masa ρ_0 en el universo es por término medio constante, entonces una esfera de volumen V encierra por término medio la masa $\rho_0 V$. El número de líneas de fuerza que entran a través de la superficie F en el interior de la esfera es, por tanto, proporcional a $\rho_0 V$. Por unidad de superficie de la esfera entra, pues, un número de líneas de fuerza que es proporcional a $\rho_0 \frac{V}{F}$ o $\rho_0 R$. La intensidad del campo en la superficie tendería a infinito al crecer el radio de la esfera R, lo cual es imposible.

me sobre las demás; porque cualquiera de ellas está tan poco fundada en principios teóricos más generales como la ley de Newton.

31. LA POSIBILIDAD DE UN UNIVERSO FINITO Y SIN EMBARGO NO LIMITADO

Las especulaciones en torno a la estructura del universo se movieron también en otra dirección muy distinta. En efecto, el desarrollo de la geometría no euclidiana hizo ver que es posible dudar de la *infinitud* de nuestro espacio sin entrar en colisión con las leyes del pensamiento ni con la experiencia (Riemann, Helmholtz). Estas cuestiones las han aclarado ya con todo detalle Helmholtz y Poincaré, mientras que aquí yo no puedo hacer más que tocarlas fugazmente.

Imaginemos en primer lugar un suceso bidimensional. Supongamos que unos seres planos, provistos de herramientas planas —en particular pequeñas reglas planas y rígidas— se pueden mover libremente en un *plano*. Fuera de él no existe nada para ellos; el acontecer en su plano, que ellos observan en sí mismos y en sus objetos, es un acontecer causalmente cerrado. En particular son realizables las construcciones de la geometría euclidiana plana con varillas, por ejemplo la construcción reticular sobre la mesa que contemplamos en el epígrafe 24. El mundo de estos seres es, en contraposición al nuestro, espacialmente bidimensional, pero, al igual que el nuestro, de extensión infinita. En él tienen cabida infinitos cuadrados iguales construidos con varillas, es decir, su volumen (superficie) es infinito. Si estos seres dicen que su mundo es «plano», no dejará de tener sentido su afirmación, a saber, el sentido de que con sus varillas se pueden realizar las construcciones de la geometría euclidiana del plano, representando cada varilla siempre el mismo segmento, independientemente de su posición.

Volvamos ahora a imaginarnos un suceso bidimensional, pero no en un plano, sino en una superficie esférica. Los seres planos, junto con sus reglas de medida y demás objetos, yacen exactamente en esta superficie y no pueden abandonarla; todo su mundo perceptivo se extiende única y exclusivamente a la superficie esférica. Estos seres ¿podrán decir que la geometría de su mundo es una geometría euclidiana bidimensional y considerar que sus varillas son una realización del «segmento»? No pueden, porque al intentar materializar una recta obtendrán una curva, que nosotros, seres «tridimensionales», llamamos círculo máximo, es decir, una línea cerrada de determinada longitud finita que se puede medir con una varilla. Este mundo tiene asimismo una superficie finita que se puede comparar con la de un cuadrado construido con varillas. El gran encanto que depara el sumergirse en esta reflexión reside en percatarse de lo siguiente: *el mundo de estos seres es finito y sin embargo no tiene límites.*

Ahora bien, los seres esféricos no necesitan emprender un viaje por el mundo para advertir que no habitan en un mundo euclidiano, de lo cual pueden convencerse en cualquier trozo no demasiado pequeño de la esfera. Basta con que, desde un punto, tracen «segmentos rectos» (arcos de circunferencia, si lo juzgamos tridimensionalmente) de igual longitud en todas direcciones. La unión de los extremos libres de estos segmentos la llamarán «circunferencia». La razón entre el perímetro de la circunferencia, medido con una varilla, y el diámetro medido con la misma varilla es igual, según la geometría euclidiana del plano, a una constante π que es independiente del diámetro de la circunferencia. Sobre la superficie esférica, nuestros seres hallarían para esta razón el valor

$$\pi = \frac{\operatorname{sen}\left(\frac{r}{R}\right)}{\left(\frac{r}{R}\right)},$$

es decir, un valor que es menor que π, y tanto menor cuanto mayor sea el radio de la circunferencia en comparación con el radio *R* del «mundo esférico». A partir de esta relación pueden determinar los seres esféricos el radio *R* de su mundo, aunque sólo tengan a su disposición una parte relativamente pequeña de la esfera para hacer sus mediciones. Pero si esa parte es demasiado reducida, ya no podrán constatar que se hallan sobre un mundo esférico y no sobre un plano euclidiano, porque un trozo pequeño de una superficie esférica difiere poco de un trozo de plano de igual tamaño.

Así pues, si nuestros seres esféricos habitan en un planeta cuyo sistema solar ocupa sólo una parte ínfima del universo esférico, no tendrán posibilidad de decidir si viven en un mundo finito o infinito, porque el trozo de mundo que es accesible a su experiencia es en ambos casos prácticamente plano o euclidiano. Esta reflexión muestra directamente que para nuestros seres esféricos el perímetro de la circunferencia crece al principio con el radio hasta alcanzar el «perímetro del universo», para luego, al seguir creciendo el radio, disminuir paulatinamente hasta cero. La superficie del círculo crece continuamente, hasta hacerse finalmente igual a la superficie total del mundo esférico entero.

Al lector quizá le extrañe que hayamos colocado a nuestros seres precisamente sobre una esfera y no sobre otra superficie cerrada. Pero tiene su justificación, porque la superficie esférica se caracteriza, frente a todas las demás superficies cerradas, por la propiedad de que todos sus puntos son equivalentes. Es cierto que la relación entre el perímetro *p* de una circunferencia y su radio *r* depende de *r*; pero, dado *r*, es igual para todos los puntos del mundo esférico. El mundo esférico es una «superficie de curvatura constante».

Este mundo esférico bidimensional tiene su homólogo en tres dimensiones, el espacio esférico tridimensional, que fue descubierto por Riemann. Sus puntos son también equivalentes. Posee un volumen finito, que viene determinado por su «radio» R ($2\pi^2R^3$). ¿Puede uno imaginarse un espacio esférico? Imaginarse un espacio no quiere decir otra cosa que imaginarse un modelo de experiencias «espaciales», es decir, de experiencias que se pueden tener con el movimiento de cuerpos «rígidos». En este sentido sí que cabe imaginar un espacio esférico.

Desde un punto trazamos rectas (tensamos cuerdas) en todas direcciones y marcamos en cada una el segmento r con ayuda de la regla de medir. Todos los extremos libres de estos segmentos yacen sobre una superficie esférica. Su área (A) podemos medirla con un cuadrado hecho con reglas. Si el mundo es euclidiano, tendremos que $A = 4\pi r^2$; si el mundo es esférico, entonces A será siempre menor que $4\pi r^2$. A aumenta con r desde cero hasta un máximo que viene determinado por el «radio del universo», para luego disminuir otra vez hasta cero al seguir creciendo el radio de la esfera r. Las rectas radiales que salen del punto origen se alejan al principio cada vez más unas de otras, vuelven a acercarse luego y convergen otra vez en el punto opuesto al origen; habrán recorrido entonces todo el espacio esférico. Es fácil comprobar que el espacio esférico tridimensional es totalmente análogo al bidimensional (superficie esférica). Es finito (es decir, de volumen finito) y no tiene límites.

Señalemos que existe también una subespecie del espacio esférico: el «espacio elíptico». Cabe concebirlo como un espacio esférico en el que los «puntos opuestos» son idénticos (no distinguibles). Así pues, un mundo elíptico cabe contemplarlo, en cierto modo, como un mundo esférico centralmente simétrico.

De lo dicho se desprende que es posible imaginar espacios cerrados que no tengan límites. Entre ellos destaca por su simplicidad el espacio esférico (o el elíptico), cuyos puntos son todos equivalentes. Según todo lo anterior, se les plantea a los astrónomos y a los físicos un problema altamente interesante, el de si el mundo en que vivimos es infinito o, al estilo del mundo esférico, finito.

Nuestra experiencia no basta ni de lejos para contestar a esta pregunta. La teoría de la relatividad general permite, sin embargo, responder con bastante seguridad y resolver de paso la dificultad explicada en el epígrafe 30.

32. LA ESTRUCTURA DEL ESPACIO SEGÚN LA TEORÍA DE LA RELATIVIDAD GENERAL

Según la teoría de la relatividad general, las propiedades geométricas del espacio no son independientes, sino que vienen condicionadas por la materia. Por eso no es posible inferir nada sobre la estructura geométrica del mundo a menos que la reflexión se funde en el conocimiento del estado de la materia. Sabemos, por la experiencia, que con una elección conveniente del sistema de coordenadas las velocidades de las estrellas son pequeñas frente a la velocidad de propagación de la luz. Así pues, si suponemos que la materia está en reposo, podremos conocer la estructura del universo en una primera y tosquísima aproximación.

Por anteriores consideraciones sabemos ya que el comportamiento de reglas de medir y relojes viene influido por los campos de gravitación, es decir, por la distribución de la materia. De aquí se sigue ya que la validez exacta de la geometría euclidiana en nuestro mundo es algo que no entra ni siquiera en consideración. Pero en sí es concebible que nuestro mundo difiera poco de un mundo euclidiano, idea que viene abonada por el hecho de que, según los cálculos, incluso masas de la magnitud de nuestro Sol influyen mínimamente en la métrica del espacio circundante. Cabría imaginar que nuestro mundo se comporta en el aspecto geométrico como una superficie que está irregularmente curvada pero que en ningún punto se aparta significativamente de un plano, lo mismo que ocurre, por ejemplo, con la superficie de un lago rizado por débiles olas. A un mundo de esta especie podríamos llamarlo con propiedad cuasi-euclidiano, y sería espacialmente infinito. Los cálculos indican, sin embargo, que en un mundo cuasi-euclidiano la densidad media de materia tendría que ser nula. Por consiguiente, un mundo semejante no podría estar poblado de materia por doquier; ofrecería el cuadro insatisfactorio que dibujamos en el epígrafe 30.

Si la densidad media de materia en el mundo no es nula (aunque se acerque mucho a cero), entonces el mundo no es cuasi-euclidiano. Los cálculos demuestran más bien que, con una distribución uniforme de materia, debería ser necesariamente esférico (o elíptico). Dado que la materia está distribuida de manera localmente no uniforme, el mundo real diferirá localmente del comportamiento esférico, es decir, será cuasi-esférico. Pero necesariamente tendrá que ser finito. La teoría proporciona incluso una sencilla relación entre la extensión espacial del mundo y la densidad media de materia en él.[2]

2. Para el «radio» R del mundo se obtiene la ecuación

$$R^2 = \frac{2}{\kappa\rho}$$

Utilizando el sistema cegesimal, tenemos que $\frac{2}{\kappa} = 1{,}08 \, . \, 10^{27}$; ρ es la densidad media de materia.

Apéndice 1

UNA DERIVACIÓN SENCILLA DE LA TRANSFORMACIÓN DE LORENTZ (Anexo al epígrafe 11)

Con la orientación relativa de los sistemas de coordenadas indicada en la figura de la página 214, los ejes de abscisas de los dos sistemas coinciden constantemente. Aquí podemos desglosar el problema y considerar primero únicamente sucesos que estén localizados en el eje de las X. Un suceso semejante viene dado, respecto al sistema de coordenadas K, por la abscisa x y el tiempo t, y respecto a K' por la abscisa x' y el tiempo t'. Se trata de hallar x' y t' cuando se conocen x y t.

Una señal luminosa que avanza a lo largo del eje X positivo se propaga según la ecuación

$$x = ct$$

o bien

$$x - ct = 0. \tag{1}$$

Dado que la misma señal luminosa debe propagarse, también respecto a K, con la velocidad c, la propagación respecto a K' vendrá descrita por la fórmula análoga

$$x' - ct' = 0. \tag{2}$$

Aquellos puntos del espacio-tiempo (sucesos) que cumplen (1) tienen que cumplir también (2), lo cual será el caso cuando se cumpla en general la relación

$$(x' - ct') = \lambda(x - ct) \tag{3}$$

donde λ es una constante; pues, según (3), la anulación de $x - ct$ conlleva la de $x' - ct'$.

Un razonamiento totalmente análogo, aplicado a rayos de luz que se propaguen a lo largo del eje X negativo, proporciona la condición:

$$x' + ct' = \mu(x + ct). \tag{4}$$

Si se suman y restan, respectivamente, las ecuaciones (3) y (4), introduciendo por razones de comodidad las constantes

$$a = \frac{\lambda + \mu}{2}$$
$$b = \frac{\lambda - \mu}{2}$$

en lugar de las constantes A y μ, se obtiene

$$\left.\begin{aligned} x' &= ax - bct \\ ct' &= act - bx \end{aligned}\right\} \tag{5}$$

Con ello quedaría resuelto el problema, siempre que conozcamos las constantes a y b; éstas resultan de las siguientes consideraciones.

Para el origen de K' se cumple constantemente $x' = 0$, de manera que, por la primera de las ecuaciones (5):

$$x = \frac{bc}{a}t.$$

Por tanto, si llamamos v a la velocidad con que se mueve el origen de K' respecto a K, tenemos que

$$x = \frac{bc}{a}t. \tag{6}$$

El mismo valor de v se obtiene a partir de (5), al calcular la velocidad de otro punto de K' respecto a K o la velocidad (dirigida hacia el eje X negativo) de un punto K respecto a K'. Por tanto, es posible decir en resumen que v es la velocidad relativa de ambos sistemas.

Además, por el principio de la relatividad, está claro que la longitud, juzgada desde K, de una regla de medir unitaria que se halla en reposo respecto a K' tiene que ser exactamente la misma que la longitud juzgada desde K' de una regla unidad que se halla en reposo respecto a K. Para ver qué aspecto tienen los puntos del eje X' vistos desde K basta con tomar una «fotografía instantánea» de K' desde K; lo cual significa dar a t (tiempo de K) un valor determinado, por ejemplo $t = 0$. De la primera de las ecuaciones (5) se obtiene:

$$x' = ax.$$

Así pues, dos puntos del eje X' que medidos en K' distan entre sí $x' = 1$, tienen en nuestra instantánea la separación:

$$\Delta x = \frac{1}{a}. \tag{7}$$

Pero si se toma la fotografía desde K' ($t' = 0$), se obtiene a partir de (5), por eliminación de t y teniendo en cuenta (6):

$$x' = a\left(1 - \frac{v^2}{c^2}\right)x.$$

De aquí se deduce que dos puntos del eje X que distan 1 (respecto a K) tienen en nuestra instantánea la separación

$$\Delta x' = a\left(1 - \frac{v^2}{c^2}\right) \tag{7a}$$

Teniendo en cuenta que, por lo que llevamos dicho, las dos fotografías deben ser iguales, Δx en (7) tiene que ser igual a $\Delta x'$ en (7a), de modo que se obtiene:

$$a^2 = \frac{1}{1 - \frac{v^2}{c^2}}. \tag{7b}$$

Las ecuaciones (6) y (7b) determinan las constantes a y b. Sustituyendo en (5) se obtienen las ecuaciones cuarta y quinta de la que dimos en el epígrafe 11.

$$x' = \frac{x - vt}{\sqrt{1 - \frac{v^2}{c^2}}}$$

$$t' = \frac{t - \frac{v}{c^2}x}{\sqrt{1 - \frac{v^2}{c^2}}}. \tag{8}$$

Con ello hemos obtenido la transformación de Lorentz para sucesos localizados en el eje X; dicha transformación satisface la condición

$$x' - c^2t'^2 = x^2 - c^2t'^2 \tag{8a}$$

La extensión de este resultado a sucesos que ocurren fuera del eje X se obtiene reteniendo las ecuaciones (8) y añadiendo las relaciones

$$\left.\begin{aligned} y' &= y \\ z' &= z \end{aligned}\right\} \tag{9}$$

Veamos ahora que con ello se satisface el postulado de la constancia de la velocidad de la luz para rayos luminosos de dirección arbitraria, tanto para el sistema K como también para el K'.

Supongamos que en el instante $t = 0$ se emite una señal luminosa desde el origen de K. Su propagación obedece a la ecuación:

$$r = \sqrt{x^2 + y^2 + z^2} = ct,$$

o bien, elevando el cuadrado,

$$x^2 + y^2 + z^2 - c^2t^2 = 0. \tag{10}$$

La ley de propagación de la luz, en conjunción con el postulado de la relatividad, exige que la propagación de esa misma señal, pero juzgada desde K', ocurra según la fórmula correspondiente

$$r' = ct'$$

o bien

$$x'^2 + y'^2 + z'^2 - c^2 t'^2 = 0. \tag{10a}$$

Para que la ecuación (10a) sea una consecuencia de (10), tiene que cumplirse que:

$$x'^2 + y'^2 + z'^2 - c^2t'^2 = \sigma(x^2 + y^2 + z^2 - c^2t^2). \tag{11}$$

Puesto que la ecuación (8a) tiene que cumplirse para los puntos situados sobre el eje X, ha de ser $\sigma = 1$. Es fácil ver que la transformación de Lorentz cumple realmente la ecuación (11) con $\sigma = 1$, pues (11) es una consecuencia de (8a) y (9), y por tanto también de (8) y (9). Con ello queda derivada la transformación de Lorentz.

Es preciso ahora generalizar esta transformación de Lorentz, representada por (8) y (9). Evidentemente es inesencial que los ejes de K' se elijan espacialmente paralelos a los de K. Tampoco es esencial que la velocidad de traslación de K' respecto a K tenga la dirección del eje X. La transformación de Lorentz, en este sentido general, cabe desglosarla —como muestra un simple razonamiento— en dos transformaciones, a saber: transformaciones de Lorentz en sentido especial y transformaciones puramente espaciales que equivalen a la sustitución del sistema de coordenadas rectangulares por otro con ejes dirigidos en direcciones distintas.

Matemáticamente se puede caracterizar la transformación de Lorentz generalizada de la siguiente manera:

Dicha transformación expresa x', y', z', t' mediante unas funciones homogéneas y lineales de x, y, z, t que hacen que la relación

$$x'^2 + y'^2 + z'^2 - c^2t'^2 = x^2 + y^2 + z^2 - c^2t^2 \tag{11a}$$

se cumpla idénticamente. Lo cual quiere decir: si se sustituye a la izquierda x', etc. por sus expresiones en x, y, z, t, entonces el miembro izquierdo de (11a) es igual al derecho.

Apéndice 2

EL MUNDO CUADRIDIMENSIONAL DE MINKOWSKI

(Anexo al epígrafe 17)

La transformación de Lorentz generalizada puede caracterizarse de un modo aún más sencillo si en lugar de t se introduce como variable temporal la variable imaginaria $\sqrt{-1}ct$. Si de acuerdo con esto ponemos

$$x_1 = x$$
$$x_2 = y$$
$$x_3 = z$$
$$x_4 = \sqrt{-1}ct,$$

y análogamente para el sistema con primas K', entonces la condición que satisface idénticamente la transformación será:

$$x'^2_1 + x'^2_2 + x'^2_3 + x'^2_4 = x^2_1 + x^2_2 + x^2_3 + x^2_4 \qquad (12)$$

Con la elección de «coordenadas» que acabamos de indicar, la ecuación (11a) se convierte en la (12).

De (12) se desprende que la coordenada temporal imaginaria x_4 entra en la condición de transformación en pie de igualdad con las coordenadas espaciales x_1, x_2, x_3. A eso responde el que, según la teoría de la relatividad, el «tiempo» x_4 intervenga en las leyes de la naturaleza en la misma forma que las coordenadas espaciales x_1, x_2, x_3.

Minkowski llamó «universo» o «mundo» al continuo cuadridimensional descrito por las «coordenadas» x_1, x_2, x_3, x_4, y «punto del universo» o «punto del mundo» al suceso puntual. La física deja de ser un *suceder* en el espacio tridimensional para convertirse en cierto modo en un *ser* en el «mundo» cuadridimensional.

Este «mundo» cuadridimensional guarda un profundo parecido con el «espacio» tridimensional de la geometría analítica (euclidiana). Pues si en este último se introduce un nuevo sistema de coordenadas cartesianas (x'_1, x'_2, x'_3) con el mismo origen, entonces x'_1, x'_2, x'_3 son funciones homogéneas y lineales de x_1, x_2, x_3 que cumplen idénticamente la ecuación

$$x'^2_1 + x'^2_2 + x'^2_3 = x^2_1 + x^2_2 + x^2_3$$

La analogía con (12) es completa. El mundo de Minkowski cabe contemplarlo formalmente como un espacio euclidiano cuadridimensional (con coordenada temporal imaginaria); la transformación de Lorentz se corresponde con una «rotación» del sistema de coordenadas en el «universo» cuadridimensional.

Apéndice 3

SOBRE LA CONFIRMACIÓN DE LA TEORÍA DE LA RELATIVIDAD GENERAL POR LA EXPERIENCIA

Bajo una óptica epistemológica esquemática, el proceso de crecimiento de una ciencia experimental aparece como un continuo proceso de inducción. Las teorías emergen como resúmenes de una cantidad grande de experiencias individuales en leyes empíricas, a partir de las cuales se determinan por comparación las leyes generales. Desde este punto de vista, la evolución de la ciencia parece análoga a una obra de catalogación o a un producto de mera empiria.

Esta concepción, sin embargo, no agota en modo alguno el verdadero proceso, pues pasa por alto el importante papel que desempeñan la intuición y el pensamiento deductivo en el desarrollo de la ciencia exacta. En efecto, tan pronto como una ciencia sobrepasa el estadio más primitivo, los progresos teóricos no nacen ya de una simple actividad ordenadora. El investigador, animado por los hechos experimentales, construye más bien un sistema conceptual que se apoya lógicamente en un número por lo general pequeño de supuestos básicos que se denominan axiomas. A un sistema conceptual semejante lo llamamos teoría. La teoría obtiene la justificación de su existencia por el hecho de conectar entre sí un número grande de experiencias aisladas; en esto reside su «verdad».

Frente a un mismo complejo de hechos de la experiencia puede haber diversas teorías que difieran mucho entre sí. La coincidencia de las teorías en las consecuencias accesibles a la experiencia puede ser tan profunda que resulte difícil encontrar otras, también accesibles a la experiencia, respecto a las cuales difieran. Un caso semejante, y de interés general, se da por ejemplo en el terreno de la biología, en la teoría darwiniana de la evolución por selección en la lucha por la existencia y en aquella otra teoría de la evolución que se funda en la hipótesis de la herencia de caracteres adquiridos.

Otro caso semejante de profunda concordancia de las consecuencias es el de la mecánica newtoniana, por un lado, y la teoría de la relatividad general, por otro. La concordancia llega hasta tal punto que hasta ahora se han podido encontrar muy pocas consecuencias de la teoría de la relatividad general a las cuales no conduzca también la física anterior, y eso a pesar de la radical diversidad de los supuestos básicos de una y otra teoría. Vamos a contemplar aquí de nuevo estas importantes consecuencias y comentar también brevemente las experiencias acumuladas hasta ahora al respecto.

A) EL MOVIMIENTO DEL PERIHELIO DE MERCURIO

Según la mecánica newtoniana y la ley de gravitación de Newton, un único planeta que girara en torno a un sol describiría una elipse alrededor de él (o más exactamente, alrededor del centro de gravedad común de ambos). El sol (o bien el centro de gravedad común) yace en uno de los focos de la elipse orbital, de manera que la distancia sol-planeta crece a lo largo de un año planetario hasta un máximo, para luego volver a decrecer hasta el mínimo. Si en lugar de la ley de atracción newtoniana se introduce en los cálculos otra distinta, entonces se comprueba que el movimiento según esta nueva ley tendría que seguir siendo tal que la distancia sol-planeta oscilase en un sentido y otro; pero el ángulo descrito por la línea sol-planeta durante uno de esos períodos (de perihelio a perihelio) diferiría de 360°. La curva de la órbita no sería entonces cerrada, sino que llenaría con el tiempo una porción anular del plano orbital (entre el círculo de máxima y el de mínima distancia perihélica).

Según la teoría de la relatividad general, que difiere algo de la newtoniana, tiene que haber también una pequeña desviación de esta especie respecto al movimiento orbital previsto por Kepler-Newton, de manera que el ángulo descrito por el radio sol-planeta entre un perihelio y el siguiente difiera de un ángulo completo de rotación (es decir, del ángulo 2π, en la medida angular absoluta que es habitual en física) en la cantidad

$$\frac{24\pi^3 a^2}{T^2 c^2 \left(1 - e^2\right)}$$

(a es el semieje mayor de la elipse, e su excentricidad, c la velocidad de la luz, T el período de revolución). Expresado de otra manera: según la teoría de la relatividad general, el eje mayor de la elipse rota alrededor del Sol en el sentido del movimiento orbital. Esta rotación es, de acuerdo con la teoría, de 43 segundos de arco cada 100 años en el caso del planeta Mercurio, mientras que en los demás planetas de nuestro Sol sería tan pequeña que escapa a toda constatación.

Los astrónomos han comprobado efectivamente que la teoría de Newton no basta para calcular el movimiento observado de Mercurio con la precisión que pueden alcanzar hoy día las observaciones. Tras tener en cuenta todas las influencias perturbadoras que ejercen los demás planetas sobre Mercurio, se comprobó (Leverrier, 1859, y Newcomb, 1895) que en el movimiento del perihelio de la órbita de Mercurio quedaba sin explicar una componente que no difiere perceptiblemente de los + 43 segundos por siglo que acabamos de mencionar. La imprecisión de este resultado empírico, que concuerda con el resultado de la teoría general de la relatividad, es de pocos segundos.

B) LA DESVIACIÓN DE LA LUZ POR EL CAMPO GRAVITACIONAL

En el epígrafe 22 explicamos que, según la teoría de la relatividad general, cualquier rayo de luz tiene que experimentar en el seno de un campo gravitacional una curvatura que es análoga a la que experimenta la trayectoria de un cuerpo al lanzarlo a través de ese campo. De acuerdo con la teoría, un rayo de luz que pase al lado de un cuerpo celeste sufrirá una desviación hacia él; el ángulo de desviación a, para un rayo luminoso que pase a una distancia de Δ radios solares del Sol, debe ser de

$$a = \frac{1{,}7 \text{ segundos}}{\Delta}.$$

Añadamos que, de acuerdo con la teoría, la mitad de esta desviación es producto del campo de atracción (newtoniano) del Sol; la otra mitad, producto de la modificación geométrica («curvatura») del espacio provocada por aquél.

Este resultado brinda la posibilidad de una comprobación experimental mediante fotografías estelares tomadas durante un eclipse total de Sol. Es necesario esperar a este fenómeno porque en cualquier otro momento la atmósfera, iluminada por la luz solar, resplandece tanto que las estrellas próximas al Sol resultan invisibles. El fenómeno esperado se deduce fácilmente de la figura siguiente. Si no existiese el Sol S, cualquier estrella situada a distancia prácticamente infinita se vería en la dirección R_1. Pero como consecuencia de la desviación provocada por el Sol se la ve en la dirección R_2, es decir, separada del centro del Sol un poco más de lo que en realidad está.

La prueba se desarrolla en la práctica de la siguiente manera. Durante un eclipse de Sol se fotografían las estrellas situadas en las inmediaciones de aquél. Se toma además una segunda fotografía de las mismas estrellas cuando el Sol se halla en otro lugar del cielo (es decir, algunos meses antes o después). Las imágenes estelares fotografiadas durante el eclipse de Sol deben estar entonces desplazadas radialmente hacia afuera (alejándose del centro del Sol) respecto a la fotografía de referencia, correspondiendo el desplazamiento al ángulo a.

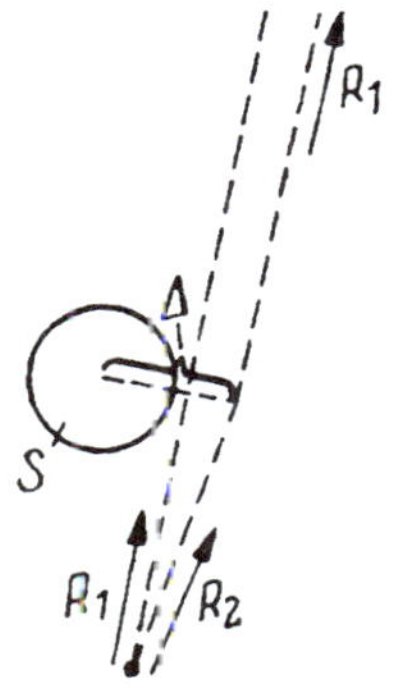

Hemos de agradecer a la Astronomical Royal Society la contrastación de este importante resultado. Sin dejarse turbar por la guerra ni por las consiguientes dificultades de índole psicológica, envió a varios de sus astrónomos más destacados (Eddington, Crommelin, Davidson) y organizó dos expediciones con el fin de hacer las fotografías pertinentes durante el eclipse de Sol del 29 de mayo de 1919 en Sobral (Brasil) y en la isla Príncipe (África occidental). Las desviaciones relativas que eran de esperar entre las fotografías del eclipse y las de referencias ascendían tan sólo a unas pocas centésimas de milímetro. Así pues, las demandas que se impuso a la precisión de las fotografías y a su medición no eran pequeñas.

El resultado de la medición confirmó la teoría de manera muy satisfactoria. Las componentes transversales de las desviaciones estelares observadas y calculadas (en segundos de arco) se contienen en la siguiente tabla:

Número de la estrella	*1ª coordenada*		*2ª coordenada*	
	observada	*calculada*	*observada*	*calculada*
11	–0,19	–0,22	+0,16	+0,02
5	–0,29	–0,31	–0,46	–0,43
4	–0,11	–0,10	+0,83	+0,74
3	–0,20	–0,12	+1,00	+0,87
6	–0,10	–0,04	+0,57	+0,40
10	–0,08	+0,09	+0,37	+0,32
2	+0,95	+0,85	–0,27	–0,09

C) EL CORRIMIENTO AL ROJO DE LAS RAYAS ESPECTRALES

En el epígrafe 23 se demuestra que en un sistema *K'* que rota respecto a un sistema de Galileo *K*, la velocidad de marcha de relojes en reposo y de idéntica constitución depende de la posición. Vamos a examinar cuantitativamente esta dependencia. Un reloj colocado a distancia r del centro del disco tiene, respecto a *K*, la velocidad

$$v = wr,$$

donde w designa la velocidad de rotación del disco (*K'*) respecto a *K*. Si llamamos v_0 al número de golpes del reloj por unidad de tiempo (velocidad de marcha) respecto a K cuando el reloj está en reposo, entonces la velocidad de marcha v del reloj cuando se mueve con velocidad v respecto a K y está en reposo respecto al disco es, según el epígrafe 12,

$$v = v_0\sqrt{1 - \frac{v^2}{c^2}},$$

que se puede escribir también, con suficiente precisión, así

$$v = v_0\left(1 - \frac{1}{2}\frac{v^2}{c^2}\right)$$

o bien

$$v = v_0\left(1 - \frac{w^2}{2}\frac{r^2}{c^2}\right).$$

Si llamamos $+\Phi$ a la diferencia de potencial de la fuerza centrífuga entre el lugar que ocupa el reloj y el punto medio del disco, es decir, al trabajo (con signo negativo) que hay que aportar en contra de la fuerza centrífuga a la unidad de masa para transportarla desde su posición en el disco móvil hasta el centro, entonces tenemos que

$$\Phi = -\frac{w^2 r^2}{2},$$

con lo cual resulta

$$v = v_0\left(1 + \frac{\Phi}{c^2}\right).$$

De aquí se desprende en primer lugar que dos relojes idénticos pero colocados a diferente distancia del centro del disco marchan a distinta velocidad, resultado que también es válido desde el punto de vista de un observador que gire con el disco.

Dado que —juzgado desde el disco— existe un campo gravitacional cuyo potencial es Φ, el resultado obtenido valdrá para campos gravitacionales en general. Y como además un átomo que emite rayas espectrales es posible considerarlo como un reloj, tenemos el siguiente teorema:

Un átomo absorbe o emite una frecuencia que depende del potencial del campo gravitatorio en el que se encuentra.

La frecuencia de un átomo que se halle en la superficie de un cuerpo celeste es algo menor que la de un átomo del mismo elemento que se encuentre en el espacio libre (o en la superficie de otro astro menor). Dado que $\Phi = -\frac{KM}{r}$ donde K es la constante de gravitación newtoniana, M la masa y r el radio del cuerpo celeste, debería producirse un corrimiento hacia el rojo en las rayas espectrales generadas en la superficie de las estrellas si se las compara con las generadas en la superficie de la Tierra, concretamente en la cuantía

$$\frac{\nu - \nu_0}{\nu_0} = -\frac{KM}{c^2 r}.$$

En el Sol, el corrimiento al rojo que debería esperarse es de unas dos millonésimas de longitud de onda. En el caso de las estrellas fijas no es posible hacer un cálculo fiable, porque en general no se conoce ni la masa M ni el radio r.

Que este efecto exista realmente o no es una cuestión abierta en cuya solución trabajan actualmente con gran celo los astrónomos. En el caso del Sol es difícil juzgar la existencia del efecto por ser muy pequeño. Mientras que Grebe y Bachem (Bonn) —sobre la base de sus propias mediciones y de las de Evershed y Schwarzschild en la así llamada banda cyan— así como Perot (sobre la base de observaciones propias) consideran probada la existencia del efecto, otros investigadores, especialmente W. H. Julius y S. Sohn, son de la opinión contraria o no están convencidos de la fuerza probatoria del anterior material empírico.

En las investigaciones estadísticas realizadas sobre las estrellas fijas no hay duda de que existen por término medio corrimientos de las rayas espectrales hacia el extremo de las ondas largas del espectro. Sin embargo, la elaboración que se ha hecho hasta ahora del material no permite todavía ninguna decisión acerca de si esos movimientos se deben realmente al efecto de la gravitación. El lector podrá encontrar en el trabajo de E. Freundlich «Prüfung der allgemeinen Relativitätstheorie» (*Die Naturwissenschaften*, 1919, H. 35, p. 520, Verlag Jul. Spinger, Berlín) una recopilación del material empírico, junto a un análisis detenido desde el punto de vista de la cuestión que aquí nos interesa.

En cualquier caso, los años venideros traerán la decisión definitiva. Si no existiese ese corrimiento al rojo de las rayas espectrales debido al potencial gravitatorio, la teoría de la relatividad general sería insostenible. Por otro lado, el estudio del corrimiento de las rayas espectrales, caso de que se demuestre que su origen está en el potencial gravitatorio, proporcionará conclusiones importantes sobre la masa de los cuerpos celestes.

Apéndice 4

LA ESTRUCTURA DEL ESPACIO EN CONEXIÓN CON LA TEORÍA DE LA RELATIVIDAD GENERAL

Nuestro conocimiento sobre la estructura global del espacio («problema cosmológico») ha experimentado, desde la aparición de la primera edición de este librito, una evolución importante, que es preciso mencionar incluso en una exposición de carácter divulgativo.

Mis iniciales consideraciones sobre este problema se basaban en dos hipótesis:

1. La densidad media de materia en todo el espacio es distinta de 0 e igual en todas partes.
2. La magnitud (o el «radio») del universo es independiente del tiempo.

Estas dos hipótesis demostraron ser compatibles según la teoría de la relatividad general, pero únicamente cuando se añadía a las ecuaciones de campo un término hipotético que ni era exigido por la propia teoría ni tampoco parecía natural desde el punto de vista teórico («término cosmológico de las ecuaciones de campo»).

La hipótesis 2 me parecía a la sazón inevitable, pues por aquel entonces pensaba que, de apartarse de ella, se caería en especulaciones sin límite.

Sin embargo, el matemático ruso Friedman descubrió, allá por los años veinte, que desde el punto de vista puramente teórico era más natural otro supuesto diferente. En efecto, Friedman se dio cuenta de que era posible mantener la hipótesis 1 sin introducir en las ecuaciones de campo de la gravitación el poco natural término cosmológico, siempre que uno se decidiese a prescindir de la hipótesis 2. Pues las ecuaciones de campo originales admiten una solución en la que el «radio del mundo» depende del tiempo (espacio en expansión). En este sentido cabe afirmar con Friedman que la teoría exige una expansión del espacio.

[…]

III

OTRAS CONSIDERACIONES SOBRE LA RELATIVIDAD

¿Qué sucede realmente cuando una bola de billar choca con otra? Antes del siglo XX, se creía que la bola en movimiento y la bola en reposo sólo interactuaban durante el breve momento en que estaban en contacto, tal como indica el sentido común. Esto está muy bien para bolas de billar, pero ¿qué hay de las fuerzas de la gravedad y el electromagnetismo, que parece que actúan a distancia? Las hipótesis de los científicos decían que esas fuerzas debían propagarse a través de un medio ponderable, conocido como el «éter luminífero», parecido a la propagación de una onda de choque a través del aire.

El éter, sin embargo, no aguantaba un escrutinio científico riguroso. En 1887, Albert Michelson y Edward Morley demostraron que, sea lo que fuera el éter, no se comportaba como materia normal. Por ejemplo, una onda de agua viajando a lo largo del cauce de un río se propagaría más deprisa si lo hacía en el mismo sentido del movimiento del agua que si lo hacía en sentido contrario. No obstante, en el caso de la luz, Michelson y Morley probaron que la velocidad de propagación era la misma independientemente del movimiento relativo entre el observador y el hipotético éter.

En «El éter y la teoría de la relatividad», Einstein muestra que la relatividad especial se basa en el hecho experimental de que la luz viaja a velocidad constante para todos los observadores, y por tanto el éter, sea lo que sea, no puede ser nada parecido a la materia común. Su teoría de la relatividad general aún complica más este asunto al proponer que la gravedad proporciona la estructura del mismo espacio. Dicho llanamente, la gravedad se define incluso en el espacio «vacío», y en consecuencia, tiene que haber *algo*.

Este «algo» es el éter, o, en lenguaje moderno, un campo. La relatividad general y la teoría del electromagnetismo de Maxwell representan las primeras teorías de campos: descripciones de cómo funciona el mundo en términos de campos omnipresentes en lugar de con partículas puntuales. En muchos aspectos, ésta es una de las contribuciones más importantes de la relatividad a la física. Bajo un punto de vista moderno, todas las fuerzas nacen de campos. Las bolas de billar descritas anteriormente en realidad no chocan, sino que sus campos electromagnéticos provocan la repulsión recíproca a escalas muy pequeñas. En la teórica cuántica de campos, desarrollada a mediados del siglo XX, unos cuarenta años después de este trabajo, no sólo las fuerzas sino también las partículas mismas tienen su origen en el campo. Así pues, considere usted este trabajo como un comentario de transición entre el escenario clásico de las partículas de Isaac Newton y el escenario moderno en el cual el universo se compone fundamentalmente de campos.

1

EL ÉTER Y LA TEORÍA DE LA RELATIVIDAD*

Señores consejeros, profesores, doctores y estudiantes de esta universidad, me dirijo a todos ustedes, así como a todos aquellos, señoras y señores, que honran esta celebración con su presencia:

¿Cómo se les ocurre a los físicos desarrollar la idea de la existencia de otra materia, llamada éter, cuando ya contaban con esa idea abstraída de la cotidianidad que es la materia ponderable? La razón de esto hay que buscarla en los fenómenos que han dado origen a la teoría de las fuerzas que actúan a distancia, y en las propiedades de la luz, que nos han llevado a la teoría de ondas. Queremos dedicar aquí a ambas teorías unas breves consideraciones.

Fuera de la física, el pensamiento no sabe nada de fuerzas que actúan a distancia. Al intentar penetrar en las causas de las experiencias que hemos tenido con los cuerpos, parece a primera vista que no existen más efectos de transformación que aquellos que se producen por contacto directo, por ejemplo, la transmisión de movimiento mediante choque, presión y tracción, o el calentamiento o la iniciación de una combustión mediante una llama, etc. Sin em-

* «Äther und Relativitätstheorie», Julius Springer, Berlín, 1920. Versión publicada de la conferencia inaugural como catedrático extraordinario pronunciada en la Universidad Imperial de Leiden el 27 de octubre de 1920.

bargo, en la experiencia cotidiana desempeña un papel fundamental la gravedad, es decir, una fuerza que actúa a distancia. Dado que en la experiencia de cada día la gravedad aparece como algo constante, independiente de cualquier causa cambiante en el espacio o en el tiempo, no le atribuimos en la vida cotidiana causa alguna, por lo que desconocemos su carácter de fuerza que actúa a distancia. Gracias a la teoría de la gravitación de Newton se pudo establecer por primera vez una causa para la gravedad, siendo ésta interpretada como una fuerza que actúa a distancia y que se deriva de la masa. La teoría de Newton fue sin duda el mayor paso que se ha dado en toda la historia en relación con el esfuerzo por establecer un encadenamiento causal de los fenómenos naturales. Y, sin embargo, esta teoría produjo un vivo malestar entre los contemporáneos de Newton, porque parecía entrar en contradicción con el otro principio derivado de la experiencia, a saber, que sólo se produce un efecto de transformación a través del contacto, y no por una actuación súbita a distancia.

La tendencia que impulsa a los seres humanos hacia el conocimiento soporta con dificultad un dualismo como éste. ¿Cómo se podría salvar la uniformidad en la interpretación de los fenómenos naturales? Una alternativa sería intentar considerar que aquellas fuerzas que se nos presentan como fuerzas de contacto son en realidad fuerzas a distancia que se hacen sentir sólo cuando el alejamiento es muy pequeño; ésta era la opción que preferían casi siempre aquellos sucesores de Newton que seguían fielmente sus enseñanzas. La otra alternativa era suponer que las fuerzas newtonianas que actuaban a distancia sólo lo hacían aparentemente, ya que en realidad se transmitían a través de un medio que impregnaba todo el espacio, ya fuera mediante movimientos o por deformación elástica de dicho medio. Así el afán de unificar nuestra interpretación de la naturaleza de las fuerzas dio como resultado la hipótesis del éter. Por cierto que esta hipótesis no supuso en aquel momento absolutamente ningún avance para la teoría de la gravitación, ni para la física en general, por lo que todo el mundo se acostumbró a manejar la ley de las fuerzas de Newton como algo que no pasaba de ser un axioma reductor. Sin embargo, la hipótesis del éter iba a desempeñar de manera continuada un papel importante en el pensamiento de los físicos, aunque en la mayoría de los casos sería ante todo un papel latente.

Cuando, en la primera mitad del siglo XIX, se hizo evidente la amplia similitud que existía entre las propiedades de la luz y las de las ondas elásticas en cuerpos ponderables, la hipótesis del éter ganó un nuevo respaldo. Parecía indudable que la luz tenía que ser interpretada como un fenómeno oscilatorio en un medio elástico e inerte que llenaba el universo. También parecía que de la capacidad de polarización de la luz se deducía necesariamente que este medio —el éter— tenía que ser del tipo de un cuerpo sólido, porque las ondas transversales sólo son posibles en un cuerpo así, y no en un fluido. Se llegaba así a la teoría del éter luminífero «cuasi-rígido», cuyas partes sólo podían realizar, unas con relación a las otras, pequeños movimientos de deformación, que eran los correspondientes a las ondas luminosas.

Esta teoría —llamada también teoría del éter luminífero inmóvil— encontró además un importante apoyo en el experimento de Fizeau, que también fue fundamental para la teoría especial de la relatividad y del cual se concluía necesariamente que el éter luminífero no participaba en los movimientos de los cuerpos. También el descubrimiento de la aberración de la luz fue un punto a favor de la teoría del éter cuasi-rígido.

El desarrollo de la teoría de la electricidad por las vías que abrieron Maxwell y Lorentz produjo un cambio peculiar e inesperado en el desarrollo de nuestras ideas sobre el éter. Para el propio Maxwell el éter era todavía una entidad dotada de propiedades meramente mecánicas mucho más complicadas que las de los cuerpos sólidos ponderables. Pero ni Maxwell ni sus sucesores consiguieron desarrollar un modelo mecánico para el éter que pudiera aportar una interpretación mecánica satisfactoria de las leyes de Maxwell para el campo electromagnético. Estas leyes eran claras y sencillas, pero sus interpretaciones mecánicas resultaban engorrosas y estaban llenas de contradicciones. Casi sin darse cuenta y a pesar de que, desde el punto de vista de sus programas de mecánica, la situación resultaba totalmente penosa, los físicos teóricos se fueron adaptando a este estado de cosas, especialmente por la influencia de las investigaciones electrodinámicas de Heinrich Hertz. Aunque con anterioridad siempre habían exigido de cualquier teoría definitiva que se basara en conceptos básicos pertenecientes de manera exclusiva a la mecánica (por ejemplo, densidades de masa, velocidades, deformaciones, presiones), se fueron acostumbrando gradualmente a admitir las intensidades de los campos eléctricos y magnéticos como conceptos básicos junto a los de la mecánica, sin pedir una interpretación mecánica de dichos conceptos. Así se fue abandonando poco a poco la interpretación meramente mecánica de la naturaleza. Pero este cambio desembocó en un dualismo de los conceptos fundamentales que con el tiempo se hizo insoportable. Para contrarrestar este dualismo se intentó actuar a la inversa, reduciendo los fundamentos mecánicos a fundamentos eléctricos, sobre todo en los experimentos con rayos y rayos catódicos de alta velocidad, que hicieron zozobrar la confianza que se tenía en la estricta validez de las ecuaciones de la mecánica de Newton.

En el caso de Heinrich Hertz el mencionado dualismo es aún más fuerte. En sus trabajos aparece la materia no sólo como portadora de velocidades, energía cinética y fuerzas mecánicas de presión, sino también de campos electromagnéticos. Dado que estos campos aparecen asimismo en el vacío —es decir, en el éter—, también el éter se presenta como portador de campos electromagnéticos. Se muestra además como algo semejante a la materia ponderable y coordinado con ella. Dentro de la materia toma parte en los movimientos de ésta, y siempre tiene en el vacío una velocidad tal, que se encuentra distribuido por igual en todo el espacio. El éter de Hertz fundamentalmente no se diferencia en nada de la materia ponderable (que en parte está constituida por éter).

La teoría de Hertz no sólo presenta el defecto de atribuir a la materia y al éter unas condiciones, por una parte mecánicas y por otra eléctricas, que en ningún contexto racional son compatibles, sino que contradice también el resultado del importante experimento de Fizeau sobre la velocidad de propagación de la luz en los fluidos en movimiento, así como otros experimentos fiables.

Así estaban las cosas cuando intervino H. A. Lorentz. Acomodó la teoría a la experiencia y lo consiguió mediante una asombrosa simplificación de los fundamentos teóricos. Fue el avance más importante en la teoría de la electricidad desde los tiempos de Maxwell y lo logró privando al éter de sus propiedades mecánicas y a la materia de sus propiedades electromagnéticas. Al igual que en un espacio vacío, también en el interior de los cuerpos materiales se encontraba exclusivamente el éter, no la materia pensada en el sentido de los átomos, como lugar donde se originan los campos electromagnéticos. Según Lorentz, sólo las partículas elementales de la materia son capaces de realizar movimientos; su actividad electromagnética se produce únicamente porque son portadoras de cargas eléctricas. De esta manera Lorentz consiguió reducir todos los fenómenos electromagnéticos a las ecuaciones de campo de Maxwell para campos en el vacío.

Por lo que respecta a la naturaleza mecánica del éter de Lorentz, aunque suene a broma, se puede decir que la inmovilidad es la única propiedad mecánica que H. A. Lorentz le dejó. A esto habría que añadir que toda la modificación en la concepción del éter que necesitaba la teoría especial de la relatividad consistía en privar al éter de su última característica mecánica, es decir, de su inmovilidad. Enseguida explicaremos cómo hay que entender esto.

A la teoría del espacio-tiempo y a la cinemática de la teoría especial de la relatividad les ha servido como modelo la teoría del campo electromagnético de Maxwell y Lorentz. Es por ello que esta teoría cumple las condiciones de la teoría especial de la relatividad; pero, desde el punto de vista de esta última, la teoría del campo electromagnético adquiere un aspecto nuevo. Sea K un sistema de coordenadas con respecto al cual el éter de Lorentz se encuentra en reposo, con lo cual las ecuaciones de Maxwell y Lorentz son por lo pronto válidas con respecto a K. Sin embargo, según la teoría especial de la relatividad, estas mismas ecuaciones son válidas también en el mismo sentido con respecto a cualquier nuevo sistema de coordenadas K', el cual con respecto a K se encuentra realizando un movimiento de traslación uniforme. Ahora surge una pregunta inquietante: ¿Por qué debo hacer una distinción especial en la teoría para el sistema K mediante la hipótesis de que el éter se encuentra en reposo con respecto a él, si este sistema es en sus aspectos físicos totalmente equivalente a los sistemas K'? Esta asimetría del edificio teórico, al que no corresponde asimetría alguna del sistema de las experiencias, es insoportable para cualquier físico teórico. La equivalencia física de K y K', junto con la hipótesis de que el éter está en reposo con respecto a K, pero se mueve con respecto a K', no es realmente incorrecta desde un punto de vista lógico, pero sí que es inaceptable.

El punto de vista que se ha de asumir a continuación con respecto a este estado de cosas parece ser el siguiente: el éter no existe. Los campos electromagnéticos no son las condiciones en que se encuentra un medio, sino realidades autónomas que no han de atribuirse a ninguna otra cosa y que no están vinculadas a vehículo alguno, exactamente igual que los átomos de la materia ponderable. Esta interpretación se aproxima más a la verdad, porque, según la teoría de Lorentz, la radiación electromagnética lleva consigo impulso y energía, al igual que la materia ponderable, y también porque la materia y la radiación, según la teoría especial de la relatividad, son sólo formas diferentes de una energía repartida, teniendo en cuenta que la masa ponderable pierde su posición privilegiada y sólo aparece como una forma especial de la energía.

Sin embargo, si se piensa más detenidamente, se ve que esta negación del éter en virtud del principio especial de la relatividad no es un requisito necesario. Se puede suponer la existencia de un éter; sólo que entonces hay que renunciar a atribuirle un determinado estado de movimiento, es decir, mediante la abstracción se le debe privar de la última propiedad mecánica que Lorentz le había dejado. Más adelante veremos que esta manera de interpretar las cosas, cuya viabilidad lógica intento yo aclarar mediante una comparación algo forzada, se justifica con los resultados de la teoría general de la relatividad.

Pensemos en las ondas que se generan en la superficie del agua. Para explicar este fenómeno podemos explicar dos cosas totalmente diferentes. En primer lugar se puede intentar descubrir cómo cambian con el tiempo las superficies en forma de onda que se encuentran entre el agua y el aire. Sin embargo, también se puede averiguar —con ayuda de pequeños cuerpos flotantes— cómo cambia con el tiempo la situación de cada una de las partículas de agua. Si, en principio, no existiera este tipo de pequeños cuerpos flotantes que nos permiten seguir el movimiento de las partículas de fluido, entonces en todo este fenómeno no se observaría más que la posición cambiante con el tiempo del espacio ocupado por el agua, por lo que no tendríamos ningún pretexto para suponer que el agua se componga de partículas en movimiento, pero podríamos, no obstante, considerarla como medio.

Algo parecido sucede en el caso de los campos electromagnéticos. Nos podríamos imaginar que el campo está formado por líneas de fuerza. Si queremos considerar estas líneas de fuerza como algo material, en el sentido habitual del término, nos veremos en la tentación de considerar los fenómenos dinámicos como fenómenos de movimiento de estas líneas de fuerza, de tal modo que cada línea será observada a través del tiempo. Sin embargo, todos sabemos que este tipo de observación conduce a caer en contradicciones.

Generalizando, hemos de decir lo siguiente. Se puede pensar en varios objetos de la física en los que el concepto de movimiento no tiene aplicación alguna. No se deben considerar como objetos formados por partículas cuya evolución se pueda seguir de forma individual a través del tiempo. En el lenguaje de Minkowski esto se expresa de la siguiente manera: no todas las estructuras expandidas en el universo tetradimensional se pueden concebir como objetos formados por hilos del universo. El principio especial de la relatividad nos prohíbe concebir el éter como algo formado por partículas cuya evolución se puede seguir en el tiempo, pero la hipótesis del éter en sí misma no contradice la teoría especial de la relatividad. Sólo hay que evitar atribuir al éter cualquier estado de movimiento.

Sin embargo, desde el punto de vista de la teoría especial de la relatividad, la hipótesis del éter parece ante todo una hipótesis vacía. En las ecuaciones del campo electromagnético intervienen, además de las densidades de carga eléctrica, sólo las intensidades de campo. El desarrollo de los fenómenos electromagnéticos en el vacío parece quedar totalmente determinado en virtud de aquella ley interna, sin que ejerzan influencia alguna otras magnitudes físicas. Los campos electromagnéticos surgen como realidades últimas, no atribuibles a nada previo, y parece ante todo superfluo postular la existencia de un medio etéreo homogéneo y cerrado en sí mismo, como si las circunstancias del mismo sirvieran para interpretar dichos campos.

Pero, por otro lado, se puede aportar un importante argumento a favor de la hipótesis del éter. Negar el éter significa en última instancia aceptar que al espacio vacío no le corresponde ningún tipo de propiedades físicas. Los hechos fundamentales de la mecánica no están de acuerdo con esta interpretación. El comportamiento mecánico de un sistema de cuerpos que flotan libremente en un espacio vacío depende, no sólo de las posiciones relativas (distancias) y de las velocidades relativas, sino también de su estado de rotación, que físicamente no se puede considerar como una característica que en sí misma le corresponde al sistema. Para poder considerar la rotación del sistema como algo real, al menos desde un punto de vista formal, Newton objetivó el espacio. Dado que él incluía su espacio absoluto entre las cosas reales, también la rotación con respecto a un espacio absoluto era para él algo real. Newton hubiera podido perfectamente llamar «éter» a su espacio absoluto; en esencia se trata tan sólo de que, junto a los objetos observados, se ha de ver como real otra cosa que no es perceptible, con el fin de poder considerar la aceleración, o en su caso la rotación, como algo real.

Se buscaba la necesidad de aceptar como real algo que no era observable, para poder así soslayar el hecho de que Newton en su mecánica se esforzó por establecer, en vez de la aceleración con respecto al espacio absoluto, una aceleración media con respecto a la totalidad de la masa del universo. Sin embargo, una resistencia inercial con respecto a la aceleración relativa de las masas situadas en posiciones alejadas presuponía un efecto directo a distancia. Puesto que los físicos modernos creían no poder aceptar tal efecto, con esta interpretación Newton aterrizó de nuevo en el asunto del éter, que debía transmitir los efectos de la inercia. Sin embargo, la idea del éter, a la que nos conducen las consideraciones de Mach, se distingue en esencia del concepto de éter que tuvieron Newton, Fresnel y H. A. Lorentz. Este éter de Mach no sólo condiciona el comportamiento de la masa inercial, sino que se ve él mismo condicionado en su propio estado por las masas inerciales.

La idea de Mach se desarrolla plenamente en el éter de la teoría general de la relatividad. Según esta teoría, las características métricas del continuo espacio-tiempo son distintas en el entorno de cada uno de los puntos espacio-temporales y están condicionadas por la materia existente fuera de la zona observada. Esta variabilidad espacio-temporal de las relaciones mutuas entre varas de medir y relojes, o bien el conocimiento de que el «espacio vacío» en sentido físico no es homogéneo ni isótropo, lo cual nos obliga a describir su estado mediante las diez funciones del potencial gravitatorio g, ha hecho descartar definitivamente la idea de que el espacio esté físicamente vacío. Con esto el concepto de éter vuelve a adquirir un contenido claro, que desde luego está muy lejos de parecerse al del éter de la teoría ondulatoria mecánica de la luz. El éter de la teoría general de la relatividad es un medio que está en sí mismo desprovisto de cualquier característica mecánica y cinemática, pero determina los fenómenos mecánicos (y electromagnéticos).

La novedad principal del éter de la teoría general de la relatividad con respecto al éter de la teoría de Lorentz consiste en el hecho de que el estado del primero en cada lugar está determinado mediante unas leyes en forma de ecuaciones diferenciales que relacionan la materia y el estado del éter en posiciones muy cercanas, mientras que el estado del éter de la teoría de Lorentz en ausencia de campos electromagnéticos no está condicionado por nada exterior y es igual en todos los lugares. El éter de la teoría general de la relatividad se transforma en el de Lorentz cuando se reemplazan por constantes las funciones espaciales que lo describen, dejando a un lado las causas que condicionan su estado. Por lo tanto, se podría decir que el éter de la teoría general de la relatividad se deduce del éter de Lorentz mediante un proceso de relativización.

No tenemos todavía claro cuál es el papel que el nuevo éter está llamado a desempeñar dentro de la configuración del mundo que dibujará la física del futuro. Sabemos que este éter determina las relaciones métricas en el continuo espacio-tiempo, por ejemplo, las posibilidades de configuración de los cuerpos sólidos, así como los campos gravitatorios; pero no sabemos si participa de una manera esencial en la formación de las partículas eléctricas elementales. Tampoco sabemos si su estructura difiere considerablemente de la del éter de Lorentz sólo en la proximidad de masas significativas, o si la geometría de los espacios de expansión cósmica es más o menos euclidiana. Sin embargo, basándonos en las ecuaciones relativistas de la gravitación, podemos afirmar que en los espacios de grandes dimensiones cósmicas debe producirse una desviación con respecto al comportamiento euclidiano, si es que existe en el universo una densidad media positiva de la materia que sea tan pequeña como la que se supone para dichos espacios. En este caso el universo debe ser necesariamente un espacio cerrado y de tamaño finito, estando determinado dicho tamaño por el valor de esa densidad media de la materia.

Si consideramos los campos gravitatorio y electromagnético desde el punto de vista de la hipótesis del éter, veremos que entre ambos existe una notable diferencia fundamental. No hay espacio, ni porción del espacio, donde no haya un potencial gravitatorio, ya que éste proporciona al espacio sus características métricas, sin las cuales dicho espacio no se puede concebir. La existencia del campo gravitatorio va ligada de manera directa a la existencia del espacio. En cambio, se puede pensar perfectamente que una parte del espacio esté desprovista de campos electromagnéticos; por lo tanto, el campo electromagnético, al contrario que el campo gravitatorio, parece estar unido al éter sólo de una manera en cierto modo secundaria, ya que la naturaleza formal del campo electromagnético no está determinada en absoluto por la del éter gravitatorio. Por lo que sabemos hoy en día en cuanto a la teoría, parece ser como si el campo electromagnético, a diferencia del gravitatorio, se basara en un motivo formal completamente nuevo, como si la naturaleza hubiera dotado al éter gravitatorio, no de campos del tipo del electromagnético, sino de campos de un tipo completamente diferente, por ejemplo, de campos que poseen un potencial escalar.

Dado que, según nuestras concepciones actuales, las partículas elementales de la materia no son esencialmente más que unas condensaciones del campo electromagnético, nuestra imagen actual del universo conoce dos realidades totalmente diferentes desde un punto de vista conceptual, pero con un vínculo mutuo causal, que son el éter gravitatorio y el campo electromagnético, o —dicho de otro modo— el espacio y la materia.

Desde luego sería un gran avance que se consiguiera concebir de manera unificada, como una única estructura, el campo gravitatorio y el electromagnético. Sólo entonces se podría clausurar de manera satisfactoria la etapa de la física teórica que iniciaron Faraday y Maxwell. En este caso la contraposición éter-materia se desvanecería y toda la física se convertiría en un sistema de pensamiento asimismo cerrado, como la geometría, la cinemática y la teoría de la gravitación mediante la teoría general de la relatividad. Un intento extraordinariamente inteligente en esta dirección es el que ha realizado el matemático H. Weyl; sin embargo, no creo que su teoría resista una confrontación con la realidad. Al pensar en un futuro cercano para la física teórica, no debemos seguir rechazando incondicionalmente la posibilidad de que los hechos de la teoría de campos recogidos en la teoría cuántica puedan establecer unas fronteras insuperables.

En resumen, podemos afirmar lo siguiente: según la teoría general de la relatividad el espacio está dotado de cualidades físicas; por lo tanto, en este sentido existe un éter. Según la teoría general de la relatividad es impensable la existencia de un espacio sin éter, porque en un espacio así no sólo nos encontraríamos con que nunca se produciría la propagación de la luz, sino que además no sería posible la existencia de varas de medir o de relojes, por lo que tampoco habría distancias espacio-temporales en el sentido de la física. Sin embargo, no se puede concebir que el éter esté dotado de la propiedad característica de los medios perceptibles, que es la de estar constituidos por partes de las que se puede hacer un seguimiento en el tiempo; el concepto de movimiento no se puede aplicar al éter.

Se tiene a la física y las matemáticas como dos caras de la misma moneda. Y sin embargo, son bastante distintas. La verdad de la física y de otras ciencias sólo puede ser establecida a través de la observación y el experimento. Y aun así, a lo máximo que puede aspirar una teoría, más que a ser demostrada como correcta, es a que no se demuestre como equivocada. O en términos de Karl Popper, «refutada». Por otro lado, la matemática puede ser desarrollada y establecida incluso por alguien sin ningún contacto experimental desde el mundo de las ciencias naturales.

La geometría parece reposar en una posición intermedia entre las ciencias físicas y las matemáticas puras. En «Geometría y experiencia» (1921), Einstein resalta que mientras las proposiciones pueden ser demostradas desde un axioma dado en geometría, los axiomas mismos no. Si uno debe estudiar geometría práctica, los postulados tienen que basarse en las propiedades físicas del universo real.

Los Elementos de Euclides, una de las primeras inspiraciones de Einstein como joven pensador, determinan una serie de postulados geométricos que parecen obvios desde la experiencia diaria. Dos líneas rectas, por ejemplo, como mucho pueden cruzarse una vez, líneas paralelas permanecen paralelas, etc. La geometría euclidiana parece describir nuestro mundo de manera tan perfecta en nuestra escala humana, y está tan de acuerdo con nuestra intuición, que la mecánica de Newton parece fluir directamente de la geometría de Euclides.

Sin embargo, a mediados del siglo XIX, un número de matemáticos empezaron a explorar geometrías no-euclidianas, que partían de axiomas muy distintos a los de Euclides y que describían superficies curvas. Las líneas dibujadas en una esfera, por ejemplo, pueden cruzarse más de una vez. Considere el caso del globo terrestre: las líneas de longitud se cruzan en el polo sur y el polo norte. Una de las mayores contribuciones de Einstein a la física fue su apreciación de que la geometría no-euclidiana podía ser la descripción fundamentalmente correcta de la forma del universo.

La relatividad general es por tanto una forma de describir la geometría del universo. Como apuntaba John Archibald Wheeler, «la materia dice al espacio-tiempo cómo curvarse, y el espacio-tiempo dice a la materia cómo moverse». ¿Y qué significa la «curvatura del universo»? A pequeña escala, describe el movimiento de los planetas alrededor del Sol y la atracción gravitatoria entre usted y la Tierra.

A gran escala, también debería existir una curvatura general del universo. Esto puede ser comparado al caso de la Tierra, la cual tiene una esfericidad general además de pequeños baches y protuberancias (las cordilleras montañosas). La forma del universo describe si es finito o infinito, así como cuál será su destino último.

Las cuestiones que Einstein plantea en «Geometría y experiencia» todavía están presentes entre nosotros. Medidas recientes del satélite *Wilkinson Microwave Anisotropy Probe (WMAP)*, y otros experimentos sugieren que en la mayor escala posible el universo es plano; mientras que otros experimentos como el *Laser Interferometer Gravitacional Wave Observatory (LIGO)*, o el *Laser Interferometer Space Antenna (LISA)*, cuyo lanzamiento está previsto para el 2015, pretenden medir los baches y las protuberancias del espacio-tiempo a menor escala. Sin embargo, en todas las escalas nuestra intuición sirve de poco, y sólo por observación directa podremos realizar una medida «práctica y geométrica» de la forma del espacio-tiempo.

2
GEOMETRÍA Y EXPERIENCIA*

Una razón por la que las matemáticas gozan de una especial estima, por encima de todas las demás ciencias, es que sus leyes son absolutamente ciertas e indiscutibles, mientras que las de todas las demás ciencias son en alguna medida discutibles y están en constante peligro de ser derrocadas por hechos recién descubiertos. Pese a ello, quien investiga en otras áreas de la ciencia no tendría que envidiar al matemático por el hecho de que las leyes de las matemáticas se refieran a objetos de nuestra mera imaginación, y no a objetos de la realidad. No puede producir sorpresa que personas diferentes lleguen a las mismas conclusiones lógicas cuando ya se han puesto de acuerdo en las leyes fundamentales (axiomas) y en los métodos mediante los que otras leyes van a deducirse de aquéllas. Pero hay otra razón para la alta reputación de las matemáticas, pues son las matemáticas las que proporcionan a las ciencias exactas y naturales una cierta medida de seguridad, que sin las matemáticas no podrían alcanzar.

Esto plantea un enigma que siempre ha intrigado a las mentes inquisitivas. ¿Cómo es posible que las matemáticas, que después de todo son un producto de la mente humana independiente de la experiencia, se adecuen de forma tan admirable a los objetos de la realidad? ¿Es la razón humana, mediante puro pensamiento y

* «Geometry and Experience», versión extensa de un escrito dirigido a la Academia Prusiana de Ciencias: Berlín, 27 de enero de 1921.

sin ayuda de la experiencia, capaz de descifrar las propiedades de los objetos reales?

En mi opinión, la respuesta a esta pregunta es, dicho brevemente, ésta: en la medida en que las leyes de las matemáticas se refieren a la realidad, ellas no son ciertas; y en la medida en que son ciertas, no se refieren a la realidad. Creo que este estado de cosas quedó aclarado por primera vez gracias a la nueva orientación en matemáticas que se conoce con el nombre de lógica matemática o «axiomática». El progreso logrado por la axiomática consiste en haber separado claramente la lógica formal de su contenido objetivo o intuitivo; según la axiomática, la materia-sujeto de las matemáticas es la lógica formal propiamente dicha, pero las matemáticas no se interesan en el contenido intuitivo o cualquier otro asociado con la lógica formal.

Consideremos desde este punto de vista cualquier axioma de la geometría. Por ejemplo, el siguiente: por dos puntos cualesquiera en el espacio pasa siempre una y solo una línea recta. ¿Cómo debe interpretarse este axioma en el sentido antiguo y en el sentido moderno?

Interpretación antigua: Todo el mundo sabe lo que es una línea recta y lo que es un punto. Si este conocimiento brota de una capacidad de la mente humana o si brota de la experiencia, si lo hace de alguna colaboración entre las dos o de alguna otra fuente, no es algo que corresponda decidir al matemático. Éste deja la pregunta al filósofo. Basado en este conocimiento, que precede a todas las matemáticas, el axioma antes enunciado es, como todos los demás axiomas, autoevidente; es decir, es la expresión de una parte de este conocimiento a priori.

Interpretación moderna: La geometría trata de entidades que son denotadas por las palabras línea recta, punto, etc. Estas entidades no presuponen ningún conocimiento ni intuición, sino sólo la validez de los axiomas, tales como el arriba enunciado, que deben tomarse en un sentido puramente formal, i.e., vacíos de contenido de intuición o experiencia. Todas las demás proposiciones de la geometría son inferencias lógicas a partir de los axiomas (que deben tomarse solamente en sentido nominalista). La materia de la que trata la geometría está definida en primer lugar por los axiomas. Por ello, Schlick, en su libro sobre epistemología, ha caracterizado a los axiomas de manera muy apropiada como «definiciones implícitas».

Esta visión de los axiomas, defendida por la axiomática moderna, elimina de las matemáticas todos los elementos superfluos y disipa así la oscuridad mística que antiguamente rodeaba a los principios de las matemáticas.

Pero una presentación de sus principios así clarificados hace también evidente que las matemáticas como tales no pueden predicar nada sobre los objetos perceptuales o los objetos reales. En geometría axiomática las palabras «punto», «línea recta», etc., representan sólo esquemas conceptuales vacíos. Lo que les da sustancia no es relevante para las matemáticas.

Pero, por otra parte, también es cierto que las matemáticas en general, y la geometría en particular, deben su existencia a la necesidad sentida de aprender algo sobre las relaciones mutuas entre las cosas reales. La misma palabra geometría, que significa medida de la Tierra, lo demuestra. En efecto, la medida terrestre tiene que ver con las posibilidades de disposición de ciertos objetos naturales con respecto a otros, a saber, con partes de la Tierra, líneas de medida, varas de medida, etc. Es evidente que el sistema de conceptos de la geometría axiomática sola no puede hacer ninguna afirmación respecto a las relaciones entre objetos reales de este tipo, que llamaremos cuerpos prácticamente-rígidos. Para poder hacer tales afirmaciones, la geometría debe ser despojada de su mero carácter lógico-formal mediante la coordinación de objetos reales de experiencia con el vacío armazón conceptual de la geometría axiomática. Para conseguirlo, tan sólo necesitamos añadir esta proposición: con respecto a sus posibles disposiciones, los cuerpos sólidos están relacionados de la forma en que lo están los cuerpos en la geometría euclidiana de tres dimensiones. De este modo las proposiciones de Euclides contienen afirmaciones respecto a las relaciones de cuerpos prácticamente-rígidos.

La geometría así completada es evidentemente una ciencia natural; de hecho, podemos considerarla la rama más antigua de la física. Sus afirmaciones descansan esencialmente en inducción a partir de la experiencia, y no solamente en inferencias lógicas. Llamaremos «geometría práctica» a esta geometría completada, y en lo que sigue la distinguiremos de la «geometría puramente axiomática». La cuestión de si la geometría práctica del universo es o no euclidiana tiene un claro significado, y su respuesta sólo puede proporcionarla la experiencia. Toda medida lineal en física es geometría práctica en este sentido, y también lo es la medida geodésica y la medida de distancias astronómicas si llamamos en nuestra ayuda a la ley de experiencia según la cual la luz se propaga en línea recta, y de hecho en una línea recta en el sentido de la geometría práctica.

Yo doy especial importancia a la visión de la geometría que acabo de presentar, porque sin ella no habría podido formular la teoría de la relatividad. Sin ella, habría sido imposible la siguiente reflexión: en un sistema de referencia en rotación con respecto a un sistema inercial, las leyes de disposición de cuerpos rígidos no guardan correspondencia con las reglas de la geometría euclidiana debido a la contracción de Lorentz; así, si admitimos sistemas no inerciales debemos abandonar la geometría euclidiana. El paso decisivo en la transición a las ecuaciones con covariancia general no se habría dado si la interpretación anterior no hubiera servido como un paso intermedio. Si negamos la relación entre el cuerpo de la geometría euclidiana axiomática y el cuerpo prácticamente-rígido de la realidad, llegamos rápidamente a la visión siguiente, que fue mantenida por un pensador tan agudo y profundo como H. Poincaré: la geometría euclidiana destaca sobre todas las demás geometrías axiomáticas imaginables por su simplicidad. Ahora bien, puesto que la geometría axiomática en sí misma no contiene afirmaciones respecto a la realidad que puede ser experimentada, sino que sólo puede hacerlo en combinación con leyes físicas, debería ser posible y razonable retener la geometría euclidiana —cualquiera que pueda ser la naturaleza de la realidad—. Así, si se manifestaran contradicciones entre teoría y experiencia, sería preferible cambiar las leyes físicas antes que cambiar la geometría euclidiana axiomática. Si negamos la relación entre el cuerpo prácticamente-rígido y la geometría, no nos liberaremos fácilmente de la convención según la cual la geometría euclidiana debe retenerse como la más simple. ¿Por qué Poincaré y otros investigadores niegan la equivalencia —que tan directamente se sugiere— entre el cuerpo prácticamente-rígido y el cuerpo de la geometría? Sencillamente porque en un examen más detallado los cuerpos sólidos reales en la naturaleza no son rígidos, pues su comportamiento geométrico, es decir, sus posibilidades de disposición relativa, dependen de la temperatura, fuerzas externas, etc. Así, la relación inmediata y original entre geometría y realidad física aparece destruida, y nos vemos llevados hacia la siguiente visión más general, que caracteriza el punto de vista de Poincaré. La geometría (G) no afirma nada sobre las relaciones entre las cosas reales, pero sólo la geometría junto con el contenido (P) de las leyes físicas puede hacerlo. Utilizando símbolos, podemos decir que sólo la suma de (G) + (P) está sujeta al control de la experiencia. Así (G) puede escogerse arbitrariamente, y también pueden escogerse partes de (P); todas estas leyes son convenciones. Todo lo que es necesario para evitar contradicciones es escoger el resto de (P) de modo que (G) y el conjunto de (P) estén en acuerdo con la experiencia. Concebida de esta manera, la geometría axiomática y la parte de la ley natural a la que se ha dado un estatus convencional aparecen como epistemológicamente equivalentes.

En mi opinión, Poincaré tiene razón *sub especie aeterni*. La idea de la vara de medir y la idea del reloj coordinado con ella en la teoría de la relatividad no encuentran su exacta correspondencia en el mundo real. Es también evidente que el cuerpo sólido y el reloj no desempeñan en el edificio conceptual de la física el papel de elementos irreducibles, sino el de estructuras compuestas que no pueden desempeñar papeles independientes en la física teórica. Pero estoy convencido de que, en la fase actual de desarrollo de la física teórica, estas ideas deben seguir siendo empleadas como ideas independientes, pues seguimos estando lejos de poseer ese conocimiento seguro de principios teóricos que nos permita hacer construcciones teóricas exactas de cuerpos sólidos y relojes.

Se puede objetar que no hay cuerpos realmente rígidos en la naturaleza, y que por consiguiente las propiedades predicadas de los cuerpos rígidos no se aplican a la realidad física. Pero esta objeción no es en absoluto tan radical como podría parecer en un examen apresurado. En efecto, no es una tarea difícil determinar el estado físico de una vara de medir de forma tan precisa que su comportamiento respecto a otros cuerpos de medir esté suficientemente libre de ambigüedad para permitir que sea sustituida por el cuerpo «rígido». Es a cuerpos de medir de este tipo a los que deben referirse los enunciados sobre cuerpos rígidos.

Toda la geometría práctica se basa en un principio que es accesible a la experiencia, y que ahora trataremos de entender. Llamaremos un tracto a lo que está encerrado entre dos fronteras, marcadas en un cuerpo prácticamente rígido. Imaginemos dos cuerpos prácticamente rígidos, con sendos tractos marcados en ellos. Se dice que estos tractos son «iguales entre sí» si las fronteras de un tracto pueden llevarse a coincidir permanentemente con las fronteras del otro. Ahora suponemos que:

Si se encuentra que dos tractos son iguales una vez y en algún lugar, entonces son iguales siempre y en todo lugar.

No sólo la geometría práctica de Euclides, sino también su más próxima generalización, la geometría práctica de Riemann, y con ella la teoría de la relatividad general, descansan en esta hipótesis. De las razones experimentales que avalan esta hipótesis citaré sólo una. El fenómeno de la propagación de la luz en el espacio vacío asigna un tracto, a saber, el correspondiente camino de la luz, a cada intervalo de tiempo local, y a la inversa. De ello se sigue que la hipótesis anterior para tractos debe ser también válida para intervalos de tiempo de reloj en la teoría de la relatividad. En consecuencia puede ser formulada como sigue: Si dos relojes ideales marchan al mismo ritmo en cualquier instante y en cualquier lugar (cuando ambos están inmediatamente próximos), siempre marcharán al mismo ritmo, independientemente de dónde y cuándo se encuentran con respecto al otro. Si esta ley no fuera válida para relojes reales, las frecuencias propias de átomos separados de un mismo elemento químico no estarían en un acuerdo tan grande como el que muestra la experiencia. La existencia de líneas espectrales estrechas es una convincente prueba experimental del principio de geometría práctica antes mencionado. Éste es, de hecho, el fundamento último que nos permite hablar con sentido de la medida, en el sentido riemanniano de la palabra, del continuo tetra-dimensional del espacio-tiempo.

Según la visión que se está defendiendo aquí, la cuestión de si la estructura de este continuo es euclidiana, o si está de acuerdo con el esquema general de Riemann o cualquier otro es, propiamente hablando, una cuestión física que debe ser respondida por la experiencia, y no una cuestión de mera convención que debe ser seleccionada sobre bases prácticas. La geometría de Riemann será la correcta si las leyes de disposición de cuerpos prácticamente-rígidos son transformables en las de los cuerpos de la geometría euclidiana con una exactitud que aumenta a medida que disminuyen las dimensiones de la parte del espacio-tiempo bajo consideración.

Es cierto que esta interpretación física que se propone de la geometría se viene abajo cuando se aplica inmediatamente a espacios de un orden de magnitud sub-molecular. Pero aun así, incluso en cuestiones relativas a la constitución de las partículas elementales, retiene parte de su importancia. Pues incluso cuando se trata de describir las partículas elementales eléctricas que constituyen la materia, sigue siendo posible tratar de dar relevancia física a aquellas ideas de los campos que han sido definidas físicamente con el objetivo de describir el comportamiento geométrico de cuerpos que son grandes comparados con las moléculas. Sólo el éxito puede decidir si es o no justificable dicho intento, que postula realidad física para los principios fundamentales de la geometría de Riemann fuera del dominio de sus definiciones físicas. Podría resultar que esta extrapolación no tenga mejor garantía que la extrapolación de la idea de temperatura a partes de un cuerpo de un orden de magnitud molecular.

Menos problemático parece extender las ideas de la geometría práctica a espacios de un orden de magnitud cósmico. Podría objetarse, por supuesto, que una construcción compuesta de varas sólidas se aparta cada vez más de la rigidez ideal a medida que aumenta su extensión espacial. Pero creo que difícilmente será posible atribuir un significado fundamental a esta objeción. Por consiguiente, la pregunta de si el universo es espacialmente finito o no, me parece muy significativa en el sentido de la geometría práctica. Ni siquiera considero imposible que esta pregunta sea respondida por la astronomía antes de que pase mucho tiempo. Déjenme recordar lo que la teoría de la relatividad general enseña a este respecto. Ofrece dos posibilidades:

1. El universo es espacialmente infinito. Esto sólo puede suceder si la densidad media de materia en el universo, concentrada en

las estrellas, se anula, i.e. si la razón entre la masa total de las estrellas y el espacio en el que están dispersas se aproxima indefinidamente al valor cero cuando los espacios tomados en consideración son cada vez mayores.

2. El universo es espacialmente finito. Esto debe suceder si hay una densidad media de materia ponderable en el universo que es diferente de cero. Cuanto menor es esta densidad media, mayor es el volumen del universo.

No debo dejar de mencionar que puede aducirse un argumento teórico a favor de la hipótesis de un universo finito. La teoría de la relatividad general enseña que la inercia de un cuerpo dado es mayor cuanto mayor es la masa ponderable que hay en su proximidad; parece así muy natural reducir el efecto total de la inercia de un cuerpo a acción y reacción entre él y los demás cuerpos en el universo, como de hecho lo ha sido la gravedad desde la época de Newton. De las ecuaciones de la teoría de la relatividad general puede deducirse que esta reducción total de la inercia a acción recíproca entre masas —como requiere E. Mach, por ejemplo— es posible sólo si el universo es espacialmente finito.

Este argumento no impresiona a muchos físicos y astrónomos. Sólo la experiencia puede decidir cuál de las dos posibilidades se realiza en la naturaleza. ¿Cómo puede la experiencia proporcionar una respuesta? A primera vista parecería posible determinar la densidad media de materia mediante la observación de la parte del universo que es accesible a nuestra percepción. Esta esperanza es ilusoria. La distribución de las estrellas visibles es extraordinariamente irregular, de modo que no podemos aventurarnos a afirmar que la densidad media de materia estelar en el universo es igual a, digamos, la densidad media en la Vía Láctea. Por grande que pueda ser el espacio examinado, no podríamos quedar convencidos de que no haya más estrellas más allá de dicho espacio. Por lo tanto, parece imposible estimar la densidad media. Pero hay otro camino, en mi opinión más practicable aunque también presenta grandes dificultades. En efecto, si examinamos las implicaciones de la teoría de la relatividad general que son accesibles a la experiencia, y las comparamos con las implicaciones de la teoría newtoniana, encontramos ante todo una desviación que se manifiesta en la proximidad a una masa gravitante, desviación que ha sido confirmada en el caso del planeta Mercurio. Pero si el universo es espacialmente finito hay una segunda desviación respecto de la teoría newtoniana que, en el lenguaje de esta última, puede expresarse así: el campo gravitatorio es de tal naturaleza que parece producido no sólo por las masas ponderables sino también por una densidad de masa de signo negativo distribuida uniformemente a lo largo del espacio. Puesto que esta densidad de masa ficticia tendría que ser enormemente pequeña, sólo podría dejar sentir su presencia en sistemas gravitantes de muy gran extensión.

Suponiendo que conocemos, digamos, la distribución estadística de estrellas en la Vía Láctea, así como sus masas, entonces podemos calcular mediante la ley de Newton el campo gravitatorio y las velocidades medias que deben tener aquéllas para que la Vía Láctea no colapse bajo la mutua atracción de sus estrellas, sino que se mantenga en su extensión actual. Ahora bien, si las velocidades reales de las estrellas que puedan medirse fueran menores que las velocidades calculadas, entonces tendríamos una prueba de que las atracciones reales a grandes distancias son menores que las que da la ley de Newton. A partir de dicha desviación podría demostrarse indirectamente que el universo es finito. Incluso sería posible estimar su magnitud espacial.

¿Podemos imaginarnos un universo tridimensional que es finito pero ilimitado?

La respuesta habitual a esta pregunta es «No», pero ésta no es la respuesta correcta. El propósito de los comentarios siguientes es mostrar que la respuesta debería ser «Sí». Quiero mostrar que sin ninguna dificultad extraordinaria podemos ilustrar la teoría de un universo finito por medio de una imagen mental a la que, con cierta práctica, pronto nos acostumbraremos.

Antes de nada, una observación de carácter epistemológico. Una teoría físico-geométrica como tal no puede ser representada directamente, al ser meramente un sistema de conceptos. Pero estos conceptos se utilizan con el propósito de reunir en la mente una multiplicidad de experiencias sensoriales reales o imaginarias. «Visualizar» una teoría, o acomodarla en la mente, significa por lo tanto dar una representación de esa abundancia de experiencias para las que la teoría ofrece una ordenación esquemática. En el caso presente tenemos que preguntarnos cómo podemos representar esa relación de cuerpos sólidos con respecto a su disposición recíproca (contacto) que corresponde a la teoría de un universo finito. No hay realmente nada nuevo en lo que tengo que decir sobre esto, pero innumerables preguntas que se me hacen me demuestran que los requerimientos de quienes ansían el conocimiento de estas materias no han sido aún completamente satisfechos.

Por lo tanto, ¿me perdonarán los iniciados si parte de lo que voy a exponer es conocido desde hace tiempo?

¿Qué queremos expresar cuando decimos que nuestro espacio es infinito? Sencillamente que podemos colocar un número cualquiera de cuerpos del mismo tamaño lado a lado sin llenar nunca el espacio. Supongamos que disponemos de muchísimos cubos de madera, todos ellos del mismo tamaño. De acuerdo con la geometría euclidiana podemos colocarlos encima, al lado y detrás uno de otro para llenar una región del espacio de cualquier dimensión; podríamos seguir añadiendo más y más cubos sin llegar a encontrar que ya no hay lugar para más. Eso es lo que queremos expresar cuando decimos que el espacio es infinito. Sería mejor decir que el espacio es infinito con respecto a cuerpos prácticamente-rígidos, suponiendo que las leyes de disposición para dichos cuerpos están dadas por la geometría euclidiana.

Otro ejemplo de un continuo infinito es el plano. En una superficie plana podemos colocar cuadrados de cartulina de modo que cada lado de un cuadrado tenga adyacente el lado de otro cuadrado. La construcción nunca termina; siempre podemos seguir añadiendo cuadrados —si sus leyes de disposición corresponden a las de figuras planas en la geometría euclidiana—. Por consiguiente, el plano es infinito con respecto a los cuadrados de cartulina. En consecuencia decimos que el plano es un continuo infinito de dos dimensiones, y el espacio es un continuo infinito de tres dimensiones. Creo que puedo suponer conocido lo que se entiende aquí por el número de dimensiones.

Consideremos ahora un ejemplo de un continuo bidimensional que es finito pero ilimitado. Imaginemos la superficie de un globo grande y una cantidad de pequeños discos de papel, todos ellos del mismo tamaño. Coloquemos uno de los discos en un lugar cualquiera de la superficie del globo. Si movemos el disco a cualquier lugar que queramos, sobre la superficie del globo, no llegamos a un límite o frontera en ningún lugar del recorrido. Por ello decimos que la superficie esférica del globo es un continuo ilimitado. Además, la superficie esférica es un continuo finito. En efecto, si pegamos los discos de papel en el globo, de tal forma que nunca se solapen, la superficie del globo estará al final tan llena que ya no quedará lugar para otro disco. Esto significa sencillamente que la superficie esférica del globo es finita con respecto a los discos de papel. Además, la superficie esférica es un continuo no-euclidiano de dos dimensiones; es decir, las leyes de disposición para figuras rígidas que yacen en ella no concuerdan con las del plano euclidiano. Esto puede mostrarse de la siguiente manera. Coloquemos un disco de papel sobre la superficie esférica, y coloquemos en círculo a su alrededor otros seis discos, cada uno de los cuales está rodeado a su vez por seis discos, y así sucesivamente. Si hacemos esta construcción en una superficie plana, tenemos una disposición ininterrumpida en la que hay seis discos tangentes a cada disco, excepto a los que yacen en el borde.

Sobre la superficie esférica la construcción también parece prometer éxito al principio, y cuanto menor es el radio de los discos en relación con el de la esfera, más prometedora parece. Pero a medida que la construcción avanza se hace cada vez más patente que la disposición de los discos a la manera indicada, sin interrupción, no es posible, como debería serlo según la geometría euclidiana de la superficie plana. De esta manera, criaturas que no pudieran dejar la superficie esférica, y ni siquiera pudieran mirar desde la superficie esférica al espacio tridimensional, podrían descubrir, simplemente experimentando con discos, que su «espacio» bidimensional no es euclidiano, sino un espacio esférico.

De los últimos resultados de la teoría de la relatividad parece probable que nuestro espacio tridimensional es también aproximadamente esférico, es decir, que las leyes de disposición de cuerpos rígidos en el mismo no están dadas por la geometría euclidiana sino aproximadamente por la geometría esférica, siempre que consideremos regiones del espacio que sean suficientemente grandes. Éste es el momento en donde la imaginación del lector se paraliza. «Nadie puede imaginar esto», grita indignado. «Puede decirse, pero no puede pensarse. Yo puedo imaginarme una superficie esférica bastante bien, pero nada parecido a ella en tres dimensiones».

Debemos tratar de superar esta barrera mental, y el lector paciente verá que en absoluto es una tarea particularmente difícil. Con este objetivo dirigiremos antes nuestra atención una vez más a la geometría de las superficies esféricas de dos dimensiones. En la figura adjunta sea *K* la superficie esférica, tangente en *S* a un plano, *E*, que por facilidad de presentación se muestra en el dibujo como una superficie acotada. Sea *L* un disco en la superficie esférica. Imaginemos ahora que en el punto *N* de la superficie esférica, diametralmente opuesto a *S*, hay un punto luminoso que arroja una sombra *L'* del disco *L* sobre el plano *E*. Si el disco en la esfera *K* se mueve, su sombra *L'* en el plano *E* también lo hace. Cuando el disco *L* está en *S*, coincide casi exactamente con su sombra. Si se mueve sobre la superficie esférica alejándose de *S* hacia arriba, el disco sombra *L'* en el plano también se mueve alejándose de *S* en el plano, y haciéndose cada vez más grande. A medida que el disco *L* se aproxima al punto luminoso *N*, la sombra se aleja hacia el infinito, y se hace infinitamente grande.

Planteemos ahora la pregunta: ¿cuáles son las leyes de disposición de las sombras-disco *L'* en el plano *E*? Evidentemente son exactamente las mismas que las leyes de disposición de los discos *L* en la superficie esférica. Por cada figura original en *K* hay una correspondiente figura-sombra en *E*. Si dos discos en *K* son tangentes, sus sombras en *E* también lo son. La geometría de sombras en el plano coincide con la geometría de discos en la esfera. Si llamamos figuras rígidas a las sombras-disco, entonces la geometría esférica es válida en el plano *E* con respecto a estas figuras rígidas. Además, el plano es finito con respecto a las sombras-disco, puesto que sólo un número finito de discos encuentra cabida en el plano.

En este momento alguien dirá, «Esto es absurdo. Las sombras-disco *no* son figuras rígidas. Sólo tenemos que mover una regla de un metro por el plano *E* para convencernos de que las sombras aumentan constantemente de tamaño a medida que se alejan de *S* en el plano hacia el infinito». Pero ¿qué pasaría si la regla de un metro se comportara en el plano *E* de la misma forma que las sombras-disco *L'*? Sería entonces imposible demostrar que las sombras aumentan de tamaño a medida que se alejan de *S*; tal afirmación ya no tendría ningún significado. De hecho, la única afirmación objetiva que puede hacerse sobre las sombras-disco es precisamente ésta: que están relacionadas exactamente de la misma forma que lo están los discos rígidos en la superficie esférica en el sentido de la geometría euclidiana.

Tenemos que entender muy bien que nuestro enunciado respecto al crecimiento de las sombras-disco, a medida que se alejan de *S* hacia el infinito, no tiene en sí mismo un significado objetivo en la medida en que no podemos emplear cuerpos rígidos euclidianos que puedan moverse en el plano *E* con el fin de comparar los tamaños de las sombras-disco. Con respecto a las leyes de disposición de las sombras *L'*, el punto *S* no tiene ningún privilegio especial en el plano más que en la superficie esférica.

La representación que acabamos de dar de la geometría esférica en el plano es importante para nosotros, porque permite ser transferida inmediatamente al caso tridimensional.

Imaginemos un punto *S* de nuestro espacio, y un gran número de pequeñas esferas, *L'*, que pueden ser puestas en contacto. Pero estas esferas ya no van a ser rígidas en el sentido de la geometría euclidiana; su radio va a aumentar (en el sentido de la geometría euclidiana) cuando se alejan de *S* hacia el infinito, y este aumento va a tener lugar en acuerdo exacto con la misma ley que se aplica al aumento de los radios de las sombras-disco *L'* en el plano.

Después de haber obtenido una vívida imagen mental del comportamiento de nuestras esferas *L'*, supongamos que en nuestro espacio no hay cuerpos rígidos en absoluto en el sentido de la geometría euclidiana, sino sólo cuerpos que se comportan como nuestras esferas *L'*. Entonces tendremos una vívida representación del espacio esférico tridimensional, o más bien de la geometría esférica tridimensional. Aquí nuestras esferas deben ser llamadas esferas «rígidas». Su aumento en tamaño cuando se alejan de *S* no será detectado midiendo con varas de medir, igual que sucedía en el caso de las sombras-disco en *E*, porque los patrones de medida se comportarán de la misma forma que las esferas. El espacio es homogéneo, es decir, las mismas configuraciones esféricas son posibles en el entorno de cada punto.[1] Nuestro espacio es finito porque, a consecuencia del «crecimiento» de las esferas, solo un número finito de ellas puede encontrar cabida en el espacio.

De este modo, utilizando como plataforma la práctica de pensamiento y visualización que nos ofrece la geometría euclidiana, hemos adquirido una imagen mental de la geometría esférica. Podemos impartir sin dificultad más profundidad y vigor a estas ideas realizando construcciones imaginarias especiales. Tampoco sería difícil representar de una manera similar el caso de lo que se denomina geometría elíptica. Mi único propósito hoy ha sido mostrar que la facultad humana de visualización no está abocada en absoluto a capitular ante la geometría no-euclidiana.

1. Esto es inteligible sin cálculo —pero sólo en el caso bidimensional— si volvemos una vez más al caso del disco en la superficie de la esfera.

IV

EL SIGNIFICADO DE LA RELATIVIDAD (ANTOLOGÍA)

Trescientos años antes de Einstein, Galileo Galilei desarrolló una teoría de la relatividad que llegó a formar uno de los pilares de la mecánica de Isaac Newton. En *El significado de la relatividad*, Einstein presenta la relatividad galileana como una precursora, no sólo del trabajo de Newton, sino también del suyo.

La relatividad de Galileo se basa en la idea simple e intuitiva de que el tiempo fluye de manera constante para todos los observadores independientemente de su estado de movimiento. Así, Galileo anticipa la primera ley del movimiento de Newton: los objetos en movimiento se mantendrán a velocidad constante en módulo y dirección a menos que sobre ellos actúe una fuerza exterior.

A pesar de toda la aparente complejidad matemática de *El significado de la relatividad*, los objetivos de Einstein son bastante modestos. Simplemente demuestra que mediciones en sistemas de referencia tanto estacionarios como en movimiento darán resultados que satisfagan las leyes de Newton. Al final del capítulo, prosigue mostrando cómo un conjunto de transformaciones, las sugeridas por Hendrik Lorentz, son necesarias para hacer que las ecuaciones de Maxwell de electricidad y magnetismo funcionen en sistemas de referencia en movimiento.

La diferencia entre las trasformaciones de Galileo y las de Lorentz reside en que en las primeras el tiempo resulta un flujo constante para todos los observadores, mientras que las segundas dan como resultado pasos de tiempo distintos para observadores en distintos estados de movimiento.

¿Y qué queremos decir con «un flujo constante de tiempo»? Resulta simple decir que un evento precede a otro, o que ocurren simultáneamente, pero ¿cómo medimos el tiempo si no es a través del mismo tiempo? Teniendo en cuenta que la luz viaja a la misma velocidad independientemente del estado de movimiento del observador, Einstein sugiere usar el reflejo de la emisión de un haz de luz como reloj. Este simple experimento mental rinde algunos resultados muy sorprendentes.

Por ejemplo, se llega a la conclusión de que un observador que mide los eventos sucedidos en un tren en movimiento que pasa frente a él verá cómo sus pasajeros se mueven más despacio: sus corazones laten más despacio, los relojes de pared van más despacio, y todos los demás tiempos se ralentizan también. Del mismo modo, un pasajero del tren se verá a sí mismo de manera completamente normal, pero verá cómo el reloj de la estación de tren funciona más lentamente. Dado que la luz siempre tiene que viajar a velocidad constante y el tiempo está relacionado con la velocidad de movimiento, entonces las longitudes a lo largo de la dirección de movimiento deben estar relacionadas también. En el día a día, estos efectos no son evidentes, y sólo se ponen de manifiesto cuando hablamos de velocidades cercanas a las de la luz. Por consiguiente, a velocidades normales, las relatividades de Einstein y Galileo se comportan exactamente de la misma manera.

En este trabajo, Einstein argumenta de manera precisa que aunque prácticamente todas nuestras experiencias sugieren que Galileo y Newton estaban en lo cierto, la unificación de distintas ramas de la física requiere una nueva teoría: la relatividad especial.

1

EL ESPACIO Y EL TIEMPO EN LA FÍSICA PRE-RELATIVISTA*

La teoría de la relatividad está íntimamente relacionada con la teoría del espacio y el tiempo. Por ello empezaré con una breve investigación sobre el origen de nuestras ideas de espacio y tiempo, aunque al hacerlo sé que introduzco un tema controvertido. El objeto de toda ciencia, ya sea ciencia natural o psicología, consiste en coordinar nuestras experiencias para que formen un sistema lógico. ¿Cuál es la relación entre nuestras ideas habituales de espacio y tiempo y la naturaleza de nuestras experiencias?

Las experiencias de cada uno de nosotros se nos presentan ordenadas en una serie de sucesos; en dicha serie, los sucesos individuales que recordamos parecen estar ordenados según el criterio de «anterior» y «posterior», que ya no admite más análisis. Por consiguiente, existe para cada individuo un tiempo-yo, o tiempo subjetivo, que no es medible en sí mismo. Yo puedo, de hecho, asociar un número a cada suceso, de modo que con el suceso posterior haya asociado un número más alto que con el anterior, pero la naturaleza de esta asociación puede ser completamente arbitraria. Puedo definir esta asociación por medio de un reloj, comparando el orden de los sucesos que proporciona el reloj con el orden de la serie de sucesos dada. Entendemos por un reloj algo que propor-

* «Space and Time in Pre-Relativity Physics», cortesía de Princeton University Press.

ciona una serie de sucesos que pueden contarse y que tiene además otras propiedades de las que luego hablaremos.

Con la ayuda del lenguaje diferentes individuos pueden, en cierta medida, comparar sus experiencias. El resultado es que hay correspondencia entre algunas percepciones sensoriales de individuos diferentes, mientras que para otras percepciones no puede establecerse tal correspondencia. Estamos acostumbrados a considerar reales aquellas percepciones sensoriales que son comunes a individuos diferentes, y que por consiguiente son, en cierta medida, impersonales. Las ciencias naturales, y en particular la más fundamental de ellas, la física, trabajan con tales percepciones sensoriales. La idea de cuerpo físico, en particular de cuerpo rígido, consiste en un complejo relativamente constante de tales percepciones sensoriales. Un reloj es también un cuerpo, o un sistema, en este mismo sentido, con la propiedad adicional de que todos los elementos que forman parte de la serie de sucesos que cuenta pueden considerarse iguales.

La única justificación para nuestros conceptos y sistemas de conceptos es que sirven para representar el complejo de nuestras experiencias; más allá de esto, ellos no tienen legitimidad. Estoy convencido de que los filósofos han tenido un efecto dañino en el progreso del pensamiento científico al sacar ciertos conceptos fundamentales fuera del dominio del empirismo, donde están bajo nuestro control, y llevarlos a las alturas intangibles del a priori. Incluso podría parecer que el universo de ideas no puede deducirse de la experiencia por medios lógicos, sino que es, en cierto sentido, una creación de la mente humana, sin la que no hay ciencia posible, este universo de ideas es en cualquier caso tan dependiente de la naturaleza de nuestras experiencias como nuestras vestimentas lo son de la forma del cuerpo humano. Esto es particularmente cierto de nuestros conceptos de tiempo y espacio, a los que los físicos se han visto obligados por los hechos a bajar del Olimpo del a priori para ajustarlos de modo que resulten útiles.

Llegamos ahora a nuestros conceptos y juicios concernientes al espacio. También es esencial aquí prestar una gran atención a la relación entre la experiencia y nuestros conceptos. Creo que Poincaré reconoció claramente la verdad en la exposición que hizo en su libro *La Ciencia y la Hipótesis*. Entre todos los cambios que podemos percibir en un cuerpo rígido, los que pueden ser cancelados por movimientos voluntarios de nuestro cuerpo se caracterizan por su simplicidad; Poincaré les llama cambios de posición. Mediante simples cambios de posición podemos poner dos cuerpos en contacto. Los teoremas de congruencia, fundamentales en geometría, tienen que ver con las leyes que gobiernan tales cambios de posición. En el caso del concepto de espacio parece esencial lo siguiente. Podemos formar nuevos cuerpos juntando cuerpos *B*, *C*,... a un cuerpo *A*; decimos entonces que *continuamos* el cuerpo *A*. Podemos continuar el cuerpo *A* de tal manera que entre en contacto con cualquier otro cuerpo *X*. Podemos llamar «espacio del cuerpo *A*» al conjunto de todas las continuaciones del cuerpo *A*. Entonces es cierto que todos los cuerpos están en el «espacio del cuerpo *A* (arbitrariamente escogido)». En este sentido no podemos hablar de espacio en abstracto sino sólo del «espacio perteneciente a un cuerpo *A*». La corteza terrestre desempeña un papel tan dominante en nuestra vida cotidiana, cuando juzgamos las posiciones relativas de los cuerpos, que nos ha llevado a una concepción abstracta del espacio que ciertamente no puede defenderse. Para liberarnos de este error fatal hablaremos solamente de «cuerpos de referencia», o «espacio de referencia». Este refinamiento de conceptos sólo llegó a hacerse necesario con la teoría de la relatividad general, como veremos más tarde.

No voy a entrar en detalles respecto a aquellas propiedades del espacio de referencia que llevan a nuestra idea de los puntos como elementos del espacio, y al espacio como un continuo. Tampoco intentaré un análisis más detallado de las propiedades del espacio que justifican la concepción de series continuas de puntos, o líneas. Si se dan por supuestos estos conceptos, y su relación con los cuerpos sólidos de la experiencia, entonces es fácil explicar lo que entendemos por la tridimensionalidad del espacio: a cada punto se le pueden asociar tres números x_1, x_2, x_3 (coordenadas) de tal manera que esta asociación es biunívoca, y además x_1, x_2, x_3 varían de forma continua cuando el cuerpo describe una serie continua de puntos (una línea).

En la física pre-relativista se supone que las leyes de configuración de los cuerpos sólidos ideales son compatibles con la geometría euclidiana. Lo que esto significa puede expresarse así: dos puntos marcados en un cuerpo rígido definen un *intervalo*. Tal intervalo puede orientarse, en reposo, de múltiples maneras con respecto a nuestro espacio de referencia. Si ahora los puntos del espacio pueden referirse a coordenadas x_1, x_2, x_3 de tal manera que las diferencias de las coordenadas, Δx_1, Δx_2, Δx_3, de los dos extremos del intervalo dan la misma suma de cuadrados

$$s^2 = \Delta x_1^2 + \Delta x_2^2 + \Delta x_3^2 \tag{1}$$

para cada orientación del intervalo, entonces el espacio de referencia se denomina euclidiano, y las coordenadas se denominan cartesianas.[1] En realidad basta con hacer esta hipótesis en el límite de un intervalo infinitamente pequeño. En esta hipótesis hay implícito algo mucho menos especial, sobre lo que debemos llamar la atención por su importancia fundamental. En primer lugar, se supone que podemos mover un cuerpo rígido ideal de una manera arbitraria. En segundo lugar, se supone que el comportamiento de los cuerpos rígidos ideales respecto a la orientación es independiente del material de los cuerpos y de sus cambios de posición, en el sentido de que si dos intervalos pueden hacerse coincidir una vez, entonces pueden hacer-

1. Esta relación debe ser válida para una elección arbitraria del origen de la dirección (razones $\Delta x_1 : \Delta x_2 : \Delta x_3$) del intervalo.

se coincidir en cualquier instante y lugar. Ambas hipótesis, que son de importancia fundamental para la geometría, y en especial para las medidas físicas, surgen de forma natural de la experiencia. En la teoría de la relatividad general sólo hay que suponer su validez para cuerpos y espacios de referencia que son infinitamente pequeños comparados con las dimensiones astronómicas.

Llamaremos a la cantidad s longitud del intervalo. Para que pueda ser unívocamente determinada es necesario fijar arbitrariamente la longitud de un intervalo definido; por ejemplo, podemos hacerlo igual a 1 (unidad de longitud). Entonces pueden determinarse las longitudes de todos los demás intervalos. Si hacemos las x_ν linealmente independientes de un parámetro λ,

$$x_\nu = a_\nu + \lambda b_\nu,$$

obtenemos una línea que tiene todas las propiedades de una línea recta de la geometría euclidiana. En particular, se deduce fácilmente que tendiendo n veces el intervalo s en línea recta se obtiene un intervalo de longitud $n \cdot s$. Por lo tanto, una longitud significa el resultado de una medición realizada a lo largo de una línea recta por medio de una vara de medir unidad. Tiene un significado que es tan independiente del sistema de coordenadas como lo es el de línea recta, como veremos a continuación.

Llegamos ahora a una línea de pensamiento que desempeña un papel similar en las teorías de la relatividad especial y general. Planteamos la pregunta: además de las coordenadas cartesianas que hemos utilizado, ¿hay otras coordenadas equivalentes? Un intervalo tiene un significado físico independiente de la elección de coordenadas, y lo mismo sucede con la superficie esférica que obtenemos como el lugar geométrico de los puntos extremos de todos los intervalos iguales que tendemos a partir de un punto arbitrario de nuestro espacio de referencia. Si x_ν y x'_ν (ν de 1 a 3) son coordenadas cartesianas de nuestro espacio de referencia, entonces la superficie esférica se expresará en nuestros dos sistemas de coordenadas por las ecuaciones

$$\sum \Delta x_\nu^2 = \text{const.} \tag{2}$$

$$\sum \Delta x'^2_\nu = \text{const.} \tag{2a}$$

¿Cómo deben expresarse las x'_ν en función de las x_ν para que las ecuaciones (2) y (2a) puedan ser equivalentes? Considerando las x'_ν expresadas en función de las x_ν, podemos escribir, por el teorema de Taylor, para valores pequeños de Δx_ν,

$$\Delta x'_\nu = \sum_\alpha \frac{\partial x'_\nu}{\partial x_\alpha} \Delta x_\alpha + \frac{1}{2} \sum_{\alpha\beta} \frac{\partial^2 x'_\nu}{\partial x_\alpha \partial x_\beta} \Delta x_\alpha \Delta x_\beta \ldots$$

Si sustituimos (2a) en esta ecuación y la comparamos con (1), vemos que las x'_ν deben ser funciones lineales de las x_ν. Si, por consiguiente, hacemos

$$x'_\nu = \alpha_\nu + \sum_\alpha b_{\nu\alpha} x_\alpha \tag{3}$$

o

$$\Delta x'_\nu = \sum_\alpha b_{\nu\alpha} x_\alpha \tag{3a}$$

entonces la equivalencia de las ecuaciones (2) y (2a) se expresa en la forma

$$\sum \Delta x'^2_\nu = \lambda \sum \Delta x_\nu^2 \left(\lambda \text{ es independiente de } \Delta x_\nu\right) \tag{2b}$$

Se sigue así que λ debe ser una constante. Si hacemos $\lambda = 1$, entonces (2b) y (3a) proporcionan las condiciones

$$\sum_{\nu} b_{\nu\alpha} b_{\nu\beta} = \delta_{\alpha\beta} \qquad (4)$$

en donde $\delta_{\alpha\beta} = 1$ o $\delta_{\alpha\beta} = 0$, según sea $\alpha = \beta$ o $\alpha \neq \beta$. Las condiciones (4) se denominan condiciones de ortogonalidad, y las transformaciones (3), (4) son transformaciones lineales ortogonales. Si estipulamos que sea igual al cuadrado de la longitud en todo sistema de coordenadas, y si siempre medimos con la misma unidad de escala, entonces $s^2 = \sum \Delta x_\nu^2$ debe ser igual a 1. Por lo tanto, las transformaciones lineales ortogonales son las únicas mediante las que podemos pasar en nuestro sistema de referencia de un sistema de coordenadas cartesianas a otro. Vemos que al aplicar tales transformaciones las ecuaciones de una línea recta se convierten en ecuaciones de una línea recta. Invirtiendo las ecuaciones (3a) multiplicando ambos miembros por $b_{\nu\beta}$ y sumando para todas las ν obtenemos

$$\sum b_{\nu\beta} \Delta x'_{\nu} = \sum_{\nu\alpha} b_{\nu\alpha} b_{\nu\beta} \Delta x_{\alpha} = \sum_{\alpha} \delta_{\alpha\beta} \Delta x_{\alpha} = \Delta x_{\beta} \qquad (5)$$

Los mismos coeficientes, b, determinan también la sustitución inversa de Δx_ν. Geométricamente, $b_{\nu\alpha}$ es el coseno del ángulo entre el eje x'_ν y el eje x_α.

Para resumir, podemos decir que en geometría euclidiana hay (en un espacio de referencia dado) sistemas de coordenadas privilegiados, los sistemas cartesianos, que se transforman unos en otros mediante transformaciones lineales ortogonales. La distancia s entre dos puntos de nuestro espacio de referencia, medida por una vara de medir, se expresa en tales coordenadas de una manera particularmente simple. Toda la geometría puede fundarse en esta idea de distancia. En el tratamiento presente, la geometría está relacionada con las cosas reales (cuerpos rígidos), y sus teoremas son enunciados que se refieren al comportamiento de estas cosas, que pueden probarse verdaderos o falsos.

Normalmente estamos acostumbrados a estudiar la geometría divorciada de cualquier relación entre sus conceptos y la experiencia. Hay ventajas en aislar lo que es puramente lógico e independiente de lo que es, en principio, empirismo incompleto. Esto es satisfactorio para el matemático puro. Él se satisface si puede deducir correctamente sus teoremas de los axiomas, sin errores de lógica. La cuestión de si la geometría de Euclides es verdadera o no, no le incumbe. Pero para nuestro propósito es necesario asociar los conceptos fundamentales de la geometría con objetos naturales; sin dicha asociación la geometría no tiene valor para el físico. El físico está interesado en la cuestión de si los teoremas de la geometría son verdaderos o no. Desde este punto de vista la geometría euclidiana afirma algo más que las meras deducciones derivadas lógicamente de las definiciones, como puede verse a partir de la siguiente consideración.

Entre n puntos del espacio hay $\frac{n(n-1)}{2}$ distancias, $s_{\mu\nu}$; entre éstas y las $3n$ coordenadas tenemos las relaciones

$$s_{\mu\nu}^2 = \left(x_{1(\mu)} - x_{1(\nu)}\right)^2 + \left(x_{2(\mu)} - x_{2(\nu)}\right)^2 + \ldots$$

A partir de estas $\frac{n(n-1)}{2}$ ecuaciones pueden eliminarse las $3n$ coordenadas, y de esta eliminación quedan al menos $\frac{n(n-1)}{2} - 3n$ ecuaciones en las $s_{\mu\nu}$.[2] Puesto que las $s_{\mu\nu}$ son cantidades medibles

2. En realidad hay $\frac{n(n-1)}{2} - 3n + 6$ ecuaciones.

y, por definición, son mutuamente independientes, estas relaciones entre las $s_{\mu\nu}$ no son necesariamente a priori.

De lo anterior es evidente que las ecuaciones de las transformaciones (3), (4) tienen una importancia fundamental en la geometría euclidiana, en cuanto que gobiernan la transformación de un sistema de coordenadas cartesiano a otro. Los sistemas de coordenadas cartesianos se caracterizan por la propiedad de que en ellos la distancia medible entre dos puntos, s, se expresa mediante la ecuación

$$s^2 = \sum \Delta x_\nu^2 \ .$$

Si $K(\mathrm{x}_\nu)$ y $K'(\mathrm{x}_\nu)$ son dos sistemas de coordenadas cartesianos, entonces

$$\sum \Delta x_\nu^2 = \sum \Delta x'^2_\nu \ .$$

El segundo miembro de esta ecuación es idénticamente igual al primero debido a las ecuaciones de la transformación lineal ortogonal, y el segundo miembro difiere del primero solamente en que las x_ν sustituyen a las x'_ν. Esto se expresa en el enunciado de que $\sum \Delta x_\nu^2$ es invariante con respecto a las transformaciones lineales ortogonales. Es evidente que en la geometría euclidiana sólo tienen un significado objetivo, independiente de la elección particular del sistema de coordenadas, esas cantidades que pueden expresarse como un invariante con respecto a transformaciones lineales ortogonales. Ésta es la razón de que la teoría de invariantes, que tiene que ver con las leyes que gobiernan la forma de los invariantes, sea tan importante para la geometría analítica.

Como segundo ejemplo de invariante geométrico, consideremos un volumen. Éste se expresa por

$$V = \int\int\int dx_1 dx_2 dx_3.$$

Por el teorema de Jacobi podemos escribir

$$\int\int\int dx'_1 dx'_2 dx'_3 = \int\int\int \frac{\partial(x'_1, x'_2, x'_3)}{\partial(x_1, x_2, x_3)} dx_1 dx_2 dx_3$$

donde el integrando en la última integral es el determinante funcional de las x'_ν con respecto a las x_ν, y éste, por (3), es igual al determinante $|b_{\mu\nu}|$ de los coeficientes de sustitución $b_{\nu\alpha}$. Si formamos el determinante de las $\delta_{\mu\alpha}$ de la expresión (4), obtenemos, por el teorema de multiplicación de determinantes

$$1 = \left|\delta_{\alpha\beta}\right| = \left|\sum_\nu b_{\nu\alpha} b_{\nu\beta}\right| = \left|b_{\mu\nu}\right|^2; \left|b_{\mu\nu}\right| = \pm 1 \qquad (6)$$

Si nos limitamos a aquellas transformaciones que tienen determinante +1,[3] (y sólo éstas se dan para variaciones continuas de los sistemas de coordenadas), entonces V es un invariante.

Los invariantes, sin embargo, no son las únicas formas mediante las que podemos dar expresión a la independencia de la elección concreta de las coordenadas cartesianas. Vectores y tensores son otras formas de expresión. Expresemos el hecho de que el punto con las coordenadas actuales x está sobre una línea recta. Tenemos

$$x_\nu - A_\nu = \lambda B_\nu \text{ } (\nu \text{ de 1 a 3}).$$

3. Existen así dos tipos de sistemas cartesianos que se denominan sistemas «dextrógiros» y «levógiros». La diferencia entre ambos es familiar para cualquier científico o ingeniero. Es interesante señalar que estos dos tipos de sistemas no pueden definirse geométricamente, sino sólo el contraste entre ambos.

Sin pérdida de generalidad podemos escribir

$$\sum B_\nu^2 = 1.$$

Si multiplicamos las ecuaciones por $b_{\beta\nu}$ (comparemos (3b) y (5)) y sumamos para todas las ν's obtenemos

$$x'_\beta - A'_\beta = \lambda B'_\beta$$

donde hemos escrito

$$B'_\beta = \sum_\nu b_{\beta\nu} B_\nu ; \; A'_\beta = \sum_\nu b_{\beta\nu} A_\nu .$$

Éstas son ecuaciones de líneas rectas con respecto a un segundo sistema de coordenadas cartesianas K'. Tienen la misma forma que las ecuaciones con respecto al sistema de coordenadas original. Es por ello evidente que las líneas rectas tienen un significado que es independiente del sistema de coordenadas. Formalmente, esto depende del hecho de que las cantidades $(x_\nu - A_\nu) - \lambda B_\nu$ se transforman como las componentes de un intervalo Δx_ν. El conjunto de tres ecuaciones, definido para cada sistema de coordenadas cartesianas y que se transforman como un intervalo, se denomina un vector. Si las tres componentes de un vector se anulan en un sistema de coordenadas cartesianas, entonces se anulan en todos los sistemas, porque las ecuaciones de la transformación son homogéneas. Podemos así obtener el significado del concepto de un vector sin hacer referencia a una representación geométrica. Este comportamiento de las ecuaciones de una línea recta puede expresarse diciendo que la ecuación de una línea recta es covariante con respecto a transformaciones lineales ortogonales.

Mostraremos ahora rápidamente que hay entidades geométricas que llevan al concepto de tensores. Sea P_0 el centro de una superficie de segundo grado, P un punto cualquiera de la superficie y ξ_ν las proyecciones del intervalo $P_0 P$ sobre los ejes de coordenadas. Entonces la ecuación de la superficie es

$$\sum a_{\mu\nu}\xi_\mu\xi_\nu = 1.$$

En éste, y en casos análogos, omitiremos el signo para la suma y entenderemos que la suma se hace sobre aquellos índices que aparecen dos veces. Así, escribimos la ecuación de la superficie

$$a_{\mu\nu}\xi_\mu\xi_\nu = 1.$$

Las cantidades $a_{\mu\nu}$ determinan la superficie por completo, para una posición dada del centro, con respecto a un sistema de coordenadas cartesianas escogido. A partir de la conocida ley de transformación de las ξ_ν (3a) para las transformaciones lineales ortogonales, encontramos fácilmente la ley de transformación para las $a_{\mu\nu}$:[4]

$$a'_{\sigma r} = b_{\sigma\mu} b_{r\nu} a_{\mu\nu}.$$

Esta transformación es homogénea y de primer grado en las $a_{\mu\nu}$. Debido a esta transformación, las $a_{\mu\nu}$ se denominan componentes de un tensor de segundo rango (esto último debido al subíndice doble). Si todas las componentes, $a_{\mu\nu}$, de un tensor con respecto a cualquier sistema de coordenadas cartesianas se anulan, también se anulan con respecto a cualquier otro sistema de coordenadas. La forma y la posición de esta superficie de segundo grado están descritas por este tensor (a).

4. La ecuación $a'_{\sigma\tau}\xi'_\sigma\xi'_\tau = 1$ puede, por (5), ser reemplazada por $a'_{\sigma r} b_{\mu r} b_{\nu\sigma}\xi_\sigma\xi_\tau = 1$, de donde se sigue inmediatamente el resultado.

Tensores de rango (número de índices) superior pueden definirse analíticamente. Es posible, y ventajoso, considerar los vectores como tensores de rango 1, y los invariantes (escalares) como tensores de rango 0. A este respecto, el problema de la teoría de invariantes puede formularse de este modo: ¿De acuerdo con qué leyes pueden formarse nuevos tensores a partir de tensores dados? Consideraremos estas leyes ahora para poder utilizarlas más adelante. En primer lugar trabajaremos sólo con las propiedades de tensores con respecto a la transformación de un sistema de coordenadas en otro en el mismo espacio de referencia, por medio de transformaciones lineales ortogonales. Puesto que las leyes son completamente independientes del número de dimensiones, dejaremos este número n indefinido inicialmente.

Definición

Si un objeto está definido con respecto a todo sistema de coordenadas cartesianas en un espacio de referencia de n dimensiones por los n^α números $A_{\mu\nu\rho}\dots$ (α = número de índices), entonces dichos números son las componentes de un tensor de rango α si la ley de transformación es

$$A'_{\mu'\nu'\rho'}\dots = b_{\mu'\mu}b_{\nu'\nu}b_{\rho'\rho}\dots A_{\mu\nu\rho}\dots \qquad (7)$$

Comentario

De esta definición se sigue que

$$A_{\mu\nu\rho}\dots B_\mu C_\nu D_\rho\dots \qquad (8)$$

es un invariante, con tal de que (B), (C), (D)… sean vectores. Recíprocamente, el carácter tensorial de (A) puede inferirse si se conoce que la expresión (8) conduce a un invariante para una elección arbitraria de los vectores (B), (C), etc.

Suma y resta

Por suma y resta de las componentes correspondientes de tensores del mismo rango, resulta un tensor de igual rango

$$A_{\mu\nu\rho} \ldots \pm B_{\mu\nu\rho} \ldots = C_{\mu\nu\rho} \ldots \tag{9}$$

La demostración se sigue de la definición de tensor dada antes.

Multiplicación

A partir de un tensor de rango α y un tensor de rango β podemos obtener un tensor de rango $\alpha + \beta$ multiplicando todas las componentes del primer tensor por todas las componentes del segundo tensor:

$$T_{\mu\nu\rho} \ldots {}_{\alpha\beta\gamma} \ldots = A_{\mu\nu\rho} \ldots B_{\alpha\beta\gamma} \ldots \tag{10}$$

Contracción

Puede obtenerse un tensor de rango $\alpha - 2$ a partir de un tensor de rango α igualando dos índices definidos y sumando luego sobre este único índice

$$T_{\rho} \ldots = A_{\mu\mu\rho} \ldots \left(= \sum_{\mu} A_{\mu\mu\rho} \ldots \right) \tag{11}$$

La demostración es

$$\begin{aligned} A'_{\mu\mu\rho} \ldots &= b_{\mu\alpha} b_{\mu\beta} b_{\rho\gamma} \ldots A_{\alpha\beta\gamma} \ldots = \delta_{\alpha\beta} b_{\rho\gamma} \ldots A_{\alpha\beta\gamma} \ldots \\ &= b_{\rho\gamma} \ldots A_{\alpha\beta\gamma} \ldots \end{aligned}$$

Además de estas reglas de operación elementales existe también la formación de tensores por diferenciación («Erweiterung»):

$$T_{\mu\nu\rho}\cdots_{\alpha} = \frac{\partial A_{\mu\nu\rho}\cdots}{\partial x_{\alpha}} \tag{12}$$

De acuerdo con estas reglas de operación pueden formarse nuevos tensores, respecto a transformaciones lineales ortogonales, a partir de tensores dados.

Propiedades de simetría de los tensores

Los tensores se denominan simétricos o antisimétricos con respecto a dos de sus índices, μ y ν, si las dos componentes que resultan de intercambiar los índices μ y ν son iguales o iguales pero con signo opuesto:

Condición de simetría: $A_{\mu\nu\rho} = A_{\nu\mu\rho}$.
Condición de antisimetría: $A_{\mu\nu\rho} = -A_{\nu\mu\rho}$.

Teorema

El carácter de simetría o antisimetría existe independientemente de la elección de coordenadas, y en ello reside su importancia. La demostración se sigue de la ecuación que define a los tensores.

Tensores especiales

I. Las cantidades $\delta_{\rho\sigma}$ (4) son componentes tensoriales (tensor fundamental).

Demostración

Si en el segundo miembro de la ecuación de transformación $A'_{\mu\nu} = b_{\mu\alpha} b_{\nu\beta} A_{\alpha\beta}$, sustituimos $A_{\alpha\beta}$ por las cantidades $\delta_{\alpha\beta}$ (que son iguales a 1 o 0 según sea $\alpha = \beta$ o $\alpha \neq \beta$), obtenemos

$$A'_{\mu\nu} = b_{\mu\beta} b_{\nu\alpha} = \delta_{\mu\nu}.$$

La justificación para el último signo de la igualdad se hace evidente si aplicamos (4) a la sustitución inversa (5).

II. Existe un tensor ($\delta_{\mu\nu\rho}\ldots$) antisimétrico con respecto a todo par de índices, cuyo rango es igual al número de dimensiones, n, y cuyas componentes son iguales a +1 o –1 según $\mu\nu\rho\ldots$ sea una permutación par o impar de 123....

La demostración se hace con ayuda del teorema antes demostrado $|b_{\rho\sigma}| = 1$.

Estos pocos teoremas sencillos constituyen el aparato de la teoría de invariantes para la construcción de ecuaciones de la física pre-relativista y de la teoría de la relatividad especial.

Hemos visto que en física pre-relativista se requiere un cuerpo o un espacio de referencia para especificar relaciones en el espacio, y además un sistema cartesiano de coordenadas. Podemos fusionar los dos conceptos en uno si pensamos en un sistema de coordenadas cartesiano como un armazón cúbico formado por varas cada una de ellas de longitud unidad. Las coordenadas de los puntos reticulares de este armazón son números enteros. De la relación fundamental

$$s^2 = \Delta x_1^2 + \Delta x_2^2 + \Delta x_3^2 \tag{13}$$

se sigue que todos los miembros del espacio-retículo son de longitud unidad. Para especificar relaciones en el tiempo necesitamos, además, un reloj estándar colocado, digamos, en el origen de nuestro sistema de coordenadas o marco de referencia cartesiano. Si un suceso tiene lugar en un lugar cualquiera, podemos asignarle tres coordenadas x_ν y un tiempo t, en cuanto hayamos especificado qué tiempo del reloj en el origen es simultáneo con el suceso. Por consiguiente, damos (hipotéticamente) un significado objetivo a la afirmación de la simultaneidad de sucesos distantes, mientras que previamente hemos estado interesados sólo en la simultaneidad de dos experiencias de un mismo individuo. El tiempo así especificado es, para todos los sucesos, independientemente de la posición del sistema de coordenadas en nuestro espacio de referencia, y por lo tanto es un invariante con respecto a la transformación (3).

Se postula que el sistema de ecuaciones que expresa las leyes de la física pre-relativista es covariante con respecto a la transformación (3), como lo son las relaciones de la geometría euclidiana. La isotropía y homogeneidad del espacio se expresan de esta manera.[5] Consideraremos ahora algunas de las ecuaciones más importantes de la física desde este punto de vista.

Las ecuaciones de movimiento de una partícula material son

$$m\frac{d^2x_\nu}{dt^2} = X \tag{14}$$

(dx_ν) es un vector; dt, y por consiguiente también $\frac{1}{dt}$ es un invariante; por lo tanto $\left(\frac{dx_\nu}{dt}\right)$ es un vector; y de la misma manera

5. Las leyes de la física podrían expresarse de modo que fueran covariantes respecto a la transformación (3) incluso si hubiera una dirección preferida en el espacio; pero tal expresión no sería adecuada en este caso. Si hubiera una dirección preferida en el espacio, la descripción de los fenómenos naturales se simplificaría dando una orientación definida al sistema de coordenadas con respecto a dicha dirección. Pero si, por el contrario, no hay una dirección singular en el espacio, no es lógico formular las leyes de la naturaleza de modo que quede oculta la equivalencia entre sistemas de coordenadas con diferentes orientaciones. Encontraremos de nuevo este punto de vista en las teorías de la relatividad especial y general.

puede demostrarse que $\left(\frac{d^2x_\nu}{dt^2}\right)$ es un vector. En general, la operación de diferenciación con respecto al tiempo no altera el carácter tensorial. Puesto que m es un invariante (tensor de rango 0), $\left(m\frac{d^2x_\nu}{dt^2}\right)$ es un vector, o tensor de rango 1 (por el teorema de multiplicación de tensores). Si la fuerza (X_ν) tiene un carácter vectorial, lo mismo sucede con la diferencia $\left(m\frac{d^2x_\nu}{dt^2} - \mathrm{X}_\nu\right)$. Estas ecuaciones de movimiento son así válidas en cualquier otro sistema de coordenadas cartesianas en el espacio de referencia. En el caso de que las fuerzas sean conservativas podemos reconocer fácilmente el carácter vectorial de (X_ν). En efecto, existe una energía potencial, Φ, que depende sólo de las distancias entre las partículas, y es por lo tanto un invariante. El carácter vectorial de la fuerza, $\mathrm{X}_\nu = -\frac{\partial\Phi}{\partial x_\nu}$, es entonces una consecuencia de nuestro teorema general sobre la derivada de un tensor de rango 0.

Multiplicando por la velocidad un tensor de rango 1, obtenemos la ecuación tensorial

$$\left(m\frac{d^2x_\nu}{dt^2} - \mathrm{X}_\nu\right)\frac{dx_\mu}{dt} = 0.$$

Por contracción y multiplicación con el escalar dt obtenemos la ecuación de la energía cinética

$$d\left(\frac{mq^2}{2}\right) = X_\nu dx_\nu.$$

Si ξ_ν denota la diferencia entre las coordenadas de la partícula material y un punto fijo en el espacio, entonces las ξ_ν tienen carácter vectorial. Evidentemente tenemos $\frac{d^2x_\nu}{dt^2} = \frac{d^2\xi_\nu}{dt^2}$, de modo que las ecuaciones de movimiento de la partícula pueden escribirse

$$m\frac{d^2\xi_\nu}{dt^2} - X_\nu = 0.$$

Multiplicando esta ecuación por las ξ_ν obtenemos una ecuación tensorial

$$\left(m\frac{d^2\xi_\nu}{dt^2} - X_\nu\right)\xi_\mu = 0.$$

Contrayendo el tensor de la izquierda y promediando en el tiempo obtenemos el teorema del virial, en el que no vamos a insistir. Escribiendo una ecuación similar con los índices intercambiados y restando las dos obtenemos, después de una sencilla transformación, el teorema de los momentos,

$$\frac{d}{dt}\left[m\left(\xi_\mu\frac{d\xi_\nu}{dt} - \xi_\nu\frac{d\xi_\mu}{dt}\right)\right] = \xi_\mu X_\nu - \xi_\nu X_\mu \qquad (15)$$

De esta forma resulta evidente que el momento de un vector no es un vector sino un tensor. Debido a su carácter antisimétrico no hay nueve, sino sólo tres ecuaciones independientes en este sistema. La posibilidad de reemplazar tensores antisimétricos de segundo rango en el espacio de tres dimensiones por vectores depende de la formación del vector

$$A_{\mu} = \tfrac{1}{2} A_{\sigma\tau} \delta_{\sigma\tau\mu}.$$

Si multiplicamos el tensor antisimétrico de rango 2 por el tensor especial antisimétrico δ antes introducido, y contraemos dos veces, resulta un vector cuyas componentes son numéricamente iguales a las del tensor. Éstos son los denominados vectores axiales que se transforman de forma diferente de las Δx_{ν} al pasar de un sistema dextrógiro a un sistema levógiro. Resulta más gráfico considerar un tensor antisimétrico de rango 2 como un vector en el espacio de tres dimensiones, pero esto no representa tan bien la naturaleza exacta de la cantidad correspondiente como considerarlo un tensor.

Consideremos a continuación las ecuaciones de movimiento de un medio continuo. Sea ρ la densidad, u_{ν} las componentes de la velocidad consideradas como función de las coordenadas y del tiempo, X_{ν} las fuerzas de volumen por unidad de masa, y $p_{\nu\sigma}$ las tensiones sobre una superficie perpendicular al eje σ en la dirección de las x_{ν} crecientes. Entonces las ecuaciones de movimiento son, por la ley de Newton,

$$\rho \frac{du_{\nu}}{dt} = -\frac{\partial p_{\nu\sigma}}{\partial x_{\sigma}} + \rho X_{\nu}$$

en donde $\frac{du_{\nu}}{dt}$ es la aceleración de la partícula que en el instante t

tiene las coordenadas x_{ν}. Si expresamos esta aceleración mediante derivadas parciales, obtenemos, después de dividir por ρ,

$$\frac{\partial u_{\nu}}{\partial t} + \frac{\partial u_{\nu}}{\partial x_{\sigma}} u_{\sigma} = -\frac{1}{\rho} \frac{\partial p_{\nu\sigma}}{\partial x_{\sigma}} + X_{\nu} \qquad (16)$$

Debemos demostrar que esta ecuación es válida independientemente de la elección particular del sistema cartesiano de coordenadas. (u_ν) es un vector, y por consiguiente $\frac{\partial u_\nu}{\partial t}$ es también un vector. $\frac{\partial u_\nu}{\partial x_\sigma}$ es un tensor de rango 2, $\frac{\partial u_\nu}{\partial x_\sigma} u_\tau$ un tensor de rango 3. El segundo término de la izquierda resulta de la contracción en los índices σ, τ. El carácter vectorial del segundo término de la derecha es obvio. Para que el primer término de la derecha pueda ser también un vector es necesario que $p_{\nu\sigma}$ sea un tensor. Entonces por diferenciación y contracción resulta $\frac{\partial p_{\nu\sigma}}{\partial x_\sigma}$, que es por consiguiente un vector, y también lo es tras la multiplicación por el escalar recíproco $\frac{1}{\rho}$. Que $p_{\nu\sigma}$ es un tensor, y por consiguiente se transforma según la ecuación

$$p'_{\mu\nu} = b_{\mu\alpha} b_{\nu\beta} p_{\alpha\beta},$$

se demuestra en mecánica integrando esta ecuación sobre un tetraedro infinitamente pequeño. También se demuestra, por aplicación del teorema de los momentos a un paralelepípedo infinitamente pequeño, que $p_{\nu\sigma} = p_{\sigma\nu}$, y con ello que el tensor de tensiones es un tensor simétrico. De todo lo anterior se sigue que, con ayuda de las reglas antes dadas, la ecuación es covariante con respecto a transformaciones ortogonales en el espacio (transformaciones rotacionales); y se hacen también evidentes las reglas de acuerdo con las cuales deben transformarse las cantidades en la ecuación para que ésta se haga covariante.

La covariancia de la ecuación de continuidad

$$\frac{\partial \rho}{\partial t} + \frac{\partial (\rho u_{\nu})}{\partial x_{\nu}} = 0 \qquad (17)$$

no requiere, dado lo anterior, ninguna discusión particular.

También comprobaremos la covariancia de las ecuaciones que expresan la dependencia de las componentes de la tensión respecto de las propiedades de la materia, y estableceremos dichas ecuaciones para el caso de un fluido viscoso compresible con la ayuda de las condiciones de covariancia. Si olvidamos la viscosidad, la presión, p, será un escalar y dependerá solamente de la densidad y la temperatura del fluido. La contribución al tensor de tensiones es entonces

$$p\delta_{\mu\nu}$$

en donde $\delta_{\mu\nu}$ es el tensor simétrico especial. Este término también estará presente en el caso de un fluido viscoso. Pero en este caso habrá también términos de presión, que dependen de las derivadas espaciales de las u_{ν}. Supondremos que esta dependencia es lineal. Puesto que estos términos deben ser tensores simétricos, los únicos que entran serán

$$\alpha \left(\frac{\partial u_{\mu}}{\partial x_{\nu}} + \frac{\partial u_{\nu}}{\partial x_{\mu}} \right) + \beta \delta_{\mu\nu} \frac{\partial u_{\alpha}}{\partial x_{\alpha}}$$

(pues $\frac{\partial u_{\alpha}}{\partial x_{\alpha}}$ es un escalar). Por razones físicas (ausencia de deslizamiento) se supone que para dilataciones simétricas en todas direcciones, i.e. cuando

$$\frac{\partial u_1}{\partial x_1} = \frac{\partial u_2}{\partial x_2} = \frac{\partial u_3}{\partial x_3}; \frac{\partial u_1}{\partial x_2}, \text{ etc.}, = 0,$$

no hay fuerzas de fricción presentes, de lo que se sigue que $\beta = \frac{2}{3}\alpha$. Si sólo $\frac{\partial u_1}{\partial x_3}$ es diferente de cero, sea , por lo que $p_{31} = -\eta\frac{\partial u_1}{\partial x_3}$ está determinado. Entonces obtenemos para el tensor de tensiones completo

$$p_{\mu\nu} = p\delta_{\mu\nu} - \eta\left[\left(\frac{\partial u_\mu}{\partial x_\nu} + \frac{\partial u_\nu}{\partial x_\mu}\right) - \frac{2}{3}\left(\frac{\partial u_1}{\partial x_1} + \frac{\partial u_2}{\partial x_2} + \frac{\partial u_3}{\partial x_3}\right)\delta_{\mu\nu}\right] \qquad (18)$$

El valor heurístico de la teoría de invariantes, que aparece de la isotropía del espacio (equivalencia en todas direcciones), se hace evidente a partir de este ejemplo.

Finalmente, consideremos las ecuaciones de Maxwell en la forma en que son la base de la teoría del electrón de Lorentz.

$$\begin{cases} \frac{\partial h_3}{\partial x_2} - \frac{\partial h_2}{\partial x_3} = \frac{1}{c}\frac{\partial e_1}{\partial t} + \frac{1}{c}i_1 \\ \frac{\partial h_1}{\partial x_3} - \frac{\partial h_3}{\partial x_1} = \frac{1}{c}\frac{\partial e_2}{\partial t} + \frac{1}{c}i_2 \\ . \quad . \quad . \quad . \quad . \\ \frac{\partial e_1}{\partial x_1} + \frac{\partial e_2}{\partial x_2} + \frac{\partial e_3}{\partial x_3} = \rho \end{cases} \qquad (19)$$

$$\left\{\begin{aligned} &\frac{\partial e_3}{\partial x_2} - \frac{\partial e_2}{\partial x_3} = -\frac{1}{c}\frac{\partial h_1}{\partial t} \\ &\frac{\partial e_1}{\partial x_3} - \frac{\partial e_3}{\partial x_1} = -\frac{1}{c}\frac{\partial h_2}{\partial t} \\ &\cdot \quad \cdot \quad \cdot \quad \cdot \\ &\frac{\partial h_1}{\partial x_1} + \frac{\partial h_2}{\partial x_2} + \frac{\partial h_3}{6} = 0 \end{aligned}\right. \tag{20}$$

i es un vector, porque la densidad de corriente se define como la densidad de electricidad multiplicada por el vector velocidad de la electricidad. Según las tres primeras ecuaciones es evidente que también e debe considerarse un vector. Entonces h no puede considerarse un vector.[6] Sin embargo, las ecuaciones pueden interpretarse fácilmente si h se considera un tensor antisimétrico de segundo rango. En consecuencia escribimos h_{23}, h_{31}, h_{12} en lugar de h_1, h_2, h_3, respectivamente. Prestando atención a la antisimetría de $h_{\mu\nu}$, las tres primeras ecuaciones de (19) y (20) pueden escribirse en la forma

$$\frac{\partial h_{\mu\nu}}{\partial x_\nu} = \frac{1}{c}\frac{\partial e_\mu}{\partial t} + \frac{1}{c} i_\mu \tag{19a}$$

$$\frac{\partial e_\mu}{\partial x_\nu} - \frac{\partial e_\nu}{\partial x_\mu} = +\frac{1}{c}\frac{\partial h_{\mu\nu}}{\partial t} \tag{20a}$$

6. Estas consideraciones familiarizarán al lector con las operaciones tensoriales sin las dificultades especiales del tratamiento tetradimensional; consideraciones correspondientes en la teoría de la relatividad especial (interpretación del campo de Minkowski) presentarán entonces menos dificultades.

En contraste con *e*, *h* aparece como una magnitud que tiene el mismo tipo de simetría que una velocidad angular. Las ecuaciones de divergencia toman entonces la forma

$$\frac{\partial e_\nu}{\partial x_\nu} = \rho \tag{19b}$$

$$\frac{\partial h_{\mu\nu}}{\partial x_\rho} + \frac{\partial h_{\nu\rho}}{\partial x_\mu} + \frac{\partial h_{\rho\mu}}{\partial x_\nu} = 0 \tag{20b}$$

La última ecuación es una ecuación tensorial antisimétrica de tercer rango (la antisimetría del primer miembro con respecto a cualquier par de índices puede demostrarse fácilmente si se presta atención a la antisimetría de las $h_{\mu\nu}$). Esta notación es más natural que la usual porque, en contraste con la última, es aplicable a sistemas cartesianos levógiros tanto como a sistemas dextrógiros sin cambio de signo.

V

LA EVOLUCIÓN DE LA FÍSICA (ANTOLOGÍA)

Durante la primera mitad del siglo XX, las teorías cuánticas estaban transformando el paisaje de la física, de manera muy similar a como lo había hecho el electromagnetismo un siglo antes. En *La evolución de la física*, Albert Einstein y Leopold Infeld describen esta revolución desde el ojo del huracán. Hoy nosotros estamos ya tan acostumbrados a términos como «nanotecnología» y «microelectrónica» (tecnologías que no existirían sin la mecánica cuántica), que resulta fácil olvidar el enorme cambio en nuestra comprensión general de las cosas para pensar en términos cuánticos.

En el escenario continuo, una pieza de hierro, por ejemplo, puede tener una masa. En el escenario cuántico, esto muestra ser una ilusión. Cada trozo de hierro contiene un cierto número de átomos, y cada átomo tiene una masa fija. Otro trozo puede sólo diferir del primero por un número entero de átomos y, por tanto, por una masa «cuantificada». Los mismos átomos están hechos de elementos cuantificados todavía menores: protones y neutrones. Y eso no es todo. Unas dos décadas después de la publicación de *La evolución de la física*, Murray Gell-Mann y Kazuhiko Nishijima propusieron que los protones y neutrones estaban hechos de partículas cuantificadas aún más pequeñas conocidas como quarks.

La idea de que las partículas puedan ser divididas sólo un número finito de veces antes de llegar a la escala atómica no era nueva. Tiene sus lejanos orígenes en tiempos de Demócrito y los antiguos atomistas griegos. La solidez de las teorías cuánticas modernas reside más bien en las propiedades adscritas a partículas microscópicas. Mientras a escala humana, normalmente decimos que una partícula tiene una posición y velocidad bien definidas, no podemos realizar estas declaraciones a escala cuántica. En cambio, las partículas se definen por sus ondas de probabilidad. Uno de los ejemplos más extraños de la singularidad asociada a la cuántica proviene de la idea de que antes de la observación mediante un experimento, un electrón no tiene una posición bien definida. Pero al observarlo, lo «forzamos» a un estado particular. Seamos claros, la física cuántica no dice que no *sepamos* la posición antes de la observación, sino que algo como una posición definida... ¡en realidad no existe!

Lo más asombroso es que mientras el mundo microscópico está gobernado por estadísticas, el mundo macroscópico parece gobernado por las leyes de Newton, las cuales son en sí mismas deterministas. ¿Y cómo puede ocurrir esto teniendo en cuenta que, al fin y al cabo, los objetos macroscópicos están hechos de protones, neutrones y electrones? Vemos el mismo efecto al pensar en el aire de una habitación. Mientras las moléculas individuales vuelan al azar, a escala humana parecen mucho más estables. En cierto sentido, la distinción entre las propiedades de una onda y de una partícula de la materia se encuentra sólo como función de la escala física. Las teorías cuánticas demuestran que, en las escalas más pequeñas, las partículas se comportan más y más como una onda, y están gobernadas más y más por las estadísticas.

Sin embargo, esta dualidad onda-partícula (también conocida como dualidad onda-corpúsculo) no sólo existe para objetos como electrones y protones. Isaac Newton originariamente propuso que la luz debía tener propiedades corpusculares, una teoría que fue rechazada en el siglo XIX cuando se observó que la luz exhibía patrones de interferencia, una propiedad característica de las ondas. Finalmente, se vio que la luz poseía ambas propiedades, como las de las ondas de radio y las de las partículas cuantificadas, y que fueron llamadas fotones. La modestia debió de impedir a Einstein señalar que fue su propia interpretación del efecto fotoeléctrico lo que en última instancia ocasionó el moderno punto de vista de entender la luz como partícula. En este experimento, un haz de luz ultravioleta se proyecta en un metal, y como consecuencia se expulsan electrones, un comportamiento típico de partículas. Su artículo de 1905 describiendo este efecto le otorgó el premio Nobel en 1921.

La evolución de la física de Einstein nos adentra en el estatus de la ciencia de principios del siglo XX, incluyendo algún que otro vistazo hacia sus notables contribuciones. Casi setenta años más tarde, a pesar de que sus modelos han sido refinados considerablemente, los físicos todavía siguen gestionando la tormenta de peculiaridades surgida del escenario cuántico del universo.

1
CAMPO Y RELATIVIDAD

EL CAMPO COMO REPRESENTACIÓN

Durante la segunda mitad del siglo XIX, se introdujeron en la física ideas nuevas y revolucionarias, que abrieron el camino a un nuevo punto de vista filosófico, distinto del anterior mecanicista. Los resultados de los trabajos de Faraday, Maxwell y Hertz condujeron al desarrollo de la física moderna, a la creación de nuevos conceptos que constituyeron una nueva imagen de la realidad.

Nos proponemos describir, en las páginas que van a continuación, la revolución producida en la ciencia por esos nuevos conceptos y mostrar cómo ganaron éstos, a su vez, en claridad y fuerza. Trataremos de reconstruir lógicamente la línea de su desarrollo, sin preocuparnos demasiado de su orden cronológico.

Los conceptos nuevos se originaron en el estudio de los fenómenos eléctricos, pero resulta más sencillo introducirlos a través de la mecánica. Sabemos que dos partículas se atraen mutuamente con una fuerza que decrece con el cuadrado de la distancia. Podemos representar este hecho de una manera original como se hace en la figura 1, a pesar de que resulta difícil comprender qué se gana con ello.

El pequeño círculo del gráfico representa el cuerpo atrayente, como, por ejemplo, el Sol. En realidad este diagrama debe imaginarse en el espacio y no como una figura plana. El círculo representa, entonces, una esfera, la del Sol, en nuestro ejemplo. Un cuerpo, el

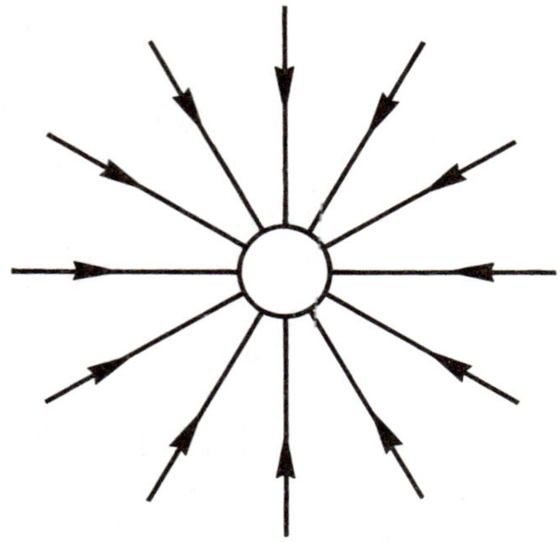

Fig. 1

llamado *cuerpo de prueba,* colocado en un punto próximo al Sol, será atraído según la recta que une los centros de ambos cuerpos. Así, las líneas de la figura 1 indican la dirección de las fuerzas atractivas del Sol correspondientes a distintas posiciones del cuerpo de prueba. La flecha dibujada sobre cada una de las líneas indica que la fuerza es atractiva, es decir, que está dirigida hacia el Sol. Estas rectas se llaman líneas de *fuerza del campo gravitatorio.* Por ahora esto es, simplemente, un nombre, y no existe razón para asignarle mayor importancia. Hay un detalle característico de esta representación que se señalará oportunamente: las líneas de fuerza están trazadas en el espacio vacío. Por el momento, el conjunto total de líneas de fuerza, o, más brevemente, el *campo,* indica, tan sólo, cómo se comportaría un cuerpo de prueba colocado en la proximidad de la esfera, campo que hemos, así, representado.

Las líneas del modelo espacial son siempre perpendiculares a la superficie de la esfera. Dado que esas líneas se reúnen en un punto, el centro de la esfera, es evidente que su densidad es mayor en la proximidad de ella y disminuye a medida que se alejan. Considerando zonas a distancias dobles, triples, etc., de la esfera, la densidad de las líneas en ellas en el modelo espacial, aunque no en nuestro dibujo, se hará cuatro, nueve, etc., veces menor, respectivamente. Luego las líneas de fuerza cumplen una función doble. Por una parte, indican la dirección de la fuerza que actúa sobre un cuerpo colocado en las inmediaciones de la esfera solar y, por otra, su densidad en el espacio señala la variación de la fuerza en relación con la distancia. La representación gráfica del campo, correctamente interpretada, indica, pues, la dirección de la fuerza de gravitación y su variación según la distancia. Esta representación objetiva de la ley de gravitación es tan clara como una buena descripción verbal o como el lenguaje preciso y económico de las matemáticas. La *representación del campo,* como la llamaremos, es clara e interesante, pero no hay razón alguna para creer que represente un progreso real. Resultaría muy difícil, pongamos por caso, probar su utilidad en el caso de la gravitación. Tal vez alguien encuentre útil considerar estas líneas como algo más que una representación, e imagine que las acciones de la fuerza de gravitación se efectúan realmente, mediante tales líneas. Esto puede hacerse, pero entonces la velocidad de dichas acciones a lo largo de las líneas de fuerza debe suponerse infinitamente grande. La fuerza entre dos cuerpos, según la ley de Newton, depende tan sólo de la distancia; el tiempo no interviene en su formulación. ¡La fuerza tiene, pues, que pasar instantáneamente de un cuerpo a otro! Pero como un movimiento con velocidad de transmisión infinita no tiene significado para ninguna persona razonable, la tentativa de transformar nuestra representación en algo más que un modelo auxiliar, no conduce a nada.

No es nuestra intención, sin embargo, discutir ahora el problema de la gravitación. Nos sirvió sólo como introducción, simplificando la explicación de métodos semejantes de razonamiento de la teoría de la electricidad.

Empezaremos con un análisis del experimento que ha creado serias dificultades al punto de vista mecanicista. Recordemos que al establecer una corriente en un conductor circular, en cuyo centro se halla una aguja magnética, aparece una fuerza que actúa sobre el polo magnético perpendicularmente a la línea que une dicho polo con el conductor. Dicha fuerza, originada por una carga móvil, depende de su velocidad según el experimento de Rowland. Estos hechos experimentales contradicen la concepción filosófica según la cual todas las fuerzas debieran depender únicamente de la distancia y actuar en la línea de unión de las partículas entre las que se manifiestan.

La expresión exacta del modo de actuar de una corriente eléctrica sobre un polo magnético es, evidentemente, mucho más complicada que la ley de la gravitación. Sin embargo, es posible visualizar las acciones de dicha fuerza, como lo hicimos en el caso de la fuerza de gravitación. Nuestro problema lo podemos formular así: ¿con qué fuerza actúa la corriente eléctrica sobre un polo magnético colocado en su proximidad?

Resultaría más bien difícil describirla con palabras. Aun con una fórmula matemática, ello sería complicado. Más difícil es representar todo lo que sabemos de esta fuerza en un gráfico, o más bien, en un modelo espacial de líneas de fuerza. Se encuentra cierta dificultad en ello por el hecho de que todo polo magnético existe siempre unido a otro, formando un dipolo. Es posible, no obstante, imaginar una aguja de longitud suficiente para que podamos considerar sólo la fuerza que actúa sobre el polo más próximo a la corriente. El otro polo lo consideramos bastante alejado para que la fuerza que actúa sobre él pueda no tomarse en cuenta. Para evitar ambigüedad, supondremos que el polo magnético colocado cerca del conductor es el positivo.

Las características de la fuerza que actúa sobre dicho polo se pueden deducir de la representación gráfica de la figura 2.

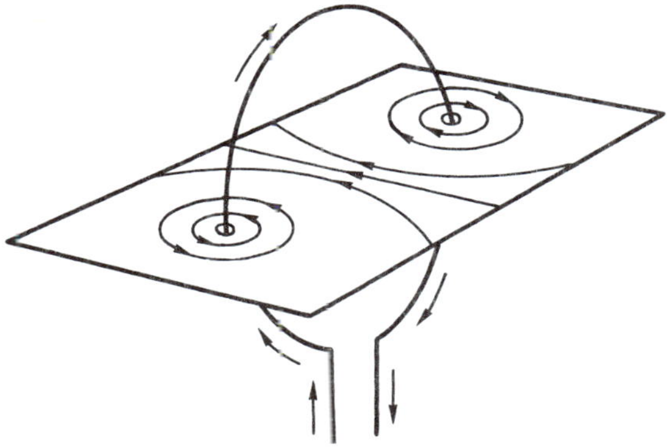

Fig. 2

En esta figura las flechas dirigidas según el conductor indican el sentido de la corriente. Las curvas con flechas, dibujadas sobre el plano de la figura normal al plano del conductor, son las líneas de fuerza. Si las trazamos correctamente, nos dan la dirección del vector fuerza que representa la acción de la corriente eléctrica sobre un polo magnético positivo dado, suministrando, al mismo tiempo, una idea aproximada de su magnitud. Veamos, ahora, cómo se puede obtener de dicha representación la dirección y el sentido de la fuerza en cada punto del espacio.

La regla que nos permite establecer su dirección en el modelo en cuestión, es tan sencilla como la del ejemplo anterior donde las líneas de fuerza eran rectas. En la figura 3 está representada una sola línea de fuerza, con el objeto de hacer más clara la explicación de aquella regla. Consideremos un punto cualquiera de esta línea. El vector fuerza está sobre la tangente a ella en dicho punto, como se ve en la figura. La flecha que indica el sentido de esta fuerza y las flechas de la línea de fuerza están igualmente dirigidas. Queda determinada así la fuerza que actúa sobre el polo magnético, en dirección y sentido. Un gráfico bien hecho o un buen modelo nos dará

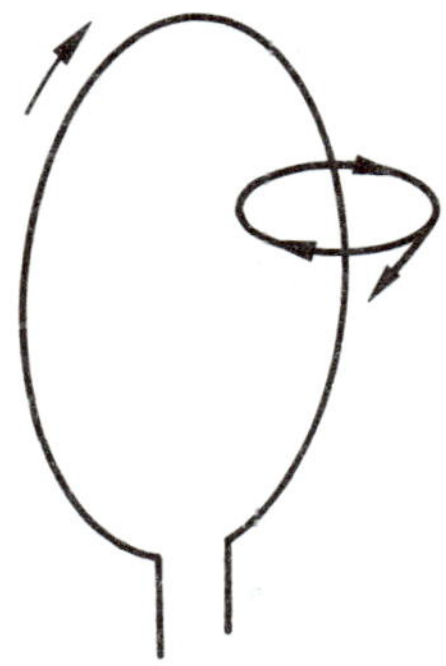

Fig. 3

asimismo una referencia de la longitud de dicho vector en cada punto: es más largo donde las líneas son más densas, es decir, cerca del conductor, y más corto en las regiones de menor densidad de dichas líneas, o sea al alejarnos de aquél.

De esta manera las líneas de fuerza, o, en otras palabras, el campo, nos permiten determinar las fuerzas que actúan sobre un polo magnético en cualquier punto del espacio. Ésta es, por el momento, la única justificación de nuestra compleja construcción del campo. Sabiendo lo que representa, examinemos con más detenimiento las líneas de fuerza del campo correspondiente a una corriente. Estas líneas son circunferencias que rodean al conductor y están sobre un plano perpendicular a él. La fuerza, como se ve en la figura, es tangente a las líneas de fuerza, resultando, de acuerdo con la experiencia, normal a toda recta que una al conductor con el polo, pues la tangente a una circunferencia es siempre perpendicular a su radio. Todo nuestro conocimiento de las fuerzas en cuestión queda así resumido en la construcción del campo correspondiente.

En otras palabras, situamos el concepto de campo entre el de corriente y el de polo magnético, con el objeto de representar de manera sencilla las fuerzas actuantes.

Toda corriente va acompañada de un campo magnético, es decir, que siempre se nota la acción de una fuerza sobre un polo magnético colocado cerca de un conductor por el cual circula una corriente eléctrica. Observemos, de paso, que esta propiedad nos permite la construcción de aparatos sensibles que indiquen la existencia de una corriente eléctrica.

Habiendo aprendido a inferir la naturaleza de las fuerzas magnéticas del modelo del campo, utilizaremos en adelante esta representación con el fin de visualizar la acción de esas fuerzas en las proximidades de cualquier conductor por el que circule una corriente eléctrica. Consideremos, por ejemplo, el caso de una corriente que circula por un solenoide, llamando así a un conductor en forma de espiral, como el de la figura 4. En esta figura se ve la estructura del campo de una corriente solenoidal, obtenido experimentalmente. Las líneas de fuerza son curvas cerradas que rodean al solenoide análogamente a las del campo magnético de una corriente circular.

El campo de una barra magnética puede representarse de la misma manera que el campo de una corriente. Las líneas de fuerza se trazan del polo positivo al negativo (figura 5). El vector fuerza está

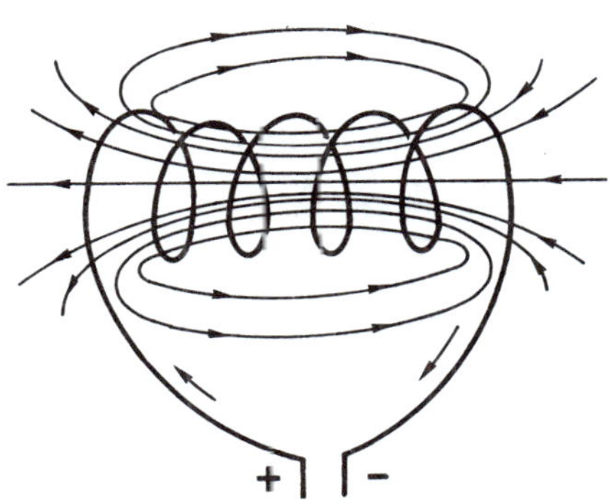

Fig. 4

siempre sobre la tangente a la línea de fuerza y es más largo cerca de los polos porque la densidad de las líneas es máxima en estos puntos. El vector fuerza representa la acción del imán sobre un polo magnético positivo. En este caso la fuente del campo es el imán y no la corriente eléctrica.

Los gráficos de las figuras 4 y 5 deben ser comparados cuidadosamente. En el primero tenemos el campo magnético de una corriente en forma de solenoide; en el segundo, el campo de una barra imantada. Prescindamos del solenoide y del imán y observemos sólo los dos campos exteriores; se nota de inmediato que tienen exactamente el mismo carácter: las líneas de fuerza se dirigen, en ambos, de un extremo a otro del solenoide o de la barra imantada.

¡La representación del campo da aquí un primer fruto! Hubiera sido más bien difícil descubrir la gran similitud entre el campo de un solenoide y el de una barra magnética, si no nos fuera revelada por la construcción del campo.

El concepto de campo puede, ahora, exponerse a una prueba mucho más severa. Enseguida veremos si es algo más que una nueva representación de las fuerzas actuantes. Podríamos razonar así: supongamos, por un momento, que el campo representa de una manera unívoca todas las acciones determinadas por su fuente. Esto es sólo una conjetura, cuyo significado en el caso que tratamos es que,

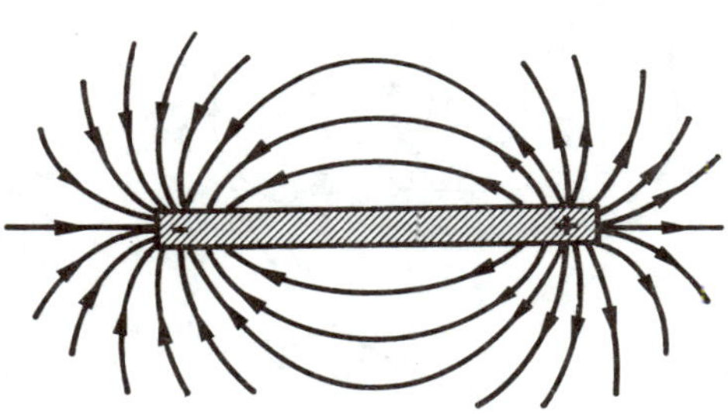

Fig. 5

si un solenoide y una barra imantada tienen un mismo campo, todas sus acciones deben, necesariamente, ser iguales. Ello significa, asimismo, que dos solenoides recorridos por corrientes eléctricas se comportarán como dos barras imantadas atrayéndose o repeliéndose con fuerzas que dependen, exactamente como en el caso de los imanes, de sus posiciones relativas. Debemos esperar, también, que un solenoide y un imán se atraigan o repelan de la misma manera que dos imanes. En resumen, dicha suposición significa que todas las acciones de un solenoide recorrido por una corriente deben ser iguales a las de una barra magnética, ya que sus campos tienen la misma estructura. ¡La experiencia confirma plenamente nuestra conjetura!

¡Qué difícil hubiera sido llegar a estas conclusiones sin el concepto de campo! La expresión de la fuerza que actúa entre un conductor por el cual circula una corriente y un polo magnético es muy complicada. En el caso, por ejemplo, de dos solenoides recorridos por corrientes eléctricas, hubiéramos tenido que realizar una investigación especial para descubrir la forma como actúan entre sí. En cambio, con la ayuda del campo se puede predecir la forma de acción recíproca tan pronto se ha descubierto la similitud entre los campos respectivos.

Tenemos entonces el derecho de considerar el campo como algo mucho más importante de lo que lo consideramos al principio. Las propiedades del campo resultan esenciales para la descripción de los fenómenos que estudiamos: sin importar las diferencias de origen. El concepto de campo revela su importancia al conducirnos al descubrimiento de nuevos hechos.

Este concepto resultó, pues, de gran utilidad. Nació como algo situado entre la fuente y la aguja magnética al tratar de describir la fuerza actuante. Se creyó que era un «agente» de la corriente, mediante el cual ésta transmitía su acción. Pero ahora resulta que el agente actúa como un intérprete, que traduce las leyes a un lenguaje claro y sencillo, fácilmente comprensible.

Este primer éxito de la descripción por intermedio del campo sugiere la conveniencia de considerar indirectamente todas las acciones de imanes, corrientes y cargas eléctricas, es decir, valiéndonos del campo como intérprete. Un campo magnético puede ser considerado como algo que siempre va asociado a una corriente eléctrica. Existe aun en ausencia de un polo magnético que ponga de manifiesto su existencia. Tratemos de desarrollar esta nueva idea de un modo consecuente.

El campo de un conductor cargado puede establecerse de manera análoga a la del campo gravitatorio o a la del de una corriente o el de un imán. Consideremos, otra vez, el caso más simple. Para trazar el campo de una esfera cargada positivamente tenemos que preguntarnos qué clase de fuerzas actúan sobre una pequeña carga positiva que se coloca en la proximidad de la fuente del campo, o sea de la esfera. El hecho de usar un cuerpo de prueba con una carga positiva y no una negativa es cuestión puramente convencional, que nos permite establecer el sentido de las líneas de fuerza, indicado en el diagrama por las flechas dibujadas sobre cada una de

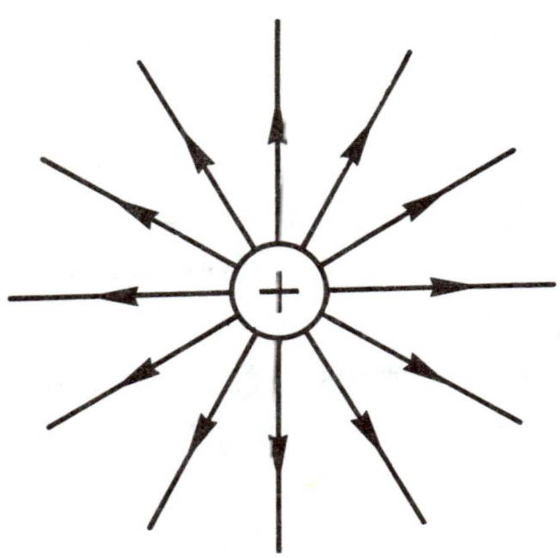

Fig. 6

dichas líneas. El modelo así obtenido es análogo al del campo gravitatorio representado en la figura 1, página 370. A causa de la similitud entre la ley de Coulomb y la ley de Newton, la única diferencia entre ambas representaciones consiste en que las flechas apuntan en direcciones opuestas (véase figura 6), consecuencia, claro está, del hecho de que dos cargas positivas se repelen mientras que dos masas siempre se atraen. Sin embargo, el campo de una esfera con carga negativa será idéntico al campo gravitatorio, pues la pequeña carga positiva de prueba será atraída por la fuente del campo, lo que se representa en la figura 7, que es idéntica a la citada 1.

Si la carga eléctrica y los polos magnéticos están en reposo, no se manifiesta acción alguna entre ellos; es decir, no se atraen ni se repelen. Expresando el mismo hecho por medio del concepto de campo, podemos decir: un campo electrostático no influye sobre un campo magnetostático, y recíprocamente. Las palabras «campo estático» significan un campo que no varía con el tiempo. Los imanes y las cargas eléctricas quedarían en reposo, los unos en la proximi-

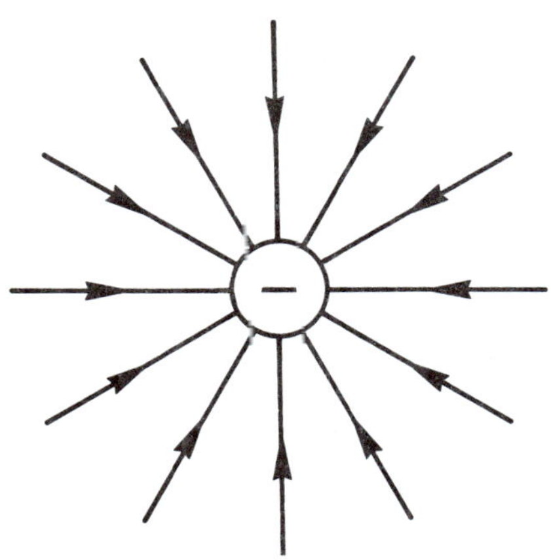

Fig. 7

dad de las otras, eternamente, si no actuaran fuerzas exteriores sobre ellos. Los campos electrostático, magnetostático y gravitatorio son de distinta naturaleza. No se mezclan; cada uno conserva su individualidad aun en presencia de los otros.

Volvamos a la esfera eléctrica que estaba en reposo y supongamos que comienza a moverse por la acción de cierta fuerza externa. En el lenguaje del campo, este hecho se expresa así: el campo de la carga eléctrica varía con el tiempo. Pero una esfera cargada en movimiento es, como ya sabemos por la investigación de Rowland, equivalente a una corriente. Además, toda corriente va acompañada de un campo magnético. Luego, el encadenamiento de nuestro razonamiento es:

carga en movimiento → variación del campo
eléctrico corriente → campo magnético asociado.

De acuerdo con lo que antecede deducimos que *la variación de un campo eléctrico producida por el desplazamiento de una carga eléctrica va siempre acompañada por un campo magnético.*

Esta conclusión se basa en el experimento de Oersted, pero implica mucho más. Sugiere el reconocimiento de que la asociación de un campo eléctrico variable en el tiempo con un campo magnético es esencial para el desarrollo ulterior de nuestro tema.

Mientras una carga eléctrica está en reposo, existe sólo un campo electrostático; pero aparece un campo magnético apenas la carga empieza a moverse. Se puede afirmar más aún: el campo magnético creado por el movimiento de una carga eléctrica será más intenso si la carga es mayor y si se desplaza más rápidamente. Esto es también una consecuencia, ya citada, del trabajo de Rowland. Una vez más recurriendo al lenguaje del campo podemos decir: cuanto más rápida sea la variación del campo eléctrico, tanto más intenso será el campo magnético engendrado.

Hemos tratado aquí de traducir hechos comunes, del lenguaje de los fluidos eléctricos ideados según el viejo punto de vista mecanicista al nuevo lenguaje del campo. Más adelante veremos qué claro, instructivo y de largo alcance es este nuevo lenguaje.

LOS DOS PILARES DE LA TEORÍA DEL CAMPO

«La variación de un campo eléctrico crea un campo magnético.» Si intercambiamos las palabras «magnético» y «eléctrico», esta afirmación se transforma en la siguiente: «La variación de un campo magnético crea un campo eléctrico.» Sólo el experimento puede decidir si esto último es cierto o no. La idea de formular este problema es sugerida por el uso del lenguaje del campo.

Hace precisamente cien años que Faraday llevó a cabo un experimento que lo condujo al gran descubrimiento de las corrientes inducidas.

La demostración de su producción es sencilla. Necesitamos para ello, solamente, un solenoide o algún otro circuito, una barra imantada y uno de los muchos tipos de aparatos indicadores de corriente eléctrica. Para empezar supongamos en reposo la barra imantada colocada en la proximidad del solenoide que forma un circuito cerrado, como se representa en la figura 8. Por el solenoide no circula corriente alguna, pues no hay ninguna fuente. Existe solamente el campo magnetostático de la barra imantada. Ahora acerquemos o alejemos rápidamente el imán del solenoide. Se nota, al instante, la aparición en el solenoide, de una corriente de corta duración. Y otra vez que la posición del imán varíe, reaparecerá la corriente, como puede demostrarse con un aparato suficientemente sensible. Pero una corriente, desde el punto de vista de la teoría del campo, significa la existencia de un campo eléctrico que fuerza el desplazamien-

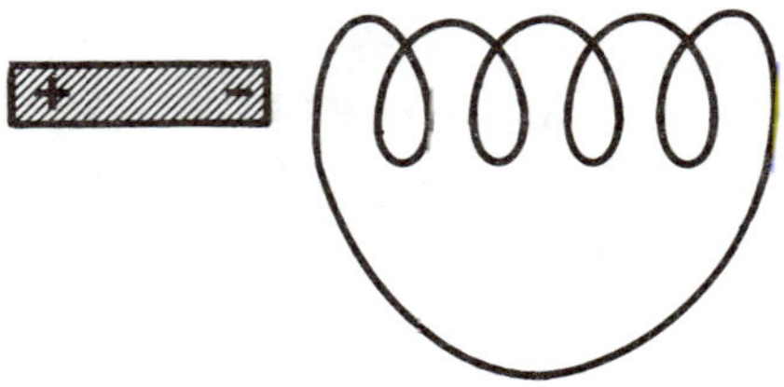

Fig. 8

to de la electricidad a través del conductor. La corriente —y por lo tanto, también, el campo eléctrico— desaparece cuando el imán vuelve al estado de reposo.

Imaginemos, por un momento, no tener la noción de campo y tratemos de describir cualitativa y cuantitativamente los resultados del experimento de Faraday con los conceptos mecánicos anteriores a la introducción de aquél. Dicho experimento muestra que por el movimiento de un dipolo magnético se crea una nueva fuerza que hace desplazar los fluidos eléctricos en el conductor. La segunda cuestión sería ésta: ¿de qué depende esta fuerza? Para poder responder a esta pregunta tendríamos que investigar su dependencia respecto de la velocidad y de la forma del imán, así como de la forma de circuito. Además, este experimento, interpretado con el lenguaje mecanicista, no da ningún indicio sobre si una corriente inducida puede ser originada por el movimiento de otro circuito por el cual circula una corriente eléctrica, en lugar de ser originada por el movimiento de una barra imantada.

El asunto cambia de aspecto si nos valemos del concepto del campo y confiamos, una vez más, en el principio de que la fuerza está exclusivamente determinada por aquél. Se ve así, en el acto, que un solenoide por el cual circula una corriente producirá el mismo efecto que una barra imantada. En la figura 9 se ven dos solenoides, uno pequeño a través del cual circula una corriente, y otro mayor, en el cual se evidenciará la corriente inducida al mover el primero, como efectivamente se puede comprobar. Por otro lado, en lugar de desplazar dicho solenoide, se puede crear y anular el campo magnético al crear y anular la corriente, esto es, al cerrar y abrir el circuito eléctrico de dicho campo. Una vez más, nuevos hechos sugeridos por la teoría del campo resultan confirmados por la experiencia.

Consideremos un ejemplo sencillo. Supongamos un conductor cerrado y un campo magnético en su vecindad. No nos interesa saber si el origen de este campo magnético es un circuito eléctrico o un imán. La figura 10 muestra el circuito supuesto y las líneas de fuerza magnética. La descripción cualitativa y cuantitativa de los fenómenos de inducción es sencilla en el lenguaje del campo. Como se ve en la figura, algunas de las líneas de fuerza pasan por la superficie que limita al conductor. Las líneas de fuerza que debemos tener en cuenta son las que cortan la superficie enmarcada por el conductor. Cualquiera que sea la intensidad del campo magnético, no habrá manifestación de corriente inducida en tanto aquél no experimente alguna variación. Pero, apenas varía el número de líneas de fuerza que atraviesan la superficie considerada, se manifiesta, enseguida, una corriente inducida en el conductor que enmarca dicha superficie. La corriente se establece, pues, por el cambio del número de líneas de fuerza que cortan aquella superficie, indepen-

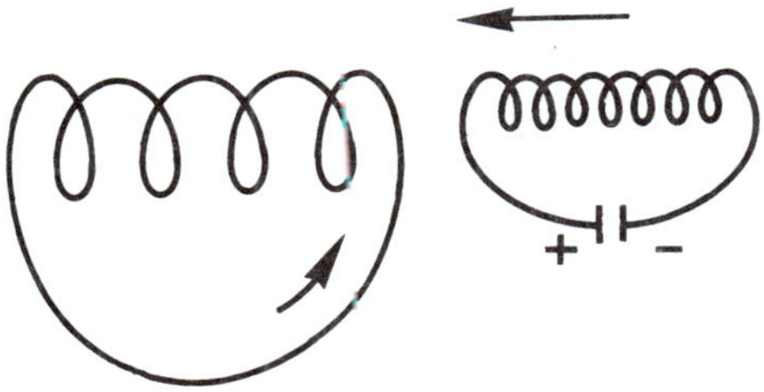

Fig. 9

dientemente de la causa de la variación de dicho número. Este cambio del número de líneas de fuerza es el único concepto esencial para la descripción cualitativa y cuantitativa de la corriente inducida. «El número de líneas cambia» quiere decir que la densidad de las líneas varía y esto, recordemos, significa que la intensidad del campo se modifica.

Los puntos principales de la ilación de nuestro razonamiento son, pues, éstos: variación del campo magnético ⟶ corriente inducida ⟶ desplazamiento de carga ⟶ existencia de un campo eléctrico. Luego: *la variación de un campo magnético va acompañada por un campo eléctrico.*

Hemos encontrado, así, los dos pilares más importantes sobre los cuales se apoya la teoría de los campos eléctricos y magnéticos. Constituye el primer pilar la relación que existe entre un campo eléctrico variable y el campo magnético, la cual tiene su origen en el experimento de Oersted sobre la desviación de una aguja magnética por una corriente eléctrica y que condujo a la conclusión: *la variación de un campo eléctrico va acompañada por un campo magnético.*

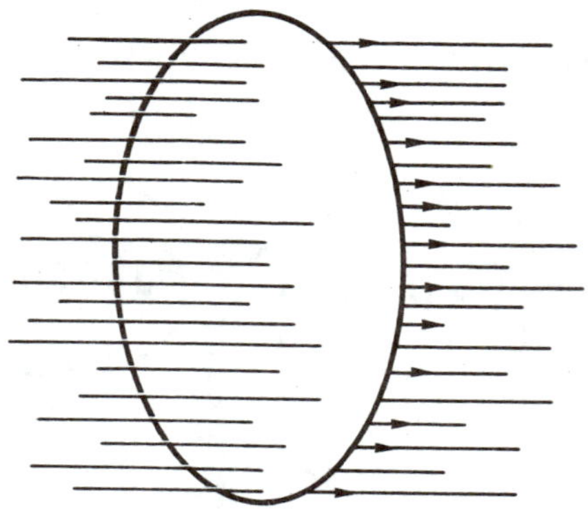

Fig. 10

El segundo pilar es la relación que existe entre un campo magnético variable y una corriente inducida, de acuerdo con la experiencia de Faraday.

Entre los dos dieron el fundamento para la formulación cuantitativa de la teoría que nos ocupa.

El campo eléctrico que acompaña a un campo magnético variable aparece como algo real. Ya tuvimos que suponer la existencia del campo magnético de una corriente, en ausencia del polo de prueba. Igualmente debemos sostener, aquí, la existencia del campo eléctrico, aun en ausencia del conductor que nos sirvió para poner de manifiesto la corriente inducida. De hecho los dos pilares que han servido para estructurar nuestra teoría pueden reducirse a uno: el que se basa en el experimento de Oersted. En efecto, el resultado del experimento de Faraday puede inferirse del de Oersted y del principio de conservación de la energía. Se usa la estructuración basada en los dos pilares porque es más clara y económica.

Hemos de mencionar, a continuación, otra consecuencia que resulta de la concepción del campo. Supongamos un circuito por el cual circula una corriente eléctrica que tiene como fuente, por ejemplo, una pila voltaica. Cortemos rápidamente la conexión entre el circuito y la batería. Hemos anulado, con ello, la corriente. Pero, durante el corto tiempo que dura el proceso de interrupción, se produce otro proceso complicado que pudo haberse previsto con la teoría del campo. En efecto, antes de la interrupción de la corriente existía un campo magnético en la proximidad del conductor, que desapareció al anularse la corriente. En otras palabras, interrumpiendo una corriente hemos hecho desaparecer un campo magnético. El número de líneas de fuerza que atravesaban la superficie que limita el conductor cerrado cambia, en consecuencia, rápidamente. Pero tal variación, cualquiera que sea la forma de producirla, debe crear una corriente inducida. Como lo que en realidad importa es la magnitud del cambio, cuanto más rápido sea éste, más intensa ha de ser la corriente inducida. Esta consecuencia es otra prueba para la teoría. La interrupción de una corriente (apertura del circuito) debe ir acompañada por la aparición de una corriente inducida momentánea e intensa. La experiencia confirma de nuevo esta predicción. Quien haya interrumpido alguna vez una corriente eléctrica, habrá notado, probablemente, la aparición de una chispa o un arco. Esto revela la aparición de una gran diferencia de potencial, causada por el cambio rápido del campo magnético.

El mismo proceso puede interpretarse desde un punto de vista distinto, el de la energía. En efecto, desapareció un campo magnético y apareció una chispa. Una chispa representa energía; luego, también el campo magnético representa energía.

Para ser consecuentes con el concepto de campo magnético debemos considerarlo como un depósito de energía. Sólo así podremos describir los fenómenos eléctricos y magnéticos de acuerdo con el principio de la conservación de la energía.

Empleado al principio como una representación auxiliar, el campo se ha hecho cada vez más real. Nos ayudó a explicar fenómenos conocidos y nos condujo al descubrimiento de nuevos hechos. El atribuirle energía al campo ha significado un progreso importante en la evolución de la física que al mismo tiempo que extendía, cada vez más, el concepto de campo, dejaba de lado los de sustancia, tan esenciales a la interpretación mecanicista.

LA REALIDAD DEL CAMPO

La descripción cuantitativa, matemática, de las leyes del campo está sintetizada en las llamadas ecuaciones de Maxwell. Los hechos hasta ahora citados condujeron a la obtención de estas ecuaciones, pero su contenido es mucho más rico. Su forma simple disimula su profundidad revelada sólo tras un estudio cuidadoso.

La formulación de estas ecuaciones es el acontecimiento más importante de la física desde el tiempo de Newton, no sólo por la riqueza de su contenido, sino porque representan un modelo o patrón para un nuevo tipo de ley.

Lo típico de las ecuaciones de Maxwell, común a todas las otras ecuaciones de la física moderna, se resume en una frase: Las ecuaciones de Maxwell son leyes que representan *la estructura* del campo.

¿Por qué difieren las ecuaciones de Maxwell, en forma y carácter, de las ecuaciones de la mecánica clásica? ¿Qué quiere decir que estas ecuaciones describen la estructura del campo? ¿Cómo es posible que de los resultados de las experiencias de Oersted y Faraday podamos formular un nuevo tipo de ley, que resulte tan importante para el desarrollo ulterior de la física?

Hemos visto ya, según la experiencia de Oersted, cómo alrededor de un campo eléctrico variable se enrolla un campo magnético. Hemos visto, también, según la experiencia de Faraday, cómo alrededor de un campo magnético variable se enrosca un campo eléctrico. Para dar una idea de algunos de los rasgos característicos de la teoría de Maxwell, fijemos momentáneamente nuestra atención en una de dichas experiencias; sea ésta, la de Faraday. En la figura 11 repetimos el esquema correspondiente a una corriente inducida por un campo magnético variable. Ya sabemos que aparece una corriente inducida cuando varía el número de líneas de fuerza que pasan por la superficie limitada por el conductor. Es decir, aparecerá tal corriente si varía el campo magnético o si se deforma o se desplaza el circuito, o dicho de otra manera, si el número de líneas de fuerza que atraviesan la superficie se modifica, sin importar la manera como se ha originado esa modificación. Tener en cuenta todas esas posibilidades y sus influencias específicas nos llevaría necesariamente a una teoría muy complicada. ¿Será posible simplificar el problema? Tratemos de eliminar de nuestras consideraciones toda referencia a las características del circuito, como su forma, su longi-

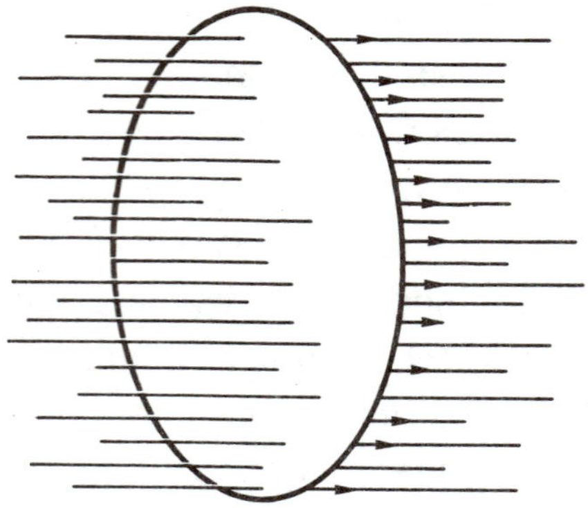

Fig. 11

tud o la superficie que abarca el conductor. Imaginemos que el circuito de nuestra última figura disminuye gradualmente de tamaño hasta convertirse en un circuito pequeñísimo que encierra un punto del espacio. En este caso todo lo concerniente a forma y tamaño del mismo pierde importancia para nuestras consideraciones y obtenemos en el límite leyes que relacionan, en un instante dado, las variaciones de un campo magnético y de un campo eléctrico, en un punto arbitrario del espacio.

Éste es uno de los pasos fundamentales que conducen a las ecuaciones de Maxwell. Se trata, otra vez, de un experimento ideal que consiste en repetir con la imaginación la experiencia de Faraday, con un circuito que reduce gradualmente su tamaño hasta convertirse en un punto. Debiéramos llamarlo, sin embargo, medio paso, más bien que un paso entero. En efecto, hasta ahora nos hemos fijado tan sólo en la experiencia de Faraday, pero el otro pilar de la teoría del campo, basado en la experiencia de Oersted, debe también ser tenido en cuenta. En esta experiencia las líneas magnéticas se enroscan alrededor de la corriente. Reduciendo a un punto las líneas circulares de fuerza magnética, damos la segunda mitad del paso;

el paso completo conduce, entonces, a una relación entre las variaciones de los campos magnéticos y eléctricos, en un punto arbitrario del espacio y en un instante cualquiera del tiempo.

Es necesario dar aún otro paso esencial. Según la experiencia de Faraday, tiene que haber un conductor que revele la existencia del campo eléctrico, igual que resulta indispensable la presencia de un polo o de una aguja magnética para probar la existencia del campo magnético en la experiencia de Oersted. La nueva concepción teórica de Maxwell va más allá de los resultados de dichos experimentos. El campo eléctrico y magnético, o, en una palabra, el campo *electromagnético* es, en la teoría de Maxwell, algo real. El campo eléctrico es creado por un campo magnético variable independientemente de la existencia de un conductor, y se crea un campo magnético por un campo eléctrico variable, haya o no un polo magnético.

En resumen, los dos pasos esenciales que conducen a la formulación de las leyes de Maxwell son: el primero, considerar que las líneas de fuerza del campo magnético que envuelven a la corriente y al campo eléctrico variables en las experiencias de Oersted y Rowland, se achican hasta reducirse a un punto, y que en la experiencia de Faraday, las líneas circulares del campo eléctrico, que envuelven al campo magnético variable, se han reducido también a un punto. El segundo consiste en la concepción del campo como algo real; el campo electromagnético una vez creado existe, actúa y varía según las leyes de Maxwell. Concluyendo, repetimos que las ecuaciones de Maxwell describen la estructura del campo electromagnético; su validez se extiende a todo el espacio contrariamente a las leyes de tipo mecánico, que valen tan sólo para aquellos lugares donde haya materia o cargas eléctricas o magnéticas.

Recordemos que en la mecánica, conociendo la posición y la velocidad de una partícula en un instante dado y las fuerzas actuantes, se puede calcular de antemano toda la trayectoria que describirá en el futuro dicha partícula. En la teoría de Maxwell, si conocemos el campo en un solo instante, se puede deducir de las ecuaciones de la teoría cómo variará todo el campo, en el espacio y el tiempo. Las ecuaciones de Maxwell nos permiten seguir la historia del campo, al igual que las ecuaciones de la mecánica nos permiten seguir la historia de las partículas materiales.

Hay otra diferencia esencial entre las leyes de la mecánica y las leyes de Maxwell. Una comparación entre la ley de la gravitación de Newton y las leyes del campo de Maxwell hará resaltar algunos de los caracteres distintivos de estas últimas.

Con la ayuda de las leyes de la mecánica, y teniendo en cuenta la fuerza que actúa entre el Sol y la Tierra, se puede deducir la forma del movimiento de ésta alrededor del primero. Las leyes de la mecánica relacionan el movimiento de la Tierra con la acción del lejano Sol. El Sol y la Tierra, aunque tan distantes entre sí, son los dos actores en el juego de las fuerzas.

En la teoría de Maxwell no hay actores materiales. Las ecuaciones matemáticas de esta teoría expresan las leyes que rigen el campo electromagnético. No relacionan, como las leyes de Newton, dos sucesos distantes; no reconocen la «acción a distancia». El campo «aquí» y «ahora» depende del campo que había en el entorno inmediato en un instante inmediatamente anterior. Las ecuaciones permiten predecir lo que pasará un poco más allá de un cierto lugar del espacio, un instante después, si conocemos lo que pasa «ahora» y «aquí». Estas ecuaciones permiten ampliar nuestro conocimiento del campo paso a paso, relacionando así, por un gran número de pequeños pasos, fenómenos distantes ocurridos en tiempos distintos. En cambio, en la teoría de Newton, la relación entre sucesos distantes, se efectúa mediante pocos y grandes saltos. Los resultados de las experiencias de Faraday y Oersted pueden ser deducidos de las ecuaciones de Maxwell, pero tan sólo por la suma o reunión de pequeños pasos o efectos a lo largo del conductor, cada uno de los cuales está determinado por las leyes electromagnéticas.

Un estudio matemático cuidadoso de las ecuaciones de Maxwell muestra que es posible sacar de ellas conclusiones nuevas y realmente inesperadas; estas conclusiones, a las que se llega por todo un encadenamiento lógico, son de carácter cuantitativo y permiten someter toda la teoría a una prueba decisiva.

Imaginemos nuevamente un experimento ideal. Una pequeña esfera cargada eléctricamente es forzada por cierta influencia exterior a oscilar rápida y rítmicamente como un péndulo. Teniendo en cuenta nuestro conocimiento de las variaciones del campo, ¿qué es lo que pasará y cómo lo describiremos en el lenguaje del campo? La oscilación de la carga produce un campo eléctrico variable. Éste viene siempre acompañado por un campo magnético variable. Si se coloca en su proximidad un conductor que forma un circuito cerrado, entonces el campo magnético variable inducirá en éste una corriente eléctrica. Todo esto es sencillamente la repetición de hechos conocidos, pero el estudio de las ecuaciones de Maxwell da una comprensión más profunda del problema de la carga eléctrica oscilante. Por deducciones matemáticas de las ecuaciones de Maxwell podemos llegar al conocimiento del carácter del campo que envuelve a la carga oscilante, su estructura y su variación con el tiempo. El resultado de tal deducción es la onda *electromagnética*. La energía irradiada por la carga oscilante viaja por el espacio con una velocidad definida; pero una transferencia de energía, es decir, el desplazamiento de un estado del medio, es característico a todos los fenómenos ondulatorios.

Hemos considerado ya distintos tipos de ondas: la onda longitudinal, causada por una esfera pulsante, que consiste en la propagación de variaciones de densidad a través del medio, y la onda transversal, que se propaga en un medio tipo gelatina, como una deformación causada por la rotación de la esfera en su seno. ¿Qué clase de variaciones son las que se propagan en el caso de la onda electromagnética? ¡Variaciones del campo electromagnético! En efecto, todo cambio de un campo eléctrico produce un campo magnético; toda variación de este último origina un campo eléctrico; y así sucesivamente. Como el campo representa energía, estas variaciones, al propagarse en el espacio con una velocidad determinada, producen una onda. Las líneas de fuerza eléctrica y magnética están siempre, según se deduce de la teoría, en planos perpendiculares a la dirección de propagación. La onda producida es, pues, transversal. Las características originales de la imagen del campo que nos formamos a partir de los experimentos de Oersted y Faraday son aún valederas, pero ahora vemos que esa imagen tiene un significado más profundo.

La onda electromagnética se desplaza en el vacío. Esto es también una consecuencia de la teoría. Si la carga oscilante cesa repentinamente en su movimiento, entonces su campo se hace electrostático. Pero la serie de ondas, creadas por la oscilación, continúa propagándose. Las ondas tienen una existencia independiente y la historia de sus variaciones puede ser seguida exactamente como la de cualquier objeto material.

Se comprende que nuestra imagen de una onda electromagnética, desplazándose con una cierta velocidad en el espacio y variando en el tiempo, es una consecuencia de las ecuaciones de Maxwell, pues éstas describen la estructura del campo electromagnético en todo punto del espacio y en todo instante.

Hay otro problema muy importante. ¿Con qué velocidad se propaga la onda electromagnética en el vacío? La teoría, con la ayuda de los datos de ciertas experiencias sencillas, que no tienen nada que ver en la propagación de las ondas, da una contestación precisa: *la velocidad de una onda electromagnética es igual a la velocidad de la luz.*

Las experiencias de Oersted y Faraday constituyeron la base sobre la cual se edificaron las leyes de Maxwell. Todos los resultados obtenidos hasta el presente proceden del estudio cuidadoso de estas leyes, expresadas en el lenguaje del campo. El descubrimiento teórico de las ondas electromagnéticas, que se propagan con la velocidad de la luz, es uno de los mayores logros de la historia de la ciencia.

La experiencia ha confirmado la predicción de la teoría. Hace unos cien años probó Hertz, por primera vez, la existencia de ondas electromagnéticas y confirmó, experimentalmente, que su velocidad es igual a la de la luz. Actualmente, con la generalización de la radiotelefonía, millones de personas comprueban la emisión y recepción de ondas electromagnéticas. Sus aparatos que detectan la presencia de ondas, a miles de kilómetros de las fuentes emisoras, son mucho más complicados que los usados por Hertz, que tan sólo denotaban la existencia de ondas a pocos metros de la fuente.

CAMPO Y ÉTER

La onda electromagnética es transversal y se propaga con la velocidad de la luz en el vacío. El hecho de la igualdad de esas velocidades sugiere la existencia de una estrecha relación entre los fenómenos electromagnéticos y la óptica.

Cuando tuvimos que elegir entre la teoría corpuscular y la teoría ondulatoria nos decidimos en favor de esta última. La difracción de la luz fue el argumento más poderoso para tomar esta decisión. No contradecimos ninguna de las explicaciones de los hechos ópticos suponiendo que *la onda luminosa es una onda electromagnética.* Por el contrario, se pueden deducir aún otras conclusiones adoptando esta hipótesis. Si esto es así, debe existir cierta conexión entre las propiedades ópticas y eléctricas de la materia, que puede ser deducida de la teoría. El hecho de que conclusiones de este tipo hayan podido realmente ser deducidas y que hayan sido confirmadas por la experiencia es una razón de peso en favor de la teoría electromagnética de la luz.

Esta consecuencia importante se debe a la teoría del campo. Dos ramas de la ciencia aparentemente sin relación son abarcadas por una misma teoría. Las mismas ecuaciones de Maxwell contienen la descripción de la inducción electromagnética y de la refracción óptica. Si el objeto de la ciencia es explicar todos los fenómenos acaecidos o que puedan ocurrir con la ayuda de una teoría, entonces la fusión de la óptica y de la electricidad es indudablemente un gran paso hacia delante. Desde el punto de vista físico, la única diferencia entre una onda electromagnética común y una onda luminosa está en su longitud de onda: ésta es muy pequeña para las ondas luminosas y grande para las ondas electromagnéticas ordinarias.

El clásico punto de vista mecanicista trataba de reducir todos los sucesos de la naturaleza a fuerzas que actuaban entre partículas materiales. En este punto de vista mecanicista se basaba la primera e ingenua teoría de los fluidos eléctricos. El campo no existía para el físico de principios del siglo XIX. Para él, tan sólo la sustancia y sus cambios eran lo real. Trató de describir la acción de dos cargas eléctricas sólo con la ayuda de conceptos que se referían directamente a esas dos cargas. El concepto de campo fue, en un principio, sólo un medio para facilitar la explicación de los fenómenos eléctricos desde un punto de vista mecánico. En el nuevo lenguaje del campo, es la descripción del campo entre las cargas, y no las cargas mismas, lo esencial para comprender la acción de las últimas. El valor de los nuevos conceptos se elevó gradualmente, llegando el campo a adquirir primacía sobre la sustancia. Se comprendió que algo de trascendental importancia se había producido en la física. Una nueva realidad fue creada, un concepto nuevo para el cual no había lugar en la descripción mecanicista. Lentamente, y a través de una verdadera lucha, el concepto de campo alcanzó un lugar de privilegio en la física y ha continuado siendo uno de los conceptos básicos de la misma. El campo electromagnético es para el físico moderno tan real como la silla sobre la cual se sienta.

Sería falso considerar que el nuevo punto de vista del campo libró a la ciencia de los errores de la teoría anterior de los fluidos eléctricos y que la nueva teoría destruye las adquisiciones de la teoría abandonada. La teoría nueva muestra tanto los méritos como las limitaciones de la anterior, y nos permite reconsiderar los viejos conceptos desde un nivel más elevado. Esto es cierto no solamente para las teorías de los fluidos eléctricos y del campo, sino también para todos los casos en que se modifiquen las teorías físicas, por más revolucionarias que parezcan estas modificaciones. En nuestro caso todavía encontramos el concepto de carga eléctrica en la teoría de Maxwell, a pesar de que la carga es aquí considerada únicamente como fuente del campo eléctrico. La ley de Coulomb es válida y está contenida en las ecuaciones de Maxwell, de las que puede ser deducida como una de tantas consecuencias. Podemos aplicar aún la vieja teoría cuando son investigados hechos que caen en la región de su validez, sin olvidar que también estos fenómenos son interpretados por la teoría nueva.

Buscando un símil no podríamos decir que crear una nueva teoría es algo análogo a echar abajo una casucha y erigir en su lugar un rascacielos. Es más bien algo parecido a escalar una montaña ganando nuevos y más amplios horizontes, descubriendo senderos inesperados entre nuestro punto de partida y sus hermosos alrededores. Pero el punto de partida sigue existiendo y puede ser observado, aunque aparece más pequeño, formando una parte reducida de nuestro amplio paisaje, adquirido venciendo los poderosos obstáculos encontrados en nuestra aventurera ascensión.

Pasó ciertamente un tiempo largo hasta que fue valorado todo el contenido de la teoría de Maxwell. Al principio se consideró el campo como algo que pudiera más tarde ser interpretado mecánicamente, con la ayuda del éter. Con el pasar del tiempo se vio que esto no era posible; las adquisiciones de la teoría del campo alcanzaron una importancia demasiado grande como para abandonarla por el dogma mecanicista. Por otra parte, el problema de idear un modelo mecánico del éter resultó cada vez más descorazonador a causa de la necesidad de aceptar, en los distintos intentos de solucionarlo, suposiciones forzadas y artificiosas.

Nuestra única salida parece ser la de dar por sentado el hecho de que el espacio tiene la propiedad física de transmitir ondas electromagnéticas y no preocuparnos demasiado del significado de esta afirmación. Podemos aún usar la palabra éter, pero sólo para expresar esta propiedad del espacio. El vocablo éter ha cambiado muchas veces de significado durante el desarrollo de la ciencia; ya no representa un medio formado por partículas. Su historia, de ninguna manera terminada, se continúa en la teoría de la relatividad.

EL ANDAMIAJE MECÁNICO

Al llegar a este punto de nuestra exposición debemos volver al principio de inercia de Galileo.

> Todo cuerpo permanece en su estado de reposo o de movimiento uniforme y rectilíneo, a menos que obren sobre él fuerzas exteriores que le obliguen a modificarlo.

Entendida la idea de inercia, uno se pregunta: ¿qué más puede decirse al respecto? Aun cuando este problema ha sido ya discutido cuidadosamente, no está agotado en modo alguno.

Imaginemos a un científico serio que cree que el principio de inercia puede ser comprobado experimentalmente. Con tal objeto impulsa pequeñas esferas sobre un plano horizontal, tratando en lo posible de eliminar el rozamiento, y nota que el movimiento se hace más uniforme a medida que la mesa y las esferas se hacen más pulidas. En el preciso momento en que está por proclamar el principio de inercia alguien resuelve jugarle una broma pesada.

Nuestro físico trabaja en un laboratorio sin ventanas y sin comunicación alguna con el exterior. El bromista instala un mecanismo que puede hacer girar la sala de trabajo alrededor de un eje que pasa por su centro. Apenas comienza la rotación el físico adquiere nuevas e inesperadas experiencias. Las esferas que tenían un movimiento uniforme empiezan repentinamente a alejarse del centro de la sala. El mismo físico siente una fuerza extraña que lo empuja hacia la pared, es decir, experimenta la misma sensación que tenemos al describir rápidamente una curva, viajando en tren o en coche, o cuando estamos montados en un tiovivo. Todos sus resultados anteriores se desmoronan por completo.

Nuestro físico tendrá que descartar, junto con el principio de inercia, todas las leyes mecánicas. El principio de inercia era su punto de partida; si éste no vale, tampoco valdrán todas las conclusiones posteriores. Un observador, recluido toda su vida en la sala giratoria, y obligado por lo tanto a realizar en ella todas sus experiencias, llegaría a leyes de la mecánica diferentes de las nuestras. Si, por otra parte, entra en el laboratorio con un profundo conocimiento y una firme creencia en los principios de la física, su explicación de la aparente bancarrota de las leyes de la mecánica se basará en la suposición de que la habitación gira. Con experiencias mecánicas apropiadas el investigador podría determinar, inclusive, cómo gira la sala.

¿Por qué nos interesamos tanto por el observador en su laboratorio giratorio? Sencillamente porque nosotros, en nuestra Tierra, estamos en cierto sentido en las mismas condiciones. Desde el tiempo de Copérnico sabemos que la Tierra gira sobre su eje en su movimiento alrededor del Sol. Aun cuando esta simple idea, tan clara para todo el mundo, no haya permanecido intacta durante el progreso de la ciencia, dejémosla por ahora y aceptemos el punto de vista de Copérnico. Si nuestro observador en la sala giratoria no pudo confirmar las leyes de la mecánica, debiera pasarnos lo mismo a nosotros, sobre la Tierra; pero la rotación de la Tierra es comparativamente lenta, por lo cual el efecto no es muy pronunciado. No obstante, hay varios hechos que indican una pequeña desviación de las leyes de la mecánica, y la concordancia de estas discrepancias entre sí puede ser considerada precisamente como una prueba de la rotación de la Tierra.

Desafortunadamente, es imposible colocarnos entre la Tierra y el Sol, para probar la validez exacta del principio de inercia y tener una visión de la rotación de la Tierra. Esto se puede realizar únicamente en la imaginación. Todas nuestras experiencias tienen que ser realizadas sobre la Tierra.[1] Este hecho se expresa a menudo más científicamente diciendo: *la Tierra es nuestro sistema de coordenadas.*

Para ver más claramente el significado de estas palabras, tomemos un ejemplo sencillo. Teniendo en cuenta las leyes de la caída de los cuerpos se puede predecir la posición, en cualquier instante, de una piedra arrojada desde una torre y confirmar esa predicción experimentalmente. Si se coloca al lado de la torre una escala métrica es posible, de acuerdo al párrafo anterior, predecir con qué punto de la escala coincidirá el cuerpo, en cualquier instante de su caída. La torre y la escala no deben estar hechas, evidentemente, de goma o de ningún otro material que pueda sufrir variaciones durante la experiencia. En realidad, todo lo que necesitamos, en prin-

1. Esto ya no es tan cierto en la actualidad, después de que se ha visitado la Luna y se han enviado sondas espaciales a otros astros del sistema solar.

cipio, para realizar nuestra experiencia, es una escala perfectamente rígida y un buen reloj. En posesión de estos elementos podemos ignorar no sólo la arquitectura de la torre, sino hasta su presencia. Las condiciones citadas son triviales y no se encuentran especificadas usualmente en las descripciones de tales experiencias. Este análisis nos muestra cuántas suposiciones implícitas subyacen a la más simple de nuestras afirmaciones. En el presente ejemplo suponíamos la existencia de una barra rígida y de un reloj ideal, sin los cuales sería imposible comprobar la ley de Galileo de la caída de los cuerpos. Con estos aparatos físicos, simples pero fundamentales, una barra y un reloj, nos es posible confirmar esta ley mecánica con cierto grado de exactitud. Verificada cuidadosamente, revela discrepancias entre la teoría y la experiencia debido a la rotación de la Tierra o, en otras palabras, a causa de que las leyes de la mecánica, tal como han sido formuladas aquí, no son estrictamente válidas en un sistema de coordenadas rígidamente unido a la Tierra.

En todos los experimentos mecánicos debemos determinar las posiciones de puntos materiales en un cierto instante, exactamente como en la experiencia anterior de un cuerpo que cae. La posición debe ser determinada, siempre, con respecto a algo, que en el caso anterior era la torre y la escala. Es decir, para poder determinar la posición de los cuerpos, debemos tener lo que se llama un *sistema de referencia,* una especie de red o andamiaje mecánico, respecto al que se toman las distancias respectivas. Al describir las posiciones de objetos y personas en una ciudad, las calles y avenidas forman dicha red o sistema de referencia. Hasta el presente no nos habíamos preocupado de la descripción del sistema de referencia al hablar de las leyes de la mecánica porque tenemos la suerte de que sobre la Tierra no hay dificultad alguna de encontrar un sistema apropiado de referencia, en cada caso particular. Dicha red o andamiaje construido de material rígido e invariable, al cual referimos todas nuestras observaciones, se denomina *sistema de coordenadas.*

Esta expresión deberá ser usada muy a menudo, por lo cual emplearemos la siguiente abreviatura: *SC*.

De todo lo que acabamos de exponer resulta que todos los enunciados físicos que hemos presentado hasta aquí eran incompletos. No nos habíamos percatado del hecho de que todas las observaciones deben ser realizadas en un cierto *SC* y, en lugar de describir su estructura, hacíamos caso omiso de su existencia. Por ejemplo, cuando escribíamos «un cuerpo animado de movimiento uniforme» debíamos realmente haber escrito «un cuerpo animado de movimiento uniforme, respecto a un determinado *SC*...». El caso de la cámara giratoria nos enseñó que los resultados de las experiencias mecánicas pueden depender del *SC* elegido.

Las mismas leyes de la mecánica no pueden ser válidas para dos sistemas de coordenadas que giran uno respecto al otro. Ejemplo: si la superficie del agua de una piscina, que define uno de los *SC,* es horizontal, la superficie del agua de otra piscina en reposo que constituye el segundo *SC* tomará la forma curva característica de un líquido, que se hace girar alrededor de un eje.

Al formular las leyes principales de la mecánica omitimos un punto importante. No especificamos para qué *SC* eran válidas. Por esta razón toda la mecánica clásica está en el aire, pues no sabemos a qué andamiaje se refiere. Dejemos, sin embargo, esta dificultad por el momento. Haremos la suposición, algo incorrecta, de que las leyes de la mecánica valen en todo *SC* rígidamente unido a la Tierra. Esto lo hacemos con el objeto de fijar un *SC,* eliminando así la ambigüedad a que nos referíamos. Aun cuando nuestra afirmación de que la Tierra es un sistema de referencia apropiado no es del todo exacta, la aceptaremos por el momento.

Admitimos, pues, la existencia de un *SC para el cual las leyes* de la mecánica son válidas. ¿Es éste el único? Imaginemos tener un *SC,* tal como un tren, un vapor o un aeroplano, moviéndose con relación a la Tierra. ¿Valdrán las leyes de la mecánica para estos nuevos *SC?* Sabemos positivamente que no son siempre válidas, como, por ejemplo, en el caso en que el tren toma una curva, en el que el vapor es sacudido por una tormenta o cuando el aeroplano hace un descenso en tirabuzón. Consideremos un *SC* que se mueve uniformemente en relación al «buen» *SC*, es decir, para aquel que son válidas las leyes de la mecánica. Por ejemplo, un tren o un vapor ideal moviéndose con una suavidad deliciosa según una línea recta y con velocidad constante. Sabemos por la experiencia diaria que ambos sistemas son «buenos», que experiencias físicas realizadas sobre un tren o un vapor con tal movimiento, dan exactamente los mismos resultados que si las realizáramos sobre la Tierra. Pero suceden cosas imprevistas si el tren detiene o acelera repentinamente su marcha o si el mar está agitado. En el tren, las valijas caen de sus estantes; en el vapor, las mesas y las sillas se desplazan de su sitio y los pasajeros se marean. Desde el punto de vista físico esto significa, sencillamente, que las leyes de la mecánica no pueden ser aplicadas a dichos *SC,* es decir, que son *SC* «malos».

Este resultado puede ser expresado por el llamado principio de *relatividad de Galileo,* que dice: *si las leyes de la mecánica* son *válidas en un SC, entonces también* se *cumplen en cualquier SC que se mueva uniformemente* con *relación al primero.*

Si tenemos dos *SC* que se desplazan uno respecto del otro no uniformemente, entonces las leyes de la mecánica no pueden ser válidas para ambos.

Sistemas de coordenadas «buenos», esto es, como ya dijimos, para los que se cumplen las leyes de la mecánica, se denominan *sistemas inerciales.* El problema de si existe o no un sistema inercial lo dejamos, por ahora, de lado. Pero si admitimos la existencia de un sistema tal, entonces habrá un número infinito de ellos. En efecto, todo *SC* que se mueva uniformemente respecto al primero, es también un *SC* inercial.

Consideremos ahora el caso de dos *SC* que se mueven uniformemente uno respecto al otro, con velocidad conocida y partiendo de una misma posición determinada. Aquel que prefiera imágenes concretas puede perfectamente pensar en un vapor o tren moviéndose en relación con la Tierra. Las leyes de la mecánica pueden ser confirmadas experimentalmente con el mismo grado de precisión sobre la Tierra o en el tren o vapor en movimiento uniforme. Las dificultades se presentan cuando un observador de un *SC* empieza a analizar las observaciones que de un mismo suceso ha hecho otro, situado en el segundo *SC*. Cada uno de ellos desearía trasladar las observaciones del otro a su propia terminología. Tomemos otra vez un ejemplo sencillo: el mismo movimiento de una partícula es observado desde dos *SC*, la Tierra y un tren con movimiento uniforme. Ambos sistemas son inerciales. ¿Será suficiente conocer lo observado en un *SC* para poder deducir lo que se observa en el otro, si están dadas, en cierto instante, las posiciones y las velocidades relativas de los dos *SC?* Sí. Ahora bien, ya que ambos *SC* son equivalentes e igualmente adecuados para la descripción de los sucesos naturales, resulta esencial conocer cómo se puede pasar de un *SC* al otro. Consideremos este problema algo más en abstracto, sin trenes ni vapores. Para simplificarlo investigaremos tan sólo el caso de movimientos rectilíneos. Tengamos, para ello, una barra rígida con una escala métrica y un buen reloj. La barra rígida representa, en el caso del movimiento rectilíneo, un *SC* de la misma manera que lo era la escala métrica de la torre en la experiencia de Galileo. Resulta siempre más simple y mejor imaginar un *SC* como una barra rígida en el caso del movimiento rectilíneo y un andamio o red rígida construida de barras paralelas y perpendiculares en el caso de un movimiento arbitrario en el espacio, dejando de lado paredes, torres, calles, etc. Supongamos tener dos *SC*, esto es, dos barras rígidas que representaremos una encima de la otra y que llamaremos, respectivamente, *SC* «superior» e «inferior». Supongamos que ambos *SC* se mueven con cierta velocidad, uno respecto al otro, de manera que uno se desliza a lo largo del otro. Resulta cómodo suponer, también, que ambas barras se prolongan indefinidamente en un solo sentido. Es suficiente un reloj para los dos *SC;* pues el paso del tiempo es el mismo para ambos. Al empezar nuestras observaciones, los extremos iniciales de las barras coinciden. La posición de un punto material está caracterizada en ese momento, evidentemente, por el mismo número en los dos *SC*; el punto material coincide con la misma lectura de la escala de cualquiera de esas barras, dándonos así un número, y solamente uno, que determina su posición. Si las barras se mueven en las condiciones antes especificadas, los números correspondientes a las posiciones del punto serán diferentes pasado un cierto tiempo. Consideremos un punto material en reposo sobre la barra superior. El número que determina su posición en el *SC* superior no cambiará con el tiempo; pero el número correspondiente a su posición respecto a la barra inferior, sí cambiará (véase figura 12). En adelante, para abreviar, usaremos la expresión *coordenada de un punto* para indicar el «número correspondiente a la posición del mismo, respecto a una de las barras».

La figura 12 aclara la siguiente expresión, que si en un principio parece algo oscura es, sin embargo, correcta y expresa algo muy simple: la coordenada de un punto en el *SC* inferior es igual a su coordenada en el *SC* superior más la coordenada del origen de este último *SC* respecto al *SC* inferior. Lo importante es que se puede calcular siempre la posición de una partícula en un *SC*, si se conoce su posición en el otro. Para esto se deben conocer en todo momento las posiciones relativas de los dos *SC* en cuestión. Aun cuando todo esto suena a muy rebuscado, es en realidad muy sencillo y difícilmente merecería una discusión tan detallada, si no fuera porque nos será útil más adelante.

Hagamos notar la diferencia entre la determinación de la posición de un punto y la del instante en que se produce un fenómeno.

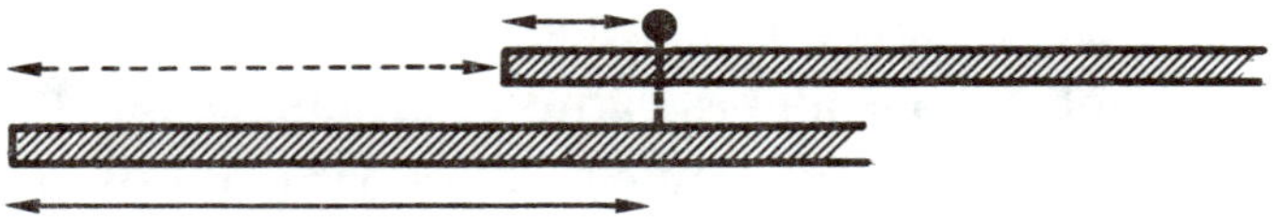

Fig. 12

Cada observador tiene su barra propia que constituye su *SC,* pero basta sólo un reloj para todos, pues el tiempo es algo «absoluto» que pasa igualmente para todos los observadores de cualesquiera *SC*.

Tomemos otro ejemplo. Supongamos que un hombre se pasee con la velocidad de 5 km por hora sobre la cubierta de un transatlántico. Ésta es su velocidad relativa al barco, o en otras palabras, relativa a un *SC* atado rígidamente al vapor. Si la velocidad del vapor es de 45 km por hora, relativa a la costa, y si las velocidades del pasajero y del vapor tienen ambas la misma dirección y sentido, entonces la velocidad del primero será de 50 km por hora, respecto a un observador situado en la costa. Podemos formular este hecho de una manera más general y abstracta: la velocidad de un punto material en movimiento relativa al *SC* inferior es igual a su velocidad respecto al *SC* superior más o menos la velocidad de este sistema respecto al inferior, según que las velocidades tengan o no igual sentido (véase figura 13). Siempre es posible por lo tanto transformar de un *SC* a otro las posiciones y las velocidades de un punto, si conocemos las velocidades relativas de dichos sistemas. Las posiciones o coordenadas y las velocidades son ejemplos de magnitudes que al pasar de un *SC* a otro, cambian según ciertas *leyes de transformación,* que en este caso son muy simples. Existen magnitudes, sin embargo, que se conservan constantes en ambos *SC* y para las cuales no se requieren leyes de transformación alguna. Tomemos como ejemplo dos puntos fijos sobre la barra superior y consideremos la

Fig. 13

distancia entre ellos. Esta distancia es la diferencia de las coordenadas de dichos puntos. Para encontrar las posiciones de dos puntos, relativas a dos *SC* diferentes, tenemos que usar las leyes de transformación. Pero al calcular la diferencia de las dos posiciones, las contribuciones debidas a los *SC* distintos se compensan, como resulta evidente de la figura 14.

La distancia entre dos puntos es por lo tanto invariante, es decir, independiente del *SC* elegido.

Otro ejemplo de magnitud independiente de la elección del *SC* lo constituye el cambio de velocidad, concepto familiar en el estudio de la mecánica. Supongamos nuevamente que un punto material que se mueve en línea recta es observado desde dos *SC*. La variación de su velocidad es igual para ambos sistemas, pues en el cálculo de la diferencia entre las velocidades del móvil antes y después del cambio, no influye la diferencia constante de velocidades de los dos *SC*. El cambio de velocidad es, pues, también, un invariante; con la condición, desde luego, de que el movimiento relativo de

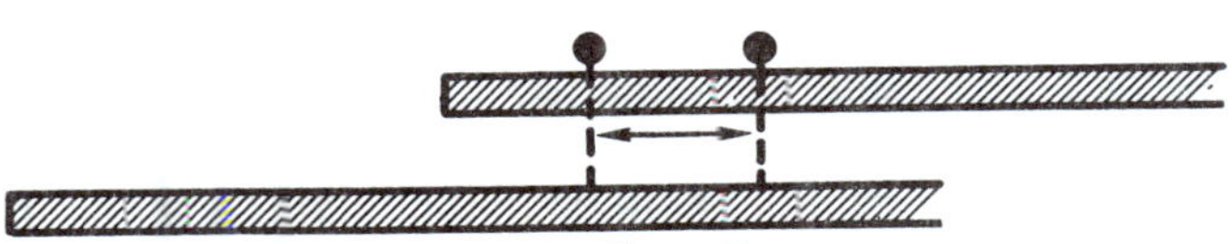

Fig. 14

nuestro *SC* sea uniforme; en caso contrario, es evidente que el cambio de velocidad resultaría distinto para cada uno de los dos *SC*.

Finalmente, consideremos dos puntos materiales entre los cuales actúan fuerzas que dependen, únicamente, de la distancia que las separa. En el caso de un movimiento rectilíneo, la distancia, y por lo tanto la fuerza, es también invariante. La ley de Newton, que relaciona la fuerza con el cambio de velocidad, será también válida en ambos *SC* de acuerdo a lo visto en el párrafo anterior. Llegamos así a una conclusión, confirmada por la experiencia diaria, a saber: si las leyes de la mecánica son válidas en un *SC*, entonces se cumplen en todos los *SC* en movimiento uniforme respecto al primero. Aun cuando nuestro razonamiento se ha basado sobre simples casos de movimientos rectilíneos, las conclusiones tienen, en realidad, carácter general y pueden ser resumidas como sigue:

1. No conocemos regla alguna para encontrar un sistema inercial. Dado uno, resulta simple hallar un número infinito de ellos, pues todos los *SC* en movimiento uniforme, con relación al primero, son sistemas inerciales.
2. El tiempo correspondiente a un suceso es el mismo en todos los *SC*, pero las coordenadas y velocidades son diferentes y varían según las leyes de transformación.
3. Aun cuando las coordenadas y la velocidad cambian de valor al pasar de un *SC* a otro, la fuerza y la variación de la velocidad, y por lo tanto las leyes de la mecánica, son invariantes con respecto a dichas leyes de transformación.

Las leyes de transformación formuladas para las coordenadas y velocidades serán llamadas leyes de transformación de la mecánica clásica o, más brevemente, la *transformación clásica.*

ÉTER Y MOVIMIENTO

El principio de relatividad de Galileo, que es válido para los fenómenos mecánicos, afirma, pues, que las mismas leyes de la mecánica son válidas en todos los sistemas inerciales que se mueven los unos con relación a los otros. Ahora bien, ¿valdrá este principio para fenómenos no mecánicos, especialmente para aquellos en los cuales el concepto de campo resultó ser tan importante? Todos los problemas relativos a esta cuestión nos llevan de inmediato al punto inicial de la teoría de la relatividad.

Recordemos que la velocidad de la luz *en el vacío* o, en otras palabras, en el éter, es de 300.000 km por segundo y que la luz es una onda electromagnética que se propaga a través del éter. El campo electromagnético transporta energía consigo, la que, una vez emitida por la fuente, adquiere una existencia independiente. Por el momento, continuaremos admitiendo que el éter es un medio a través del cual se propagan las ondas electromagnéticas, y, por lo tanto, también las luminosas, aun cuando tengamos plena conciencia de todas las dificultades que entraña la estructuración mecánica del éter.

Imaginémonos estar sentados en una habitación cerrada, aislada de tal manera del mundo exterior que sea imposible la entrada o salida de aire. Si en tal caso pronunciamos una palabra, desde el punto de vista físico, esto significa que hemos creado ondas sonoras que se propagan en todas direcciones, con la velocidad del sonido en el aire. Si en la habitación no hubiera aire u otro medio material nos sería imposible oír la palabra pronunciada. Se ha probado experimentalmente que la velocidad del sonido en el aire es la misma en todas las direcciones si no hay viento y el aire está en reposo en el *SC* elegido.

Imaginemos ahora que nuestra habitación se mueve uniformemente por el espacio. Un hombre del exterior ve por las paredes, que suponemos transparentes, todo lo que ocurre en el interior de la habitación. De las medidas efectuadas por el observador interior, el observador exterior puede deducir la velocidad del sonido respecto a su *SC* con relación al cual la habitación está en movimiento.

Nos encontramos de nuevo ante el viejo problema, ya comentado, de determinar la velocidad con respecto a un *SC* si es conocida en otro *SC*.

El observador de la habitación sostiene: la velocidad del sonido es, para mí, igual en todas las direcciones.

El observador exterior proclama: la velocidad del sonido, que se propaga en la habitación móvil y que he determinado en mi *SC*, no es igual en todas las direcciones. Es mayor que la velocidad normal del sonido en el sentido del movimiento de la habitación y es menor en el sentido opuesto.

Estas conclusiones son consecuencia de la transformación clásica y pueden ser confirmadas por la experiencia. La habitación transporta consigo el medio material, el aire, por el cual se propagan las ondas sonoras y la velocidad del sonido será, por ello, diferente para ambos observadores.

Se pueden sacar algunas conclusiones más de la teoría que considera el sonido como una onda que se propaga a través de un medio material. Una de las maneras, aunque no la más sencilla, de no oír lo que alguien nos dice, sería la de alejarnos con una velocidad mayor que la del sonido, con relación al aire que rodea al que habla, pues las ondas sonoras, en este caso, nunca podrían alcanzar nuestros oídos. Por otra parte, si estuviéramos interesados en captar una palabra importante, dicha con anterioridad y que nunca será repetida, tendríamos que desplazarnos con una velocidad superior a la del sonido para alcanzar la onda correspondiente. No hay nada irracional en ninguno de estos dos ejemplos, excepto de que en ambos casos habría que moverse con una velocidad de unos 350 metros por segundo; podemos muy bien imaginar que el futuro desarrollo técnico hará posible tales velocidades.[2] Una bala de cañón se mueve, en efecto, con una velocidad inicial superior a la del sonido y un hombre, colocado sobre ese proyectil, no oiría nunca el estampido del cañonazo.

Todos estos ejemplos son de un carácter puramente mecánico, pero es posible plantearnos una importante pregunta: ¿podríamos repetir para el caso de una onda luminosa lo que acabamos de decir respecto al sonido? ¿Serán aplicables el principio de relatividad de Galileo y la transformación clásica tanto a los fenómenos mecánicos como a los eléctricos y ópticos? Sería aventurado afirmarlo o negarlo sin antes profundizar su significado.

En el caso de la onda sonora que se propaga en una habitación que se mueve uniformemente con relación al observador exterior, resulta esencial destacar lo siguiente:

1. La cámara móvil arrastra el aire en el que se propaga la onda sonora.
2. Las velocidades observadas en dos *SC* que se mueven uniformemente uno respecto a otro están relacionadas por la transformación clásica.

El problema correspondiente para la luz debe ser formulado de una manera ligeramente distinta. Los observadores de la habitación ya no están hablando, sino haciendo señales luminosas en todas direcciones. Supongamos además que las fuentes que emiten las ondas luminosas están en reposo permanente en el interior de la cámara. En este caso las ondas luminosas se mueven a través del éter

2. Como efectivamente ha ocurrido: los aviones supersónicos no constituyen actualmente ninguna novedad, y las velocidades alcanzadas por los satélites artificiales son mucho mayores.

exactamente de la misma manera que las ondas sonoras se propagan en el aire.

¿Es arrastrado el éter, con la habitación, igual que ocurría con el aire? Como no poseemos una imagen mecánica del éter es extremadamente difícil responder a esta pregunta. Si la habitación está cerrada, el aire de su interior se ve forzado a moverse con ella. No tiene sentido, evidentemente, pensar lo mismo para el éter, pues admitimos que toda la materia está sumergida en el mismo y que dicho medio penetra en todas partes. No hay puertas que se cierren para él. En este caso, una habitación en movimiento significa solamente un *SC* móvil al cual está rígidamente unida la fuente luminosa. No es, sin embargo, imposible imaginar que la habitación que se mueve con su fuente luminosa arrastre al éter consigo, igual que eran transportadas la fuente sonora y el aire por la habitación cerrada. Pero podemos igualmente imaginar lo contrario: que la habitación viaja a través del éter como lo hace un barco por un mar perfectamente tranquilo, sin arrastrar parte alguna del medio por el cual se mueve. En el caso de que la fuente y la habitación arrastren el éter, la analogía con las ondas sonoras sería evidente y se podrían deducir conclusiones similares a las obtenidas en los ejemplos anteriores. En la suposición de que la habitación y la fuente luminosa no arrastren el éter, no existe analogía con las ondas sonoras y las conclusiones a que llegamos para el sonido no valdrán para las ondas luminosas. Éstos constituyen los dos casos extremos, pero podríamos imaginar otra posibilidad más complicada, en la cual se considere que el éter sólo es parcialmente arrastrado por la habitación y la fuente luminosa en movimiento. No hay por qué, sin embargo, discutir las suposiciones más complicadas antes de investigar por cuál de los dos casos extremos y más simples se inclina la experiencia.

Empezaremos con la primera de las imágenes y manifestaremos, por lo tanto, que el éter es arrastrado por la habitación en movimiento, a la que está rígidamente unida la fuente luminosa. Si creemos en la validez del sencillo principio de transformación de la velocidad de las ondas sonoras, podremos aplicar nuestras conclusiones anteriores a las ondas luminosas. En efecto, no parece existir motivo aparente alguno para dudar de la ley de transformación mecánica que establece que las velocidades deben ser sumadas en ciertos casos y restadas en otros. Por el momento admitiremos ambas suposiciones, a saber: la del éter arrastrado por la habitación y su fuente, y la validez de la transformación clásica.

Si encendemos la luz cuya fuente está rígidamente unida a nuestra habitación, entonces la velocidad de la señal luminosa tendrá el valor experimental, bien conocido, de 300.000 km por segundo. En cambio un observador exterior notará el movimiento de la habitación y, por lo tanto, el de la fuente; como el éter es arrastrado, su conclusión será: «la velocidad de la luz en mi *SC* exterior es diferente en distintas direcciones. Es mayor que la velocidad corriente de la luz en el sentido del movimiento de la habitación y menor en el sentido opuesto». En conclusión: si el éter es arrastrado con la habitación móvil y si son válidas las leyes de la mecánica, la velocidad de la luz debe depender de la velocidad de la fuente luminosa. La luz que llega a nuestros ojos de una fuente en movimiento tendrá mayor o menor velocidad si aquélla se acerca o aleja de nosotros.

Si nuestra velocidad fuera mayor que la de la luz, podríamos evitar que nos alcanzase; también nos sería posible ver sucesos pasados tratando de alcanzar ondas luminosas emitidas con anterioridad. Las alcanzaríamos en orden inverso al cual fueron emitidas y la sucesión de los acontecimientos sobre la Tierra se nos aparecería como el de una cinta pasada al revés, empezando por el final feliz... Todas estas conclusiones son consecuencia de la suposición de que el *SC* móvil arrastra el éter consigo y de que son válidas las leyes de la transformación mecánica. Si esto fuera así, la analogía entre la luz y el sonido sería perfecta.

Lamentablemente no hay indicación alguna en favor de estas conclusiones. Por el contrario, son contradichas por todas las observaciones hechas con el propósito de verificarlas. No hay la menor duda sobre la claridad de este veredicto, aun cuando es obtenido por experiencias más bien indirectas, a causa de las graves dificultades técnicas asociadas a la enorme velocidad de la *luz. La velocidad de la luz es, siempre, la misma en todos los SC, independientemente de si la fuente se mueve, o no, y de cómo se mueve.*

No entraremos en una descripción detallada de todas las investigaciones de las cuales se deduce esta importante conclusión. Nos es, sin embargo, posible usar algunos argumentos sencillos, que hacen dicha afirmación comprensible, aun cuando no la prueben.

En nuestro sistema planetario, la Tierra y los otros planetas giran alrededor del Sol. No sabemos si existen otros sistemas planetarios similares al nuestro. Hay, sin embargo, muchísimos sistemas de estrellas dobles que consisten en dos astros que se mueven alrededor de un mismo punto llamado su centro de gravedad. La observación del movimiento de dichas estrellas revela la validez de la ley de la gravitación de Newton. Supongamos ahora que la velocidad de la luz dependiera de la velocidad del cuerpo que la emite. Entonces el mensaje, o sea el rayo luminoso procedente de la estrella, viajaría más o menos rápidamente según fuera la velocidad de la estrella en el momento de la emisión. En este caso todo el movimiento del sistema se complicaría y sería imposible confirmar, en el caso de estrellas dobles distantes, la validez de la misma ley de gravitación que rige en nuestro sistema planetario.

Consideremos otro ejemplo de una experiencia basada en una idea muy sencilla. Imaginemos una rueda girando muy rápidamente. De acuerdo con nuestra suposición el éter es arrastrado por el movimiento de la rueda y participa de él. Una onda luminosa que pasara cerca de la rueda tomaría una velocidad distinta según si la rueda estuviera en reposo o en movimiento. En otras palabras, la velocidad de la luz en el éter en reposo debería ser distinta de la correspondiente a un éter animado de un rápido movimiento giratorio por efecto de la rueda, de la misma manera que varía la velocidad del sonido entre los días calmosos y los ventosos. ¡Nunca se ha observado tal diferencia! Cualquiera que sea el ángulo desde el cual enfoquemos el asunto, o el experimento crucial que ideemos, el veredicto es siempre contrario a la suposición de que el éter es arrastrado por el movimiento. Luego, los resultados de nuestras consideraciones basadas en argumentos más detallados y técnicos son:

La velocidad de la luz no depende del movimiento de la fuente emisora.

No se debe suponer que los cuerpos en movimiento arrastran el éter consigo.

Nos vemos obligados entonces a abandonar la analogía entre ondas luminosas y sonoras, y volver a la segunda suposición: toda la materia se mueve a través del éter, no participando éste en el movimiento. Esto significa suponer la existencia de un mar de éter con todos los *SC* en reposo en él o moviéndose con relación al mismo. Dejemos por ahora la cuestión de si la experiencia confirma o desecha esta teoría. Convendrá primero familiarizarse con el significado de esta nueva suposición y con las conclusiones que de ella se derivan.

Según la misma, se puede imaginar un *SC* en reposo respecto al mar de éter. En la mecánica ninguno de los *SC* en movimiento uniforme puede ser distinguido de los demás. Todos estos *SC* eran igualmente «buenos» o «malos». Si tenemos dos *SC* en movimiento uniforme el uno respecto al otro, carece de sentido en mecánica preguntarse cuál de ellos está en movimiento y cuál está en reposo. Sólo se pueden observar movimientos uniformes relativos. No podemos hablar de movimiento uniforme absoluto, a causa del principio de relatividad de Galileo. ¿Qué se quiere significar con la expresión de que existe movimiento *absoluto* y no únicamente movimiento *relativo*? Simplemente, que existe un *SC* en el cual algunas de las leyes de la naturaleza son distintas a las de todos los demás *SC*. También quiere decir que todo observador puede decidir si su *SC* está en reposo o en movimiento, al comparar las leyes válidas para él con aquellas que rigen en el único sistema que tiene el privilegio absoluto de hacer de *SC* patrón. Estamos, pues, aquí, frente a un estado de cosas diferente al de la mecánica clásica, donde, como consecuencia del principio de inercia de Galileo, el movimiento uniforme absoluto no tiene sentido.

¿Qué conclusiones pueden deducirse en el dominio de los fenómenos del campo, si se admite la posibilidad de un movimiento a través del éter? Esto significaría la existencia de un *SC* distinto de todos los demás y en reposo respecto al mar de éter. Está claro que algunas leyes de la naturaleza deben ser diferentes en este *SC;* de lo contrario, la expresión anterior «movimiento a través del éter» no tendría sentido. Si el principio de relatividad de Galileo es válido, entonces no se puede hablar de movimiento a través del éter. Resulta imposible, como se ve, reconciliar estas dos ideas. Si en cambio existe un *SC* especial, fijo en el éter, tiene un significado bien definido hablar de «movimiento absoluto» o «reposo absoluto».

En realidad, no tenemos mucho que elegir. Hemos tratado de salvar el principio de relatividad de Galileo, suponiendo que los sistemas físicos en movimiento arrastran el éter consigo; pero esto nos condujo a una contradicción con la experiencia. La única solución es abandonar ese principio y probar la hipótesis de que todos los cuerpos se desplazan a través de un mar de éter en reposo.

Aceptado esto, nuestro primer paso es poner a prueba por la experiencia ciertas conclusiones que contradigan el principio de relatividad de Galileo, pero que favorezcan el punto de vista del movimiento a través del éter. Tales experiencias son bastante fáciles de imaginar, pero muy difíciles de llevar a la práctica. Como aquí nos interesan especialmente las ideas, dejaremos de lado dichas dificultades técnicas.

Volvamos, pues, a nuestra habitación móvil y a dos observadores, uno interior y otro exterior a la misma. El observador exterior representa el *SC* fijo en el éter, constituyendo por lo tanto el *SC* especial, respecto al cual la velocidad de la luz tiene siempre el mismo valor. Y todas las fuentes luminosas, en movimiento o en reposo, en el mar de éter, emiten luz que se propaga con la misma velocidad. Ya hemos dicho que la cámara y su observador se mueven respecto al éter. Imaginemos que en el centro de aquélla se encienda y apague una fuente luminosa y que además sus paredes sean transparentes de manera que ambos observadores, interior y exterior, puedan medir la velocidad de la luz. Preguntemos ahora a cada uno de los observadores los resultados que esperan obtener de sus medidas y sus respuestas serán, más o menos, las siguientes:

El observador exterior: Mi *SC* está determinado por el mar de éter. En este *SC* el valor de la velocidad de la luz será siempre el mismo. No tengo necesidad de preocuparme si la fuente está en reposo o en movimiento, pues no arrastra el éter consigo. Mi *SC* es distinto de todos los demás y la velocidad de la luz debe tener su valor normal en este *SC,* con independencia de la dirección del haz luminoso y del movimiento de la fuente.

El observador interior: Mi habitación se mueve a través del éter. Una de sus paredes se aleja de la onda luminosa y la otra se le aproxima. Si mi habitación viajara con la velocidad de la luz con relación al éter, la onda luminosa emitida desde su centro jamás alcanzaría la pared que se aleja. La pared que se mueve hacia la onda luminosa sería alcanzada por ésta antes que la pared opuesta. Por lo tanto, a pesar de que la fuente luminosa esté rígidamente unida a mi *SC,* la velocidad de la luz no será la misma en todas direcciones.

Será menor en el sentido del movimiento de la cámara y mayor en el sentido opuesto.

La velocidad de la luz será, pues, igual en todas las direcciones, únicamente respecto al *SC* que representa el éter fijo. Para todos los otros *SC*, es decir, en movimiento respecto al éter, la velocidad de la luz dependerá de la dirección en la que la midamos.

Lo que acabamos de exponer constituye la base de un experimento crucial de la teoría del éter fijo. La naturaleza pone a nuestra disposición, en efecto, un sistema que se mueve con una velocidad relativamente grande: la Tierra en su movimiento de traslación alrededor del Sol. Si nuestra hipótesis del éter fijo es correcta, entonces la velocidad de la luz en el sentido del movimiento de la Tierra diferirá de su velocidad en el sentido opuesto. Se puede calcular la diferencia entre ambas velocidades e idear un dispositivo experimental capaz de ponerla de manifiesto. Tratándose, de acuerdo con la teoría, de diferencias muy pequeñas, hubo que construir dispositivos experimentales muy ingeniosos. Esto lo realizaron Michelson y Morley en sus famosas experiencias. El resultado fue un veredicto de «muerte» para la hipótesis del éter en reposo a través del cual se moverían todos los cuerpos. No pudo observarse ninguna dependencia entre la velocidad de la luz y la dirección de su propagación.

No sólo la velocidad de la luz sino también otros fenómenos del campo debieran mostrar una dependencia de la dirección en el SG móvil si admitimos la hipótesis del éter en reposo. Todas las experiencias han dado el mismo resultado negativo que las de Michelson-Morley, no revelando dependencia alguna, con respecto a la dirección del movimiento de la Tierra.

La situación se pone cada vez más grave. Hemos ensayado dos suposiciones. La primera, que los cuerpos en movimiento arrastran el éter consigo. El hecho de que la velocidad de la luz no dependa del movimiento de la fuente contradice esta hipótesis. La segunda, que existe un *SC* distinto a todos los demás y que los cuerpos en movimiento no arrastran el éter consigo, sino que viajan a través del mar de éter en reposo. Si esto fuera así, ya hemos visto que el principio de relatividad de Galileo no sería válido, y la velocidad de la luz no podría ser la misma en todos los *SC*. Nuevamente estamos en contradicción con la experiencia.

Han sido propuestas otras teorías más complicadas, basadas sobre la idea de un arrastre parcial del éter por los cuerpos en movimiento. ¡Pero todas han fallado! Todos los intentos de explicar los fenómenos electromagnéticos en *SC* móviles, suponiendo el éter en movimiento, el éter en reposo o el éter arrastrado parcialmente, resultaron infructuosos.

Esto originó una de las situaciones más dramáticas en la historia de la ciencia. Todas las hipótesis referentes al éter conducían a contradicciones con la experiencia. Mirando hacia el pasado de la física, vemos que el éter apenas nacido se transformó en el *«enfant terrible»* de la familia de las sustancias físicas. Primero tuvo que ser descartada, por imposible, la concepción de una imagen mecánica sencilla del éter. Esto causó, en gran parte, la bancarrota del punto de vista mecanicista. Hubo que abandonar la esperanza de descubrir un *SC* distinto a los demás, fijo en el mar de éter y con ello la posibilidad de existencia del movimiento absoluto. Sólo esta posibilidad, agregada a la de ser el transmisor de las ondas electromagnéticas, justificaría y señalaría la existencia del éter. Han fallado todos los intentos de convertir el éter en una realidad; no se llegó a descubrir ningún indicio sobre su constitución mecánica ni se demostró jamás el movimiento absoluto. Es decir, nada quedó de todas las propiedades del éter, excepto aquella para la cual fue inventado: la de transmitir las ondas electromagnéticas, y, es más, las tentativas de descubrir las propiedades del éter condujeron a dificultades y contradicciones insalvables. Ante una experiencia tan amarga, parece preferible ignorar completamente el éter y tratar de no mencionar más su nombre. Con el objeto de omitir la palabra que hemos decidido evitar, diremos: nuestro espacio tiene la propiedad física de transmitir las ondas electromagnéticas.

La supresión de una palabra de nuestro vocabulario no constituye, naturalmente, una solución. ¡Las dificultades son demasiado graves para ser solucionadas de esta manera!

Enumeramos a continuación los hechos que han sido confirmados por la experiencia sin preocuparnos del problema del: «*e-r*».

1. La velocidad de la luz en el vacío tiene siempre el mismo valor, con independencia del movimiento de la fuente o del observador.
2. En dos *SC* en movimiento uniforme relativo, todas las leyes de la naturaleza son idénticas, no habiendo manera alguna de descubrir un movimiento uniforme y absoluto.

Muchos experimentos confirman estos dos principios y ninguno los contradice. El primero expresa la constancia de la velocidad de la luz y el segundo generaliza a todos los sucesos de la naturaleza el principio de relatividad de Galileo, formulado inicialmente para los fenómenos mecánicos.

En la mecánica hemos visto que si la velocidad de un punto material tiene un cierto valor respecto a un *SC*, tendrá un valor distinto en otro *SC* que se mueve con movimiento uniforme en relación con el primero. Esto es una consecuencia, como ya vimos, de las transformaciones de la mecánica clásica, que son reveladas directamente por la intuición, y, aparentemente, nada erróneo hay en ellas. Debemos agregar, pues, el siguiente principio:

3. Las posiciones y las velocidades se transforman de un sistema inercial a otro, según la transformación clásica.

Pero esta transformación está en flagrante contradicción con la constancia de la velocidad de la luz. ¡Resulta imposible combinar los enunciados 1.°, 2.° y 3.°!

La transformación clásica parece demasiado evidente y sencilla para intentar modificarla. Ya hemos tratado de cambiar el 1.° o el 2.° y en ambos casos llegamos a un desacuerdo con la experiencia. Todas las teorías referentes al movimiento del *«e-r»* requirieron una alteración del 1.° y del 2.°. Esto no dio un resultado satisfactorio. Una vez más nos damos cuenta de la seriedad de nuestras dificultades. Ante ellas, se impone una nueva orientación. Ésta se consigue *aceptando las suposiciones fundamentales* 1.0 y 2.1 y, aun cuando parezca rarísimo, rechazando la 3.1. La nueva orientación se origina en un análisis de los conceptos más primitivos y fundamentales; a continuación mostraremos cómo este análisis nos obliga a cambiar los antiguos puntos de vista, y elimina todas nuestras dificultades.

TIEMPO, DISTANCIA, RELATIVIDAD

Las nuevas premisas que adoptamos son:

1. *La velocidad de la luz en el vacío es la misma en todos los SC en movimiento uniforme relativo.*
2. *Las leyes de la naturaleza son las mismas en todos los SC en movimiento uniforme relativo.*

La teoría de la relatividad empieza con estas dos suposiciones. De aquí en adelante ya no usaremos más la transformación clásica porque está en contradicción con estas premisas.

Resulta esencial, aquí como siempre en la ciencia, librarnos de prejuicios arraigados y a menudo repetidos sin una crítica previa.

Como hemos visto que los cambios en 1° y 2.° conducen a contradicciones con la experiencia, hemos de tener la valentía de enunciar su validez con toda claridad y atacar el único punto débil, que es la ley de transformación de las posiciones y velocidades de un *SC* a otro. Nos proponemos deducir conclusiones de 1.1 y 2.° *y* ver dónde y cómo estas suposiciones contradicen la transformación clásica, para encontrar el significado físico de los resultados así obtenidos.

Usaremos una vez más el ejemplo de la habitación en movimiento con los observadores interior y exterior. Supongamos que, como antes, una señal luminosa es emitida en el centro de la habitación y preguntemos nuevamente a los dos hombres: ¿qué esperan observar, admitiendo nuestros dos principios y olvidando lo dicho previamente respecto al medio a través del cual se propaga la luz? Citamos sus respuestas:

El observador interior: La señal luminosa que parte del centro de la habitación alcanzará *simultáneamente* las paredes de la misma, ya que dichas paredes están a igual distancia de la fuente luminosa y la velocidad de la luz es igual en todas las direcciones.

El observador exterior: En mi sistema la velocidad de la luz es exactamente la misma que en el sistema del observador que se mueve con la habitación. No importa que la fuente luminosa se mueva o no respecto a mi *SC,* ya que su movimiento no influye en la velocidad de la luz. Lo que veo es una señal luminosa desplazándose con la misma velocidad en todas las direcciones. Una de las paredes trata de escaparse y la opuesta de acercarse a la señal luminosa. Por lo tanto, la señal luminosa alcanzará a la pared que se aleja algo más tarde que a aquella que se acerca. Aun cuando la diferencia será muy pequeña si la velocidad de la habitación es pequeña comparada con la de la luz, la señal luminosa no llegará simultáneamente a las paredes que son perpendiculares a la dirección del movimiento.

Comparando las predicciones de los dos observadores nos encontramos con un resultado muy sorprendente que contradice de plano los aparentemente bien fundados conceptos de la física clásica. Dos sucesos, esto es, los dos rayos luminosos que llegan a las paredes opuestas son simultáneos para el observador interior pero no para el observador exterior. En la física clásica teníamos un único reloj, un solo flujo de tiempo para todos los observadores en todos los *SC*. El tiempo y, por tanto, conceptos tales como «simultaneidad», «antes», «después», tenían un significado absoluto, independiente del *SC*. Dos sucesos que ocurrían al mismo tiempo en un *SC* eran necesariamente simultáneos en todos los demás *SC*.

Las suposiciones 1.ª y 2.ª, esto es, la teoría de la relatividad, nos obligan a abandonar ese punto de vista. Hemos descrito dos sucesos que acaecen al mismo tiempo en un *SC* pero en tiempos distintos en otro *SC*. Nuestra labor, ahora, es tratar de entender el significado de la expresión siguiente: «dos sucesos simultáneos en un *SC* pueden no serlo en otro».

¿Qué queremos decir por «dos sucesos simultáneos en un *SC*»? Intuitivamente, todo el mundo cree conocer el significado de esta frase. Pero pongámonos en guardia y tratemos de dar definiciones rigurosas, sabiendo lo peligroso que es sobreestimar la intuición. Contestemos primero a una pregunta sencilla.

¿Qué es un reloj?

La sensación subjetiva primaria del fluir del tiempo nos permite ordenar nuestras impresiones y afirmar que tal suceso tiene lugar antes y aquel otro después. Pero para demostrar que el intervalo de tiempo entre dos sucesos es 10 segundos, necesitamos un reloj. Mediante el uso del reloj, el concepto de tiempo se hace objetivo. Cualquier fenómeno físico puede ser usado como un reloj, con tal de que pueda ser repetido exactamente tantas veces como se desee. Tomando el intervalo entre el principio y el fin de tal suceso como una unidad de tiempo, se pueden medir intervalos de tiempo arbitrarios mediante la repetición de dicho fenómeno. Todos los relojes, desde el simple reloj de arena a los instrumentos más perfeccionados, están basados en esta idea. En el reloj de arena la unidad de tiempo es el intervalo que la arena emplea en pasar de uno a otro recipiente. El mismo proceso físico se puede repetir invirtiendo la posición de los recipientes.

Supongamos que en dos puntos distantes tenemos dos relojes perfectos que indican exactamente la misma hora. Esto debería ser verdad independientemente del método empleado para verificarlo. ¿Pero qué significa esto realmente? ¿Cómo es posible cerciorarse de que relojes distantes entre sí marcan siempre y exactamente la misma hora? El uso de la televisión podría ser un método satisfactorio. Entiéndase que utilizamos la televisión sólo a título de ejemplo y no como algo esencial para nuestro objetivo. Podríamos estar en la proximidad de uno de los relojes y observar por televisión la imagen del otro, comprobando si marcan o no el mismo tiempo simultáneamente. Pero esto no constituiría una prueba exacta. La imagen que obtenemos por televisión es transmitida por ondas electromagnéticas que se propagan con la velocidad de la luz. Con la televisión se ve una imagen de algo que se produjo un momento antes, mientras que lo que vemos en el reloj real es lo que tiene lugar en el momento presente. Esta dificultad puede ser fácilmente evitada, observando, por televisión, imágenes de los dos relojes en un punto equidistante de ambos. Entonces si las señales son emitidas simultáneamente llegarán a dicho punto en el mismo instante. Si dos relojes buenos, observados desde un punto equidistante, indican siempre la misma hora, podrán ser usados para indicar la hora de dos sucesos que tienen lugar en dos puntos distantes.

En la mecánica clásica usábamos un reloj solamente. Pero este proceder no resultaba conveniente porque en tal caso teníamos que realizar todas nuestras medidas en la vecindad del único reloj. Observando el reloj desde cierta distancia no debemos olvidar que lo visto en un determinado instante, realmente sucedió algo antes; así, al contemplar una puesta de sol presenciamos un hecho sucedido 8 minutos antes. Por esta razón tendríamos que corregir todas las determinaciones del tiempo, según fuera nuestra distancia al reloj.

Como conocemos un método que nos permite determinar si dos o más relojes marcan el mismo tiempo simultáneamente, nos es posible evitar el inconveniente del uso de un solo reloj, imaginando cuantos relojes deseemos en un *SC* dado. Cada uno de éstos nos servirá para determinar el tiempo de los sucesos que se producen en su vecindad. Todos los relojes están en reposo en relación al *SC* en cuestión. Son relojes «buenos» y están *sincronizados,* es decir, indican la misma hora simultáneamente.

No hay nada extraño o sorprendente en la disposición de dichos relojes. Usamos muchos relojes sincronizados en lugar de uno, para poder así determinar fácilmente cuándo dos sucesos distantes son simultáneos en un cierto *SC*; lo que se comprobará, si los relojes sincronizados indican la misma hora en el instante en que se producen los sucesos. Decir que uno de los sucesos distantes se produjo antes que otro tiene ahora un significado definido. Todo esto puede ser juzgado con la ayuda de los relojes sincronizados, en reposo, en nuestro *SC*.

Esto está de acuerdo con la física clásica, no habiendo aparecido hasta ahora ninguna contradicción con la transformación clásica.

Para la definición de sucesos simultáneos, los relojes son sincronizados por intermedio de señales luminosas o electromagnéticas en general, que viajan con la velocidad de la luz, velocidad que juega un papel tan fundamental en la teoría de la relatividad.

Si nos proponemos tratar el importante problema de dos *SC* en movimiento uniforme uno respecto al otro, tenemos que considerar dos barras provistas, cada una, de sus relojes. El observador de cada uno de los *SC* en movimiento relativo tiene su barra y su conjunto de relojes rígidamente unidos a ella.

Al discutir las medidas en la mecánica clásica, usábamos un solo reloj para todos los *SC*. Aquí tenemos muchos relojes en cada *SC*. Esta diferencia no tiene importancia. Un reloj era suficiente, pero nadie objetaría el uso de muchos mientras todos se comportaran como deben hacerlo los buenos relojes sincronizados.

Nos estamos aproximando al punto esencial que muestra dónde la transformación clásica se contradice con la teoría de la relatividad. ¿Qué sucede cuando dos grupos de relojes se mueven uniformemente, uno en relación al otro? El físico clásico contestaría: nada; siguen con el mismo ritmo y da lo mismo usar los relojes en movimiento o en reposo para indicar el tiempo. Según la física clásica dos sucesos simultáneos en un *SC* serán, también, simultáneos respecto a cualquier otro *SC*.

Pero ésta no es la única contestación posible. Podemos también imaginar que un reloj en movimiento tenga una marcha distinta a la de otro en reposo. Discutamos ahora esta posibilidad sin decidir por el momento si los relojes realmente cambian su marcha cuando están en movimiento. ¿Qué significa la expresión: un reloj en movimiento modifica su marcha? Supongamos, para simplificar, que en el *SC* superior hay un reloj y muchos en el *SC* inferior. Todos los relojes tienen el mismo mecanismo, estando los inferiores sincronizados, esto es, marcan la misma hora simultáneamente. En la figura 15 hemos representado tres posiciones consecutivas de los dos *SC* en movimiento relativo. En (a) las posiciones de las agujas de todos los relojes, superior e inferiores, son las mismas: por convención las disponemos así. Todos los relojes indican, pues, la misma hora. En (b) observamos las posiciones relativas de los dos *SC* algo más tarde. Todos los relojes en el *SC* inferior marcan el mismo tiempo, pero el reloj superior tiene su marcha alterada. La marcha ha cambiado y señala una hora distinta porque está en movimiento respec-

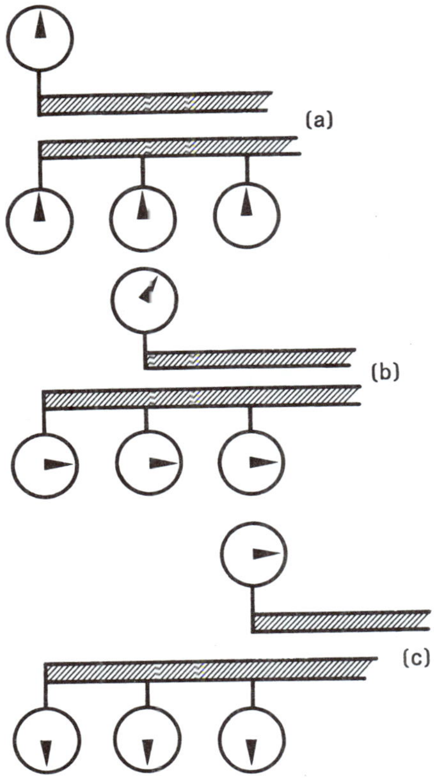

Fig. 15

to al *SC* inferior. En (c), habiendo pasado más tiempo, la diferencia en la posición de las agujas es mayor que en (b).

Según esto, un observador en reposo en el *SC* inferior encontraría que un reloj en movimiento cambia su marcha. Al mismo resultado llegaría un observador en reposo en el *SC* superior, al mirar un reloj que se moviera respecto a su sistema; en este caso harían falta muchos relojes en el *SC* superior y uno solo en el inferior. Las leyes de la naturaleza deben ser las mismas en ambos *SC* en movimiento relativo.

En la mecánica clásica se suponía tácitamente que un reloj en movimiento no cambia su marcha. Esto parecía tan evidente que no valía la pena comentarlo. Pero nada debiera ser considerado demasiado evidente; si queremos ser realmente cuidadosos debemos analizar todos los conceptos presupuestos hasta ahora en la física.

Una suposición no debe ser considerada como carente de sentido por el mero hecho de estar en desacuerdo con la física clásica. Es perfectamente posible imaginar que un reloj en movimiento modifique su marcha, mientras la ley de tal cambio sea la misma para todos los *SC* inerciales.

Otro ejemplo. Tomemos una barra de un metro; esto es, una barra cuya longitud es un metro, en un *SC* en el cual está en reposo. Supongamos que esta barra adquiera un movimiento uniforme, deslizándose a lo largo de la barra que representa nuestro *SC*. ¿Seguirá siendo su longitud un metro? Para responder a esta pregunta es necesario saber de antemano cómo determinarla. Mientras dicha barra esté en reposo, sus extremos coincidirán con puntos del *SC* separados por la distancia de un metro. De aquí concluimos: la longitud de la barra en reposo es de un metro. ¿Pero cómo mediremos su longitud estando en movimiento? Podría hacerse, por ejemplo, como sigue. En un momento dado dos observadores toman simultáneamente fotografías instantáneas, una del origen y otra del extremo de la barra. Como las fotografías fueron tomadas simultáneamente podemos comparar las marcas del *SC* con las que coinciden con los dos extremos de la barra en movimiento. La distancia entre estas dos marcas nos dará su longitud. Luego se necesitan dos observadores que tomen nota de sucesos simultáneos en diferentes lugares del *SC* dado. No hay por qué creer que tal medida nos dé el mismo valor que el obtenido cuando la barra está en reposo. Como las fotografias deben ser tomadas simultáneamente, que es, como sabemos, un concepto que depende del *SC*, es muy posible que el resultado de esta medida sea diferente en diferentes *SC* en mutuo movimiento relativo.

No sólo nos es posible imaginar que un reloj en movimiento modifique su marcha sino que una barra en movimiento cambie su longitud, siempre que las leyes que rijan dichas variaciones sean las mismas para todos los *SC* inerciales.

Acabamos de exponer ciertas posibilidades nuevas, sin haber dado justificación alguna para admitirlas.

Recordemos: la velocidad de la luz es la misma en todos los *SC* inerciales. Es imposible reconciliar este hecho con la transformación clásica. El círculo debe romperse en alguna parte. ¿No podría ser precisamente aquí? ¿No podremos suponer cambios tales en la marcha de un reloj en movimiento y en la longitud de una barra móvil, que resulte, como consecuencia directa, la constancia de la velocidad de la luz? ¡Ciertamente que sí! Estamos frente al primer ejemplo en que la teoría de la relatividad y la mecánica clásica difieren radicalmente. Nuestra argumentación puede ser invertida: si la velocidad de la luz es la misma en todos los *SC*, entonces las barras en movimiento deben cambiar su longitud y los relojes modificar su marcha, y las leyes que rigen estos cambios están rigurosamente determinadas.

No hay nada misterioso ni irracional en todo esto. En la física clásica se había supuesto siempre que los relojes tienen la misma marcha en movimiento que en reposo y que las barras poseen la misma longitud en reposo que en movimiento. Pero si la velocidad de la luz es la misma en todos los *SC*, si la teoría de la relatividad es válida, debemos sacrificar estas suposiciones de la física clásica. Es difícil librarse de prejuicios profundamente arraigados, pero no tenemos otra salida. Desde el punto de vista de la teoría de la relatividad, los viejos conceptos parecen arbitrarios. ¿Por qué creer, como hemos expuesto unas páginas antes, en un fluir absoluto del tiempo, idéntico para los observadores de todos los *SC*? ¿Por qué creer en distancias inalterables? El tiempo se determina con relojes; las coordenadas espaciales con varas de medir, y el resultado de su determinación puede depender del comportamiento de dichos relojes y varas cuando están en movimiento. Nada nos autoriza a creer que han de comportarse como a nosotros nos gustaría. La observación indica indirectamente, por los fenómenos del campo electromagnético, que al estar en movimiento, se modifica efectivamente la marcha de un reloj y la longitud de una barra, cosa que no podíamos prever basándonos en los fenómenos mecánicos. Tenemos que aceptar el concepto de un tiempo relativo a cada *SC*, porque es la mejor manera de resolver nuestras dificultades. El progreso científico posterior basado en la teoría de la relatividad indica que este nuevo aspecto no debe ser considerado como un *malum necessarium*, pues los méritos de la teoría son demasiado notorios.

Hasta aquí hemos tratado de mostrar qué hechos condujeron a las hipótesis fundamentales de la teoría de la relatividad y cómo esta teoría nos forzó a revisar y reemplazar la transformación clásica, al considerar el tiempo y el espacio bajo una nueva luz. Nuestro objeto es indicar las ideas que forman la base de un nuevo punto de vista físico y filosófico. Son ideas simples, pero la manera como las hemos formulado es insuficiente para poder llegar a conclusiones cuantitativas. Nos conformamos, como antes, con explicar solamente las ideas principales, exponiendo algunas otras sin probarlas.

Para aclarar la diferencia entre el punto de vista de un físico clásico (a quien llamaremos C) que cree en la transformación clásica, y un físico moderno (a quien llamaremos M) que conoce la teoría de la relatividad, imaginaremos un diálogo entre ambos.

C. —Yo creo en el principio de la relatividad de la mecánica de Galileo porque sé que las leyes de la mecánica son las mismas en dos *SC* en movimiento uniforme relativo; en otras palabras, que estas leyes son invariantes con respecto a la transformación clásica.

M. — Pero el principio de relatividad debe aplicarse a todos los sucesos del mundo exterior; no sólo a las leyes de la mecánica, sino que todas las leyes de la naturaleza deben ser las mismas en los distintos *SC* en movimiento uniforme y relativo entre sí.

C. — Pero ¿cómo es posible que todas las leyes de la naturaleza sean las mismas en *SC* en movimiento uniforme relativo entre sí? Las ecuaciones del campo, esto es, las ecuaciones de Maxwell, no son invariantes respecto a la transformación clásica. Esto resulta claro considerando el ejemplo de la velocidad de la luz; pues según la transformación clásica, esta velocidad no debe ser la misma en dos *SC* en movimiento relativo entre ellos.

M. — Esto indica sencillamente que la transformación clásica no vale; que la relación entre dos *SC* debe ser diferente; es decir, que no podemos relacionar las coordenadas y las velocidades según dichas leyes de transformación. Nos vemos obligados, en consecuencia, a sustituirlas por nuevas transformaciones que se deducen de las hipótesis fundamentales de la teoría de la relatividad. Pero no nos preocupemos de la forma matemática de las nuevas leyes de transformación y contentémonos con saber que son diferentes de las clásicas. Las llamaremos, brevemente, *la transformación de Lorentz.* Se puede demostrar que las ecuaciones de Maxwell, es decir, las leyes del campo electromagnético, son invariantes con respecto a la transformación de Lorentz, como las leyes de la mecánica lo son respecto a la transformación clásica. Recordemos cuál era la situación en la física pre-relativista. Teníamos unas leyes de transformación para las coordenadas, otras para las velocidades, pero las leyes de la mecánica eran las mismas en dos *SC* en movimiento uniforme y relativo entre sí. Teníamos leyes de transformación para el espacio pero no para el tiempo, porque éste era el mismo en todos los *SC*. En la teoría de la relatividad el panorama es distinto. Tenemos leyes de transformación para el espacio, el tiempo y la velocidad, distintas de las leyes clásicas; pero las leyes de la naturaleza, también aquí, deben ser las mismas en todos los *SC* con movimiento uniforme relativo. Dicho de otra manera, estas leyes deben ser invariantes, no respecto a la transformación clásica, sino respecto a un nuevo tipo de transformación, la llamada transformación de Lorentz. O sea, en todos los *SC* inerciales valen las mismas leyes y la transición de un *SC* a otro está determinada por la transformación de Lorentz.

C. — Creo en su palabra, pero me interesaría saber la diferencia entre las dos transformaciones.

M. — Contestaré de la siguiente manera a su pregunta: Cite algunas de las cualidades características de la transformación clásica y yo trataré de explicar si se conservan en la transformación de Lorentz y, en caso negativo, cómo cambian.

C. — Si se produce un fenómeno en cierto punto y en determinado instante en mi *SC*, un observador de otro *SC* en movimiento uniforme, con relación al mío, asigna un número diferente a la posición en la cual el fenómeno ocurre, pero le asigna, naturalmente, el mismo tiempo. Nosotros usamos el mismo reloj para todos los *SC* y no tiene ninguna relevancia que se mueva o no; ¿es esto cierto para usted también?

M. — No, no lo es. Cada *SC* tiene que ser equipado con sus propios relojes en reposo, pues el movimiento modifica su marcha. Los observadores en dos *SC* distintos asignarán no sólo números diferentes a la posición, sino distintos valores al instante en el cual se produce el fenómeno en cuestión.

C. — Esto quiere decir que el tiempo no es ya un invariante. En la transformación clásica, el tiempo es idéntico en todos los *SC*.

En cambio en la transformación de Lorentz varía y se comporta de una manera análoga al de una coordenada en la transformación clásica. Y yo me pregunto, ¿qué sucede con la distancia? Según la mecánica clásica la longitud de una barra rígida es la misma, esté en movimiento o en reposo. ¿Vale esto también en la teoría de la relatividad?

M. — No. En efecto, de la transformación de Lorentz se deduce que una barra móvil se contrae en la dirección de su movimiento y esta contracción aumenta con la velocidad. Cuanto más rápidamente se mueve una barra, tanto más corta aparece. Pero esto sucede sólo en la dirección del movimiento. En la figura 16 se ve cómo una barra reduce su longitud a la mitad, al moverse con una velocidad aproximadamente igual al 90 % de la velocidad de la luz. En la figura 17, está ilustrado el hecho de que no hay contracción en la dirección perpendicular al movimiento.

C. — Bien. Esto quiere decir que la marcha de un reloj y la longitud de una barra en movimiento dependen de su velocidad. ¿Pero cómo?

M. — Estos cambios se hacen más notables al aumentar la velocidad. De la transformación de Lorentz se deduce que la longitud de una barra se anularía si su velocidad alcanzara la de la luz. De modo análogo, la marcha de un «buen» reloj en movimiento se haría más lenta en comparación con la de los relojes que fuera encontrando a lo largo del *SC* en reposo y se detendría al alcanzar la velocidad de la luz.

C. — Esto parece contradecir toda nuestra experiencia. Sabemos, en efecto, que un vehículo en movimiento no reduce su longitud y que el conductor puede comparar su «buen» reloj con los que

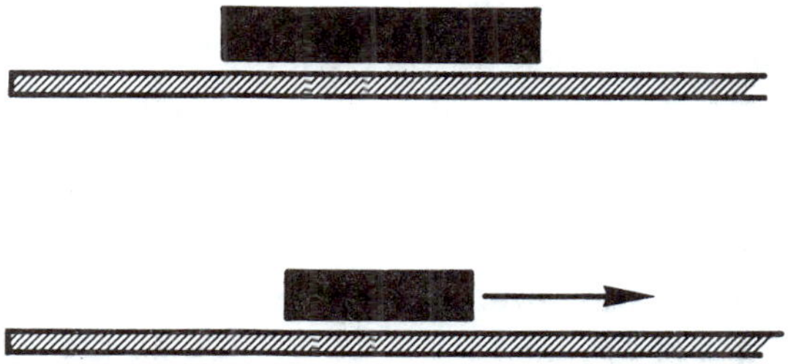

Fig. 16

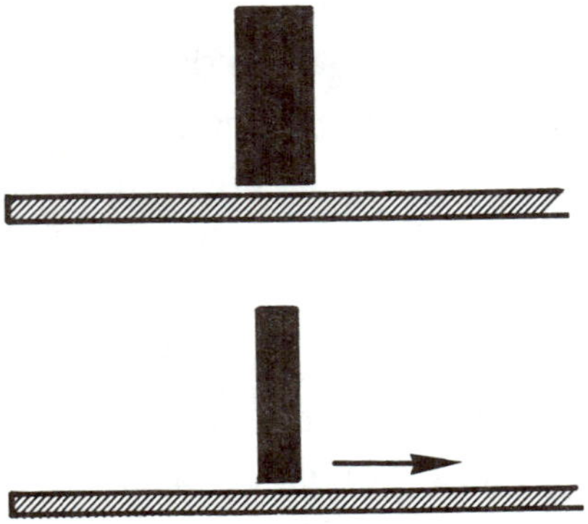

Fig. 17

encuentra en el camino habiendo entre ellos un acuerdo perfecto, contrariamente a lo que usted afirma.

M. — Eso es verdaderamente cierto. Pero estas velocidades mecánicas son todas muy pequeñas en comparación con la de la luz y por ello es ridículo aplicar la relatividad a dichos fenómenos. Todo viajero puede aplicar, con seguridad, la física clásica, aun si pudiera aumentar su velocidad en 100.000 veces su valor. Hay que esperar discrepancias entre la experiencia y la transformación clásica solamente para velocidades próximas a la de la luz. Es decir, que la transformación de Lorentz puede ser puesta a prueba, únicamente, para velocidades muy grandes.

C. — Aún encuentro otra dificultad. Según la mecánica puedo imaginar cuerpos animados de velocidades superiores a las de la luz. Un cuerpo que se mueve con la velocidad de la luz respecto a un barco en movimiento, tiene una velocidad mayor que la de la luz respecto a la costa. ¿Qué le ocurrirá a una barra cuya longitud se reduce a cero cuando va a la velocidad de la luz? Parece imposible imaginar una longitud negativa si la velocidad es mayor que la de la luz.

M. — No hay en realidad razón para tal sarcasmo. Desde el punto de vista de la teoría de la relatividad un cuerpo material no puede tener una velocidad superior a la de la luz. Esta velocidad constituye un límite insuperable. Si la velocidad de un cuerpo respecto al barco es igual a la de la luz, tendrá el mismo valor respecto a la costa. La sencilla ley mecánica de adición y sustracción de velocidades ya no es válida o, dicho de otra manera, es solamente aplicable al caso de velocidades pequeñas. El número que expresa la velocidad de la luz aparece explícitamente en la transformación de Lorentz y representa el límite, análogo al de la velocidad infinita en la mecánica clásica. La relatividad no contradice ni la transformación ni la mecánica clásicas. Al contrario, se recuperan los conceptos clásicos como un caso límite al considerar velocidades pequeñas. Desde el punto de vista de la nueva teoría está claro en qué casos es aplicable la física clásica y en cuáles no. Sería tan ridículo aplicar la teoría de la relatividad al movimiento de autos, barcos o trenes como usar una máquina de calcular donde fuera suficiente una tabla de multiplicar.

RELATIVIDAD Y MECÁNICA

La teoría de la relatividad surgió por necesidad, debido a las profundas y serias contradicciones de la teoría clásica que aparecían como irresolubles. La fuerza de la nueva teoría reside en la consistencia y simplicidad con que se resuelven aquellas dificultades admitiendo, solamente, unas pocas y muy convincentes hipótesis.

Aun cuando esta teoría surgió del problema del campo, debe abarcar todas las leyes físicas. Aquí parece que hay una dificultad. En efecto, las leyes del campo electromagnético son de naturaleza completamente diferente a las leyes de la mecánica. Las ecuaciones del campo electromagnético son invariantes con respecto a la transformación de Lorentz, mientras que las ecuaciones de la mecánica son invariantes respecto a la transformación clásica. Pero la teoría de la relatividad pretende que todas las leyes de la naturaleza sean invariantes respecto a la transformación de Lorentz y no con respecto a la clásica. Esta última transformación es sólo un caso límite especial de la transformación de Lorentz cuando la velocidad relativa de los dos *SC* en consideración es muy pequeña. Si esto es así, la mecánica clásica debe cambiar para poder satisfacer la condición de invariancia respecto a la transformación de Lorentz. O, en otras palabras, la mecánica clásica no puede ser válida cuando las velocidades se aproximan a la de la luz. Sólo puede existir una transformación de un *SC* a otro, a saber, la transformación de Lorentz.

Fue tarea simple modificar la mecánica clásica para ponerla de acuerdo con la teoría de la relatividad sin contradecir por ello el caudal de datos experimentales explicados por aquélla. La mecánica antigua es válida para velocidades pequeñas y constituye un caso límite de la nueva mecánica. Es interesante considerar un ejemplo en que la teoría de la relatividad introduce una modificación en la mecánica clásica. Esto puede, tal vez, conducirnos a ciertas conclusiones que permitan ser puestas a prueba por la experiencia.

Supongamos que sobre un cuerpo de masa determinada y en movimiento rectilíneo actúe una fuerza exterior en la dirección del movimiento. Como sabemos, la fuerza es proporcional a la variación de la velocidad. O, para ser más explícitos, resulta indiferente que un cuerpo dado aumente su velocidad en un segundo de 100 a 101 metros por segundo, o de 100 kilómetros a 100 kilómetros y un metro por segundo, o de 300.000 kilómetros a 300.000 kilómetros y un metro por segundo. La fuerza que actúa sobre un cuerpo es siempre la misma para un cambio de velocidad dado, en igual tiempo.

¿Vale esta ley también para la teoría de la relatividad? ¡De ninguna manera! Esta ley vale únicamente para pequeñas velocidades. Pero según la teoría de la relatividad, ¿qué ley se cumple para velocidades próximas a las de la luz? La respuesta es: si la velocidad es grande, se requieren fuerzas extremadamente grandes para aumentarla. No es lo mismo, en modo alguno, aumentar en un metro por segundo una velocidad de 100 metros por segundo, que hacerlo a una velocidad próxima a la de la luz. Cuanto más se acerque la velocidad de un cuerpo a la velocidad de la luz, tanto más difícil será aumentarla. Cuando una velocidad es igual a la de la luz todo aumento ulterior resulta imposible. Esta modificación introducida por la teoría de la relatividad no nos ha de sorprender, ya que la velocidad de la luz es un límite insuperable para todas las velocidades. Ninguna fuerza finita, por grande que sea, puede provocar un aumento de velocidad más allá de dicho límite. En lugar de la ley de la mecánica clásica que relaciona la fuerza con el cambio de velocidad, aparece en la relatividad una ley más complicada. Desde el nuevo punto de vista, la mecánica clásica resulta simple, porque en casi todas nuestras observaciones nos encontramos con velocidades mucho menores que la de la luz.

Un cuerpo en reposo tiene una masa perfectamente definida, llamada *masa en reposo*. La mecánica nos ha enseñado que todo cuerpo se resiste a cambiar su movimiento; cuanto mayor es la masa tanto más grande es esta resistencia; a menor masa menor resistencia. Pero en la teoría de la relatividad hay que considerar, además, que esa resistencia aumenta con la velocidad. Cuerpos con velocidades próximas a la de la luz ofrecerían una resistencia muy grande a la acción de fuerzas exteriores. En la mecánica clásica la resistencia de un cuerpo dado es una constante caracterizada por su masa solamente. En la teoría de la relatividad depende de la masa en reposo y de la velocidad. La resistencia se hace infinitamente grande al alcanzar la velocidad de la luz.

Los resultados que acabamos de citar nos permiten someter esta teoría a la prueba de la experiencia. ¿Resistirán los proyectiles con velocidades próximas a la de la luz la acción de fuerzas exteriores, en la medida prevista por la teoría de la relatividad? Como las conclusiones de esta teoría en este aspecto son de carácter cuantitativo, podríamos confirmarla o refutarla si nos fuera posible lanzar cuerpos con semejantes velocidades.

La naturaleza, por suerte, nos ofrece proyectiles con tales velocidades. Los átomos de los cuerpos radiactivos, como los del radio, por ejemplo, actúan como baterías que disparan proyectiles con velocidades enormes. Sin entrar en detalles citemos uno de los conceptos fundamentales de la física y de la química modernas. Todas las sustancias del Universo están formadas por una pequeña variedad de *partículas elementales.* Esta idea de la constitución de la materia recuerda la construcción de los edificios de una ciudad, de distinto tamaño y arquitectura; pero tanto la casucha como el rascacielos, todos ellos han sido edificados con una escasa variedad de ladrillos. Así, todos los elementos conocidos de nuestro mundo material, desde el hidrógeno que es el más liviano al uranio que es el más pesado,[3] están constituidos por los mismos ladrillos, esto es, por la misma clase de partículas elementales. Los elementos más pesados, las construcciones más complicadas, son inestables y se desintegran: decimos que son *radiactivos.* Algunos ladrillos, es decir, las partículas elementales que forman los átomos radiactivos, son a veces expulsados del interior del átomo con velocidades próximas a la de la luz. Un átomo de un elemento como el radio, según los conocimientos actuales, confirmados por numerosas experiencias, es una estructura complicada y la desintegración radiactiva es uno de los fenómenos que ponen de manifiesto que los átomos están formados de un cierto número de partículas elementales.

3. En la actualidad, y por métodos artificiales, se han podido producir elementos más pesados. La inestabilidad de sus núcleos es la causa de que no se puedan encontrar en la naturaleza.

Por experiencias ingeniosas e intrincadas se pudo estudiar la forma como las partículas emitidas por los átomos radiactivos resisten a la acción de fuerzas exteriores. Estas experiencias confirman las predicciones de la teoría de la relatividad. También en otros casos donde la influencia de la velocidad sobre la resistencia al cambio de movimiento ha podido ser estudiada, se encontró un completo acuerdo entre la teoría y la experiencia. Aquí vemos, una vez más, las características esenciales del trabajo científico creativo: la predicción de ciertos hechos por la teoría y su confirmación por la experiencia.

La consecuencia anterior sugiere una generalización importante. Un cuerpo en reposo tiene masa pero no energía cinética, es decir, energía de movimiento. Un cuerpo en movimiento tiene masa y energía cinética, y se resiste al cambio de movimiento más fuertemente que el cuerpo en reposo. Todo sucede, pues, como si la energía cinética de un cuerpo aumentara su resistencia. De dos cuerpos con la misma masa en reposo, el de mayor energía cinética se resiste más intensamente a la acción de fuerzas exteriores.

Imaginemos una caja en reposo que contiene un cierto número de pequeñas esferas en su interior, también en reposo en nuestro *SC*. Para ponerla en movimiento y para aumentar su velocidad se requiere la acción de una fuerza. ¿Pero la misma fuerza aumentará su velocidad en la misma medida durante un tiempo igual, si las esferitas de su interior se hallan en rápido movimiento en todas las direcciones, como las moléculas de un gas, con velocidades que se aproximan a la de la luz? No. En este caso se requerirá la acción de una fuerza mayor para producir el mismo efecto, debido a la mayor energía cinética de las esferitas que hace aumentar la resistencia de la caja al cambio de movimiento. Como se ve, la energía cinética resiste al cambio de movimiento igual que la materia ponderable. ¿Vale esto también para todas las formas de la energía?

La teoría de la relatividad deduce de sus suposiciones fundamentales una respuesta clara y convincente a esta pregunta, una respuesta, nuevamente, de carácter cuantitativo: toda forma de energía se resiste al cambio de movimiento; es decir, la energía se comporta como la materia. Un pedazo de hierro calentado al rojo pesa más que el mismo cuando está frío. La radiación, emitida por el Sol y que se propaga por el espacio, contiene energía y por lo tanto tiene masa; el Sol y todas las estrellas radiantes pierden masa al emitir su radiación. Esta conclusión, de carácter completamente general, constituye una importante consecución de la teoría de la relatividad y responde a todas las experiencias en que ha sido puesta a prueba.

La física clásica introduce dos tipos de sustancias: materia y energía; ponderable la primera e imponderable la segunda. En la física clásica hay dos principios de conservación: uno para la materia y otro para la energía. Ya nos hemos preguntado si este punto de vista sigue siendo válido en la física moderna. La respuesta es negativa. En efecto, para la teoría de la relatividad no existe una diferencia esencial entre masa y energía. La energía tiene masa y la masa representa energía. En lugar de dos principios de conservación tenemos uno solo, el de la conservación de la masa-energía. Esta nueva concepción resultó muy útil y de gran importancia para el desarrollo ulterior de la física.

¿Cómo es posible que esta equivalencia entre energía y masa haya permanecido tanto tiempo ignorada? ¿Un trozo de hierro caliente pesa realmente más que cuando está frío? La respuesta es ahora «sí», pero un poco más arriba había sido «no». Las páginas que median entre estas dos respuestas no ignoran esta contradicción.

La dificultad presente es del mismo tipo que otras encontradas anteriormente. La variación de la masa, predicha por la teoría de la relatividad, es inmensamente pequeña y no puede ser revelada por pesadas directas ni aun con las balanzas más precisas y sensibles. La comprobación de que la energía es ponderable ha podido ser realizada de maneras muy concluyentes, pero indirectas.

La razón que hace imposible una comprobación directa de dicha equivalencia reside en la excesiva pequeñez del coeficiente de intercambio entre materia y energía. En comparación con la masa, la energía es como una moneda depreciada respecto a otra de gran valor. Aclaremos esto con un ejemplo. ¡La cantidad de calor necesaria para convertir 30.000 toneladas de agua en vapor, pesaría aproximadamente un gramo! La energía ha sido considerada durante tanto tiempo como imponderable porque la masa que representa es muy pequeña. El antiguo concepto de energía como sustancia imponderable es la segunda víctima de la teoría de la relatividad. La primera fue el medio por el cual se suponía que se propagaban las ondas luminosas.

¡La influencia de la teoría de la relatividad va mucho más lejos del problema que la originó! Soluciona las diversas dificultades y contradicciones de la teoría del campo; formula unas leyes de la mecánica más generales; reemplaza dos principios de conservación por uno solo y modifica nuestro concepto clásico del tiempo absoluto. Su validez no se limita a un dominio de la física sino que constituye un marco general que abarca todos los fenómenos de la naturaleza.

EL CONTINUO ESPACIO-TIEMPO

«La Revolución francesa empezó en París, el 14 de julio de 1789.» En esta frase se registra el lugar y el tiempo en que se produjo un suceso. Para una persona que no sabe lo que significa «París», la oración podría aclararse enseñándole que París es una ciudad de nuestra Tierra situada a 2° de longitud Este del meridiano de Greenwich y a 49° de latitud Norte. Estos dos números caracterizan el lugar, y la frase «14 de julio de 1789» determina el tiempo en el cual tuvo lugar dicho acontecimiento. En la física, mucho más que en la historia, la determinación exacta del lugar y el tiempo en que se produjo un suceso es de la mayor importancia, pues estos datos forman la base para una descripción cuantitativa.

Para simplificar, consideremos primeramente sólo movimientos rectilíneos. Nuestro *SC* es, nuevamente, una barra rígida que se prolonga indefinidamente en uno de los sentidos. Tomemos diferentes puntos de la barra; sus posiciones quedan perfectamente caracterizadas con sólo dar un número, la coordenada de cada uno. Decir que la coordenada de un punto es 7.586 metros significa que su distancia al extremo, origen de la barra, es de 7.586 metros. Inversamente, dado un número cualquiera y una unidad se puede siempre encontrar un punto de la barra que corresponda a ese número. Podemos, en consecuencia, afirmar que: a todo número corresponde un punto determinado de la barra y a todo punto de la misma corresponde un número. Este hecho lo expresan los matemáticos con el siguiente enunciado: la totalidad de los puntos de una barra constituyen un *continuo unidimensional*. Esto quiere decir que al lado de cualquier punto de la barra existen otros tan cercanos al mismo como se quiera. De otra manera, es posible unir dos puntos distantes de la barra por pasos arbitrariamente pequeños. Así pues, la pequeñez arbitraria de los pasos que unen puntos distantes es una característica esencial del continuo.

Consideremos ahora un plano, o si se prefiere algo más concreto, la superficie rectangular de una mesa (figura 18). La posición de un punto de la misma puede ser determinada por dos nú-

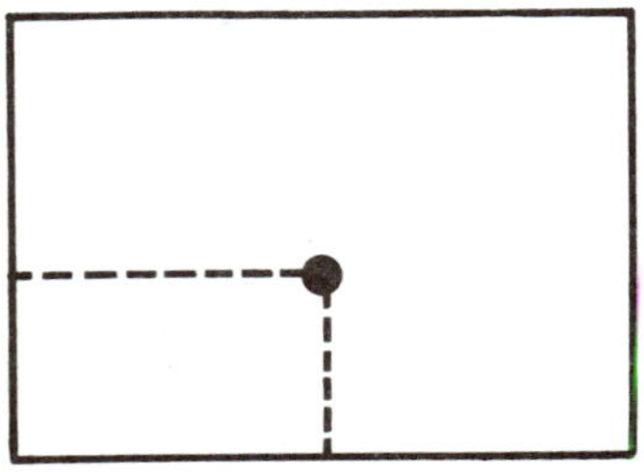

Fig. 18

meros y no, como antes, por uno solo. Estos dos números miden las distancias del punto a dos bordes perpendiculares de la mesa. Es decir, a cada punto del plano le corresponde no uno sino un par de números, y recíprocamente, a todo par de números le corresponde un determinado punto del plano. En otras palabras: el plano es un *continuo bidimensional.* Existen puntos arbitrariamente cercanos a todo punto del plano. Dos puntos distantes pueden ser unidos por una curva dividida en segmentos tan pequeños como se quiera. Luego la pequeñez arbitraria de los pasos que unen dos puntos distantes, cada uno de los cuales puede ser representado por dos números, es lo que caracteriza fundamentalmente un continuo bidimensional.

Imaginemos que pretendemos considerar nuestra habitación como nuestro *SC.* Esto significa que deseamos describir todas las posibles posiciones de un punto como el de la figura 19, respecto a las paredes rígidas de la habitación. Por ejemplo, la posición de la base de la lámpara, supuesta en reposo, puede ser fijada por tres números: dos de ellos determinan las distancias a dos paredes perpendiculares y el tercero la distancia al techo o al suelo. Es decir, a cada punto del espacio le corresponden tres números definidos; y,

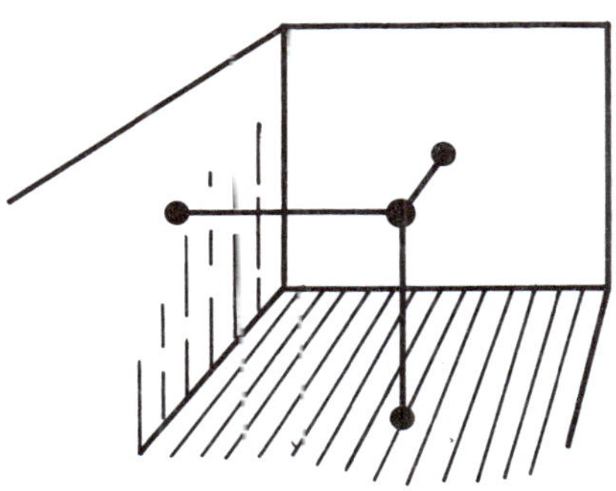

Fig. 19

recíprocamente, cada tres números determinan un punto del espacio. Esto se expresa diciendo: nuestro espacio es un continuo tridimensional. Existen puntos muy próximos a todo punto del espacio. Luego lo que caracteriza un continuo tridimensional es la pequeñez arbitraria de los pasos con los cuales se puede cubrir la distancia entre dos puntos cualesquiera del mismo, cada uno de los cuales está representado por tres números.

Pero todo esto es más geometría que física. Para volver a ésta tenemos que considerar el movimiento de las partículas materiales. En la observación y predicción de los fenómenos naturales debemos tener en cuenta, además del lugar, el tiempo en que suceden. Tomemos nuevamente un ejemplo muy sencillo.

Dejemos caer desde una torre una piedra pequeña que puede ser considerada como una partícula material. Imaginemos que la torre tenga la altura de 78,4 metros. Desde Galileo nos es posible predecir la coordenada de la piedra en cualquier instante de su caída. En la tabla de la página siguiente mostramos las posiciones de la piedra a los 0, 1, 2, 3 y 4 segundos de su recorrido.

En la tabla están registrados cinco sucesos, estando representado cada uno por dos números, el tiempo y la coordenada espacial correspondientes. El primero es la iniciación de la caída de la piedra desde una altura de 78,4 metros, en el instante 0 del tiempo.

Tiempo de caída en segundos	*Altura desde el suelo, en metros*
0	78,4
1	73,5
2	58,8
3	34,3
4	0

Fig. 20

El segundo suceso es la coincidencia de la piedra con nuestra barra rígida (la torre) a 73,5 metros de altura. Esto ocurre al final del primer segundo. El último acontecimiento registrado en la tabla lo constituye la coincidencia (altura 0) de la piedra con la tierra, al cuarto segundo de caída.

Se pueden representar los datos de esta tabla de una manera diferente, haciendo corresponder a cada par de números un punto de una superficie. Para ello debemos establecer primero una escala (figura 20): un segmento corresponderá a 30,50 metros y otro, a un segundo de tiempo.

A continuación trazamos dos líneas perpendiculares entre sí, llamando eje de tiempo a la horizontal y eje de espacio a la vertical. Inmediatamente se ve que nuestra tabla puede ser representada por cinco puntos del plano espacio-tiempo (figura 21).

Las distancias de los puntos al eje de espacio dan las coordenadas temporales según la primera columna de la tabla y las distancias al eje de tiempo, las coordenadas espaciales.

La misma cosa ha sido expresada de dos maneras diferentes: por una tabla y por puntos de un plano; cada una puede ser deducida de la otra. La elección entre estos dos tipos de representaciones es, simplemente, una cuestión de preferencia, ya que, de hecho, son equivalentes.

Demos otro paso. Imaginemos una tabla más completa que nos dé las posiciones no cada segundo, sino cada centésima o cada milésima de segundo. Tendremos entonces, una gran cantidad de puntos en nuestro gráfico espacio-tiempo. Finalmente, si la posición de

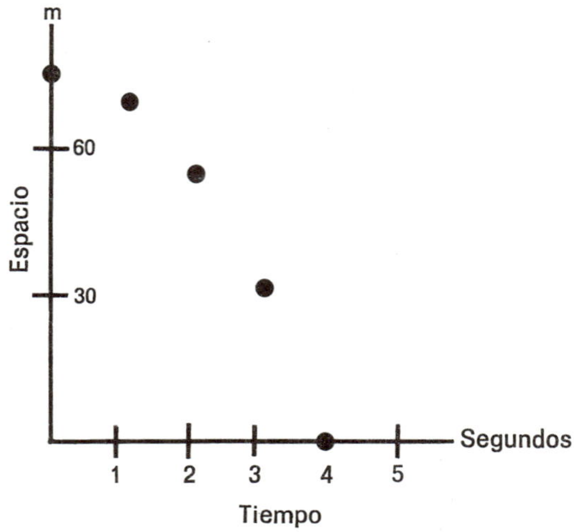

Fig. 21

la partícula está dada para cada instante o, como dicen los matemáticos, si la coordenada espacial está dada como una función del tiempo, entonces nuestro conjunto de puntos se transforma en una línea continua. La figura 22 representa, por lo tanto, el conocimiento completo del movimiento de la partícula y no, como antes, de una pequeña fracción del mismo.

El movimiento a lo largo de la barra rígida (la torre), es decir, en un espacio unidimensional, está representado en la citada figura 22 por una curva, en el continuo bidimensional espacio-tiempo. A cada punto de nuestro continuo espacio-tiempo le corresponde un par de números, uno de los cuales da el tiempo y el otro la coordenada del espacio. Recíprocamente: a cada par de números que caracterizan cierto suceso, le corresponde un punto determinado del plano espacio-tiempo. Dos puntos adyacentes representan dos sucesos, dos acontecimientos, ocurridos a corta distancia y separados por un intervalo pequeño de tiempo.

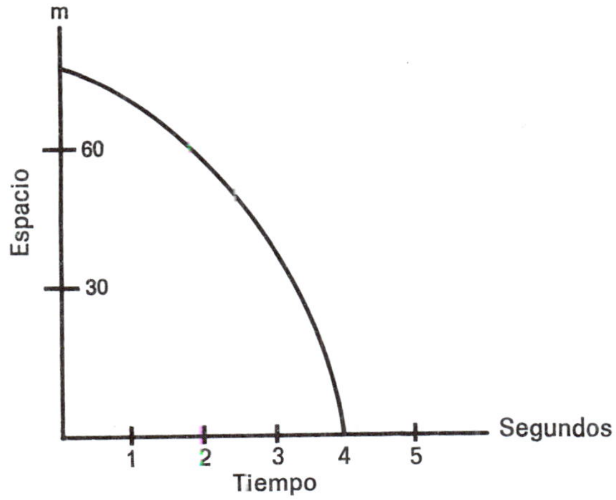

Fig. 22

Se podría argüir contra nuestra representación de la siguiente manera: no tiene sentido representar la unidad de tiempo por un segmento, combinándolo mecánicamente con el espacio para formar el continuo bidimensional a partir de los dos continuos unidimensionales. Pero en tal caso habría que protestar con igual energía contra los gráficos que representan, por ejemplo, la temperatura de la ciudad de Barcelona durante el último verano; así como contra aquellos que representan las variaciones del coste de la vida durante un cierto número de años, pues en ellos usamos, exactamente, el mismo método. En los gráficos de temperatura se combinan el continuo unidimensional de la temperatura con el continuo unidimensional del tiempo, en un continuo bidimensional temperatura-tiempo.

Volvamos ahora al caso del cuerpo o partícula arrojado desde lo alto de la torre de 78,4 metros. Nuestra representación gráfica del movimiento es un convenio útil, pues caracteriza la posición de la partícula en un instante arbitrario del tiempo.

Esta representación gráfica se puede interpretar de dos maneras distintas. Una de ellas es imaginar el movimiento como una serie de sucesos en el continuo unidimensional del espacio, sin mezclarlo con el tiempo, usando una imagen dinámica, según la cual las posiciones del cuerpo *cambian* con el tiempo. La otra consiste en formarnos una imagen *estática* del movimiento, considerando la curva en el continuo bidimensional espacio-tiempo. Según esta manera de interpretarlo el movimiento está representado como algo que es, que existe, en el continuo bidimensional espacio-tiempo y no como algo que cambia en el continuo unidimensional del espacio.

Ambas imágenes son exactamente equivalentes y preferir una de ellas es cuestión de convención o de gusto.

Nada de lo que acabamos de exponer respecto de las dos imágenes del movimiento tiene relación alguna con la teoría de la relatividad. Se pueden usar ambas representaciones con igual derecho, aun cuando la física clásica se inclinó más bien por la imagen dinámica que describe al movimiento como una serie de sucesos en el espacio, y no como algo ya existente en el espacio-tiempo. Pero la teoría de la relatividad modifica este punto de vista. Se ha declarado abiertamente en favor de la imagen estática, encontrando en esta representación del movimiento una imagen más objetiva y conveniente de la realidad. Pero, ¿por qué estas dos imágenes son equivalentes desde el punto de vista de la física clásica y no desde el punto de vista de la teoría de la relatividad?

Para contestar esta pregunta consideremos nuevamente dos *SC* en movimiento uniforme el uno con respecto al otro.

De acuerdo con la física clásica, los observadores de cada uno de dichos *SC* asignarán a cierto suceso distintas coordenadas espaciales, pero la misma coordenada del tiempo. En nuestro ejemplo, la coincidencia de la partícula con la tierra está caracterizada, en el *SC* que hemos elegido, por la coordenada «4» del tiempo y por la coordenada «0» del espacio. Según la mecánica clásica, el cuerpo que cae alcanzará la superficie de la tierra al 4.° segundo, también para un observador que se mueva uniformemente respecto al *SC* anterior. Pero este observador referirá la distancia a su *SC y* atribuirá, en general, diferentes coordenadas de espacio al fenómeno de la colisión, aun cuando la coordenada tiempo será la misma para él, y para todos los observadores que se muevan uniformemente los unos respecto a los otros. La física clásica admite sólo un fluir «absoluto» del tiempo. Para cada *SC*, el continuo bidimensional se puede descomponer en dos continuos unidimensionales: tiempo y espacio. Debido al carácter «absoluto» del tiempo, la transición de la imagen «estática» del movimiento a la «dinámica» tiene un significado objetivo en la física clásica.

Hemos visto ya que la transformación clásica no debe ser usada siempre en la física. Desde un punto de vista práctico, esta transformación sirve para cuando se trata de pequeñas velocidades; pero no cuando se trata de resolver cuestiones fundamentales de la física.

Según la teoría de la relatividad, el instante en que se produce la colisión entre el cuerpo y la tierra, no será el mismo para todos los observadores. Tanto las coordenadas de tiempo como las de espacio serán diferentes en los dos *SC* y la variación de la primera será tanto más notable cuanto más próxima a la velocidad de la luz sea la velocidad relativa. Por ello el continuo bidimensional no puede ser partido en dos continuos unidimensionales como en la física clásica. No se puede considerar separadamente el tiempo y el espacio, al determinar las coordenadas espacio-tiempo, al pasar de un *SC* a otro. La división del continuo bidimensional en dos unidimensionales es, desde el punto de vista de la teoría de la relatividad, un procedimiento arbitrario carente de significado objetivo.

Resulta fácil generalizar lo expuesto hasta ahora para el caso de un movimiento que no está limitado a una línea recta. Para describir los sucesos de la naturaleza debemos usar, en realidad, cuatro y no dos números. Nuestro espacio físico, concebido a partir de los objetos y sus movimientos, tiene tres dimensiones, y las posiciones quedan determinadas por tres números. El instante en que se produce el suceso es el cuarto número. Todo suceso queda caracterizado por cuatro números; y a cada cuatro números corresponde, recíprocamente, un suceso. Por eso, el mundo de los sucesos es un *continuo de cuatro dimensiones.* No hay nada misterioso en esto y la última afirmación es tan cierta para la física clásica como para la teoría de la relatividad. La diferencia aparece cuando se consideran dos *SC* en movimiento relativo. Consideremos una habitación en movimiento y dos observadores, uno interior y otro exterior, determinando las coordenadas del tiempo y del espacio, para los mismos sucesos. La física clásica descompone también, aquí, el continuo tetradimensional en el espacio tridimensional y el continuo unidimensional del tiempo. El físico clásico se preocupa sólo de la transformación espacial ya que el tiempo lo considera absoluto, encontrando, en consecuencia, natural y conveniente la subdivisión del continuo tetradimensional de su mundo, en espacio y tiempo. Pero desde el punto de vista de la teoría de la relatividad, tanto el tiempo como el espacio varían al pasar de un *SC* a otro mediante la transformación de Lorentz.

El Universo de los sucesos puede ser descrito dinámicamente por una imagen que cambia con el tiempo, proyectada sobre un fondo constituido por el espacio tridimensional. Pero también se puede describir por una imagen estática proyectada en el continuo tetradimensional espacio-tiempo. Para la física clásica ambas imágenes son equivalentes. En cambio, para la física relativista, resulta más conveniente y más objetiva la imagen estática.

Aun en la relatividad se puede usar la imagen dinámica, si así lo preferimos. Pero debemos recordar que esta división en tiempo y espacio no tiene significado objetivo, pues el tiempo ya no es «absoluto». Teniendo en cuenta sus limitaciones, en las siguientes páginas utilizaremos todavía el lenguaje «dinámico» y no el «estático».

LA RELATIVIDAD GENERAL

Nos queda todavía un punto por aclarar. Una de las cuestiones más fundamentales no ha sido resuelta aún: ¿existe un sistema inercial? Hemos aprendido ciertas leyes de la naturaleza, su invariancia frente a la transformación de Lorentz y su validez para todos los sistemas inerciales en movimiento uniforme relativo. Tenemos las leyes pero no conocemos el marco al cual referirlas.

A fin de destacar esta dificultad hagamos una entrevista a un físico clásico y planteémosle algunas preguntas sencillas:

—¿Qué es un sistema inercial?

—Es un *SC* en el cual son válidas las leyes de la mecánica. Un cuerpo sobre el cual no actúan fuerzas exteriores se mueve uniformemente en tal *SC*. Esta propiedad nos permite distinguir un *SC* inercial de cualquier otro.

—¿Pero... qué entiende cuando dice que sobre el cuerpo no actúan fuerzas exteriores?

—Significa, simplemente, que el cuerpo se mueve uniformemente en un sistema inercial.

Aquí podríamos preguntar de nuevo: «¿Qué es un sistema inercial?». Pero como hay pocas esperanzas de obtener una respuesta distinta a la anterior, tratemos de conseguir alguna información más concreta cambiando nuestra pregunta:

—¿Es inercial un *SC* rígidamente unido a la Tierra?

—No; porque las leyes de la mecánica no son rigurosamente válidas en la Tierra debido a su rotación. Un *SC* rígidamente unido al

Sol puede ser considerado en muchos casos como inercial; pero cuando se habla del Sol en rotación, se entiende que un *SC* fijo en el mismo no puede considerarse estrictamente inercial.

—Entonces, ¿qué es, concretamente, su sistema inercial y de qué manera podemos encontrar uno?

—Es meramente una ficción útil y no tengo ni idea de cómo llevarla a la práctica. Salvo que pudiera alejarme suficientemente de todo cuerpo material y librarme de todas las influencias exteriores; mi *SC* sería, entonces, inercial.

—¿Pero qué entiende usted por un *SC* libre de toda influencia exterior?

—Un *SC* que es inercial.

¡Hemos vuelto, otra vez, a nuestra pregunta inicial!

Nuestra entrevista pone de manifiesto una gran dificultad de la física clásica. Tenemos leyes pero no conocemos el sistema de referencia en el que son válidas; toda la física parece edificada sobre la arena.

Se puede llegar a la misma dificultad por otro camino. Imaginemos que exista un solo cuerpo en todo el Universo, y que constituya nuestro *SC*. Este cuerpo empieza a girar. Según la mecánica clásica, las leyes físicas para un cuerpo en rotación son diferentes de las leyes respecto a un cuerpo sin rotación. Si el principio de inercia es válido en un caso, no lo es en el otro. Pero todo esto resulta sospechoso. ¿Tiene acaso sentido hablar del movimiento de un cuerpo que suponemos único en todo el Universo? No; porque se considera que un cuerpo está en movimiento, cuando cambia su posición respecto a otro. Por esto resulta contrario al sentido común hablar del movimiento de un cuerpo aislado. La mecánica clásica y el sentido común se nos presentan, aquí, en violento desacuerdo. El remedio que da Newton para resolver este entredicho es el siguiente: si el principio de inercia es válido, el *SC* está en reposo o en movimiento uniforme; si este principio no se cumple, el cuerpo está en movimiento no uniforme. Luego, se puede decidir si un cuerpo está en movimiento o en reposo, según las leyes de la física sean o no aplicables a un *SC* unido rígidamente al mismo.

Tomemos dos cuerpos, el Sol y la Tierra por ejemplo. El movimiento que observamos es relativo. Se puede describir uniendo el *SC* a la Tierra o al Sol. Desde este punto de vista, la gran contribución de Copérnico reside en el hecho de haber transferido el *SC* de la Tierra al Sol. Pero como el movimiento es relativo y se puede hacer uso de cualquier sistema de referencia, parece no existir ninguna razón para preferir uno de los dos *SC*.

La física interviene y modifica el punto de vista del sentido común. El *SC* unido al Sol se parece más a un sistema inercial que el *SC* vinculado a la Tierra. Por eso las leyes físicas deben ser aplicadas al *SC* de Copérnico y no al de Tolomeo. La grandeza del descubrimiento de Copérnico solamente puede ser apreciada desde el punto de vista físico. Ilustra la gran ventaja que resulta de usar un *SC* rígidamente unido al Sol en la descripción del movimiento de los planetas.

En la física clásica no existe el movimiento uniforme absoluto. Si dos *SC* se mueven uniformemente el uno respecto al otro, no tiene sentido decir «este *SC* está en reposo y el otro en movimiento». Pero si dos *SC* se mueven no uniformemente uno respecto al otro, hay muy buenas razones para decir: «este cuerpo se mueve y el otro está en reposo» (o se mueve uniformemente). El movimiento absoluto tiene, en este último caso, un significado bien concreto. Hay en este punto, como dijimos arriba, un profundo abismo entre el sentido común y la física clásica. Las dificultades mencionadas referentes a la existencia de un sistema inercial y a la del movimiento absoluto, están sólidamente relacionadas entre sí. El movimiento absoluto se hace posible si admitimos la existencia de un sistema inercial.

Pudiera parecer que no hay solución a estas dificultades, que ninguna teoría física es capaz de eludirlas. Su raíz reside en el hecho de haber postulado que las leyes de la naturaleza sólo tienen validez para un tipo especial de *SC,* el inercial. La posibilidad de resolver estas dificultades depende de la respuesta a la siguiente pregunta. ¿Podemos formular las leyes físicas de manera que sean válidas para todos los *SC*, es decir, no solamente para los que se mueven uniformemente, sino también para aquellos que se mueven arbitrariamente unos respecto de los otros? Si esto es posible, habremos resuelto nuestras dificultades. En tal caso seremos capaces de aplicar las leyes de la naturaleza a cualquier *SC*. Y la lucha tan violenta, en los comienzos de la ciencia, entre las ideas de Tolomeo y las de Copérnico, perderá sentido, pudiendo emplearse, con igual justificación, cualquiera de los dos *SC.* Las dos afirmaciones «el Sol está en reposo y la Tierra se mueve» o «el Sol se mueve y la Tierra está en reposo» significarían, simplemente, dos convenciones distintas que se referirían a dos *SC* diferentes.

¿Podríamos realmente construir una física relativista válida en todos los *SC;* una física en la que no haya lugar para el movimiento absoluto, sino sólo para los movimientos relativos? ¡Esto es efectivamente posible!

Poseemos al menos una indicación, aunque muy débil, que nos ayudará a edificar la nueva física. Una verdadera física relativista debe ser aplicable a todo *SC* y, por lo tanto, también al caso especial de los *SC* inerciales. Ya conocemos las leyes referentes a los *SC* inerciales. Las nuevas leyes generales que han de cumplirse en todos los *SC* deben, en el caso particular de los *SC* inerciales, reducirse a las leyes de la mecánica clásica.

El problema de formular unas leyes físicas válidas para todo *SC* fue resuelto por la llamada *teoría general de la relatividad,* llamándose *teoría de la relatividad restringida* la que se aplica solamente a sistemas inerciales. Las dos no pueden, naturalmente, contradecirse, pues las leyes de la relatividad restringida han de estar contenidas en las de la relatividad general. Pero así como antes las leyes de la física fueron formuladas únicamente para los sistemas inerciales, ahora éstos constituirán un caso límite especial de todos los *SC* que se mueven arbitrariamente.

Éste es el programa de la teoría general de la relatividad. Pero al esbozar el camino por el cual se realizó debemos ser aún más vagos de lo que fuimos hasta aquí. Las nuevas dificultades que aparecen en el desarrollo de la ciencia hacen que la teoría sea cada vez más abstracta. Aventuras insospechadas nos esperan. Nuestro objeto final es un entendimiento mejor de la realidad. Nuevos eslabones se agregan siempre a la concatenación lógica entre la teoría y la observación. Para limpiar de suposiciones innecesarias y artificiales el camino que conduce de la teoría a la experiencia; para abarcar dominios de la realidad cada vez mayores, hemos de alargar la cadena cada vez más. Cuanto más simples y fundamentales son nuestras hipótesis, tanto más intrincado resulta nuestro instrumento matemático de razonamiento; la ruta que conduce de la teoría a la observación se hace más larga, más sutil y más intrincada. Aun cuando parezca paradójico, podríamos decir: la física moderna es más simple que la física clásica y parece, por lo tanto, más difícil y más complicada. Cuanto más simple es nuestra imagen del mundo exterior y cuanto mayor es el número de hechos que abarca, con tanta mayor fuerza refleja en nuestra conciencia la armonía del Universo.

La nueva idea es sencilla: construir una física válida en cualquier *SC*. Su realización trae aparejadas complicaciones formales y nos obliga a emplear procedimientos matemáticos hasta ahora no usados en la física. En lo que sigue expondremos tan sólo la conexión entre la realización de dicho programa y dos problemas importantes: la gravitación y la geometría.

FUERA Y DENTRO DEL ASCENSOR

El principio de inercia marca, en realidad, el verdadero comienzo de la física. Fue adquirido, como sabemos, imaginando el experimento ideal de un cuerpo en movimiento perenne, sin rozamiento ni bajo la acción de ninguna otra fuerza exterior. Con este ejemplo y después con otros más, hemos podido aquilatar la importancia de la introducción del experimento ideal. Aquí vamos a discutir, también, experimentos ideales. Aunque éstos puedan parecer demasiado fantásticos, nos ayudarán, sin embargo, a comprender todo lo que se pueda de la teoría de la relatividad, con las limitaciones inherentes a los métodos simples que estamos utilizando.

Ya hemos tratado de experiencias ideales con una habitación en movimiento uniforme. Aquí, para cambiar, tendremos un ascensor que cae.

Imaginemos que un gran ascensor está en lo alto de un rascacielos mucho más alto que cualquier rascacielos real. Supongamos que el cable que lo sostiene se rompe y el ascensor empieza, entonces, a caer libremente. Dentro del mismo hay observadores que realizan diversas experiencias durante la caída. Al describirlas no debemos preocuparnos de la resistencia del aire ni del rozamiento, pues despreciamos sus efectos en las condiciones ideales. Uno de los observadores saca un reloj y un pañuelo de su bolsillo y los suelta. ¿Qué les sucede? Para una persona exterior, que ve lo que pasa en el interior del ascensor, por una ventana por ejemplo, el pañuelo y el reloj caen exactamente de la misma manera, con la misma aceleración. Recordemos que la aceleración de la caída es completamente independiente de la masa del cuerpo que cae y que fue este hecho el que reveló la igualdad entre la masa inerte y la gravitatoria. No olvidemos, sin embargo, que según la mecánica clásica esta igualdad es absolutamente accidental y que no tuvo influencia alguna sobre su estructura. Aquí, por el contrario, esa igualdad, reflejada en que la aceleración de la caída de todos los cuerpos es la misma, es esencial y constituye la base de nuestra argumentación.

Volvamos al pañuelo y al reloj que están cayendo con la misma aceleración que el ascensor, con sus paredes, techo y suelo. Por esta misma razón la distancia de esos dos objetos al suelo no variará. Para el observador interior permanecen exactamente donde los soltó; además, puede ignorar la existencia del campo gravitatorio ya que su causa está fuera de su *SC*. Él encuentra que sobre los dos cuerpos no actúa fuerza alguna y que están en reposo, exactamente como si estuvieran en un *SC* inercial. ¡Curioso!, ¿verdad? Si uno de los observadores empuja el reloj o el pañuelo en cualquier dirección, para arriba o para abajo, por ejemplo, éste adquiere cierta velocidad, que conserva después de cesar la acción de empujar, es decir, que continúa moviéndose rectilíneamente hasta alcanzar el techo o el suelo respectivamente. En resumen, las leyes de la mecánica clásica se cumplen para el observador interior, pues todos los cuerpos se comportan según uno esperaría del principio de inercia. El *SC* rígidamente unido al ascensor durante su caída libre difiere de un sistema inercial en un solo aspecto. En un *SC* inercial, un móvil sobre el que actúan fuerzas seguirá moviéndose eternamente con velocidad constante. Un *SC* inercial de la física clásica no está limitado ni en el tiempo ni en el espacio. El caso del observador dentro del ascensor es, sin embargo, diferente. El carácter inercial de su *SC* sí está limitado en espacio y tiempo. Tarde o temprano el objeto con movimiento uniforme chocará con la pared del ascensor, destruyéndose, así, este movimiento. Tarde o temprano todo el ascensor chocará con la tierra destruyendo a los observadores mismos y sus instrumentos. Es decir, este *SC* es solamente una «edición de bolsillo» de un *SC* inercial verdadero.

El carácter local de este *SC* es completamente esencial. Si nuestro ascensor imaginario se extendiera del ecuador al polo con el pañuelo suelto sobre el primero y el reloj sobre el último, entonces, para el observador exterior, los dos cuerpos no tendrían la misma aceleración; no estarían en reposo el uno respecto al otro. ¡Y toda nuestra argumentación fallaría! Las dimensiones del ascensor tienen que ser limitadas de tal modo que un observador exterior vea caer con idéntica aceleración a todos los cuerpos de dentro.

Con esta restricción, el *SC* toma un carácter inercial para un observador situado en su interior. Por fin estamos en condiciones de indicar un *SC* en el cual todas las leyes de la física son válidas, aun cuando esté limitado en el tiempo y el espacio. Si nos imaginamos otro *SC*, otro ascensor en movimiento uniforme relativamente al primero, éste constituirá, también, un *SC* inercial local y todas las leyes serán exactamente iguales en ambos. El paso de uno a otro no está dado por la transformación de Lorentz.

Veamos cómo describen ambos observadores lo que ocurre en el ascensor.

El observador exterior nota el movimiento del ascensor y de todos los cuerpos que están dentro del mismo y comprueba que se mueven según la ley de la gravitación de Newton. Para él, el movimiento no es uniforme, sino acelerado, debido precisamente a la acción de la fuerza de gravedad.

Pero una generación de físicos nacidos y criados en el interior del ascensor razonaría de una manera totalmente distinta. Ellos se creerían en posesión de un sistema inercial y referirían todas las leyes de la naturaleza al ascensor, afirmando, con justificación, que estas leyes toman una forma especialmente simple en su *SC*. Resultaría natural que supusieran su ascensor en reposo y que su *SC* es inercial.

Es, en efecto, imposible liquidar las diferencias entre un observador interior y uno exterior. Cada uno de ellos podría proclamar su derecho de referir los sucesos a su *SC*. Ambas descripciones resultarían igualmente consistentes.

Del análisis que acabamos de hacer se ve que es posible efectuar una descripción consistente de los fenómenos físicos en dos *SC* diferentes aun cuando no se desplacen con movimiento uniforme el uno respecto al otro. Pero en tal caso hemos de tener en cuenta la gravitación, que constituye, por así decirlo, el «puente» que permite pasar de un *SC* al otro. El campo gravitatorio existe para el observador exterior, pero no para uno de dentro. El movimiento acelerado y el campo gravitatorio existen para el observador exterior, y hay reposo y ausencia de dicho campo para uno interior al ascensor. Pero el «puente» del campo gravitatorio que hace posible la descripción en ambos *SC* descansa sobre un pilar muy importante, a saber: la equivalencia entre la masa gravitatoria y la inerte. Sin esta clave, que pasó inadvertida para la mecánica clásica, nuestro presente razonamiento fracasaría por completo.

Consideraremos enseguida una variante de nuestro experimento ideal. Supongamos que tenemos un *SC* inercial, en el que vale la ley de inercia. Ya hemos descrito lo que sucede en un ascensor en reposo respecto a un *SC* tal. Pero alguien de afuera ha atado un cable a nuestro ascensor y tira del mismo con una fuerza constante, en el sentido indicado por la flecha de la figura 23. No importa cómo lo haga. Como las leyes de la mecánica son válidas en este *SC*, el ascensor se moverá con una aceleración constante hacia arriba. Atendamos, aquí también, a las descripciones de lo que sucede en el interior del ascensor, dadas por un observador interior y otro exterior.

El observador exterior: Mi *SC* es inercial. El ascensor se mueve con una aceleración constante porque una fuerza constante está actuando sobre él. Los viajeros del ascensor están en movimiento absoluto, pues para ellos no son válidas las leyes de la mecánica. En efecto, un observador interior no observa que los cuerpos sobre los que no actúan fuerzas permanezcan en reposo: si se suelta un cuerpo éste choca pronto con el suelo del ascensor ya que éste se mueve hacia arriba. Esto le ocurre tanto a un reloj como a un pañuelo. Me parece rarísimo el hecho de que el observador de adentro

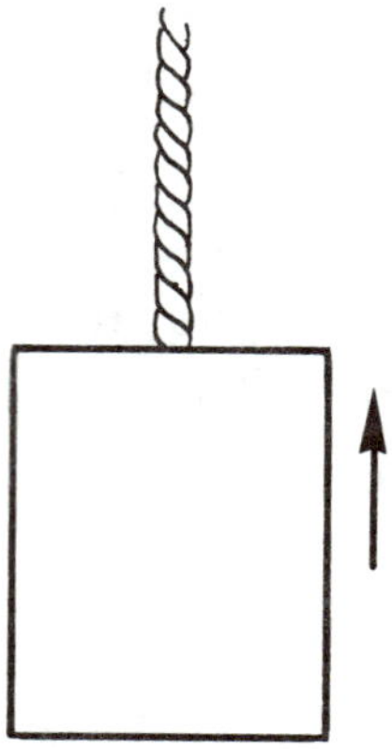

Fig. 23

pueda separarse del «suelo» del ascensor, porque en cuanto da un salto, el piso lo alcanza enseguida.

El observador interior: No veo razón alguna —dice— para creer que mi ascensor esté en movimiento absoluto. Estoy de acuerdo con que un *SC* rígidamente unido a mi ascensor no es realmente un *SC* inercial, pero no pienso que ello signifique que esté en movimiento absoluto. Mi reloj, mi pañuelo, como el resto de los cuerpos del ascensor, caen cuando los suelto, porque todo el ascensor está en un campo gravitatorio. Yo constato exactamente la misma clase de movimiento de caída que el que encuentra un habitante de la Tierra, quien lo explica muy simplemente por la acción de un campo de gravitación. Lo mismo vale, evidentemente, en mi caso.

Ambas interpretaciones, la del observador de dentro por una parte y la del de fuera del ascensor por la otra, son igualmente coherentes y no existe, aparentemente, posibilidad alguna de decidir cuál de ellos tiene razón. En resumen, que estamos en nuestro derecho de admitir cualquiera de ellas para explicar el comportamiento de los objetos dentro del ascensor, a saber: movimiento no uniforme y ausencia de un campo gravitatorio según el observador exterior, o reposo y presencia de un campo gravitatorio de acuerdo con el observador interior.

El observador exterior puede suponer que el ascensor está en movimiento «absoluto» no uniforme. Pero un movimiento que puede ser cancelado por la suposición de que actúa un campo gravitatorio no puede tener las pretensiones de «absoluto».

Parece haber, sin embargo, un recurso para salir de la ambigüedad en que nos encontramos. Imaginemos que por una ventana lateral entra en el ascensor un rayo de luz horizontal, alcanzando la pared opuesta al cabo de un tiempo muy corto. Veamos cómo sería predicha por nuestros observadores la trayectoria de la luz.

El observador exterior, que cree en el movimiento acelerado del ascensor, argüirá: el haz luminoso penetra por la ventana desplazándose horizontalmente y en línea recta hacia la pared opuesta. Pero el ascensor se mueve hacia arriba, cambiando de posición durante el tiempo que tarda la luz al pasar de una a la otra pared. El rayo no iluminará, por lo tanto, el punto exactamente opuesto al de su entrada, sino un poco más abajo. La diferencia, aunque muy pequeña, es real y en consecuencia resulta que la luz se desplaza respecto al ascensor sobre una línea curva, como la de la figura 24, y no sobre la recta punteada de la misma figura.

El observador interior, que cree en la presencia de un campo gravitatorio que actúa sobre todos los objetos de su ascensor, diría: el ascensor no tiene tal movimiento acelerado; en su interior simplemente actúa un campo gravitatorio. Un haz luminoso que es imponderable no será afectado por la gravedad. Si se propaga en dirección horizontal alcanzará un punto exactamente opuesto al de su entrada.

Parece resultar de esta discusión que existe una posibilidad de decidir entre ambos puntos de vista, ya que el resultado sería distinto según fuera cierta una u otra afirmación. Si no hay nada ilógico en ninguno de los razonamientos que acabamos de exponer, entonces toda nuestra argumentación previa cae por tierra, resultando, pues, imposible describir consistentemente todos los fenómenos en cuestión por dos caminos distintos: con o sin campo gravitatorio.

Pero hay, afortunadamente, un error grave en el razonamiento del observador interior, que salva nuestra conclusión. Éste decía: un haz luminoso que es imponderable, no será afectado por la gravedad». ¡Esto no es cierto! Un haz de luz posee energía y la energía tiene masa. Pero toda masa inerte es atraída por un campo gravitatorio ya que la masa inerte y la masa gravitatoria son equivalentes. Un haz luminoso se curvará en un campo gravitatorio exactamente igual que lo haría la trayectoria de un cuerpo lanzado horizontalmente con una velocidad igual a la de la luz. Así vemos que si el observador interior hubiera razonado correctamente, tomando en cuenta la curvatura de un haz luminoso en un campo gravitatorio, habría llegado al mismo resultado que el observador exterior.

El campo gravitatorio terrestre es, naturalmente, demasiado pequeño para que la curvatura que adquieren los rayos luminosos en él pueda ser demostrada directamente por la experiencia. En cambio, las famosas investigaciones realizadas durante los eclipses so-

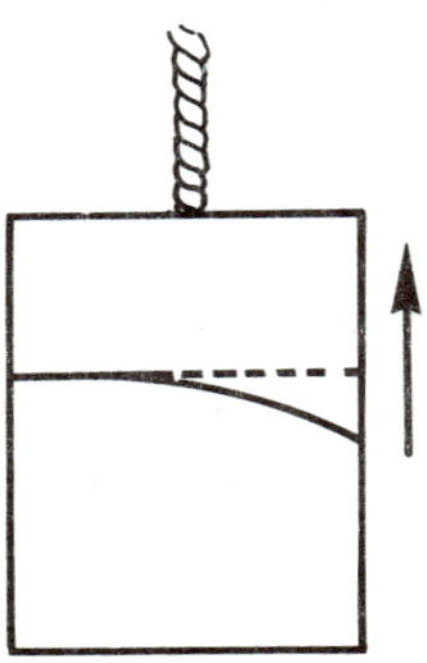

Fig. 24

lares prueban de modo concluyente, aunque indirecto, la influencia de un campo gravitatorio sobre la trayectoria de un rayo de luz.

De los ejemplos expuestos resulta que hay una esperanza bien fundada de formular una física relativista. Pero para ello hay que atacar primero el problema de la gravitación.

Del análisis que hemos hecho de lo que ocurre en el ascensor de nuestro ejemplo, se ve la posibilidad de edificar una física nueva, relativista, eliminando por completo los fantasmas clásicos del movimiento absoluto y de los *SC* inerciales. Nuestros experimentos idealizados muestran cuán íntimamente relacionados entre sí están la teoría general de la relatividad y el problema de la gravitación universal y por qué la equivalencia entre las masas inerte y gravitatoria juega un papel esencial en esta relación. Está claro que la solución del problema de la gravitación proporcionada por la teoría general de la relatividad ha de ser diferente de la de Newton. Las leyes de la gravitación deben ser formuladas para todos los *SC* posibles, como todas las leyes naturales, mientras que las leyes de la mecánica clásica de Newton se cumplen únicamente en los *SC* inerciales.

GEOMETRÍA Y EXPERIENCIA

Nuestro próximo ejemplo será aún más fantástico que el del ascensor que cae. Nos vemos obligados a plantear un problema nuevo: el de la relación entre la teoría general de la relatividad y la geometría. Empecemos con la descripción de un mundo en el que sólo viven entes bidimensionales y no, como el nuestro, que es habitado por seres tridimensionales. El cine nos ha acostumbrado a las criaturas bidimensionales que actúan sobre una pantalla bidimensional. Bueno, permítasenos imaginar ahora que esas sombras e imágenes de la pantalla tengan una existencia verdadera, real; que se trate de seres que piensan y que crean su propia ciencia, y que el telón bidimensional constituya su espacio geométrico. Estas criaturas son incapaces de imaginar, de un modo concreto, un espacio tridimensional, igual que nosotros no podemos imaginar un mundo de cuatro dimensiones. Pueden curvar una línea recta, saben lo que es una circunferencia; pero son incapaces de construir una esfera, porque esto significaría salirse de su pantalla bidimensional. Nosotros estamos en una situación similar. Somos capaces de flexionar y curvar líneas y superficies, pero no tiene sentido para nuestra imaginación la idea de espacios tridimensionales curvos.

Viviendo, pensando y experimentando, nuestros entes-imágenes podrían, con el tiempo, llegar al conocimiento de la geometría bidimensional de Euclides. Podrían probar, por ejemplo, que la suma de los ángulos de un triángulo es 180 grados. Les sería fácil construir círculos concéntricos, unos pequeños y otros muy grandes, y demostrar que la relación entre las circunferencias de dos cualesquiera de ellos es igual a la relación entre sus radios respectivos, lo que constituye un resultado también característico de la geometría euclidiana. Si la pantalla fuera infinitamente grande, esas criaturas-imágenes descubrirían que caminando en una dirección y sentido determinados, nunca vuelven al lugar de partida.

Imaginemos ahora que alguien exterior a la pantalla, de la «tercera dimensión», los traslada del telón a una superficie esférica de radio muy grande. Si nuestras criaturas bidimensionales son muy pequeñas en relación con la superficie de la esfera y no poseen los medios necesarios para desplazarse a distancias muy grandes ni tienen medios de comunicación entre puntos demasiado alejados, entonces no se podrán dar cuenta del cambio de la naturaleza de su espacio. La suma de los ángulos de triángulos pequeños será, aún, 180 grados. Dos circunferencias concéntricas, pequeñas, todavía mostrarán que el cociente entre sus longitudes y el cociente de sus radios son iguales. Un paseo por un camino rectilíneo y siempre en el mismo sentido, nunca los conducirá al punto de partida.

Pero supongamos que esos entes de dos dimensiones desarrollen, con el tiempo, una ciencia y una técnica avanzadas; que encuentren medios de comunicación que les permitan cubrir largas distancias rápidamente. Descubrirán, entonces, que siguiendo siempre «hacia delante», podrán finalmente volver a su posición de partida. Siempre «hacia delante» y sin desviación significa desplazarse sobre una circunferencia máxima de la esfera. También encontrarán que el cociente entre los radios de dos círculos no es igual al cociente de sus circunferencias si uno de los radios es pequeño y el otro muy grande.

Si dichos seres bidimensionales son conservadores, si han estudiado la geometría euclidiana por generaciones y generaciones cuando no poseían aún los veloces medios modernos de comunicación, es decir, cuando esta geometría estaba de acuerdo con la experiencia, es casi seguro que harán todo esfuerzo posible para sostener la geometría de Euclides a pesar de la evidente contradicción con sus medidas. Podrían hacer cargar a la física con la culpa de las discrepancias encontradas, buscando ciertas razones como, por ejemplo, diferencias de temperatura que deformen las líneas y hagan que aparentemente no valga la geometría euclidiana. Pero, tarde o temprano, se convencerán de que hay un modo más lógico y conveniente de describir esos hechos. Y comprenderán al fin que su mundo es finito obedeciendo a principios geométricos distintos de los que conocían. Entenderán que a pesar de su incapacidad para imaginarlo, su mundo es la superficie bidimensional de una esfera. Pronto encontrarán nuevos fundamentos para la geometría de su espacio que, aun siendo distinta de la de Euclides, puede ser, sin embargo, formulada con igual lógica y coherencia. Para las generaciones posteriores, educadas en la nueva geometría de la esfera, la geometría de Euclides parecerá más complicada y artificial, pues no se ajusta a los hechos observados.

Volvamos ahora a criaturas tridimensionales.

¿Qué implica la afirmación de que nuestro espacio de tres dimensiones es de naturaleza euclidiana? Quiere decir que todas las consecuencias lógicas, deducidas de la geometría de Euclides, son confirmadas por la experiencia. Se puede construir, con cuerpos rígidos o con rayos luminosos, objetos cuyas formas correspondan a las de los objetos ideales de la geometría. La arista de una regla o un rayo luminoso corresponden a una línea recta; la suma de los ángulos de un triángulo, construido con barras rígidas y finas, es igual a 180 grados; la relación entre los radios de dos circunferencias con centro común, hechas de alambre delgado y rígido, es igual a la de dichas circunferencias. Interpretada de esta manera, la geometría euclidiana se transforma en un sencillo capítulo de la física.

Pero se puede imaginar que se hubieran descubierto discrepancias; verbigracia, que la suma de los ángulos de un triángulo muy grande, construido con barras que por muchas razones hubiera que considerar rígidas, no fuera de 180 grados. Como estamos acostumbrados a la idea de una representación concreta de las figuras en la geometría euclidiana por cuerpos rígidos, buscaríamos seguramente alguna causa física que afectara nuestras barras de tal manera que se pudiera dar una explicación de su comportamiento anormal. Para salvar a la geometría euclidiana, acusaríamos a nuestros objetos de no ser verdaderamente rígidos, de no corresponder exactamente a los de dicha geometría. Trataríamos, también, de descubrir la naturaleza de las fuerzas a las que atribuimos las deformaciones y sus influencias sobre otros fenómenos, y buscaríamos una representación más perfecta de las figuras de nuestra geometría. Si no consiguiéramos combinar esta geometría con la física en una imagen simple y consistente, nos veríamos obligados a abandonar la idea de la naturaleza euclidiana de nuestro espacio y buscar una representación más apropiada de la realidad, adoptando unas hipótesis más generales acerca de su carácter geométrico.

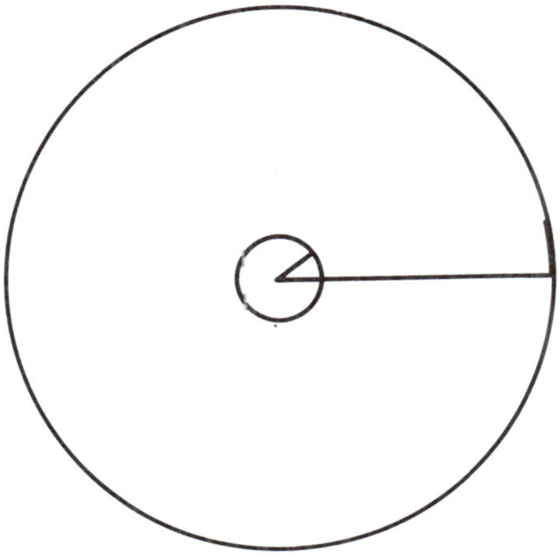

Fig. 25

La necesidad de ello se puede ilustrar con un experimento ideal que demuestre que una física realmente relativista no puede estar basada en la geometría de Euclides. Nuestro razonamiento implicará resultados ya conocidos, respecto a *SC* inerciales y a la teoría de la relatividad restringida.

Imaginemos un enorme disco sobre el que se trazaron dos círculos concéntricos, uno muy pequeño y el otro muy grande (figura 25). El disco gira rápidamente respecto a un observador exterior. Admitamos que el *SC* de este observador sea inercial y que ha trazado dos circunferencias que permanecen en reposo en su *SC*, pero que coinciden con las dos del disco en rotación. En su *SC*, que es inercial, vale la geometría euclidiana, de manera que comprobará la igualdad de los cocientes entre los radios y las respectivas circunferencias. ¿Qué dice al respecto un observador en reposo sobre el disco? Desde el punto de vista de la física clásica y también del de la relatividad restringida, su *SC* es un sistema prohibido. Si pretendemos encontrar nuevas formas para las leyes físicas, válidas en cualquier *SC*, debemos tratar al observador del disco con igual seriedad que al de fuera. Nosotros, del exterior, estamos, pongamos por caso, siguiendo al observador interior en su tarea de medir las longitudes de las dos circunferencias y sus radios. Éste emplea la misma barra métrica usada por el observador exterior al efectuar sus determinaciones. «La misma barra quiere decir, realmente, la que usó y le fue entregada por el observador de afuera o una de un par de barras que tienen la misma longitud en reposo en el *SC* exterior.»

El observador que está sobre el disco empieza por determinar las longitudes de la circunferencia pequeña y la de su radio. El resultado que encuentra es el mismo que halló el otro observador, el exterior. En efecto, ante todo suponemos que el eje de rotación del disco coincide con el centro de los círculos, como se ve en la figura. Las partes próximas al eje tienen velocidades pequeñas. Por lo tanto, si el círculo es suficientemente pequeño es perfectamente factible aplicar la mecánica clásica. Esto significa que la barra tiene la misma longitud para ambos observadores; en consecuencia el resultado de las medidas será igual para los dos. Terminada esta operación el observador del disco se dispone a medir la longitud del radio del círculo grande. Colocada sobre el radio, la barra se mueve respecto del observador exterior, pero su longitud permanece invariable, es decir, igual para ambos observadores, pues la dirección del movimiento es normal al radio. Así pues, tres medidas resultan iguales para los dos experimentadores, a saber: las de los dos radios y la de la circunferencia menor. ¡Pero no sucede lo mismo con la cuarta medida! La longitud de la circunferencia mayor será diferente. La barra puesta sobre la circunferencia (trazo grueso de la figura 25) en la dirección del movimiento, aparecerá, ahora, contraída para el observador en reposo. La velocidad sobre esta circunferencia es mucho mayor que la velocidad sobre el círculo interior y la contracción de longitud debe ser tenida en cuenta. Por eso, si se aplica la teoría de la relatividad restringida llegamos a la conclusión siguiente: la longitud de la circunferencia mayor será diferente según la determine uno u otro de nuestros dos observadores. Como sólo una de las cuatro longitudes medidas por ambos experimentadores no es la misma para los dos, los cocientes entre los dos radios y las dos circunferencias no pueden ser iguales para un observador del disco si, como sabemos, lo son para el otro. Esto significa que un hombre sobre el disco en rotación no puede comprobar la validez de la geometría euclidiana en su *SC*.

Ante este resultado, el observador del disco podría decir que no desea considerar *SC* en los que no valga la geometría de Euclides. En efecto, la bancarrota de esta geometría se debe a la rotación absoluta del disco, al hecho de que su *SC* es inadecuado, prohibido. Pero al expresarse de esta manera rechaza la idea principal de la teoría general de la relatividad. Si, por el contrario, estamos decididos a descartar la posibilidad del movimiento absoluto y conservar la idea de una teoría general de la relatividad, entonces la física debe ser edificada sobre la base de una geometría más general que la de Euclides. No hay manera de eludir esta consecuencia si todos los *SC* son permitidos.

Los cambios que trae aparejada la relatividad general no se limitan al concepto de espacio. En la relatividad restringida teníamos relojes en reposo, sincronizados en cada *SC* y con idéntica marcha, es decir, que indican el mismo tiempo simultáneamente. ¿Qué pasa con un reloj en un *SC* que no sea inercial? Para responder a esta pregunta, utilizaremos otra vez el experimento ideal del disco giratorio. El observador exterior tiene, en su *SC* inercial, relojes perfectos que tienen la misma marcha y están sincronizados entre sí. El experimentador del disco toma dos de esos relojes y coloca uno sobre la circunferencia pequeña y el otro en la periferia del círculo mayor. El reloj situado sobre la circunferencia interior tiene una velocidad muy pequeña en relación con el observador exterior; por ello se puede aceptar que su marcha será la misma que uno de los relojes en reposo fuera del disco. Pero el reloj puesto sobre la circunferencia grande tendrá una velocidad considerable, por lo cual su marcha será diferente de la de los relojes exteriores y también de la del otro reloj colocado sobre el círculo pequeño del disco. Luego, los dos relojes en rotación tendrán marchas distintas, y aplicando las consecuencias de la teoría de la relatividad restringida se ve, de nuevo, que en el *SC* giratorio no se pueden tomar las mismas disposiciones que en un *SC* inercial.

Para esclarecer las conclusiones que se pueden alcanzar de esta y anteriores experiencias ideales, registremos una vez más un diálogo entre un físico viejo C, que cree en la física clásica, y uno moderno M, que conoce la teoría general de la relatividad. C es el observador exterior, sobre el *SC* inercial; mientras que M está sobre el disco giratorio.

C. — En su *SC*, no es válida la geometría euclidiana. He observado sus mediciones y estoy de acuerdo en que, según ellas, la razón de las dos circunferencias no es igual a la razón de sus dos radios. Pero esto indica solamente que su *SC* es un sistema inadecuado, prohibido. En cambio, mi *SC* es de carácter inercial y puedo aplicar en él, con seguridad, la geometría euclidiana. Su disco está en movimiento absoluto y desde el punto de vista de la física clásica constituye un *SC* prohibido, en el cual no se cumplen las leyes de la mecánica.

M. — No me hable de movimiento absoluto. Mi *SC* es tan bueno como el suyo. Lo que yo vi fue que su *SC* giraba con respecto a mi disco. Nadie puede prohibirme referir todos los movimientos a mi *SC*.

C. — ¿Pero no sintió usted una extraña fuerza que lo trataba de alejar del centro del disco? Si éste no estuviera girando como un tiovivo, no habría usted observado esta fuerza radial ni la diferencia de cocientes de que hemos hablado anteriormente. ¿No son suficientes estos hechos para convencerle de que su *SC* está en movimiento absoluto?

M. — ¡De ninguna manera! He notado, es cierto, los dos hechos que usted menciona; pero creo que sobre mi disco actúa un extraño campo gravitatorio que es el causante de ambos. Este campo, dirigido hacia la periferia del disco, deforma mis barras rígidas y modifica la marcha de mis relojes. El campo gravitatorio, la geometría no euclidiana, relojes con marchas diferentes, son para mí hechos estrechamente relacionados. Al aceptar cualquier *SC*, debo, al mismo tiempo, suponer la existencia de un campo gravitatorio apropiado.

C. — ¿Se da usted cuenta de las dificultades causadas por la teoría general de la relatividad? Desearía hacerme entender claramente tomando un simple ejemplo no físico. Imagine una ciudad americana ideal, formada por calles paralelas y por avenidas también paralelas entre sí, pero perpendiculares a las calles. La distancia entre las calles y las avenidas es siempre la misma; luego, las manzanas son todas de igual área. De esta manera puedo individualizar cualquiera de ellas. Esta construcción sería imposible sin la geometría euclidiana. Así, por ejemplo, no podemos cubrir toda la Tierra con una sola y gran ciudad ideal, tipo americano. Un vistazo a un globo terráqueo le convencerá. Y tampoco sería posible cubrir vuestro disco con una ciudad de dicho tipo. Usted sostiene que sus barras son deformadas por un campo gravitatorio. El hecho de que usted no pudiera confirmar el teorema de la proporcionalidad entre los radios y las circunferencias respectivas, demuestra claramente que si usted lleva suficientemente lejos el plan de construcción de las calles y avenidas perpendiculares entre sí, tarde o temprano encontrará dificultades insalvables. En su disco giratorio la geometría se parece a la de una superficie curva, donde, naturalmente, no se puede llevar a cabo la construcción de dichas calles y avenidas, perpendiculares entre sí, sobre una parte suficientemente grande de la superficie. Para dar un ejemplo más físico, tomemos un plano irre-

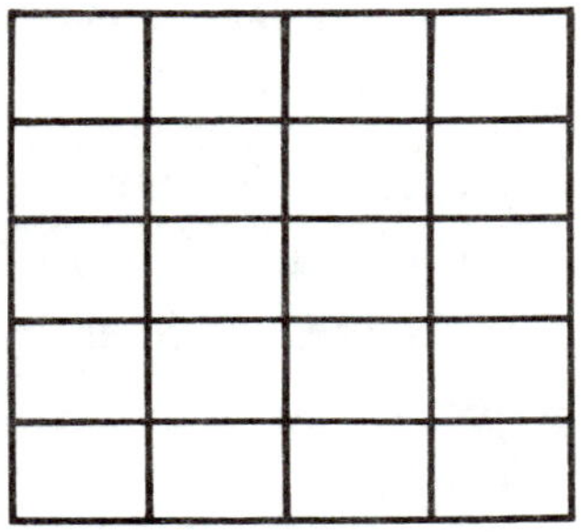

Fig. 26

gularmente calentado, es decir, a temperaturas diferentes en distintas partes de su superficie. ¿Podría usted, con pequeños listones de hierro que se dilatan con los cambios de temperatura, efectuar la construcción reticular representada en la figura 26? ¡Naturalmente que no! Su «campo gravitatorio» les juega las mismas tretas a las barras de su *SC* que la variación de temperatura a los listoncitos de hierro.

M. — No me asusta todo esto. Su construcción de calles y avenidas perpendiculares entre sí hace falta para determinar las posiciones de los cuerpos y necesitamos los relojes para ordenar los acontecimientos en el tiempo. La ciudad no tiene que ser el tipo geométrico americano de la figura 26, puede ser, perfectamente, del tipo de la antigua ciudad europea. Imagine su ciudad construida sobre un material plástico al que después deformamos. Aun así, sería posible numerar las manzanas y distinguir las diversas calles y avenidas, aunque éstas no sean ya equidistantes ni rectas (figura 27). Análogamente, sobre la Tierra, la longitud y latitud de un punto determinan su posición, aun cuando no haya una estructura del tipo, varias veces referido, de la «ciudad americana».

C. — Pero aún veo una dificultad en el uso de su estructura tipo «antigua ciudad europea». Estoy de acuerdo con que usted puede

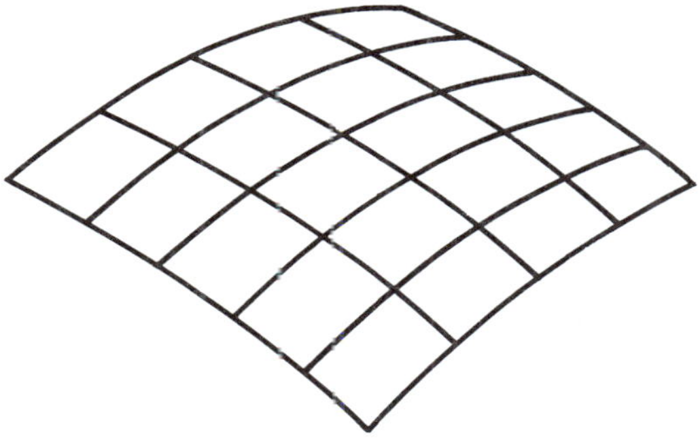

Fig. 27

ordenar los puntos o los sucesos, pero la construcción embrollará las mediciones de las distancias. No le dará las *propiedades métricas* del espacio como ocurre con mi subdivisión. Tomemos un ejemplo. Yo sé que, en mi «ciudad americana», para caminar diez manzanas tengo que recorrer una distancia doble a la de cinco manzanas. Sabiendo que todas las manzanas son iguales, la determinación de distancias me resulta inmediata.

M. — Esto es verdad. En mi «ciudad europea» no se pueden medir las distancias, directamente, por el número de manzanas deformadas. Debo conocer algo más; debo conocer las propiedades geométricas de la superficie sobre la cual se construyó la hipotética «ciudad europea». Todo el mundo sabe que de 0° a 10° de longitud en el ecuador, no hay la misma distancia que entre 0° y 10° cerca del polo; todo navegante sabe cómo hallar las distancias entre dos de esos puntos de la Tierra porque conoce las propiedades geométricas de nuestro planeta; lo puede hacer mediante cálculos basados en la trigonometría esférica o experimentalmente, recorriendo con su barco dichas distancias a igual velocidad. En su caso todo ese problema resulta trivial porque las calles y las avenidas están igualmente separadas. En el caso de nuestra Tierra el asunto se complica, pues los meridianos 0° y 10° se cruzan en el polo y tienen el máximo de separación en el ecuador. Análogamente, en mi estructura tipo «ciudad europea» debo conocer algo más que usted en su estructura tipo «ciudad americana» para determinar distancias. Puedo adquirir este conocimiento adicional estudiando las propiedades geométricas de mi continuo en cada caso particular.

C. — Pero todo esto sirve, precisamente, para mostrar cuán complicado e inconveniente resulta reemplazar la estructura simple de la geometría euclidiana por la intrincada armazón que usted se ve obligado a usar. ¿Es esto realmente necesario?

M. — Me temo que sí, si queremos aplicar la física a cualquier *SC*, sin tener que depender del misterioso *SC* inercial. Admito que mi instrumento matemático es más complejo que el suyo; pero mis suposiciones físicas son más simples y más naturales.

La discusión se limitó a continuos bidimensionales. El asunto es más complicado en la teoría de la relatividad general, pues en ella debemos tratar con el continuo de cuatro dimensiones. No obstante, las ideas son las mismas que las que hemos esbozado con motivo del continuo bidimensional. En la relatividad general no se puede usar el andamio construido con barras rectas, paralelas y perpendiculares entre sí y relojes sincronizados como nos era permitido en la teoría de la relatividad restringida, pudiendo, sin embargo, ordenar puntos y sucesos con esas barras no euclidianas y con los relojes de marcha desigual. Pero medidas que requieran barras rígidas y relojes sincronizados y con marcha perfecta pueden sólo llevarse a cabo en un *SC* inercial de carácter local. Para éste es válida la teoría relativista restringida; pero nuestro *SC* «bueno» es sólo local, estando su naturaleza inercial confinada a un pequeño espacio y a un tiempo corto. Es factible predecir desde un *SC* arbitrario los resultados de las medidas y observaciones efectuadas en un *SC* inercial local; pero para esto es imprescindible conocer el carácter geométrico del continuo espacio-tiempo.

Los experimentos ideales que citamos sólo nos indican el carácter general de la nueva física relativista. Nos muestran que nuestro problema fundamental es el de la gravitación y que la relatividad generalizada conduce a una generalización muy amplia de los conceptos de tiempo y espacio.

LA RELATIVIDAD GENERAL Y SU VERIFICACIÓN

La teoría general de la relatividad intenta formular las leyes físicas para todos los *SC,* indistintamente. La gravitación es el problema fundamental de esta teoría. La relatividad constituye el primer esfuerzo serio de reforma de la ley de la gravitación desde el tiempo de su descubrimiento por Newton. ¿Será esto realmente necesario? Recapitulemos.

Ya hemos expuesto los éxitos de la teoría de Newton, que dio lugar al tremendo desarrollo de la astronomía basado sobre su ley de gravitación. Esta ley de Newton continúa aún siendo la base de todos los cálculos astronómicos. Pero recordemos también las objeciones hechas a esta teoría. En efecto, la ley de Newton es válida únicamente en los *SC* inerciales de la física clásica; *SC* definidos por la condición de que para ellos deben valer las leyes de la mecánica. La fuerza entre dos masas depende de la distancia que las separa. La relación entre la fuerza y la distancia es, como sabemos, un invariante con respecto a la transformación clásica. Pero esta ley no se ajusta al marco de la relatividad restringida, pues la distancia no es invariante respecto de la transformación de Lorentz. Podríamos tratar, como hicimos con tanto éxito con las leyes del movimiento, de generalizar la ley de la gravitación de manera que se ajuste a la teoría especial de la relatividad; o, en otras palabras, formularla de tal modo que resulte invariante respecto a la transformación de Lorentz y no a la transformación de Galileo. Pero esta ley de Newton resistió obstinadamente todos los esfuerzos hechos para simplificarla y adaptarla a la teoría de la relatividad restringida. Aun cuando hubiéramos salido airosos de esta empresa, nos quedaría por dar, aún, un paso importante: el paso del *SC* inercial al *SC arbitrario* de la teoría de la relatividad general. Por otra parte, las experiencias ideales del ascensor muestran claramente que no sería posible la formulación de una teoría general de la relatividad sin resolver el problema de la gravedad. Y por esto vemos, asimismo, por qué la solución relativista del problema de la gravitación ha de ser distinta de la interpretación clásica.

Hemos tratado de señalar, una vez más, el camino que conduce a la teoría de la relatividad general y las razones que nos fuerzan a modificar nuestro punto de vista anterior. Sin entrar en la estructura formal de la teoría, expondremos ciertos rasgos distintos de la nueva teoría de la gravitación en relación con la newtoniana. No debiera resultar muy difícil ver la naturaleza de estas diferencias, teniendo en cuenta lo expuesto hasta el momento:

1. Las ecuaciones gravitatorias de la teoría de la relatividad general pueden ser aplicadas a cualquier *SC*. La elección de un determinado *SC* para un caso dado es sólo una cuestión de conveniencia práctica. Teóricamente todos los *SC* son permitidos. En los casos en que la gravitación pueda ser despreciada encontraremos automáticamente las leyes de la relatividad restringida.
2. La ley de gravitación de Newton relaciona el movimiento de un cuerpo en un cierto lugar del espacio y en un determinado instante del tiempo, con la acción simultánea de otro cuerpo a cierta distancia (grande o pequeña) del primero. Ésta es la ley que constituyó un verdadero modelo de todo el sistema conceptual mecanicista. Pero el punto de vista mecanicista se vino abajo. Con las leyes de Maxwell se creó un nuevo modelo de ley natu-

ral. Las ecuaciones de Maxwell son estructurales. Como sabemos, relacionan sucesos que se producen «aquí» y «ahora» con sucesos que acontecerán un poco más tarde en el entorno inmediato. Son las leyes que describen las variaciones del campo electromagnético. Las nuevas ecuaciones gravitatorias son también leyes estructurales que describen los cambios del campo gravitatorio. Hablando esquemáticamente, podríamos decir: la transición de la ley de la gravitación de Newton a la relatividad general recuerda en algo el pasaje de la teoría de los fluidos eléctricos y de la ley de Coulomb a la teoría de Maxwell.

3. Nuestro mundo no es euclidiano. Su naturaleza geométrica está determinada por la distribución de la materia y de su velocidad. Las ecuaciones gravitatorias de la teoría general de la relatividad tratan de revelar las propiedades geométricas del mundo.

Supongamos, por el momento, que hubiéramos conseguido desarrollar el programa de la relatividad general. ¿No estamos en peligro de llevar la especulación demasiado lejos de la realidad? Sabemos con qué exactitud la teoría clásica explica las observaciones astronómicas. ¿Existe la posibilidad de tender un puente entre la nueva teoría y la observación? Toda especulación tiene que ser controlada por la experiencia, y la más hermosa de las teorías tiene que ser rechazada si no se ajusta a los hechos. ¿Cómo resistió la nueva teoría la prueba experimental? Esta pregunta se puede responder con una sola frase: la teoría de la gravitación de Newton es un caso particular de la relativista. Si las fuerzas de gravitación son relativamente débiles, la antigua teoría newtoniana resulta una buena aproximación a las nuevas leyes de gravitación. Luego, todas las observaciones que confirman la teoría clásica confirman también la teoría relativista. Recuperamos la teoría anterior desde el nivel más elevado de la nueva.

Aun cuando no se pudieran encontrar observaciones adicionales en favor de la teoría relativista, si su explicación fuera sólo tan buena como la anterior, deberíamos decidirnos por ella. Las ecuaciones de esta teoría son más complicadas desde el punto de vista formal, pero sus hipótesis fundamentales son mucho más simples. En ellas han desaparecido los dos fantasmas terribles: el tiempo absoluto y el sistema inercial. La clave de la equivalencia entre la masa gravitatoria y la masa inerte no pasa inadvertida aquí. No hacen falta hipótesis sobre la dependencia de la fuerza de gravitación respecto de la distancia. Las ecuaciones gravitatorias tienen la forma de leyes de estructura, forma requerida a toda ley física desde el gran descubrimiento de la teoría del campo.

Se pueden deducir, sin embargo, ciertas consecuencias nuevas de la teoría relativista de la gravitación. Una de ellas, la desviación de los rayos luminosos en un campo gravitatorio, ha sido citada ya. Vamos a mencionar a continuación otras dos consecuencias más.

Como ya dijimos, las ecuaciones relativistas se reducen a la ley de la gravitación de Newton para campos débiles; luego, para que aparezcan discrepancias con las leyes clásicas, deberemos considerar campos gravitatorios muy intensos. Tomemos nuestro sistema solar. Los planetas, la Tierra entre ellos, se mueven en órbitas elípticas alrededor del Sol. La atracción entre éste y Mercurio es mayor que la que existe entre él mismo y cualquier otro planeta, pues Mercurio es el planeta más cercano al astro central. Si existe alguna esperanza de encontrar una desviación de la ley de Newton, es en este planeta donde hay mayor probabilidad de hallarla. Según la gravitación universal clásica, la trayectoria de Mercurio debe ser de igual naturaleza que las de los demás planetas, con excepción de que está más próxima al Sol. La teoría de la relatividad predice, en cambio, que su trayectoria debe ser algo diferente, a saber: además del movimiento de traslación elíptico de Mercurio alrededor del Sol, la elipse, que constituye su trayectoria newtoniana, debería girar lenta-

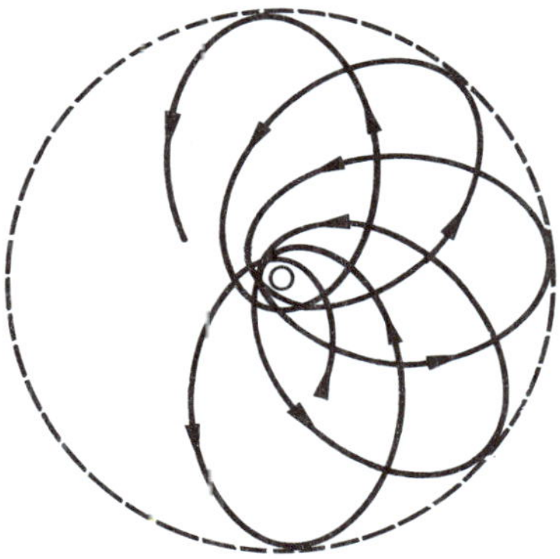

Fig. 28

mente, respecto al *SC* unido rígidamente al Sol, dibujando como resultante la pintoresca trayectoria en roseta de la figura 28. Esta rotación de la elipse constituye el efecto nuevo predicho por la relatividad, que da también su magnitud. ¡La elipse de Mercurio efectuaría, según los cálculos relativistas, una rotación completa en tres millones de años! Se ve que el efecto es muy débil y pocas esperanzas habría de descubrirlo en planetas más alejados del Sol que Mercurio.

La desviación del movimiento de Mercurio respecto a la elipse newtoniana era en realidad conocida con anterioridad a la formulación de la teoría de la relatividad, pero no tenía explicación alguna. Por otra parte, la teoría general de la relatividad fue desarrollada sin tener en cuenta este problema particular. No fue hasta después de formulada esta teoría cuando se dedujo de sus ecuaciones gravitatorias la rotación de la elipse newtoniana alrededor del Sol. En el caso de Mercurio la teoría explicó con éxito la discrepancia entre el movimiento real y el movimiento predicho por la ley de Newton.

Hay una conclusión más, deducida de la teoría general de la relatividad, que fue puesta a prueba por la experiencia. Antes hemos visto que un reloj, colocado sobre la circunferencia grande del disco giratorio, tiene una marcha distinta de otro igual colocado más cerca del eje de rotación. Análogamente, de la teoría relativista se deduce que un reloj situado en el Sol tiene una marcha diferente a la de otro reloj idéntico en la Tierra, pues el campo gravitatorio es más intenso en el Sol que en nuestro planeta.

Ya hemos indicado que el sodio incandescente emite una luz amarilla homogénea, o sea de una longitud de onda determinada. En esta radiación, el átomo revela uno de sus posibles ritmos; el átomo representa, por así decir, un reloj, y la longitud de onda emitida, uno de sus ritmos. Según la teoría de la relatividad generalizada, la longitud de onda de la luz emitida por el átomo de sodio, por ejemplo, colocado en el Sol, debiera ser algo mayor que la de la luz emitida por el mismo elemento sobre la Tierra.

El problema de comprobar experimentalmente las consecuencias de la teoría de la relatividad general es complicado y no está aún resuelto.[4] Como en esta exposición nos ocupamos sólo de las ideas principales, no intentaremos ir más lejos; y sólo nos resta decir que el veredicto experimental parece confirmar las nuevas conclusiones obtenidas de la teoría de la relatividad generalizada.

CAMPO Y MATERIA

Hemos visto cómo y por qué se vino abajo el punto de vista mecanicista. Fue imposible explicar todos los fenómenos basados en la acción de sencillas fuerzas de atracción y repulsión entre partículas inalterables. Nuestros primeros intentos de ir más allá de la concep-

4. En las últimas décadas la situación ha cambiado. Las mejoras introducidas en las técnicas experimentales y los nuevos descubrimientos en el terreno de la astrofísica han permitido mejorar la base experimental de la teoría general de la relatividad.

ción mecanicista, introduciendo el concepto de campo, tuvieron su mayor éxito en el dominio de los fenómenos electromagnéticos. Fueron así formuladas las leyes estructurales del campo electromagnético; leyes, volvemos a recordar, que relacionan sucesos muy próximos entre sí en el espacio y el tiempo. Estas leyes caben en el marco de la teoría de la relatividad restringida, pues son invariantes respecto de la transformación de Lorentz. Más tarde, la teoría general de la relatividad formuló las leyes de la gravitación, que también son estructurales, y que describen el campo gravitatorio entre partículas materiales. Se pudieron, también, generalizar las leyes de Maxwell, de manera que valieran en cualquier *SC* como sucede con las leyes relativistas de la gravitación.

Tenemos dos realidades: *materia y campo.* No hay duda de que en la actualidad no se puede concebir toda la física como edificada sobre el concepto de materia, tal como lo creían los físicos de principios del siglo pasado. Por el momento tenemos que aceptar ambos conceptos. ¿Pero podemos pensar que la materia y el campo son dos realidades completamente diferentes? Dada una pequeña partícula de materia podríamos, de una manera simplista, formarnos la imagen de la misma, suponiendo que existe una superficie bien definida donde la partícula deja de existir y donde aparece su campo gravitatorio. En esta imagen, la región en la cual son válidas las leyes del campo es separada bruscamente de la región en la que está presente la materia. Pero ¿cuáles son los criterios que distinguen la materia del campo? Antes de haber estudiado la teoría de la relatividad pudiéramos haber intentado la respuesta siguiente: la materia tiene masa y el campo no. O de otra manera: el campo representa energía y la materia representa masa. Pero ya sabemos que estas respuestas son insuficientes a la luz del conocimiento posteriormente adquirido. De la teoría de la relatividad sabemos que la materia representa enormes depósitos de energía y que la energía representa materia. No se puede, por este camino, distinguir cualitativamente entre materia y campo, pues la diferencia entre masa y energía tampoco es cualitativa. La materia es, con mucho, el mayor depósito de energía; pero el campo que envuelve la partícula representa también energía, aunque en una cantidad incomparablemente menor. Por esto se podría decir: la materia es el lugar donde la concentración de energía es muy grande y el campo es donde la concentración de energía es pequeña. Pero si éste es el caso, entonces la diferencia entre materia y campo es sólo cuantitativa. No hay razón, entonces, para considerar la materia y el campo como dos cualidades esencialmente diferentes entre sí. No se puede imaginar una superficie nítida que separe el campo de la materia.

La misma dificultad se presenta para la carga eléctrica y su campo. Parece imposible dar un criterio cualitativo obvio para distinguir entre materia y campo o entre carga y campo.

Las leyes estructurales, es decir, las leyes de Maxwell y las gravitatorias, dejan de ser válidas para concentraciones de energías muy grandes; es decir, donde existen fuentes del campo o sea cargas eléctricas y materia. Pero ¿no podríamos modificar nuestras ecuaciones de modo que valieran en todas partes, incluso en regiones donde la energía esté enormemente concentrada?

No podemos edificar la física únicamente sobre la base del concepto de materia. Pero la división entre materia y campo es, desde el descubrimiento de la equivalencia entre masa y energía, algo artificial y no claramente definido. ¿No sería factible desechar el concepto de materia y estructurar una fisica fundamentada sólo en el concepto del campo? Según esta concepción lo que impresiona nuestros sentidos como materia es, realmente, una enorme concentración de energía dentro de un volumen relativamente muy reducido. Podríamos considerar materia las regiones donde el campo es extremadamente intenso. De esta manera se crearía un nuevo panorama filosófico. Su misión y objetivo último sería la explicación de todos los fenómenos de la naturaleza por medio de leyes estructurales, válidas siempre y en todas partes. Desde este punto de vista, una piedra que cae sería un campo variable en el que los estados de máxima energía se desplazan por el espacio con la velocidad de la piedra. En una física tal no habría lugar para ambos conceptos, materia y campo; este último sería la única realidad. Esta nueva concepción nos es sugerida por el triunfo, sin precedente, de la física del campo, por el éxito alcanzado al expresar las leyes de la electricidad, magnetismo y gravitación en forma de leyes estructurales y, finalmente, por el descubrimiento de la equivalencia entre masa y energía. Nuestro problema último sería modificar las leyes del campo de tal modo que no dejen de valer en las regiones de concentración energética singular.

Pero todavía no se ha conseguido cumplir convincente y consistentemente con este programa. La decisión definitiva de su posibilidad corresponde al futuro. Hoy debemos admitir en todas nuestras construcciones teóricas las dos realidades: campo y materia.

Quedan aún ante nosotros problemas fundamentales. Sabemos que toda materia está edificada sobre una pequeña variedad de partículas. ¿Cómo son las diversas formas de la materia construida a partir de esas partículas elementales? ¿Cómo interaccionan esas partículas elementales con el campo? En la busca de una respuesta a estas cuestiones se han introducido en la física nuevas ideas, las cuales constituyen los principios de la *teoría de los cuantos.*

RESUMEN

Un nuevo concepto aparece en la física, la invención más importante a partir de la época de Newton: el campo. Fue precisa una aguda imaginación científica para darse cuenta de que no eran las cargas ni las partículas, sino el campo existente entre ellas, lo esencial en la descripción de los fenómenos físicos. El concepto de campo resulta de una eficacia inesperada, dando origen a la formulación de las ecuaciones de Maxwell, que describen la estructura del campo electromagnético, gobernando al mismo tiempo los fenómenos eléctricos y los ópticos.

La teoría de la relatividad se origina en los problemas del campo. Las contradicciones e inconsistencias de las teorías clásicas nos obligan a adjudicar nuevas propiedades al continuo espacio-tiempo, al escenario de todos los acontecimientos de nuestro mundo físico.

La teoría de la relatividad se desarrolla en dos etapas. La primera conduce a la llamada teoría de la relatividad restringida o especial que se aplica sólo a sistemas inerciales de coordenadas, esto es, a sistemas en los que es válido el principio de inercia como lo formulara Newton. Esta teoría relativista restringida se basa sobre dos suposiciones fundamentales, a saber: las leyes físicas son las mismas en todos los sistemas de coordenadas en movimiento uniforme relativo entre sí; y la velocidad de la luz tiene siempre el mismo valor. De estos postulados, completamente confirmados por las experiencias, han sido deducidas las propiedades de barras y relojes en movimiento, su cambio de longitud y de marcha en función de la velocidad. Esta teoría modifica las leyes de la mecánica. Las leyes clásicas no se cumplen si la velocidad de la partícula móvil se aproxima a la de la luz. Las nuevas leyes relativistas del movimiento de los cuerpos han sido espléndidamente confirmadas por la experiencia. Otra consecuencia de la teoría (especial) de la relatividad es la relación entre masa y energía. La masa es energía y la energía tiene masa. Los dos principios de conservación de masa y de energía son combinados por la teoría de la relatividad en un solo principio, el de la conservación de la masa-energía.

La teoría general de la relatividad da un análisis aún más profundo del continuo espacio-tiempo. La validez de esta teoría ya no está restringida a los sistemas inerciales de coordenadas. Ataca el problema de la gravitación y formula nuevas leyes que dan la estructura del campo gravitatorio. Nos induce a analizar el papel que desempeña la geometría en la descripción del mundo físico. Considera la equivalencia entre la masa inerte y la masa gravitatoria como una clave esencial y no como una coincidencia accidental, según era considerada en la mecánica clásica. Las consecuencias experimentales de la teoría de la relatividad generalizada difieren sólo levemente de la mecánica clásica y han concordado con la experiencia cada vez que se pudo establecer la prueba. Pero el valor de la teoría reside en su coherencia interna y en la simplicidad de sus hipótesis fundamentales.

La teoría de la relatividad acentúa la importancia del concepto del campo en la física. Pero todavía no se ha conseguido formular una física de campos pura. Por ahora debemos admitir, aún, la existencia de ambos: campo y materia.

2
LOS CUANTOS

CONTINUIDAD Y DISCONTINUIDAD

Supongamos que tenemos ante nosotros un mapa de la ciudad de Barcelona y sus alrededores. Nos preguntamos: ¿a qué puntos de este mapa puede llegarse en tren? Con una guía de ferrocarril a mano, nos será fácil hallarlos y marcarlos en el mapa. Preguntémonos ahora: ¿a qué puntos se podrá llegar viajando en coche? Si se trazan, sobre el mismo mapa, líneas que representen todos los caminos que desembocan en Barcelona, puede llegarse en automóvil a cada uno de sus puntos. En ambos casos tenemos conjuntos de puntos. En el primero, los puntos señalados están separados entre sí y representan estaciones de ferrocarril; en el segundo, son todos los puntos de las líneas que representan caminos. Ahora bien, quisiéramos saber a qué distancia de Barcelona está cada uno de esos puntos o, para ser más exactos, deseamos conocer su distancia respecto de determinado lugar de la ciudad. Estas distancias pueden hallarse fácilmente en el mapa si viene acompañado de la escala a que fue dibujado. Obtendremos, así, en el caso de las estaciones, números que representarán la distancia de cada una de ellas al lugar en cuestión. Estos números cambian de valor de manera irregular, por saltos o tramos finitos. Lo cual se expresa diciendo: las distancias de Barcelona a los lugares accesibles en tren varían de manera *discontinua*. Los lugares a que es posible llegar en automóvil cambian en cantidades tan pequeñas como se quiera; es decir, varían de manera *continua*. El aumento o disminución del camino recorrido se puede hacer tan pequeño como se quiera yendo en automóvil, pero no viajando en tren.

La producción de una mina de carbón puede variar de modo continuo; es decir, es posible aumentar o disminuir el total de carbón producido en cantidades arbitrariamente pequeñas. Pero el número de empleados puede sólo cambiar discontinuamente. No tiene, evidentemente, sentido decir: «desde ayer, el número de obreros ha aumentado en 3,78».

Si se le pregunta a una persona cuánto dinero lleva consigo, podrá dar un número que contenga únicamente dos decimales. Una suma de dinero puede sólo variar por saltos, discontinuamente. En España la moneda mínima o, como lo llamaremos, el «cuanto elemental» del dinero español, es «un céntimo». El «cuanto elemental» del dinero francés es «un céntimo», cuyo valor es actualmente algo menos de veinte veces más del cuanto español. En este ejemplo tenemos dos cuantos elementales cuyos valores pueden compararse entre sí. La relación de sus valores tiene un sentido preciso, pues uno de ellos vale unas veinte veces más que el otro.

Se puede afirmar, entonces, que ciertas magnitudes cambian de una manera continua y otras discontinuamente, o sea, por cantidades que no se pueden reducir indefinidamente. Estos pasos indivisibles, mínimos, se llaman *los cuantos elementales* de la magnitud en cuestión.

Al pesar grandes cantidades de arena, se pueden considerar sus masas como continuas aunque su composición granular es evidente. Pero si la arena se hiciera muy cara, y las balanzas empleadas para pesarla fueran muy sensibles, nos veríamos obligados a tener en cuenta el hecho de que su masa tiene que cambiar indefectiblemente por un número entero de granos. La masa de uno de estos granos sería en este caso el cuanto elemental. De este ejemplo se ve cómo al aumentar la precisión de nuestras medidas, se puede descubrir que cierta magnitud, considerada hasta el momento como continua, tiene en realidad una estructura discontinua.

Si tuviéramos que sintetizar la idea principal de la teoría de los cuantos en una sola frase, diríamos: *se debe admitir que ciertas magnitudes físicas consideradas hasta el presente como continuas están compuestas de cuantos elementales.*

El número de hechos que abarca la teoría de los cuantos es tremendamente grande. Estos hechos han sido descubiertos por la técnica altamente refinada de la experimentación moderna. Como no nos será posible mostrar ni describir siquiera los experimentos básicos, tendremos que citar a menudo sus resultados dogmáticamente. Nuestro objeto es explicar solamente las ideas fundamentales.

LOS CUANTOS ELEMENTALES DE MATERIA Y ELECTRICIDAD

Según la teoría cinética de la materia, todos los elementos están compuestos de un gran número de moléculas. Tomemos el caso más sencillo, el del elemento más liviano, el hidrógeno. Más arriba vimos cómo el estudio del movimiento browniano llevó a la de terminación de la masa de una molécula de hidrógeno. Su valor es:

0,000.000.000.000.000.000.000.0033 gramos.

Esto significa que la masa es discontinua. La masa de una porción de hidrógeno puede, según esto, variar únicamente en un número entero de cierta cantidad mínima que corresponde a la masa de una molécula de este gas. Pero los procesos químicos enseñan que la molécula de hidrógeno puede ser dividida en dos partes, o en otras palabras, que la molécula de hidrógeno está compuesta de dos átomos. En los procesos químicos, es el átomo, y no la molécula, el que desempeña el papel de cuanto elemental. Dividiendo el número anterior por dos, se obtiene la masa de un átomo de hidrógeno. Ésta vale, aproximadamente:

0,000.000.000.000.000.000.000.0017 gramos.

La masa es, pues, una magnitud discontinua. Pero no tenemos que preocuparnos de ello, naturalmente, al efectuar una pesada. Aun la más sensible de las balanzas está muy lejos de alcanzar el grado de sensibilidad que pueda poner de manifiesto la discontinuidad en la variación de la masa.

Consideremos, ahora, el caso ya tratado de un conductor unido a una fuente eléctrica. Sabemos que es recorrido por una corriente de electricidad que circula del potencial más alto al potencial más bajo. Recordemos que la sencilla teoría de los fluidos eléctricos explica muchos hechos experimentales. Recordemos también que si nos inclinamos por la primera de las dos posibilidades siguientes, a saber: que el fluido positivo se mueve del potencial mayor al menor, o que el fluido negativo se desplaza del potencial menor al mayor, fue, simplemente, una convención. Dejemos de lado, por el momento, todo el progreso procedente de la introducción de los conceptos de campo. Aun pensando en la imagen de los fluidos, quedan, sin embargo, por resolver algunos puntos interesantes. Tal como sugiere la palabra «fluido», la electricidad fue considerada, en un principio, como una magnitud continua. El valor de la carga podía variar, según dicho punto de vista, en cantidades o pasos arbitrariamente pequeños. No fue necesario admitir la existencia de cuantos elementales de electricidad. El éxito de la teoría cinética de la materia nos sugiere la siguiente cuestión: ¿existen cuantos elementales de electricidad? Otro asunto que queda por resolver es el siguiente: ¿consiste la corriente eléctrica en un flujo de fluido positivo, negativo o de ambos, tal vez?

La idea básica de las investigaciones efectuadas con el fin de encontrar una respuesta a las cuestiones planteadas consiste en independizar el fluido eléctrico del alambre conductor, hacerlo viajar por el espacio vacío, despojarlo de toda relación con la materia y, entonces, investigar sus propiedades, que deben aparecer, bajo tales condiciones, con la máxima claridad. Durante el siglo XIX se efectuaron muchas experiencias de este tipo. Antes de explicar la idea de los dispositivos experimentales, citaremos, por lo menos en un caso, los resultados obtenidos. El fluido eléctrico que se mueve por el conductor es negativo, dirigido, por lo tanto, del potencial menor al potencial mayor. Si se hubiera sabido esto desde un principio, cuando se formuló la teoría de los fluidos, seguramente se habrían intercambiado las denominaciones, llamando positiva a la electricidad de la barra de caucho y negativa a la carga de la barra de vidrio. Hubiera sido entonces más conveniente considerar como positivo el fluido que circula por el conductor.

Como nuestra primera suposición fue errónea, debemos afrontar sus inconvenientes. La próxima cuestión de importancia consiste en determinar si la estructura de este fluido negativo es «granular», es decir, si está o no compuesta de cuantos de electricidad. Un número de investigaciones experimentales independientes entre sí muestra, sin lugar a dudas, que existe un cuanto elemental de electricidad negativa. El fluido eléctrico negativo tiene estructura granular, exactamente como una playa se compone de granos de arena y una casa está construida de ladrillos. Este resultado fue formulado con la mayor claridad por J. J. Thomson a finales del siglo XX. Los cuantos elementales de electricidad negativa se llaman *electrones*. En otras palabras, toda carga eléctrica negativa se compone de un gran número de cargas elementales iguales, los electrones. La carga negativa puede, como la masa, variar sólo de una manera discontinua. La carga eléctrica elemental es, sin embargo, tan pequeña, que en muchas investigaciones resulta igualmente posible y a veces hasta más conveniente considerarla como una magnitud continua. Así pues, las teorías atómica y electrónica introducen en la ciencia magnitudes físicas discontinuas que pueden variar, únicamente, por saltos.

Imaginemos dos placas metálicas paralelas situadas en el vacío. Una de las placas tiene una carga positiva, la otra negativa. Una carga positiva de prueba colocada entre las dos placas será repelida por la placa positiva y será atraída por la negativa. Así pues, las líneas de fuerza del campo eléctrico entre las placas se dirigirán de la que posee carga positiva hacia la que posee carga negativa (véase figura 29). La fuerza que actuaría sobre una carga de prueba negativa tendría sentido opuesto. Si las placas son suficientemente grandes, las líneas de fuerza, entre ellas, tendrán en todas partes la misma densidad; en este caso resulta indiferente la posición de la carga de prueba; la fuerza, y por lo tanto la densidad de las líneas de fuerza, será la misma. Los electrones introducidos entre las placas se comportarán como las gotas de una lluvia en el campo gravitatorio de la Tierra, moviéndose paralelamente entre sí, de la placa negativa hacia la placa positiva. Se conocen muchos dispositivos experimentales que permiten introducir un flujo de electrones dentro de tal campo, que los dirige a todos del mismo modo. Uno de los más simples consiste en disponer entre dichas placas un alambre suficientemente calentado. Este conductor emite electrones que son, entonces, dirigidos por las líneas de fuerza del campo existente entre las placas. Por ejemplo, las válvulas radiotelefónicas, tan familiares a todo el mundo, se basan en este principio.

Se han llevado a cabo muchos y muy ingeniosos experimentos con haces de electrones libres. Se han estudiado los cambios de sus trayectorias bajo la acción de campos eléctricos y magnéticos exteriores. Ha sido hasta posible aislar un solo electrón y determinar, así, su carga elemental y su masa, esto es, su resistencia inercial a la influencia de fuerzas exteriores. Aquí citaremos únicamente el valor de su masa, que resulta ser, aproximadamente, *dos mil veces me-*

nor que la masa de un átomo de hidrógeno. Es decir, la masa de un átomo de hidrógeno, que es ya tan pequeña, resulta grande en comparación con la masa del electrón. Desde el punto de vista de una teoría del campo consistente, toda la masa, es decir, toda la energía de un electrón, es la energía de su campo; casi todo su valor está concentrado en una esfera muy pequeña (el volumen del electrón) donde adquiere el máximo de intensidad. Esta intensidad disminuye rápidamente al alejarnos del «centro» del electrón.

Hemos dicho antes que el átomo de todo elemento constituye su cuanto elemental mínimo. Esto se creyó durante mucho tiempo. Actualmente ya no es así. La ciencia ha formado una imagen nueva que muestra las limitaciones de la anterior. Difícilmente hay en la física una conclusión más firmemente fundada en los hechos que la que sostiene la complejidad de la estructura atómica. Primero se llegó al convencimiento de que el electrón, el cuanto elemental de fluido eléctrico negativo, es uno de los componentes del átomo, uno de los ladrillos elementales que entra en la edificación de toda materia. El caso anteriormente citado de la emisión de electrones por un metal incandescente es sólo uno de los numerosos procedi-

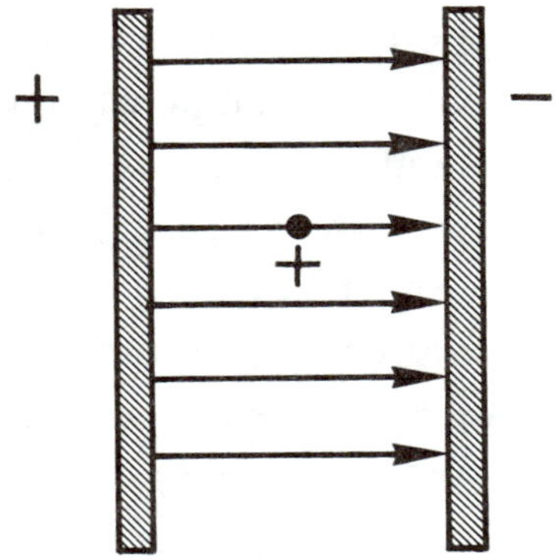

Fig. 29

mientos de extraer electrones del seno de la materia. Este resultado, que relaciona el problema de la estructura de la materia con la electricidad, es consecuencia indudable de múltiples e independientes hechos experimentales.

Es relativamente fácil extraer de un átomo alguno de los electrones que entran en su constitución. Esto se puede efectuar por medio del calor, como en el caso del alambre calentado y de manera distinta, como, por ejemplo, bombardeando los átomos con otros electrones.

Supongamos que se introduce un alambre fino y calentado al rojo en un recipiente que contiene hidrógeno enrarecido. El alambre emitirá electrones en todas las direcciones. Bajo la acción de un campo eléctrico apropiado adquirirán cierta velocidad. Un electrón, bajo la acción de un campo eléctrico constante, va aumentando su velocidad como un cuerpo que cae en un campo gravitatorio. Por este método se puede pues conseguir que un haz de electrones se mueva en una dirección y con una velocidad determinadas. Actualmente podemos hacer que los electrones alcancen velocidades del orden de la de la luz, poniéndolos bajo la acción de campos intensísimos. ¿Qué sucede cuando un haz de electrones de cierta velocidad alcanza las moléculas del hidrógeno enrarecido? El choque de un electrón de velocidad suficiente no sólo podrá dividir la molécula de hidrógeno de nuestro ejemplo en sus dos átomos, sino, además, arrancar un electrón a uno de éstos.

Aceptemos el hecho de que los electrones sean constituyentes de la materia. Entonces, un átomo al que se hubiera despojado de un electrón no puede ser eléctricamente neutro. Pues si lo era previamente, no es posible que lo sea faltándole un electrón, o sea, disminuyendo su carga negativa en una carga elemental. El resto del átomo debe poseer un exceso de carga positiva. Por otra parte, como la masa de un electrón es mucho menor que la del átomo más ligero, se puede deducir, con seguridad, que la mayor parte de la masa atómica no está representada por sus electrones, sino por las restantes partículas elementales que son mucho más pesadas. Se llama *núcleo* a la parte pesada de cada átomo. La técnica moderna ha creado métodos que permiten dividir el núcleo atómico, transformar los átomos de un elemento en los de otro y extraer del núcleo las diversas partículas elementales pesadas que lo constituyen. Este capítulo de la física conocido como «Física nuclear», al que tanto contribuyó Rutherford, es el más interesante desde el punto de vista experimental. Pero no tenemos, todavía, una teoría que sea simple en sus ideas fundamentales y que explique la riqueza y variedad de los hechos de la física nuclear. Como en estas páginas nos ocupamos únicamente de las ideas físicas generales, omitiremos este capítulo a pesar de su gran importancia para la física moderna.

LOS CUANTOS DE LUZ

Consideremos una pared que se extendiera a lo largo de la costa. Las olas del mar la golpean continuamente. Cada una de las olas que llega, se lleva una pequeñísima parte de su superficie. La masa de la pared decrece, en consecuencia, con el tiempo y al cabo de un año, pongamos por caso, la pared habrá perdido un peso determinado. Imaginemos, ahora, un proceso diferente. Se quiere disminuir la masa de la pared en una cantidad igual a la perdida por la abrasión de las olas durante un año, pero por un procedimiento distinto: disparando contra la pared y desprendiendo, así, pequeños trozos de su superficie en los lugares de impacto de los proyectiles. Su masa disminuirá, evidentemente, y se puede perfectamente imaginar que se consiga la misma reducción total de la masa en ambos casos. De la apariencia de la pared se podría descubrir, sin embargo, si actuaron las olas continuas del mar o la lluvia discontinua de proyectiles. Para comprender mejor los fenómenos que vamos a describir a continuación, resultará útil recordar la diferencia entre las olas del mar y un haz de proyectiles.

Ya hemos dicho que un metal, un alambre incandescente, emite electrones. Aquí presentaremos un modo distinto de extraer electrones de los metales. Supongamos que sobre la superficie de un metal incida luz homogénea de color violeta, es decir, luz de una longitud de onda definida. Se observa que la luz extrae electrones del metal, que se alejan de su superficie con una velocidad determinada. Desde el punto de vista del principio de la conservación de la energía se puede decir: la energía de la luz incidente es parcialmente transformada en energía cinética de los electrones expelidos. La técnica experimental moderna nos permite registrar la presencia de esos proyectiles-electrones, determinar su velocidad y por ende su energía. Esta extracción de electrones de un metal por la luz que incide sobre el mismo se llama *efecto fotoeléctrico*.

Nuestro punto de partida era la acción de una onda luminosa homogénea de cierta intensidad. Como en toda investigación experimental, debemos cambiar las condiciones y ver qué influencia producen sobre el efecto observado.

Empecemos variando la intensidad de la luz violeta homogénea con la que iluminamos nuestro metal y averigüemos cómo depende de ella la energía de los electrones arrancados. Tratemos de encontrar la respuesta razonando en vez de buscarla directamente por vía experimental. Podríamos argumentar así: en el efecto fotoeléctrico una fracción definida de la energía de la radiación luminosa se transforma en energía de movimiento de los electrones. Si se ilumina la misma superficie metálica con luz de igual longitud de onda pero procedente de una fuente más intensa, entonces la energía de los electrones debe ser mayor, ya que la radiación es más energética. Debemos, por lo tanto, esperar que la velocidad de los electrones aumente al aumentar la intensidad de la luz incidente. Pero la experiencia contradice nuestra predicción. Una vez más, vemos que las leyes naturales no son como desearíamos que fueran. Estamos frente a una experiencia que, al contradecir nuestras predicciones, echa abajo la teoría sobre la que éstas se basan. El resultado experimental obtenido es, desde el punto de vista de la teoría ondulatoria, sencillamente asombroso. Los electrones emitidos tienen todos la misma velocidad, la misma energía, que no cambia al aumentar la intensidad de la luz incidente.

Este resultado experimental no pudo haber sido previsto por la teoría ondulatoria. Es por ello que nace aquí una nueva teoría como consecuencia del conflicto entre la vieja teoría y la experiencia.

Seamos deliberadamente injustos con la teoría ondulatoria de la luz, olvidando su gran conquista, la espléndida explicación de la difracción de la luz, o sea, su capacidad de bordear un pequeño obstáculo. Puesta nuestra atención en el fenómeno fotoeléctrico, pidámosle a la teoría una explicación adecuada. Evidentemente, no resulta posible deducir de la teoría ondulatoria la independencia observada de la energía de los electrones respecto de la intensidad de la luz que causa su expulsión del metal. Por esto, buscaremos una nueva teoría. Recordemos que la teoría corpuscular de la luz debida a Newton, que explica un gran número de fenómenos luminosos, fracasó ante la propiedad de la luz de rodear un obstáculo, fenómeno que ahora dejamos de lado deliberadamente. En la época de Newton no existía el concepto de energía. Los corpúsculos luminosos eran, según Newton, imponderables; cada color conservaba su propio carácter de sustancia. Más adelante, cuando se creó el concepto de energía y se reconoció que la luz transporta energía consigo, nadie pensó en aplicar estos conceptos a la teoría corpuscular de la luz. La teoría de Newton estaba muerta y nadie tomó en serio su resurrección hasta nuestro siglo.

Con el objeto de conservar la idea principal de la teoría de Newton, debemos suponer que la luz homogénea está compuesta de granos de energía, y reemplazar los antiguos corpúsculos luminosos por cuantos de luz, que llamaremos *fotones,* pequeñas porciones de energía que viajan por el espacio vacío con la velocidad de la luz. El renacimiento de la teoría de Newton en esta forma nueva conduce a la *teoría cuántica de la luz.* No sólo la materia y la carga eléctrica, sino también la energía de la radiación tienen una estructura granular, es decir, que está formada por cuantos de luz. Juntamente con los cuantos de materia y electricidad tenemos, también, los cuantos de energía.

La idea de los cuantos de energía fue primeramente introducida por Planck a principios del siglo XX con el objeto de explicar ciertos efectos mucho más complicados que el efecto fotoeléctrico. Pero el efecto fotoeléctrico enseña, con la máxima claridad y simplicidad, la necesidad de modificar nuestros conceptos anteriores.

Se ve enseguida que la teoría cuántica de la luz explica el efecto fotoeléctrico. Un haz de fotones cae sobre una placa metálica. La interacción entre la materia y la radiación consiste aquí en numerosos procesos individuales en cada uno de los cuales un fotón choca contra un átomo y le arranca un electrón. Todos los procesos individuales son análogos y el electrón extraído tendrá la misma energía en todos los casos. También se entiende que aumentar la intensidad de los haces luminosos significa, en el nuevo lenguaje, aumentar el número de fotones incidentes. En este último caso el número de electrones arrancados del metal debe aumentar, pero la energía de cada uno de ellos no cambiará. Se ve, pues, que esta teoría está en perfecto acuerdo con la observación.

¿Qué sucederá si incide sobre la superficie del metal una luz homogénea de color diferente, por ejemplo, de color rojo en lugar de violeta? Dejemos que la experiencia responda a este interrogante, para lo cual hay que medir la energía de los electrones extraídos por la luz roja y compararla con la energía de los electrones arrancados por la luz violeta. Se encuentra así que la energía de los primeros es menor que la de los segundos. Esto significa que la energía de los cuantos de luz es distinta para distintos colores. En particular resulta que la energía de los fotones del color rojo es igual a la mitad de la energía de los fotones correspondientes al violeta. O más rigurosamente: la energía de un cuanto de luz, correspondiente a un color homogéneo, decrece proporcionalmente al aumento de la longitud de onda correspondiente. Existe una diferencia esencial entre los cuantos de energía y los cuantos de electricidad. Los cuantos de luz difieren para cada longitud de onda, mientras que los cuantos de electricidad son siempre los mismos. Si tuviéramos que usar una de las analogías anteriores, compararíamos los cuantos luminosos con los cuantos monetarios mínimos, que varían de país en país.

Continuemos descartando la teoría ondulatoria de la luz y admitamos que la estructura de la luz es granular, o sea, como ya dijimos, que está formada por cuantos luminosos, esto es, fotones que se mueven en el vacío con una velocidad de, aproximadamente, 300.000 kilómetros por segundo. Luego, en nuestra nueva imagen, la luz es una lluvia de fotones, siendo el fotón el cuanto elemental de energía luminosa. Pero si se descarta la teoría ondulatoria, ¿qué nuevo concepto ocupa su lugar? ¡La energía de los cuantos de luz! Las conclusiones expresadas en la terminología de la teoría ondulatoria pueden ser traducidas al lenguaje de la teoría cuántica de la radiación. Por ejemplo:

Terminología de la teoría ondulatoria	*Terminología de la teoría cuántica*
Una luz homogénea tiene una longitud de onda determinada. La longitud de onda del extremo rojo del espectro visible es el doble de la del extremo violeta.	Una luz homogénea contiene fotones de una determinada energía. La energía de un fotón del extremo rojo del espectro visible es la mitad de la de un fotón del extremo violeta.

El estado de la cuestión puede ser resumido de la siguiente manera: hay fenómenos que pueden ser explicados por la teoría cuántica y no por la teoría ondulatoria. El efecto fotoeléctrico constituye uno de estos casos, conociéndose otros fenómenos de esta clase. Hay fenómenos que pueden ser explicados por la teoría ondulatoria, pero no por la teoría cuántica. La propiedad de la luz de bordear un obstáculo es un ejemplo típico de estos últimos. Finalmente, hay fenómenos, tales como la propagación rectilínea de la luz, que pueden ser explicados perfectamente por ambas teorías.

Pero, entonces, ¿qué es realmente la luz? ¿Es una onda o una lluvia de fotones? Ya nos planteamos antes una pregunta similar cuando nos preguntábamos: ¿Es la luz una onda o una lluvia de corpúsculos luminosos? Dimos la razón a la teoría ondulatoria porque cubría todos los fenómenos conocidos, haciendo que se abandonara el punto de vista corpuscular. Ahora, en cambio, el problema es mucho más complicado. No parece existir la posibilidad de ofrecer una descripción basada en uno solo de los lenguajes. Parece como si debiéramos usar a veces una teoría y a veces otra mientras que en ocasiones se puede emplear cualquiera de las dos. Estamos enfrentados con una nueva clase de dificultad. ¡Tenemos dos imágenes contradictorias de la realidad; separadamente ninguna de ellas explica la totalidad de los fenómenos luminosos, pero juntas, sí!

¿Cómo es posible combinar estas dos imágenes? ¿Cómo podemos entender estos dos aspectos diametralmente opuestos de la luz? No es tarea fácil la solución de esta nueva dificultad. Estamos en presencia, otra vez, de un problema fundamental.

Aceptemos, por el momento, la teoría de los fotones y tratemos, con su ayuda, de comprender los hechos explicados hasta el presente por la teoría ondulatoria. De este modo acentuaremos las dificultades que hacen que las dos teorías aparezcan, a primera vista, como irreconciliables.

Recordemos: un haz de luz homogénea que pasa a través de un orificio hecho con la punta de un alfiler forma, sobre una pantalla, anillos concéntricos luminosos y oscuros. ¿Cómo es posible entender este fenómeno con la ayuda de la teoría de los cuantos de luz, descartando la teoría ondulatoria? Supongamos que un fotón se dirige hacia el orificio. Podríamos esperar que la pantalla aparezca iluminada si el fotón pasa por él y aparezca oscura si no lo atraviesa. En lugar de esto encontramos anillos brillantes y oscuros. Podríamos tratar de dar cuenta de este fenómeno como sigue: tal vez haya cierta interacción entre el borde del orificio y el fotón que sea la causa de la aparición de los anillos de difracción. Esto puede muy difícilmente ser considerado como una explicación. En el mejor de los casos expresa un programa de trabajo para su interpretación, dando, al menos, una ligera esperanza de que en el futuro sea factible entender la difracción como una consecuencia de la interacción entre la materia y los fotones.

Pero aun esta misma tenue esperanza se estrella contra los resultados de otra experiencia que referimos también anteriormente. Supongamos que en lugar de un orificio tenemos dos de ellos. La luz homogénea que pasa por los dos, da franjas luminosas y oscuras. ¿Cómo es posible interpretar este efecto desde el punto de vista de la teoría cuántica de la luz? Se puede argüir así: un mismo fotón pasa por uno cualquiera de los dos orificios. Pero si un fotón de un haz homogéneo representa una partícula luminosa elemental, resulta muy difícil imaginar su división y su paso por los dos orificios. Pero entonces, el efecto habría de ser exactamente igual que en el caso anterior, es decir, tendrían que aparecer anillos luminosos y oscuros en vez de franjas. ¿Cómo es posible que la presencia de otro orificio modifique completamente el efecto? ¡Aparentemente, el orificio por el cual no pasa el fotón, aun estando a una distancia apreciable del otro, influye en el fenómeno y transforma los anillos en franjas! Pues si el fotón se comporta como un corpúsculo de la física clásica debe atravesar sólo una de las dos aberturas. Pero si es así, el fenómeno de difracción parece completamente incomprensible.

La ciencia nos obliga a crear nuevas ideas, nuevas teorías. Su finalidad es la de destruir el muro de contradicciones que frecuentemente bloquea el camino del progreso científico. Todas las ideas esenciales de la ciencia han nacido de un conflicto dramático entre la realidad y nuestros deseos de comprenderla. Aquí tenemos otra vez un problema para cuya solución se requieren nuevos principios. Antes de tratar de dar cuenta de los intentos de la física moderna para explicar las contradicciones entre los aspectos cuántico y ondulatorio de la luz, mostraremos que se encuentra exactamente la misma dificultad al tratar con los cuantos de materia en lugar de los cuantos de luz.

LOS ESPECTROS DE RAYAS

Ya sabemos que toda la materia está formada de unas pocas clases de partículas. Los electrones han sido las primeras partículas elementales de la materia que se han descubierto. Pero los electrones son también los cuantos elementales de electricidad negativa. Hemos visto, además, que ciertos fenómemos nos obligan a admitir que la luz está compuesta de cuantos elementales distintos para distintas longitudes de onda. Antes de seguir adelante con el problema planteado debemos discutir ciertos fenómenos físicos en los que tanto la materia como la radiación desempeñan un papel esencial.

El Sol emite una radiación que puede ser descompuesta en sus componentes por un prisma. Así se obtiene el espectro continuo de la luz solar, en el que están representadas todas las longitudes de onda comprendidas entre las que corresponden a los dos extremos de su parte visible. Tomemos otro ejemplo. Ha sido previamente mencionado el hecho de que el sodio incandescente emite luz homogénea, luz de un solo color o de una longitud de onda. Si se hace pasar la luz del sodio incandescente por un prisma se observa una sola línea amarilla. En general, si se coloca un cuerpo incandescente delante de un prisma la luz que emite es descompuesta, al atravesarlo, en sus componentes homogéneos, revelando el espectro característico del cuerpo emisor.

La descarga de la electricidad en un tubo que contiene un gas constituye una fuente luminosa, como la de los tubos luminosos de neón usados con fines de propaganda comercial. Supongamos que uno de esos tubos sea puesto frente a la abertura de un espectroscopio. El espectroscopio es un instrumento que actúa como un prisma pero con mucha mayor precisión y sensibilidad; divide la luz en sus componentes, esto es, la analiza. La luz solar vista a través de un espectroscopio da un espectro continuo; todas las longitudes de onda están representadas en él. Si la fuente de la luz es una descarga eléctrica a través de un gas, el espectro es de naturaleza diferente. En lugar del espectro continuo y multicolor de la luz del Sol, aparecen sobre un fondo oscuro continuo unas rayas brillantes de distintos colores, separadas entre sí. Cada raya o línea, si es bastante angosta, corresponde a un color determinado o, en el lenguaje ondulatorio, a una longitud de onda determinada. Por ejemplo, si en un espectro aparecen veinte líneas, cada una de ellas será designada por uno de otros tantos números distintos que expresan sus longitudes de onda. La luz emitida por los vapores de los diversos elementos posee diferentes combinaciones de rayas espectroscópicas y por ende distintas combinaciones de números que expresan las longitudes de onda que componen sus respectivos espectros. No hay dos elementos que tengan un idéntico sistema de líneas en sus espectros característicos, como no hay dos personas que tengan idénticas sus impresiones digitales. Cuando se obtuvo un catálogo más o menos completo de esas líneas, medidas con cuidado por distintos físicos, se evidenció gradualmente la existencia de ciertas leyes y fue finalmente posible representar, por una simple fórmula matemática, algunas de las columnas de números, en apariencia desconectados entre sí, que expresan las longitudes de onda de dichas líneas.

Todo lo que acabamos de decir puede ser transferido al lenguaje de los fotones. Las rayas corresponden a ciertas y determinadas longitudes de onda o, en otras palabras, a fotones de energías definidas. Los gases luminosos no emiten, pues, fotones de cualquier energía, sino únicamente los característicos de la sustancia. La naturaleza limita, una vez más, la riqueza de posibilidades.

Los átomos de un elemento determinado, por ejemplo, hidrógeno, sólo pueden emitir fotones con energías definidas. Se puede decir que solamente les está permitido emitir cuantos de energía determinada, estándoles prohibidos todos los demás. Imaginemos, para simplificar, que cierto elemento emita una sola línea, o sea, fotones de energía única. El átomo es más rico en energía antes de emitir el fotón. Del principio de la conservación de la energía se sigue que el *nivel energético* del átomo es más alto antes que después de la emisión de la luz y que la diferencia entre los dos niveles debe ser igual a la energía del fotón emitido. Luego, el hecho de que un átomo de cierto elemento emita una radiación monocromática, o de una sola longitud de onda, se puede expresar de esta otra manera: en un átomo de dicho elemento sólo son permitidos dos niveles de energía, y la emisión de un fotón corresponde a la transición del átomo del nivel más alto al nivel más bajo.

Pero por regla general aparece más de una línea en los espectros de los elementos. Los fotones emitidos corresponden a muchas energías y no a una sola. O en otras palabras, debemos admitir la existencia de muchos niveles de energía atómica y que la emisión de un fotón se produce como consecuencia de la transición del átomo de uno de sus niveles a otro inferior. Pero es esencial el hecho de que no todo nivel energético es permitido, ya que no aparece en el espectro de un elemento cualquier longitud de onda, o sea, fotones de cualquier energía. Así pues, en lugar de decir que al espectro de cierto átomo le corresponden ciertas líneas, ciertas longitudes de onda, se puede decir que todo átomo posee ciertos niveles de energía perfectamente determinados y que la emisión de los cuantos de luz está asociada con la transición del átomo de un nivel a otro más bajo. Los niveles de energía de los átomos son, por regla general, discontinuos y no continuos. Otra vez vemos que las posibilidades están restringidas por la realidad.

Bohr fue quien mostró, por primera vez, por qué un elemento emitía determinadas líneas y no otras. Su teoría, formulada en 1913, da una imagen del átomo que, por lo menos en casos simples, permite calcular los espectros de los elementos, y a la nueva luz de esta teoría se presenta de pronto, con claridad y coherencia insospechadas, un gran fárrago de números aparentemente incoherentes y sin relación alguna.

La teoría de Bohr constituye un paso intermedio hacia una teoría más profunda y más general, llamada mecánica cuántica o mecánica ondulatoria. Nos proponemos en estas últimas páginas esbozar las principales ideas de esta teoría. Antes de hacerlo debemos mencionar un resultado experimental y teórico, pero de carácter más particular.

El espectro visible empieza con una cierta longitud de onda para el color violeta y termina con otra cierta longitud de onda correspondiente al color rojo. O en otras palabras, las energías de los fotones del espectro visible están siempre comprendidas entre los límites formados por las energías de los fotones rojos y violetas. Esta limitación es sólo, naturalmente, una propiedad del ojo humano. Si la diferencia de energías entre dos niveles atómicos es bastante grande, entonces se emitirá un fotón *ultravioleta,* dando una línea espectroscópica situada fuera del espectro visible. Su presencia no puede ser puesta de manifiesto por el ojo desnudo; se tiene que emplear una placa fotográfica.

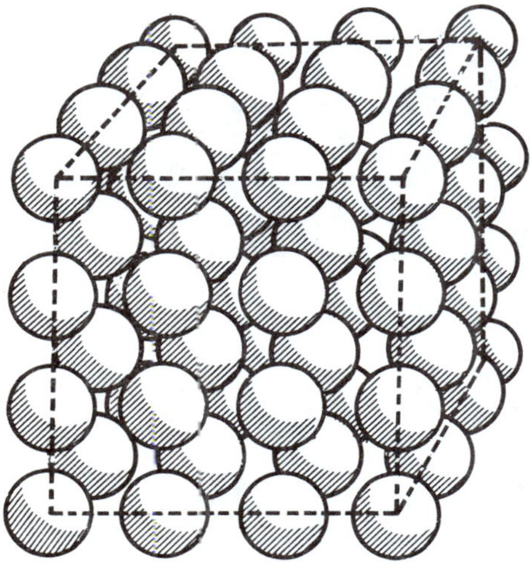

Fig. 30

Los rayos X están también compuestos de fotones de energía mucho mayor que la energía de los de la luz visible, o en otras palabras, sus longitudes de onda son mucho menores; de hecho, miles de veces menor que la de la luz visible.

¿Pero, será posible determinar experimentalmente esas longitudes de onda tan reducidas? Fue bastante difícil, ya, medir las del espectro visible. Hubimos de emplear obstáculos u orificios muy pequeños. Dos orificios hechos con la punta de un alfiler que producen la difracción de la luz ordinaria, tendrían que ser varios miles de veces menores y más cercanos entre sí para poder mostrar la difracción de los rayos X.

¿Cómo podremos determinar, entonces, la longitud de onda de estos rayos? La naturaleza misma viene en nuestra ayuda. Un cristal es una aglomeración de átomos ordenados de una manera perfectamente regular y a distancias muy pequeñas entre sí. La figura 30 representa un modelo simple de la estructura cristalina. En

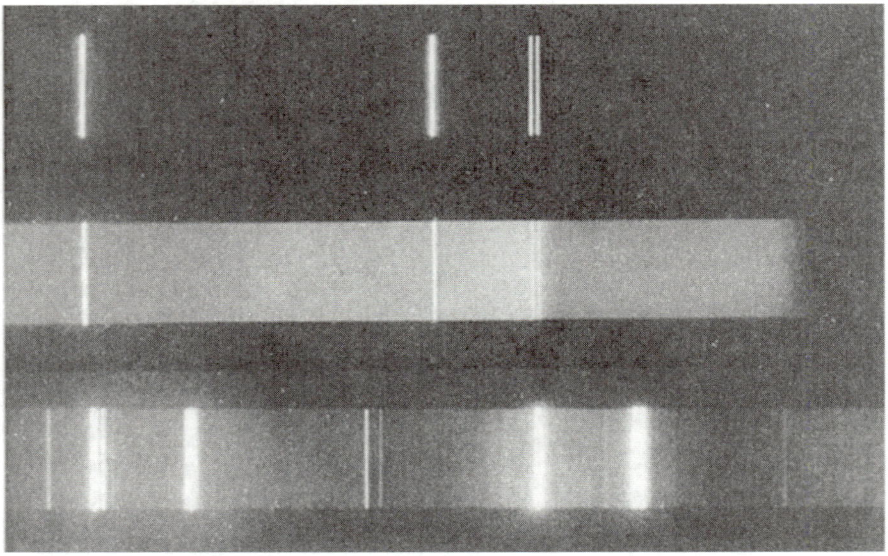

Fig. 31 En esta fotografía se pueden observar las diferencias que existen entre los espectros obtenidos al hacer pasar la luz blanca a través de sustancias diferentes.

lugar de pequeñas aberturas tenemos, en un cristal, obstáculos extremadamente pequeños, formados por los átomos del elemento, ordenados según una pauta absolutamente regular y separados por distancias pequeñísimas. Las distancias entre los átomos, deducidas de la teoría de la estructura cristalina, son tan pequeñas que era de esperar que mostraran el efecto de difracción de los rayos X. La experiencia probó que, en efecto, era posible difractar las ondas de los rayos X con dichos obstáculos estrechamente empaquetados y dispuestos con perfecta regularidad en las redes tridimensionales de los cristales.

Supongamos que se registre sobre una placa fotográfica un haz de rayos X después de atravesar un cristal. Se encuentran formadas sobre la placa las tan características imágenes de difracción. Se han empleado varios métodos para estudiar los espectros de los rayos X y para deducir los datos referentes a las longitudes de onda a partir de las imágenes de difracción. Lo que hemos dicho aquí en pocas palabras, requeriría volúmenes enteros si se quisiera dar los detalles experimentales y teóricos de este asunto. En una imagen de difracción de los rayos X obtenida por uno de los varios métodos usuales para ese fin, se pueden ver los anillos claros y oscuros tan característicos de la teoría ondulatoria. En el centro es visible el rayo no difractado. Si no se hubiera puesto el cristal entre los rayos X incidentes y la placa fotográfica, se vería únicamente la mancha central oscura. A partir de fotografías de este tipo se pueden calcular las longitudes de onda de los rayos X y, por el contrario, si su longitud de onda es conocida, se pueden sacar importantes conclusiones respecto a la estructura del cristal.

LAS ONDAS DE MATERIA

¿Cómo podemos explicarnos que aparezcan, solamente, ciertas longitudes de onda características en los espectros de los elementos?

En la física ha sucedido a menudo que el desarrollo de una analogía entre fenómenos aparentemente sin relación, ha dado origen a un verdadero progreso de la misma. En las páginas de este libro quedaron ya consignados varios casos en que se pudo aplicar, con todo éxito, a ciertas ramas de la ciencia, ideas creadas y desarrolladas en otras ramas de ella. La asociación de problemas no resueltos con otros ya resueltos puede arrojar nueva luz sobre los primeros, sugiriendo otras ideas que ayuden a solucionar las dificultades halladas. Es fácil, sin embargo, encontrar analogías superficiales, que en realidad no expresan nada; pero descubrir ciertas propiedades comunes escondidas bajo superficies exteriores de aspectos diferentes y formular, sobre esta base, una teoría nueva, constituye un tra-

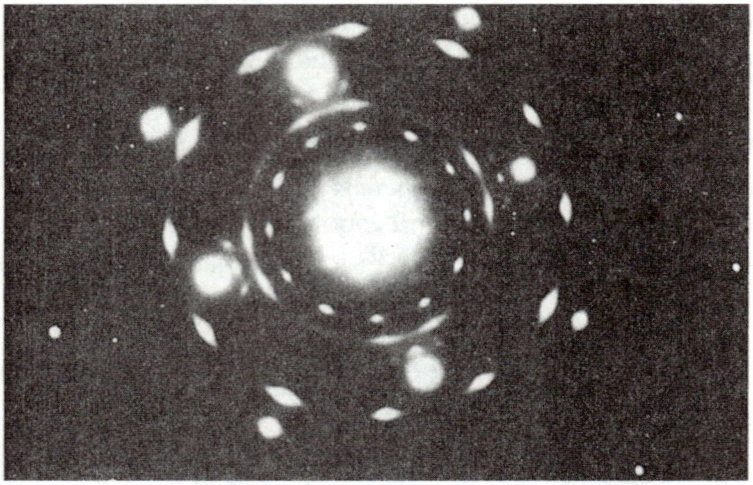

Fig. 32 Cuando se hacen pasar electrones a alta velocidad a través de una rendija, se produce un fenómeno de difracción que es característico de las ondas, lo que demuestra el carácter ondulatorio de los electrones en movimiento.

bajo de creación de un gran valor. El desarrollo de lo que se llama mecánica ondulatoria, que fue iniciado por De Broglie y Schrodinger hace menos de quince años, es un ejemplo típico del alcance de una analogía feliz y profunda que da origen a una importantísima teoría física.

El punto de partida que lleva a este resultado es un fenómeno clásico que nada tiene que ver con la física moderna. Tomemos en las manos uno de los extremos de un tubo de goma largo y flexible o una espiral elástica muy larga y démosle un rápido movimiento rítmico de sube y baja, haciendo que dicho extremo se ponga a oscilar. Entonces, como vimos en otros casos, se crea una onda que avanza a lo largo del tubo con cierta velocidad (figura 33). Si imaginamos un tubo indefinidamente largo, iniciadas las ondas parciales, éstas continuarán su viaje sin fin, sin interferencia alguna.

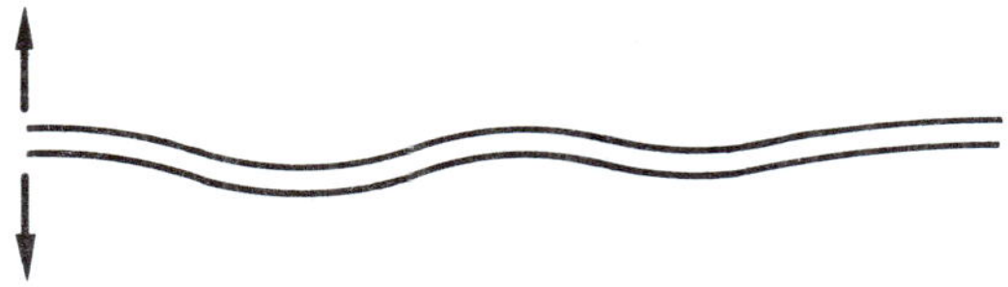

Fig. 33

Consideremos, ahora, otro caso: los dos extremos del tubo están fijos. Si se prefiere, se puede pensar en una cuerda de un violín. ¿Qué sucede si se crea, en el tubo o cuerda, una onda, en un lugar próximo a uno de sus extremos? La onda inicia su propagación hacia el otro extremo como en el caso anterior, pero al llegar a éste, se refleja, es decir, vuelve al extremo inicial. Luego tenemos dos ondas: una creada por la oscilación y la otra, por reflexión, que se propagan en sentido opuesto e interfieren entre sí. No es difícil obtener el resultado de la interferencia de esas dos ondas y descubrir la onda resultante de su superposición que se llama *onda estacionaria.* Las dos palabras «onda» y «estacionaria» parecen contradecirse; su reunión se justifica, sin embargo, por el resultado real de la superposición de aquellas dos ondas.

El caso más sencillo de una onda estacionaria lo tenemos en el movimiento de una cuerda fija en sus dos extremos y en movimiento de vibración alrededor de su posición normal, cuatro de cuyas fases están representadas en la figura 34. Este movimiento resulta, como ya dijimos, de la superposición de dos ondas que se propagan en la misma cuerda en sentidos opuestos. La propiedad característica de este movimiento es la siguiente: sólo los dos puntos extremos están en reposo. Éstos se denominan *nodos.* La onda se mantiene, por así decir, entre los dos nodos, alcanzando simultáneamente todos los puntos de la cuerda los máximos y mínimos de sus desviaciones.

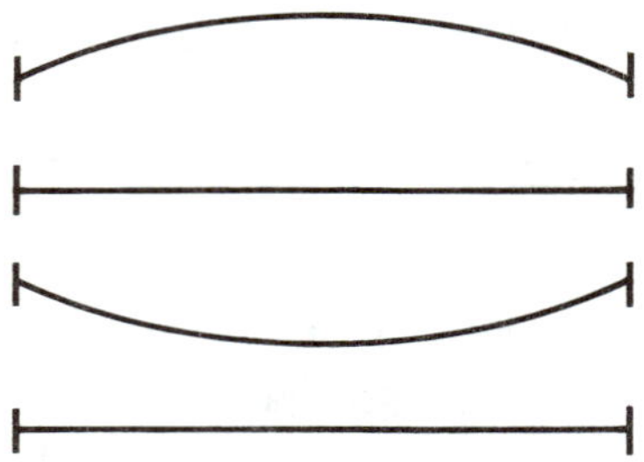

Fig. 34

Pero éste es sólo el caso más sencillo de onda estacionaria. Existen otros. Por ejemplo, se puede producir una onda estacionaria con tres nodos, uno en cada extremo y otro en el centro de la cuerda. En este caso hay tres puntos que están permanentemente quietos. Un vistazo a su representación (figura 35) muestra que la longitud de su onda es igual a la mitad de la longitud de onda del ejemplo anterior. Igualmente, existen ondas estacionarias con cuatro, cinco, seis y más nodos. (Véase figura 36, correspondiente a cuatro nodos.) La longitud de onda dependerá en cada caso del número de nodos. Este número solamente puede ser entero y puede variar, por lo tanto, únicamente por saltos. Decir «el número de nodos de una onda estacionaria es igual a 3.576» no tiene sentido. Por la misma razón la longitud de onda sólo puede cambiar discontinuamente. En este problema clásico encontramos, pues, las carac-

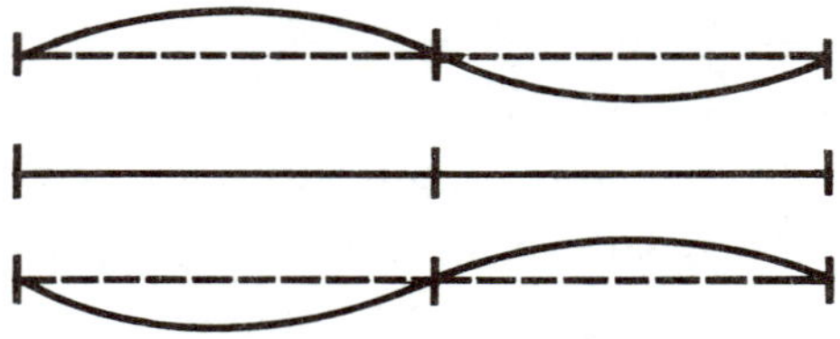

Fig. 35

Fig. 36

terísticas típicas de la teoría de los cuantos. La onda estacionaria producida por un violinista es, de hecho, todavía más complicada; es una mezcla de muchísimas ondas con dos, tres, cuatro, cinco y más nodos, y en consecuencia una superposición de varias longitudes de onda. La física posee métodos para descomponer dicha mezcla en las ondas estacionarias simples que la componen. Empleando la terminología anterior, podríamos decir que la cuerda vibrante tiene su espectro propio, exactamente como un elemento que está emitiendo su radiación. Y como en el espectro del elemento, sólo se pueden producir ciertas longitudes de onda, estando prohibidas todas las demás.

Vemos así cómo se descubrió una similitud entre la cuerda vibrante y un átomo emisor de energía. Por extraña que nos pueda parecer, tratemos de llevar hacia delante esta analogía, deduciendo ulteriores conclusiones de la misma. Los átomos de todos los elementos están formados de partículas elementales, de las cuales las más livianas son los electrones y las más pesadas componen el núcleo. Un sistema tal de partículas se comporta como un diminuto instrumento acústico en el cual se producen ciertas ondas estacionarias.

Pero una onda estacionaria es el resultado de la interferencia de dos o, generalmente, más ondas simples y progresivas. Si hay algo de cierto en nuestra analogía, a una onda progresiva simple le deberá corresponder algo de constitución más sencilla que un átomo. ¿Cuál es el corpúsculo de constitución más sencilla? En nuestro mundo material nada puede ser más simple que un electrón, una partícula elemental, sobre el que no actúen fuerzas exteriores, esto es, un electrón en reposo o en movimiento rectilíneo y uniforme. Se puede vislumbrar un eslabón más del encadenamiento de nuestra analogía: un electrón en movimiento uniforme → ondas de una longitud determinada. Ésta fue la idea nueva y audaz introducida por De Broglie.

Antes se ha visto que hay fenómenos en los cuales la luz revela su carácter ondulatorio y otros en los cuales la luz revela su carácter corpuscular. Después de habernos acostumbrado a la idea de que la luz es un proceso ondulatorio encontramos, ante nuestro asombro, que en ciertos casos, por ejemplo en el efecto fotoeléctrico, se comporta como si fuera una lluvia de fotones. Ahora tenemos un estado de cosas exactamente opuesto respecto a los electrones. Nos hemos hecho a la idea de que los electrones eran partículas, cuantos elementales de electricidad y materia. Se determinó su carga y su masa. Pero si hay algo cierto en la idea de De Broglie, entonces debe haber ciertos fenómenos en los cuales la materia revele su carácter ondulatorio. De entrada, esta conclusión, obtenida siguiendo la analogía acústica, parece extraña e incomprensible. ¿Qué relación tendrá, con una onda, una partícula en movimiento?

Pero ésta no es la primera vez que nos enfrentamos en la física con una dificultad de esta clase. Ya encontramos el mismo problema en el terreno de los fenómenos luminosos.

Las ideas fundamentales desempeñan un papel esencial en la formación de una teoría física. Los libros de física están llenos de fórmulas matemáticas complicadas. Pero son los pensamientos e ideas, no las fórmulas, los que constituyen el principio de toda teoría física. Las ideas deben, después, adoptar la forma matemática de una teoría cuantitativa, para hacer posible su confrontación con la experiencia. Esto se entenderá mejor tomando como ejemplo el problema con el que estamos ocupados. La conjetura principal es que un electrón en movimiento uniforme se comportará, en ciertos fenómenos, como una onda. Supongamos que un electrón o una lluvia de electrones que tengan la misma velocidad, están en movimiento uniforme. Conocemos la masa, la carga y la velocidad de cada uno de esos electrones. Si queremos asociar, de alguna manera, un concepto de onda a uno o muchos electrones en movimiento uniforme, debemos preguntarnos ante todo: ¿cuál es la longitud de onda asociada? Ésta es una pregunta cuantitativa y se debe edificar una teoría más o menos cuantitativa que dé la respuesta buscada. Esto es, por suerte, un asunto sencillo. La simplicidad matemática de la teoría de De Broglie, que contesta a dicho interrogante, es pasmosa. En comparación con esta teoría, la técnica matemática empleada en otras teorías de la misma época era realmente sutil y complicada. Las matemáticas con que se trata el problema de las ondas de materia son extremadamente fáciles y elementales; pero las ideas fundamentales son profundas y de largo alcance.

Ha sido mostrado antes, en el caso de ondas de luz y fotones, que toda expresión formulada en el lenguaje ondulatorio puede ser trasladada al lenguaje de los fotones o corpúsculos luminosos. Vale lo mismo para las ondas electrónicas. Para el caso de electrones en movimiento uniforme, el lenguaje corpuscular ya nos es conocido. Pero toda expresión del lenguaje corpuscular puede ser traducida al lenguaje ondulatorio exactamente como en el caso de los fotones. Dos son las claves que dieron las reglas de esta traducción. La analogía entre las ondas de luz y las ondas electrónicas o entre fotones y electrones, constituye una de las claves. Se trata de usar el mismo método de traducción para la materia que el empleado para la luz. La otra clave procede de la teoría de la relatividad restringida. Las leyes de la naturaleza deben ser invariantes respecto a la transformación de Lorentz y no respecto a la transformación clásica. Estas dos claves determinan, juntas, la longitud de onda correspondiente a un electrón en movimiento. Se deduce de la teoría que un electrón que se mueve con una velocidad de unos 15.000 kilómetros por segundo, tiene una longitud de onda asociada, que es fácilmente calculable y que cae en la región de las longitudes de onda de los rayos X. Se llega así a la conclusión de que si es posible poner de manifiesto el carácter ondulatorio de la materia, tendrá que realizarse experimentalmente de forma parecida a la usada por los rayos X.

Imaginemos un haz de electrones que se mueve uniformemente con una velocidad determinada, o para usar la terminología ondulatoria, una onda electrónica homogénea, y supongamos que incide sobre un cristal muy fino el cual hace el papel de una red de difracción. Las distancias entre los obstáculos que producen la difracción en el cristal son tan pequeñas que pueden producir la difracción de rayos X. Resulta lógico esperar un efecto similar con las ondas electrónicas al atravesar la fina capa cristalina. Ahora bien, la experiencia confirma lo que constituye, indudablemente, uno de los mayores éxitos de la teoría: el fenómeno de la difracción de las ondas electrónicas. La similitud entre la difracción de una onda electrónica y un haz de rayos X es muy pronunciada, como puede observarse comparando las fotografías correspondientes. Sabemos que tal imagen nos permite determinar la longitud de onda de los rayos X. Lo mismo vale para las ondas electrónicas. La imagen de difracción de la longitud de la onda de materia, y el acuerdo cuantitativo perfecto entre la teoría y la experiencia confirman espléndidamente la concatenación de nuestro razonamiento.

Las dificultades anteriores se agrandan y profundizan con este resultado. Esto se puede aclarar con un ejemplo semejante a otro ya dado para las ondas luminosas. Un electrón disparado hacia un pequeño orificio se comportará como una onda luminosa, produciendo anillos claros y oscuros sobre una placa fotográfica. Puede haber cierta esperanza de explicar este fenómeno por una interacción entre el electrón y el borde del orificio, aun cuando esta explicación no parece ser muy prometedora. ¿Pero qué sucede en el caso de dos de esos pequeños orificios dispuestos uno al lado del otro? Como en el caso de la luz, obtenemos también aquí franjas en lugar de anillos. ¿Cómo es posible que la presencia del segundo de los orificios modifique completamente el efecto? El electrón es indivisible y parece que sólo ha de poder pasar por uno de los dos orificios. ¿Cómo podría saber un electrón que atraviese un orificio, que hay otro agujero a cierta distancia?

Antes nos preguntábamos: ¿Qué es la luz? ¿Es una lluvia de corpúsculos o una onda? Ahora preguntamos: ¿Qué es la materia? ¿Qué es un electrón? ¿Es una partícula o una onda? El electrón se comporta como una partícula cuando se mueve en un campo eléctrico o magnético exterior. Actúa como una onda al ser difractado por un cristal. Aquí tropezamos, para el cuanto elemental de materia, con la misma dificultad que encontramos para los cuantos de luz. Una de las cuestiones más fundamentales que ha originado el progreso reciente de la ciencia es cómo reconciliar las dos imágenes contradictorias de materia y onda. La formulación de una de esas dificultades fundamentales conducirá indefectiblemente al avance de la ciencia. La física ha tratado de resolver este problema. El futuro deberá decidir si la solución sugerida por la física moderna es eventual o duradera.

ONDAS DE PROBABILIDAD

Si se conoce la posición y la velocidad de un punto material dado, y también qué fuerzas exteriores obran sobre él, se puede predecir su trayectoria y su velocidad futura de acuerdo a las leyes de la mecánica clásica. La afirmación: «el punto material tiene tal y tal posición y velocidad en tal y tal instante», tiene un significado perfectamente definido en la mecánica clásica. Si esta afirmación perdiera su sentido concreto, el razonamiento que nos permitió predecir el movimiento futuro fallaría por su base.

Al principio del siglo XIX, los hombres de ciencia quisieron reducir toda la física a la acción de fuerzas de atracción y repulsión entre partículas materiales cuyas posiciones y velocidades eran bien definidas en todo momento. Recordemos cómo describíamos el movimiento al discutir la mecánica al principio de nuestra excursión por el dominio de los fenómenos físicos. Dibujábamos puntos a lo largo de una curva determinada que indicaban las posiciones exactas del móvil en ciertos instantes del tiempo y vectores tangentes que indicaban la dirección y la magnitud de las velocidades correspondientes. Esto era sencillo y convincente. Pero no se puede repetir lo mismo para los cuantos elementales de materia, esto es, los electrones, ni para los cuantos de energía, o sea, los fotones. No se puede determinar el movimiento de un fotón o de un electrón a la manera de la mecánica clásica. El ejemplo de los dos orificios hechos con la punta de un alfiler lo muestra claramente. Parece como si tanto el electrón como el fotón pasaran por los dos orificios. Es decir, es imposible explicar el efecto que se observa en dicho caso imaginando la trayectoria de un electrón o de un fotón, a la vieja manera clásica.

Nos vemos obligados, sin embargo, a admitir la existencia de procesos elementales como el paso de los electrones o de los fotones a través de los pequeños orificios, ya que la existencia de los cuantos elementales de materia y de energía no se puede poner en duda.

Intentemos, por lo tanto, ensayar algo diferente. Repitamos continuamente el mismo proceso elemental. Uno después de otro, los electrones son mandados en la dirección de los minúsculos orificios. Hablamos de «electrones», pero nuestro razonamiento vale también para fotones.

El mismo proceso se repite muchas veces de una manera exactamente igual; todos los electrones tienen la misma velocidad y van todos dirigidos hacia los dos orificios. Apenas si hace falta mencionar que se trata de una experiencia ideal que sólo puede ser imaginada, pero nunca realizada. No podemos disparar fotones o electrones, uno a uno, en instantes de tiempo dados, como quien dispara un proyectil con un cañón.

El resultado de los procesos repetidos debe ser, como antes, la formación de anillos iluminados y oscuros para el caso de un orificio, y franjas claras y oscuras, para dos orificios. Hay, sin embargo, una diferencia esencial. En el caso de un solo electrón el efecto observado era incomprensible. Se entiende más fácilmente si el proceso se repite muchas veces. En efecto, se puede argumentar así: donde caen muchos electrones aparecen franjas blancas; en los lugares donde inciden menos electrones las franjas son menos intensas. Una región completamente oscura significa que a ella no llega electrón alguno. No podemos aceptar, naturalmente, que todos los electrones pasan por uno solo de los dos orificios; pues, si éste fuera el caso, no podría haber la más mínima diferencia se tape o no el otro de los agujeros. Pero nosotros sabemos que tapando una de las aberturas se produce una diferencia enorme. Como esas partículas son indivisibles, no se puede imaginar que una de ellas pase por los dos orificios. El hecho de que el proceso se repita un gran número de veces señala una nueva posible explicación. Algunos de los electrones pueden pasar por uno de los orificios y los demás por el otro. No sabemos por qué un electrón dado elige un orificio y no el otro, pero el efecto resultante de muchos casos repetidos debe ser tal que ambos orificios participen en la transmisión de los electrones de la fuente a la pantalla receptora. Si nos ocupamos sólo de lo que sucede a la multitud de electrones, al repetirse la experiencia, sin preocuparnos de su comportamiento individual, se hace inteligible la diferencia entre las imágenes de anillos y las imágenes de franjas. De la discusión de una larga serie de procesos iguales, repetimos, nació una nueva idea, la de una multitud compuesta de individuos que se comportan de un modo imposible de pronosticar. No se puede precedir el curso de un electrón, pero podemos predecir el resultado neto: por ejemplo, la aparición sobre la pantalla de las franjas claras y oscuras.

Dejemos por un momento la física cuántica.

Hemos visto que en la física clásica, si se conoce la posición y la velocidad de un punto material en cierto instante y las fuerzas que actúan sobre él, se puede predecir su trayectoria futura. También vimos cómo el punto de vista mecanicista fue aplicado en la teoría cinética de la materia. Pero en esta teoría se originó una nueva idea importante, que conviene establecer y comprender con claridad.

Un recipiente contiene cierta cantidad de gas. Si se deseara seguir el movimiento de cada una de sus partículas habría que comenzar por hallar sus estados iniciales, esto es, las posiciones y velocidades iniciales de todas las partículas. Aun en el caso de que esto fuera posible, el trabajo de anotarlas sobre un papel requeriría un tiempo mayor que la vida de un hombre, debido al enorme número de partículas que habría que considerar. Si cumplida esta labor, se pretendiera aplicar los métodos conocidos de la mecánica clásica para calcular las posiciones finales de todas las partículas, las dificultades que se encontrarían en dicho cálculo serían insuperables. Es decir, en principio es posible usar, para este caso, el método aplicado al movimiento de los planetas; pero en la práctica resultaría inútil, inaplicable, por lo cual se debe abandonar y recurrir al llamado *método estadístico.* Este método nos dispensa del conocimiento exacto de los estados iniciales. Nos hacemos indiferentes a la suerte de las partículas del gas tomadas individualmente. El problema es ahora de naturaleza diferente. Por ejemplo, no nos preguntamos: «¿Cuál es la velocidad de cada una de las partículas en tal o cual instante?», sino «¿cuántas partículas del gas tienen una velocidad comprendida entre 1.000 y 1.100 metros por segundo?». No nos preocupamos de cada partícula individualmente. Lo que buscamos determinar son valores medios que caractericen al conjunto. Es, además, obvio que el método estadístico se puede aplicar, únicamente, a un sistema compuesto de un gran número de individuos.

Aplicando el método estadístico no es posible predecir el comportamiento de uno de los componentes de una multitud. Sólo se puede predecir *la probabilidad* de que se comporte de una manera particular. Si las leyes estadísticas expresan que una tercera parte de las partículas de una agregación tiene una velocidad comprendida entre 1.000 y 1.100 metros por segundo, ello significa que haciendo nuestras observaciones repetidas veces obtendremos, realmente, dicho promedio o, en otras palabras, que la probabilidad de encontrar una partícula dentro de dicho intervalo de velocidades, es un tercio.

Igualmente, conocer el índice de natalidad de una gran comunidad no significa que sepamos si en una familia determinada nacerá una criatura. Significa el conocimiento de resultados estadísticos en los cuales se diluye la personalidad de los componentes.

Observando las placas de matrícula de una gran caravana de autos, es fácil descubrir que un tercio de sus números son divisibles por tres. Pero no es posible predecir si el número del próximo coche gozará de dicha propiedad aritmética. Las leyes estadísticas se pueden aplicar sólo a multitudes muy numerosas, pero no a sus miembros individualmente.

Ahora estamos en condiciones de retomar el problema de los cuantos.

Las leyes de la física cuántica son de naturaleza estadística. Esto es: no se refieren a un solo sistema sino a una agregación o conjunto numeroso de sistemas idénticos; no se pueden comprobar por mediciones sobre un caso aislado, individual, sino únicamente por una serie de medidas repetidas.

La desintegración radiactiva es uno de los fenómenos naturales que la física cuántica trata de interpretar formulando leyes que expliquen la transmutación espontánea de un elemento en otro. Se sabe, por ejemplo, que en 1.600 años, la mitad de un gramo de radio se desintegrará y la otra mitad quedará sin modificación. Estamos en condiciones de predecir aproximadamente cuántos átomos de dicho elemento se desintegran durante la próxima media hora, pero no podemos afirmar, ni siquiera en nuestras descripciones teóricas, si tales o cuales átomos están condenados a la desintegración. Es decir, en base al conocimiento actual no existe posibilidad alguna de individualizar los átomos condenados a transformarse. El destino de un átomo no depende de su edad. No tenemos la más ligera idea de las leyes que gobiernan su comportamiento individual. Se han podido formular únicamente leyes que valen para agregaciones compuestas de numerosísimos átomos.

Tenemos otro caso. La luz emitida por un elemento en estado gaseoso, analizada por un espectroscopio, muestra líneas de longitudes de onda bien definidas. La aparición de un conjunto discontinuo de líneas de determinadas longitudes de onda es característica de los fenómenos atómicos en los que se manifiesta la existencia de cuantos elementales. Pero hay otro aspecto interesante del problema. Algunas de las líneas espectroscópicas son intensas; otras, en cambio, débiles. Una línea intensa significa que el átomo emitió un número relativamente grande de fotones que corresponden a la longitud de onda de dicha línea; una línea débil quiere decir que el átomo emitió un número comparativamente menor de los fotones correspondientes. La teoría nos da, otra vez, una explicación de naturaleza estadística, solamente. Como sabemos, cada línea corresponde a una transición de un nivel de energía superior a otro de energía inferior. La teoría nos habla únicamente de probabilidad de cada una de las posibles transiciones, pero nada nos dice de la transición efectiva de un átomo dado. Sin embargo, las consecuencias de esta teoría están en espléndido acuerdo con la experiencia, porque todos estos fenómenos implican un gran número de átomos y no átomos aislados.

Podría parecer que la nueva física de los cuantos se asemeja a la teoría cinética de la materia, pues ambas son de naturaleza estadística y ambas se refieren a grandes conjuntos de partículas. ¡Pero no hay tal! En esta analogía es de suma importancia ver, no sólo los aspectos similares sino, también, las diferencias. La similitud entre la teoría cinética de la materia y la física cuántica reside principalmente en el carácter estadístico de ambas. ¿Pero cuáles son los aspectos diferenciales?

Si queremos saber cuántos hombres y mujeres que viven en una ciudad tienen una edad mayor de veinte años, debemos hacer que cada uno de sus habitantes llene un formulario que tenga los siguientes encabezamientos: «hombre», «mujer», «edad». En el supuesto de que las respuestas sean correctas, obtendremos fácilmente el resultado estadístico buscado, separándolas apropiadamente y contándolas. Los nombres propios y las direcciones evidentemente no interesan. Pero nuestro conocimiento estadístico se basa a su vez en el conocimiento de un gran número de casos individuales. De igual manera, en la teoría cinética de la materia tenemos leyes de carácter estadístico, que gobiernan el conjunto de numerosas partículas, obtenidas sobre la base de leyes individuales.

Pero en la física cuántica el panorama es enteramente diferente. En esta teoría, las leyes estadísticas están dadas inmediatamente, habiéndose renunciado a las leyes individuales. Del ejemplo de un electrón o de un fotón y dos orificios pequeños, se deduce la imposibilidad de una descripción del movimiento de una partícula elemental en el espacio y en el tiempo, a la manera de la física clásica. La física cuántica abandona las leyes individuales de partículas elementales y establece *directamente* las leyes estadísticas que rigen los conjuntos numerosos. Es imposible, basándose en la física cuántica, describir las posiciones y las velocidades de una partícula elemental o predecir su trayectoria futura como en la física clásica. La física cuántica vale sólo para grandes multitudes y no para cada uno de sus componentes individuales.

No es la pura especulación ni el deseo de novedades, sino la dura necesidad la que forzó a los físicos a modificar el punto de vista clásico. Hemos expuesto las dificultades que acarrea la aplicación de la concepción clásica al fenómeno de la difracción. Podríamos citar muchos otros ejemplos en los que se encuentran dificultades de explicación análogas. En nuestro intento, siempre renovado, de comprender la realidad, nos vemos continuamente obligados a cambiar nuestro punto de vista. Pero corresponde al futuro decidir si elegimos la única salida posible o si se pudo haber encontrado una solución mejor de dichas dificultades.

Hemos tenido que abandonar la descripción de los casos individuales como sucesos objetivos en el espacio y en el tiempo; hemos tenido que introducir en la física leyes de naturaleza estadística. Éstas son las características más importantes de la moderna física cuántica.

Al introducir las nuevas realidades físicas, tales como el campo electromagnético y el campo de gravitación, hemos expuesto, en términos generales, las características fundamentales de las ecuaciones que constituyen la expresión matemática de dichas ideas. Ahora haremos lo mismo con la física cuántica, refiriéndonos, sólo brevemente, a los trabajos de Bohr, De Broglie, Schrödinger, Heisenberg, Dirac y Born.

Consideremos el caso de un solo electrón. Éste se puede encontrar bajo la influencia de un campo electromagnético arbitrario o estar libre de toda influencia exterior. Se puede mover, por ejemplo, en el campo de un núcleo atómico o ser difractado por un cristal. La física cuántica nos enseña la manera de formular las ecuaciones matemáticas para cada uno de estos problemas.

Ya hemos visto que existe cierta similitud entre una cuerda vibrante, la membrana de un tambor, un instrumento de viento, o cualquier otro instrumento acústico, y un átomo radiante o en estado de emisión. Hay también cierta semejanza entre las ecuaciones matemáticas que corresponden a esos problemas de acústica y las ecuaciones matemáticas de la física cuántica. Pero la interpretación física de las magnitudes determinadas en los dos casos es totalmente distinta. Las magnitudes físicas que describen la cuerda vibrante y un átomo radiante tienen un significado completamente diferente, a pesar de existir ciertas analogías entre las ecuaciones correspondientes. En el caso de una cuerda, se quiere conocer la desviación de uno cualquiera de sus puntos de su posición normal, en un instante arbitrario. Conociendo la forma de la cuerda en un instante dado, conocemos cuanto deseamos. Es decir, con las ecuaciones matemáticas de la cuerda vibrante se puede calcular su desviación de la normal en cualquier instante del tiempo. Este hecho se expresa de una manera más rigurosa, como sigue: en todo momento, la desviación de la posición normal es una *función* de las coordenadas de la cuerda. Los puntos de la cuerda forman un continuo unidimensional y la desviación de su posición normal es una función definida en este continuo unidimensional, que se calcula con las ecuaciones de la cuerda vibrante.

Análogamente, en el caso de un electrón existe una función que tiene un valor determinado en todo punto del espacio y en todo instante del tiempo. Llamaremos a esta función *onda de probabilidad*.[1] En la analogía que venimos estableciendo, la onda de probabilidad corresponde a la desviación de la cuerda de su posición normal. La onda de probabilidad es, en un instante dado, una función de un continuo tridimensional, mientras que, como acabamos de decir, en el caso de la cuerda, la desviación es, en un momento dado, una función de un continuo unidimensional. La onda de probabilidad, que se obtiene resolviendo las ecuaciones cuánticas, constituye la base de nuestro conocimiento de los sistemas cuánticos y nos permite dar una respuesta a todo problema de naturaleza estadística referente a tales sistemas. No nos da, sin embargo, la posición y la velocidad de un electrón en un instante del tiempo porque esto no tiene sentido en la física cuántica. Pero nos dará la probabilidad de encontrar un electrón en un lugar determinado del espacio o donde existe la máxima probabilidad de encontrarlo. El resultado no vale para

1. En el lenguaje actual de la física se la conoce como «función de onda».

una sola, sino para medidas repetidas un gran número de veces. Las ecuaciones de la física cuántica determinan la onda de probabilidad exactamente como las ecuaciones de Maxwell determinan el campo electromagnético y las ecuaciones gravitatorias determinan su campo. Las leyes de la física cuántica son también leyes estructurales. Pero el significado de los conceptos definidos por las ecuaciones de la mecánica cuántica es mucho más abstracto que el de los campos electromagnético y gravitatorio; sus ecuaciones sólo proporcionan los métodos matemáticos para resolver cuestiones de naturaleza estadística.

Hasta el presente hemos tratado sólo el caso de un electrón. Si no se tratara de un electrón, sino de una carga de un valor respetable, que contenga billones de electrones, podríamos dejar de lado la teoría cuántica y tratar el problema de acuerdo a la física precuántica. En concreto, hablando de corrientes en un alambre, de conductores cargados, de ondas electromagnéticas, podemos aplicar la física clásica, que contiene las ecuaciones de Maxwell. Pero no podemos proceder así tratando el efecto fotoeléctrico, la intensidad de las líneas espectroscópicas, la radiactividad, la difracción de las ondas electrónicas y muchísimos fenómenos más, en los que se manifiesta el carácter cuántico de la materia y de la energía. Tenemos que subir, por así decir, un piso más arriba. Mientras en la física clásica hablábamos de las posiciones y de las velocidades de una partícula, debemos considerar, ahora, las ondas de probabilidad en un continuo tridimensional.

La física cuántica nos da ciertas reglas que permiten tratar un problema dado, si conocemos el modo de tratar uno análogo desde el punto de vista de la física clásica.

Para una partícula elemental, un electrón o un fotón, tenemos ondas de probabilidad en un continuo tridimensional. Pero ¿qué sucede en el caso de dos partículas que ejercen una acción mutua entre sí? No podemos tratarlas separadamente, es decir, describir cada una de ellas con una onda de probabilidad tridimensional, precisamente a causa de su interacción. Sin embargo, no es difícil adivinar cómo habrá que tratar desde el punto de vista cuántico un sistema formado por un par de partículas. Tenemos que descender ahora al piso inferior, retornar, por un momento, a la física clásica. La posición de dos partículas materiales, en un instante cualquiera, está caracterizada por seis números, tres para cada una de las partículas. Todas las posibles posiciones de dos puntos materiales forman un continuo de seis dimensiones. Si ahora volvemos al piso superior, a la física cuántica, tendremos ondas de probabilidad en un continuo de seis dimensiones. Análogamente, para tres, cuatro y más partículas, las ondas de probabilidad serán funciones en un continuo de nueve, doce y más dimensiones.

Esto indica claramente que las ondas de probabilidad son más abstractas que los campos electromagnéticos y gravitatorios que existen y se extienden en nuestro espacio de tres dimensiones. Las ondas de probabilidad tienen como fondo un continuo multidimensional que se reduce a uno tridimensional, como nuestro espacio, para el caso, más simple, de una partícula elemental. El único significado físico de la onda de probabilidad es que ella nos permite contestar a cuestiones estadísticas razonables en el caso de una o de muchas partículas elementales. Así, por ejemplo, para un electrón, podríamos preguntar cuál es la probabilidad de encontrarlo en cierto lugar del espacio. Para dos partículas, la cuestión podría plantearse así: ¿cuál es la probabilidad de encontrarlas en dos lugares determinados del espacio, en cierto instante del tiempo?

Nuestro primer paso hacia la física cuántica ha sido el abandono de la descripción de los casos elementales como sucesos objetivos en el espacio y en el tiempo. Nos hemos visto obligados a aplicar el método estadístico proporcionado por las ondas de probabilidad. Habiendo adoptado este camino nos vimos obligados a continuar por él, cada vez más hacia lo abstracto, debiendo introducir ondas de probabilidad multidimensionales para problemas de más de una partícula.

Llamemos, por brevedad, física clásica a todo aquello que no sea física cuántica; entonces podemos decir: la física clásica difiere radicalmente de la física cuántica. Aquélla pretende dar descripciones de objetos con existencia en el espacio y formular leyes que rijan sus cambios en el tiempo. Pero, repetimos, los fenómenos que revelan el carácter corpuscular y ondulatorio de la materia y de la radiación, el carácter aparentemente estadístico de fenómenos como la desintegración radiactiva, la difracción, la emisión de las líneas espectroscópicas y otros más, nos forzaron al abandono de la concepción clásica. La física cuántica no pretende dar una descripción de partículas elementales en el espacio y sus cambios en el tiempo. No hay lugar, en la física cuántica, para expresiones como la siguiente: «esta partícula es así y así, y tiene estas o aquellas propiedades». Tenemos, en cambio, expresiones como ésta: «hay tal o cual probabilidad de que una partícula sea así y así tenga estas o aquellas propiedades». Insistimos: no hay lugar en la física cuántica para leyes que rijan las variaciones, en el tiempo, de objetos tomados individualmente; en cambio poseemos leyes que dan las variaciones en el tiempo de la probabilidad. Sólo por este cambio fundamental, introducido en la física por la teoría cuántica, fue posible encontrar una explicación de la naturaleza aparentemente discontinua y estadística de los sucesos del dominio de los fenómenos en los que se revela la existencia del cuanto elemental de materia y del cuanto elemental de radiación.

Sin embargo, han surgido otros problemas, aún más difíciles, que no han podido ser resueltos todavía definitivamente. En lo que sigue mencionaremos sólo algunos de estos problemas no resueltos todavía. La ciencia no es, ni será jamás, un libro terminado. Todo avance importante trae nuevas preguntas. Todo progreso revela, a la larga, nuevas y más hondas dificultades.

Ya sabemos que en el caso simple de una o muchas partículas podemos pasar del planteamiento clásico al planteamiento cuántico; de la descripción objetiva de sucesos en el espacio y el tiempo a las ondas de probabilidad. Pero no olvidemos el concepto fundamental del campo de la física precuántica. ¿Cómo podremos describir la interacción entre el campo y los cuantos elementales de materia? Si se requiere una onda de probabilidad de treinta dimensiones, para dar una descripción cuántica de un sistema de diez partículas, entonces hará falta una onda de probabilidad de un número infinito de dimensiones para interpretar el campo desde el punto de vista de los cuantos. La transición del concepto clásico del campo al problema correspondiente de las ondas de probabilidad de la física cuántica constituye un paso que encierra dificultades muy graves. Ascender, aquí, otro piso, no es asunto fácil y todas las tentativas hechas hasta el presente con el objeto de resolver este problema hay que considerarlas como infructuosas. Otro problema fundamental es el siguiente: en todas las discusiones respecto a la transición de la física clásica a la física cuántica hemos empleado el punto de vista pre-relativista, en el cual se considera diferentemente el espacio y el tiempo. Si quisiéramos partir de la descripción clásica, propuesta por la teoría de la relatividad, nuestro ascenso a la teoría de los cuantos parece mucho más complicado. Éste es otro problema atacado por la física moderna, pero se está todavía lejos de haber dado con una solución completa y satisfactoria. Citemos, finalmente, la dificultad con que se tropezó al ensayar la formulación de una física coherente de las partículas pesadas que constituyen los núcleos atómicos. A pesar del cúmulo de datos experimentales y de los múltiples ensayos de arrojar luz sobre el problema nuclear, estamos todavía en la mayor oscuridad, en algunas de las más fundamentales cuestiones, dentro de este dominio.

No hay duda de que la física de los cuantos explica una gran variedad de hechos, alcanzando generalmente un acuerdo espléndido entre la teoría y la observación. La nueva física cuántica nos aleja más y más de la clásica concepción mecanicista, y el retorno hacia el punto de vista anterior parece, hoy más que nunca, improbable. Pero no hay duda, tampoco, de que la física de los cuantos se basa todavía sobre los dos conceptos: materia y campo. En este sentido, es una teoría dualista y no adelanta ni un solo paso el viejo problema de reducirlo todo al concepto de campo.

¿Se desenvolverá el progreso futuro a lo largo de la línea elegida por la física cuántica o es más probable que se introduzcan ideas nuevas y revolucionarias? El campo del progreso científico, ¿hará una nueva curva pronunciada como lo hizo a menudo en el pasado?

En los últimos años, todas las dificultades de la física cuántica han sido concentradas en unos pocos puntos principales. La física espera impaciente su solución. Pero no podemos prever cuándo y dónde se hará la clarificación de dichas dificultades.

FÍSICA Y REALIDAD

¿Qué conclusiones generales se pueden deducir del desarrollo de la física, que acabamos de esbozar siguiendo sólo las ideas más fundamentales?

La ciencia no es sólo una colección de leyes, un catálogo de hechos sin mutua relación. Es una creación del espíritu humano con sus ideas y conceptos libremente inventados. Las teorías físicas tratan de dar una imagen de la realidad y de establecer su relación con el amplio mundo de las impresiones sensoriales. Así pues, la única justificación de nuestras estructuras mentales está en el grado y en la forma en que las teorías logren dicha relación.

Hemos visto cómo se crearon nuevas realidades durante el progreso de la física. Pero el proceso de creación puede ser descubierto con mucha anterioridad al punto inicial de la física. Uno de los conceptos más primitivos es el de objeto. Los conceptos de un árbol, un caballo, o de cualquier otro cuerpo material, son creaciones adquiridas de la experiencia aun cuando las impresiones en que se originaron son primitivas en comparación con el mundo de los fenómenos físicos. Un gato cazando un ratón también crea, por el pensamiento, su realidad propia y primitiva. El hecho de que el gato reaccione de igual manera contra cualquier ratón que encuentre, muestra que forma conceptos y teorías que lo guían por su propio mundo de impresiones sensoriales.

«Tres árboles» es algo diferente de «dos árboles». Pero «dos árboles» no es lo mismo que «dos piedras». Los conceptos de los números puros, 2, 3, 4..., abstraídos de los objetos de los cuales se originaron, son creaciones de la mente pensante, creaciones que contribuyen a describir la realidad de nuestro mundo.

El sentir psicológico, subjetivo, del tiempo nos permite ordenar nuestras impresiones, establecer que un suceso precede a otro. Pero relacionar todo instante del tiempo con un número, mediante el empleo de un reloj, considerar el tiempo como un continuo unidimensional, ya es una invención. También lo son los conceptos de la geometría euclidiana y no-euclidiana y de nuestro espacio entendido como un continuo tridimensional.

La física empezó, en realidad, con la invención de los conceptos de masa, de fuerza y de sistema inercial. Todos estos conceptos son invenciones libres. Ellos condujeron a la formulación de la concepción mecanicista. Para el físico de principios del siglo XIX, la realidad de nuestro mundo exterior consistía en partículas entre las que actuaban simples fuerzas que dependían únicamente de la distancia que las separara. Trató de retener, tanto como le fue posible, su creencia de que sería factible explicar todos los sucesos naturales con esos conceptos fundamentales de la realidad. Las dificultades relacionadas con la desviación de una aguja magnética por una corriente eléctrica, las relacionadas con el problema de la estructura del éter, nos indujeron a crear una realidad más sutil. Así apareció el importante descubrimiento del campo electromagnético. Hacía falta una imaginación científica intrépida para percatarse de que el comportamiento de los cuerpos pudiera dejar de ser esencial para el ordenamiento y comprensión de los sucesos, siéndolo, en cambio, el comportamiento de algo entre ellos.

Posteriores progresos han destruido los viejos conceptos y creado nuevos. El tiempo absoluto y el sistema inercial de coordenadas han sido abandonados por la teoría de la relatividad. El continuo unidimensional del tiempo y el continuo tridimensional del espacio dejaron de ser el fondo o escenario de todos los sucesos naturales, siendo sustituidos por el continuo tetradimensional del espacio-tiempo, otro invento libre con nuevas propiedades de transformación. El sistema inercial de coordenadas dejó de ser indispensable. Todo sistema de coordenadas es igualmente adecuado para la descripción de los sucesos de la naturaleza.

La teoría de los cuantos creó, también, nuevas y esenciales características de la realidad. La discontinuidad reemplazó a la continuidad. En lugar de leyes que valgan para los casos individuales, aparecieron leyes de probabilidad.

La realidad creada por la física moderna está, ciertamente, muy distante de la realidad de los primeros días. Pero el objeto de toda teoría física sigue siendo el mismo.

Con la ayuda de las teorías físicas tratamos de encontrar nuestro camino por el laberinto de los hechos observados; ordenar y entender el mundo de nuestras sensaciones. Desearíamos que los hechos observados resultaran consecuencia lógica de nuestro concepto de la realidad. Sin la creencia de que es posible asir la realidad con nuestras construcciones teóricas, sin la creencia en la armonía interior de nuestro mundo, no podría existir la ciencia. Esta creencia es, y será siempre, la motivación fundamental de toda creación científica. A través de todos nuestros esfuerzos, en cada una de las dramáticas luchas entre las concepciones viejas y las nuevas, se reconoce el eterno anhelo de comprender, la creencia siempre firme en la armonía del mundo, creencia continuamente fortalecida por el encuentro de obstáculos siempre crecientes hacia su comprensión.

RESUMEN

La enorme y variada multitud de hechos del dominio de los fenómenos atómicos nos obliga, como antes, a inventar nuevos conceptos físicos. La materia tiene una estructura granular; está compuesta de partículas elementales, de cuantos elementales de materia. También poseen estructura granular —y esto es de la máxima importancia desde el punto de vista de la teoría de los cuantos— la carga eléctrica y la energía. Los fotones son los cuantos de energía que componen la luz.

¿Es la luz una onda o una lluvia de fotones? Un haz de electrones, ¿es una lluvia de partículas elementales o una onda? Estas cuestiones fundamentales de la física proceden de la experiencia. Al tratar de contestarlas tenemos que abandonar la descripción de los sucesos atómicos como acontecimientos en el tiempo y en el espacio, tenemos que alejarnos, más todavía, del punto de vista mecanicista. La física cuántica posee leyes que rigen multitudes y no individuos. No describe propiedades, sino probabilidades, no tenemos leyes que revelen el futuro de los sistemas, sino leyes que expresan las variaciones en el tiempo de las probabilidades y que se refieren a conjuntos o agregaciones de un gran número de individuos.

VI

NOTAS AUTOBIOGRÁFICAS

Era famosa la frase de Albert Einstein sobre sí mismo: «No se preocupe sobre sus dificultades con las matemáticas. Le puedo asegurar que las mías son aún mayores». Aunque modesto respecto a sus habilidades, y a menudo caricaturizado como un estudiante menor (en realidad, fue simplemente un estudiante mal dirigido), Einstein mostró una curiosidad singularmente intensa sobre el mundo natural, y una tendencia a aprender todo lo que fuera posible sobre los cánones matemático y científico. En sus «Notas autobiográficas», Einstein presenta su propia e inusual historia científica. Inusual, sobre todo por estar repleta de ecuaciones.

Este trabajo, quizá más que cualquier otro dentro de este volumen, nos adentra en por qué Einstein se vuelve el icono que todavía es. Al describir su propia educación, Einstein nos da un paseo guiado por el *statu quo* de la ciencia en su juventud. Al describir gradualmente tanto sus contribuciones como las de los demás alrededor de la relatividad y la mecánica cuántica, empezamos a darnos cuenta de lo mucho que fue revolucionado el mundo de la física durante su vida.

Con sólo doce años, Einstein leyó por primera vez *Los Elementos* de Euclides, o lo que él llamaba Pequeño Libro Sagrado de la Geometría. Quedó sobrecogido por la idea de que con unos pocos y simples principios uno pudiera derivar las pruebas propias del universo real. Y pasó el resto de su vida en busca de estas pruebas, a pesar de que en alguna ocasión quedara desconcertado al comprobar que su intuición contradecía lo que podría ser observado, o lo que era observado. Por ejemplo, la teoría de la geometría de Euclides formó la base de nuestra comprensión del universo físico. Empezando con el supuesto de que la física es la misma para todos los observadores y que el tiempo transcurre a flujo constante, la mecánica de sir Isaac Newton podía ser directamente deducida desde Euclides.

A pesar de la admiración por sus trabajos, en última instancia Einstein sería el responsable de dar un vuelco a dos importantes factores: primero, a las bases de la geometría euclidiana como sistema de coordenadas para nuestro universo; y segundo, a la mecánica newtoniana como base de la física. Durante gran parte del siglo XIX, el dogma era que las leyes de movimiento de Newton formaban la base fundamental desde la cual todos los futuros descubrimientos debían producirse. El escenario de Newton, simplemente, era que todas las fuerzas en el universo eran producidas por partículas, y que toda la física podía ser descrita en términos de las interacciones.

Para cuando Einstein nació, ya habían surgido diversas figuras estelares alrededor de los estudios de la naturaleza corpuscular de la física. En 1864, James Clerk Maxwell desarrolló una teoría de la electrodinámica. Einstein recibió una considerable inspiración de Maxwell a través de dos importantes vías. Primero, las ecuaciones de Maxwell mostraron que una onda electromagnética (la luz) se propaga a velocidad constante, independientemente de la velocidad de la fuente. Éste fue un pilar importante para la teoría de la relatividad especial de Einstein. Segundo, las ecuaciones de Maxwell formaban una teoría de campos. Eran los campos eléctrico y magnético los que definían cómo se comportaban las partículas cargadas, y no las partículas cargadas interactuando las unas con las otras. Puede parecer una distinción sutil, pero es importante. En última instancia, este concepto de campo formaría las bases no sólo del electromagnetismo, sino también de los avances para unificar las fuerzas fundamentales de la naturaleza.

Einstein concluye sus notas con una discusión de la relatividad general, su teoría de la gravitación. Parte de la elegancia de esta teoría radica en el hecho de que para aquellos que se fijen en sus matemáticas, parece casi idéntica a la teoría de la electrodinámica de Maxwell. Este hecho no se le escapó a Einstein. Efectivamente, una de las mayores y más persistentes desilusiones de Einstein es que fue incapaz de aunar electromagnetismo y gravedad en una teoría única y unificada, lo cual permanece todavía hoy como uno de los mayores problemas no resueltos de la física teórica moderna.

1
NOTAS AUTOBIOGRÁFICAS*

Aquí me encuentro, a mis sesenta y siete años, preparado para escribir algo así como mi propia necrología, no sólo porque el doctor Schilpp me haya convencido, sino porque deseo exponer a mi compañero de fatigas cuánto valoro, retrospectivamente, sus aspiraciones e investigaciones. Después de reflexionar sobre el tema, advertí que cualquier intento semejante resultaría necesariamente imperfecto, pues aunque se pueda delimitar y resumir toda una vida de trabajo con altibajos, no sería nada fácil transmitir su esencia: el hombre de hoy de sesenta y siete años es distinto del hombre de cincuenta, diferente al de treinta, ajeno al de veinte. El recuerdo del pasado está revestido por el ahora, pues lo contemplamos desde una perspectiva ilusoria. Esta constatación debería desanimar a cualquiera de tal propósito, pero sólo la propia experiencia proporciona algo que no está al alcance de otros.

Muy pronto tomé conciencia de la insignificancia de las aspiraciones e ilusiones que abruman sin descanso a la mayoría de los hombres durante toda su vida. Tampoco tardé en ver qué cruel era esa inquietud, cuya dureza entonces se disfrazaba de hipocresía y grandes palabras mejor que hoy. La necesidad condenaba a participar en esa carrera por la supervivencia, pero aunque resolviera sus necesidades físicas, no satisfacía al hombre como ser que piensa y

* Paul A. Schilpp, ed., *Albert Einstein. Autobiographical Notes*, Open Court, La Salle, Ill., 1949.

siente. La religión era la primera opción que el sistema educativo ofrecía a los niños. Así, aunque mis padres eran judíos absolutamente descreídos, yo fui profundamente religioso hasta que cumplí doce años. Los libros de divulgación científica que leía me demostraron que los relatos bíblicos no podían ser ciertos y, consecuentemente, terminé siendo un librepensador fanático, tremendamente impresionado por la convicción de que el Estado miente de manera deliberada a la juventud. La impresión de aquellos años derivó en una desconfianza hacia toda autoridad, en un escepticismo hacia las creencias de cualquier sociedad, actitud que jamás abandoné, si bien más tarde, cuando alcancé una mejor comprensión de las relaciones causales, se moderó.

Ahora sé que la pérdida de aquel paraíso religioso de la infancia fue mi primer intento de liberarme de las ataduras «meramente personales» de una vida dominada por sueños, anhelos y sentimientos primarios. Más allá e independientemente de los hombres, se extendía el gran mundo que se alza ante nosotros misterioso, enorme y eterno, pero comprensible, al menos parcialmente, mediante la investigación y el pensamiento. Contemplarlo parecía liberar de esas ataduras y pronto sentí que más de un hombre a quien yo apreciaba y admiraba había alcanzado la libertad y la paz interior dedicándose a ello con devoción. De manera consciente o inconsciente, la comprensión de ese mundo sirviéndome de mis capacidades pasó a ser mi meta suprema. Decidí seguir a aquellos hombres que, animados por las mismas motivaciones, en el pasado y en el presente, habían comenzado a comprenderlo. Aunque el camino no era tan fácil ni tan atractivo como el paraíso religioso, ha demostrado ser tan sólido que jamás me he arrepentido de haberlo tomado.

La consideración anterior sólo es cierta en parte, al igual que los trazos de un dibujo no reproducen los detalles ni la complejidad de un objeto. Cuando alguien se divierte razonando, esa tendencia de su naturaleza puede dominar otros aspectos y determinar poco a poco su mentalidad. Retrospectivamente verá una evolución sistemática y unitaria en las experiencias que fueron vividas en su momento como a través de un calidoscopio de situaciones singulares, pues la variedad de las circunstancias externas y los momentos concretos implican una especie de atomización de la vida de cada uno. El giro decisivo en un hombre de mi talante se produce cuando la atención se separa progresivamente de lo momentáneo y de lo meramente personal y se centra en la pretensión de aprehender conceptualmente las cosas. Estas conclusiones tan rápidas, pese a su brevedad, encierran tanta verdad como permite su concisión.

¿Qué es, en realidad, «pensar»? Las imágenes de la memoria que emergen cuando recibimos impresiones sensoriales no constituyen todavía ningún «pensamiento»; tampoco se puede hablar de «pensamiento» al encadenamiento de dichas imágenes en secuencias que evocan otras imágenes; pero cuando una imagen concreta reaparece en numerosas secuencias, precisamente por ser recurrente, funciona como elemento ordenador y relaciona secuencias que en principio eran inconexas. Este elemento se convierte en herramienta, en concepto. Sospecho que el paso de la asociación libre, de la imaginación, al pensamiento deriva de la importancia del papel que desempeñe el «concepto». Realmente, no es preciso que un concepto esté unido a un signo sensorial perceptible y reproducible (palabra), pero si está unido a uno, el pensamiento se hace comunicable.

El lector se preguntará con qué derecho manejo semejantes ideas tan a la ligera y de manera tan básica sin siquiera intentar demostrar nada. En mi defensa, alego que todo nuestro pensamiento es así, un juego libre con conceptos cuya justificación radica en el grado de comprensión de nuestras experiencias sensoriales. A mi entender, el concepto de «verdad» no es aplicable a esta estructura y sólo interviene cuando se alcanza un consenso general (*convention*) sobre los elementos y las reglas del juego.

Sin duda, el pensamiento en gran medida se desarrolla sin el uso de signos (palabras) y de manera inconsciente, pues cómo se explicaría en caso contrario nuestro «asombro» espontáneo ante alguna experiencia. Esta reacción nace del conflicto entre una vivencia nueva y nuestro sistema de conceptos; si el choque es intenso, afecta decisivamente a nuestras ideas, cuya evolución es, en cierto sentido, una constante huida del «asombro».

Experimenté un asombro semejante a los cuatro o cinco años, cuando mi padre me enseñó una brújula. Su precisión no se ajustaba en absoluto al comportamiento de los fenómenos que sucedían en el mundo inconsciente de los conceptos (acción ligada al «contacto»). Creo recordar que esta experiencia me impresionó de manera profunda e imborrable. Detrás de las cosas debía de haber algo tremendamente oculto. Ante todo lo que el hombre contempla desde niño, no reacciona así, no se asombra de la caída de los cuerpos, ni del viento y la lluvia, ni de que la Luna no caiga, ni de la diversidad de lo animado y lo inanimado.

A los doce años me asombré por segunda vez, pero de manera muy distinta, pues se debió a la lectura de un librito sobre geometría euclidiana del plano, que cayó en mis manos al comienzo del curso. En sus páginas se afirmaba, por ejemplo, que podía probarse la intersección de las tres alturas de un triángulo en un punto. La certeza y la seguridad de sus afirmaciones me causaron una impresión difícil de describir. No me inquietaba que se debieran aceptar los axiomas sin demostrarlos, pues para mí ya era extraordinario componer demostraciones a partir de esos postulados de cuya validez no dudaba. Antes de que aquel sagrado librito de geometría cayera en mis manos, uno de mis tíos me enseñó el teorema de Pitágoras. Después de arduos esfuerzos «probé» el teorema basándome en la semejanza de triángulos, pues para mí era «evidente» que las relaciones de los lados de un triángulo rectángulo estaban determinadas por uno de los ángulos agudos. Sólo aquello que no me parecía «evidente» necesitaba, a mi entender, ser probado. Los objetos que estudia la geometría tampoco me parecían distintos a los objetos que percibimos sensorialmente que «podían verse y tocarse». Esta concepción primaria, seguramente el fundamento de los famosos «juicios sintéticos a priori» kantianos, se basa en que la relación entre los conceptos geométricos y los objetos de la experiencia (barra rígida, intervalo, etcétera) se da de manera inconsciente.

Si bien parecía que mediante el pensamiento puro se podían conocer los objetos de la experiencia, este «milagro» descansaba en un error. Quien lo experimenta por primera vez siente que es maravilloso que el hombre alcance un grado de certidumbre y pureza como el del conocimiento geométrico desarrollado por los griegos.

Si bien incidentalmente ya he adelantado algo y puesto que sin querer he interrumpido esta necrología casi al comienzo, explicaré brevemente mi credo epistemológico, que se forjó lentamente en mi madurez.

Observo, por una parte, la totalidad de las experiencias sensoriales y, por otra, la totalidad de los conceptos y proposiciones expuestos en los libros. Las relaciones entre conceptos y proposiciones son lógicas y el pensamiento lógico se reduce a disponer la conexión entre conceptos y proposiciones según unas reglas fijas que constituyen el objeto de la lógica. Los conceptos y proposiciones sólo cobran «sentido» o «contenido» a través de su relación con experiencias de los sentidos. El nexo entre éstas y aquéllos es puramente intuitivo, no es en sí de naturaleza lógica. La mera especulación de la «verdad» científica es el grado de certeza con que se puede establecer esa relación o nexo intuitivo. El sistema de conceptos y las reglas sintácticas —la estructura de los sistemas conceptuales— es una construcción del hombre. En primer lugar, los sistemas conceptuales son en sí arbitrarios desde el punto de vista de la lógica, pero están subordinados a la finalidad de combinar de la manera más cierta (intuitiva) y completa los conceptos con las experiencias sensoriales y, en segundo lugar, aspiran a simplificar a los mínimos elementos, aquéllos lógicamente independientes (conceptos fundamentales y axiomas), es decir, conceptos no definidos y proposiciones no derivadas.

Una proposición es correcta cuando, dentro de un sistema lógico, se deduce a partir de sus reglas lógicas. Un sistema tiene contenido de verdad según con qué grado de certeza y completitud quepa coordinarlo con la totalidad de las experiencias. Una proposición correcta obtiene su «verdad» del contenido de verdad del sistema al que pertenece.

Apuntaré una observación sobre su evolución histórica. Hume advirtió que determinados conceptos, como el de causalidad, no pueden derivarse lógicamente de la experiencia; Kant, totalmente convencido de la necesidad de determinados conceptos, los consideró premisas necesarias de todo pensamiento, diferenciados de los conceptos de origen empírico. Yo considero que esa distinción es errónea o, en cualquier caso, que no plantea el tema con naturalidad. Todos los conceptos, incluso los más cercanos a la experiencia, son, desde el punto de vista lógico, supuestos libres, como lo es el concepto de causalidad, el punto de partida de esta cuestión.

Pero continuemos con mi necrología. De los doce a los dieciséis años me familiaricé con los elementos de las matemáticas, incluidos los principios del cálculo diferencial e integral. Por fortuna, di con libros no demasiados farragosos respecto a la lógica, pero que destacaban con claridad las ideas más importantes. Su lectura me fascinó tanto como la geometría elemental: la idea fundamental de la geometría analítica, las series infinitas, los conceptos de diferencial e integral. También tuve la suerte de toparme con la obra de divulgación científica de Bernstein, cinco o seis tomos que leí con avidez y que me acercaron al conocimiento de los resultados y métodos esenciales de toda la ciencia natural. También había estudiado algo de física teórica antes de ingresar a los diecisiete años en el Politécnico de Zurich como estudiante de matemáticas y física.

Mis profesores allí eran excelentes; con Hurwitz y Minkowski, por ejemplo, podría haber profundizado en mis conocimientos matemáticos, pero yo, fascinado por el contacto directo con la experiencia, pasaba muchas horas trabajando en el laboratorio de física y empleaba las horas restantes en estudiar en casa las obras de Kirchhoff, Helmholtz, Hertz, etcétera. Mi actitud algo descuidada hacia las matemáticas no se debía sólo a mi atracción por las ciencias naturales sino también a una resolución mía bastante curiosa: a mi parecer, la matemática estaba dividida en tantas especialidades, cada una de ellas tan absorbente que podía exigir la dedicación de toda una vida, que me hacía sentir como el asno de Buridán, incapaz de elegir uno de los montones de heno. Evidentemente mi sensibilidad matemática no era tan profunda como para distinguir entre los conocimientos básicos, los conocimientos fundamentales y cuestiones más o menos accesorias. Aparte, indudablemente mi interés por estudiar la naturaleza era más intenso y en mis años de estudiante no comprendía todavía que alcanzar los conocimientos físicos fundamentales exigía dominar los métodos matemáticos más sutiles, vínculo que vislumbré poco a poco después de años trabajando como científico. También la física contaba con numerosas especialidades y también cada una de ellas podía ocupar toda una trayectoria laboral sin satisfacer el deseo de alcanzar un conocimiento profundo, pues el número de datos experimentales apenas relacionados era igualmente descomunal, pero en este campo aprendí muy pronto a rastrear y seleccionar las pistas que podían conducir a la esencia, prescindiendo de la multitud de datos que nos saturan y nos desvían de nuestro objetivo. El inconveniente era que, quisieras o no, debías estudiar toda la materia y esa imposición resultó tan espantosa que, después de aprobar el examen final, perdí el interés en resolver problemas científicos durante todo un año, pero debo decir que en Suiza sufríamos menos que en otros países esa imposición que ahoga el auténtico impulso científico, ya que sólo había dos exámenes y el resto del tiempo uno podía centrarse en sus intereses y más si contaba, como yo, con un amigo que asistía con regularidad a clase y tomaba buenos apuntes. Así, a cambio de la mala conciencia que sobrellevé gustosamente, gocé de la libertad de poder elegir en qué ocuparme hasta un par de meses antes del examen. Es milagroso que los sistemas de enseñanza modernos no hayan matado ya la curiosidad por la investigación, una plantita que necesita no sólo el estímulo sino también la libertad, pues sin ella forzosamente se marchita. Creer que la ilusión de observar e investigar puede fomentarse a golpe de imposiciones y deberes es un grave error: un animal de presa sano podría perder su voracidad si, a latigazos, fuera obligado a comer cuando no está hambriento en determinados elementos elegidos intencionadamente.

En cuanto a la física de entonces, pese a ser fecunda en cuestiones concretas, la rigidez dogmática se imponía en sus principios: en su origen —si lo hubo—, Dios creó las masas, las fuerzas y las leyes del movimiento de Newton y eso es todo; a partir de esa base se debían alcanzar los métodos matemáticos adecuados por deducción, y durante el siglo XIX así se hizo, especialmente a través de la aplicación de las ecuaciones diferenciales en derivadas parciales. Sus resultados despertarían la admiración de cualquier persona atenta. La teoría de la propagación del sonido de Newton puso de manifiesto por primera vez la potencia de la ecuación diferencial en derivadas parciales. Euler ya había establecido el fundamento de la hidrodinámica, pero la elaboración más detallada de la mecánica de masas discretas como base de toda la física fue obra del siglo XIX. Ahora bien, lo que más impresionaba al estudiante no era tanto la estructura técnica de la mecánica y la resolución de complicados problemas como los logros de la mecánica en campos que aparentemente nada tenían que ver con ella: la teoría mecánica de la luz —que la consideraba un movimiento ondulatorio de un éter elástico cuasi rígido— y, en especial, la teoría cinética de los gases: la independencia del calor específico de gases monoatómicos con respecto al peso atómico, la derivación de la ecuación de los gases y su relación con el calor específico, la teoría cinética de la disociación de los gases y, sobre todo, la relación cuantitativa entre viscosidad, conducción térmica y difusión de los gases, que determinaba el tamaño absoluto del átomo. Estos resultados justificaban la consideración de la mecánica como fundamento de la física y como fundamento de la hipótesis atómica, anclada ya firmemente en la química. Sin embargo, en la química, sólo las razones entre las masas de los átomos desempeñaban un papel, no sus magnitudes absolutas, de manera que cabía contemplar la teoría atómica más como una exposición aclaratoria que como conocimiento de la estructura fáctica de la materia. Aparte, la teoría estadística de la mecánica estaba en condiciones de deducir las leyes fundamentales de la termodinámica, tarea ya emprendida exitosamente por Boltzmann.

En consecuencia, no debe extrañarnos que la gran mayoría de los físicos decimonónicos consideraran la mecánica clásica una base firme y definitiva de toda la física y de toda la ciencia natural, ni tampoco que intentaran una y otra vez también basar la teoría de Maxwell del electromagnetismo en la mecánica. Incluso Maxwell y Hertz —reconocidos retrospectivamente y con justicia como los que quebrantaron la fe en la mecánica como base definitiva de todo el pensamiento físico— se atuvieron en el plano del pensamiento consciente a la consideración de la mecánica como fundamento de la física. La *Historia de la mecánica*, de Ernst Mach perturbó esa fe dogmática y, durante mis años de estudiante, me afectó profundamente. Aunque entonces me impresionó también su postura epistemológica —hoy me parece absolutamente insostenible—, la verdadera grandeza de Mach radica en su escepticismo y su independencia incorruptibles. Metodológicamente, Mach no calibró el carácter constructivo y especulativo de todo pensamiento, especialmente del pensamiento científico, y condenó así la teoría allí donde ese carácter se manifiesta de manera inconfundible, por ejemplo, en la teoría cinética de los átomos.

Antes de iniciar la crítica a la consideración de la mecánica como fundamento de la física, debo apuntar las perspectivas desde donde cabe criticar las teorías físicas. La primera perspectiva es inmediata: la teoría no puede contradecir hechos de la experiencia. Aunque a primera vista este requisito parezca evidente, su aplicación es compleja pues prácticamente siempre es posible aferrarse a un fundamento teórico general ajustándolo a los hechos a partir de nuevos supuestos artificiales. En cualquier caso, este primer punto de vista deriva de la comparación entre la teoría y el material empírico.

La segunda perspectiva no se refiere a la relación con el material de observaciones, sino a la relación con las premisas de la propia teoría, con lo que de manera rápida pero incorrecta, cabe llamar «naturalidad» o «simplicidad lógica» de las premisas, es decir, de los conceptos fundamentales y de las relaciones subyacentes entre ellos. Este punto de vista, cuya exacta formulación tropieza con grandes dificultades, siempre ha jugado un papel importante en la elección y evaluación de las teorías. Aun en el caso de que se pudieran precisar, no se trata de hacer un simple recuento de las premisas lógicamente independientes, sino de realizar una valoración recíproca de cualidades inconmensurables. Además, entre las teorías que se basan en fundamentos igual de «simples», hay que juzgar superior aquella que más limite las posibles cualidades de los sistemas, es decir, aquella que contiene los enunciados más específicos. No es necesario comentar ahora el «alcance» de las teorías, pues esta explicación se limita a teorías cuyo objeto es la *totalidad* de los fenómenos físicos. En resumen, el segundo punto de vista se caracteriza como aquel que se refiere a la «perfección interna» de la teoría, mientras que el primero tiene que ver con la «confirmación externa». Entiendo que también pertenece a la «perfección interna» la siguiente consideración: valoramos una teoría tanto más cuanto no sea una elección arbitraria, desde el punto de vista lógico, entre teorías intrínsecamente equivalentes y de análoga estructura.

La falta de espacio tipográfico no es la razón de la falta de precisión de las afirmaciones anteriores, más bien al contrario, pues confieso que sería incapaz de afinar más sus definiciones. Y, aunque sí podría ofrecer una formulación más clara, se ha demostrado que los «profetas» suelen coincidir en sus juicios sobre la «perfección interna» de las teorías y más aún sobre el grado de «confirmación externa».

Emprendamos ya la crítica de la mecánica como base de la física.

Desde el primer punto de vista (confirmación por los hechos), la incorporación de la óptica ondulatoria a la representación mecánica del mundo forzosamente tenía que levantar desconfianza. Si se consideraba la luz un movimiento ondulatorio en un cuerpo elástico (éter), éste tenía que ser un medio permeable a todo, análogo en esencia —por la transversalidad de las ondas luminosas— a un cuerpo sólido, sólo que incompresible, de manera que no existirían ondas longitudinales. Como el éter no parecía ofrecer resistencia alguna al movimiento de los cuerpos «ponderables», su existencia debía de ser fantasmal al margen del resto de la materia. Para explicar los índices de refracción de los cuerpos transparentes, así como los procesos de emisión y absorción de la radiación, habría que haber supuesto interacciones meticulosas entre ambas clases de materia, pero no se intentó en serio y ni mucho menos se logró.

Además, las fuerzas electromagnéticas exigían introducir masas eléctricas que, si bien no poseían una inercia apreciable, ejercían entre sí interacciones que, al contrario que la fuerza gravitatoria, eran polares.

Después de muchas dudas, la electrodinámica de Faraday y Maxwell hizo perder a los físicos la fe en fundar toda la física en la mecánica de Newton, pues la teoría de aquéllos y su confirmación por los experimentos de Hertz demostraron que hay procesos electromagnéticos que, en sí mismos, están desligados de cualquier materia ponderable: las ondas que consisten en «campos» electromagnéticos en el espacio vacío. Para que la mecánica continuara siendo el fundamento de la física, debían interpretarse mecánicamente las ecuaciones de Maxwell, posibilidad que se intentó con tesón pero sin éxito, mientras las ecuaciones resultaban cada vez más provechosas. Se acostumbró a trabajar con estos campos como si fueran sustancias independientes, sin necesidad de explicar su naturaleza mecánica, y finalmente se abandonó casi sin darse cuenta la mecánica como base de la física, porque su adaptación a los hechos resultó inviable. Desde entonces existen dos tipos de elementos conceptuales: por un lado, puntos materiales con fuerzas a distancia entre ellos y, por otro, el campo continuo. Este estado intermedio de la física sin base unitaria para la totalidad, aunque insatisfactorio, está lejos de ser superado.

Desde el segundo punto de vista, el interno, anotaré una breve crítica a la mecánica como base de la física. En el actual estado de la ciencia, tras el abandono del fundamento mecánico, el interés de esta crítica es únicamente metodológico, pero sirve para mostrar un tipo de argumentación que en el futuro jugará un papel tanto más decisivo en la selección de teorías cuanto más se alejen éstas de los conceptos fundamentales y axiomas de lo inmediatamente perceptible, dificultando así la comparación de las consecuencias teóricas con los hechos. En cuanto al experimento del cubo, argumento de Mach ya descubierto por Newton, demuestra que todos los sistemas de coordenadas «rígidos» son, desde el punto de vista de la descripción geométrica, lógicamente equivalentes entre sí. Las ecuaciones de la mecánica (incluso la propia ley de inercia, por ejemplo) afirman su validez frente a una sola clase especial de semejantes sistemas, los «sistemas inerciales». El sistema de coordenadas, como objeto material, carece aquí de importancia. La justificación de la necesidad de esta elección específica exige algo que quede fuera de los objetos (masas, distancias) sobre los que versa la teoría. Por esa razón, Newton introdujo explícitamente, como factor determinante, el «espacio absoluto», en calidad de factor activo y omnipresente en todos los procesos mecánicos. Newton entiende por «absoluto» no influido por las masas ni por sus movimientos. Cabe objetar la existencia de infinitos sistemas inerciales y sus propios movimientos uniformes sin rotación respecto a los demás, diferenciados todos ellos del resto de sistemas rígidos.

Mach conjetura que al igual que en la teoría de Newton las demás fuerzas, en una teoría juiciosa la inercia debería descansar en la interacción de las masas, concepción que durante mucho tiempo creí teóricamente correcta, pero que presupone implícitamente que la teoría básica debería ser semejante a la mecánica de Newton: las masas y sus interacciones como conceptos primitivos. Este intento de solución no encaja en una teoría de campos consistente, como se explicará en los párrafos inmediatos.

La analogía siguiente, sin embargo, demuestra con especial claridad lo certera que es en esencia la crítica de Mach. Imaginemos una mecánica construida por personas que sólo conocen un pequeño fragmento de la superficie terrestre y que no pueden ver ninguna estrella. Esta gente tenderá a atribuir propiedades físicas especiales a la dimensión vertical del espacio (dirección de la aceleración de caída) y, basándose en ese concepto, afirmará que la Tierra es predominantemente horizontal. Seguramente no se dejarían influir por el argumento de que, en cuanto a sus propiedades geométricas, el espacio es isótropo y que, en consecuencia, no caben leyes físicas fundamentales que privilegien una dirección determinada; así que se inclinarían por defender, como hizo Newton, que la vertical es absoluta, como lo demuestra la experiencia, y que no hay más remedio que aceptarlo. La preferencia por la vertical frente a todas las demás direcciones espaciales es exactamente análoga a la preferencia por los sistemas inerciales frente a todos los demás sistemas de coordenadas rígidos.

Estudiemos ahora otros argumentos que se refieren igualmente a la simplicidad interna o naturalidad de la mecánica. Si uno acepta los conceptos de espacio (incluida la geometría) y tiempo, no hay realmente motivo alguno para poner reparos a la postulación de fuerzas a distancia, aun cuando semejante concepto no cuadre con las ideas que uno se forma a raíz de la experiencia bruta de la vida cotidiana. Sin embargo, otra consideración destaca el carácter primitivo de la mecánica como base de la física. En esencia, existen dos leyes:

(1) la ley del movimiento;
(2) la expresión de la fuerza o la energía potencial.

La ley del movimiento es precisa, pero también vacía mientras no se dé la expresión para las fuerzas. Ahora bien, a la hora de defenderlas, existe amplio margen de arbitrariedad, sobre todo si se elimina el requisito —de hecho nada natural— de que solamente dependan de las coordenadas (y no, por ejemplo, de sus derivadas respecto al tiempo). En el marco de la teoría es completamente arbitrario el que las fuerzas gravitatorias (y eléctricas) que emergen de un punto sean condicionadas por la función potencial ($1/r$). Otro comentario más: se sabe desde hace mucho que esta función es la solución esféricamente simétrica de la ecuación diferencial más simple (invariante frente a la rotación) $\Delta f = 0$; por tanto, habría sido apremiante interpretarlo como una señal de que esa función está determinada por una ley espacial, eliminando así la arbitrariedad en la elección de la ley de la fuerza. Éste es el primer descubrimiento que anima a abandonar la teoría de las fuerzas a distancia, abandono que —preparado por Faraday, Maxwell y Hertz— no se inicia hasta más tarde, bajo la presión externa de los hechos experimentales.

Como asimetría interna de la teoría quisiera mencionar también que la masa inercial que aparece en la ley del movimiento aparece asimismo en la ley de la fuerza gravitatoria, pero no en la expresión de las restantes fuerzas. Finalmente, me gustaría señalar que la división de la energía en dos partes esencialmente diferentes, energía cinética y energía potencial, no es natural (para Hertz era un elemento tan molesto que en su última obra intentó liberar a la mecánica del concepto de energía potencial, es decir, de fuerza).

Basta ya. Newton, perdóname; tú encontraste el único camino posible en tu época para un hombre de máxima capacidad intelectual y de creación. Los conceptos que tú creaste siguen rigiendo nuestro pensamiento físico, aunque ahora sabemos que, si aspiramos a una comprensión más profunda, hay que sustituirlos por otros más alejados de la esfera de la experiencia inmediata.

El lector se preguntará asombrado si estas páginas pretenden ser una necrología y yo contestaría que, en esencia, sí, porque lo fundamental en la existencia de un hombre de mi especie es *qué* piensa y *cómo* piensa, no sus alegrías y sus penas. De ahí que la necrología pueda únicamente comunicar las ideas fundamentales de sus deseos. Una teoría es tanto más impresionante cuanto mayor es la simplicidad de sus premisas, cuanto más diversas sean las cosas que conecta entre sí y cuanto más amplio sea su ámbito de aplicación. De ahí la profunda impresión que ejerciera sobre mí la termodinámica clásica. Es la única teoría física de contenido general de la que estoy convencido de que, en el marco de aplicabilidad de sus conceptos básicos, jamás será derribada, afirmación que dedico especialmente a los escépticos por principio.

En mis años de estudiante, la cuestión más fascinante era la teoría de Maxwell. Su aire revolucionario derivaba de la transición de fuerzas de acción a distancia a campos como magnitudes fundamentales. La incorporación de la óptica a la teoría del electromagnetismo, su relación entre la velocidad de la luz y el sistema de unidades eléctrico y magnético absoluto, así como la relación entre el coeficiente de reflexión y la conductividad metálica de un cuerpo... fue como una revelación. Además de la transición a la teoría del campo, es decir, la expresión de las leyes elementales mediante ecuaciones diferenciales, Maxwell sólo recurrió a un único paso hipotético: la introducción de la corriente de desplazamiento eléctrica en el vacío y en los dieléctricos y su efecto magnético, una innovación prescrita por las propiedades formales de las ecuaciones diferenciales. No dejaré de comentar la semejanza interna entre la pareja Faraday-Maxwell y Galileo-Newton: Faraday y Galileo captaron intuitivamente las relaciones, Maxwell y Newton las formularon y las aplicaron cuantitativamente.

En aquellos tiempos, la dificultad de captar la esencia de la teoría electromagnética se debía a una circunstancia muy particular. Las «intensidades del campo» y los «desplazamientos» eléctricos o magnéticos eran estudiados como magnitudes igualmente elementales, salvo el caso especial de un cuerpo dieléctrico del espacio vacío. Como portador del campo aparecía la *materia*, no el *es-*

pacio, lo que implicaba que el portador del campo poseía un estado de velocidad, afirmación que debía ser válida también para el «vacío» (éter). La electrodinámica de los cuerpos en movimiento de Hertz descansa totalmente en esta actitud fundamental.

El gran mérito de H. A. Lorentz fue impulsar el cambio de manera convincente. En principio, según él, existe sólo un campo en el espacio vacío. La materia, concebida atómicamente, es el único soporte de las cargas eléctricas; entre las partículas materiales hay espacio vacío, la sede del campo electromagnético, creado por la posición y la velocidad de las cargas puntuales localizadas en las partículas materiales. La dielectricidad, la conductividad, etcétera están exclusivamente determinadas por la clase de enlace mecánico que existe entre las partículas de las que se componen los cuerpos. Las cargas de las partículas generan el campo que, por otro lado, ejerce fuerzas sobre esas cargas, determinando así el movimiento de las partículas de acuerdo con la ley del movimiento de Newton. Si lo comparamos con el sistema de Newton, el cambio radica en lo siguiente: las fuerzas a distancia son sustituidas por el campo, que a la vez describe también la radiación. Normalmente no se tiene en cuenta la gravitación, debido a su relativa insignificancia, pero siempre cabía su inclusión con sólo enriquecer la estructura del campo o ampliar las leyes maxwellianas del mismo. El físico de esta generación considera que el punto de vista adoptado por Lorentz es el único aceptable; pero en su momento fue un paso sorprendente y audaz que permitió la evolución posterior.

Al observar con sentido crítico esta fase del desarrollo de la teoría, llama la atención el dualismo que consiste en utilizar simultáneamente como conceptos fundamentales el punto material en el sentido de Newton y el campo como continuo. La energía cinética y la energía del campo emergen como cosas esencialmente distintas, lo cual parece tanto más insatisfactorio cuanto que, según la teoría de Maxwell, el campo magnético de una carga eléctrica en movimiento representaba inercia. ¿Por qué no entonces *toda* la inercia? En ese caso, sólo habría ya energía del campo y la partícula sería únicamente una región de densidad muy alta de energía del campo. Cabría entonces la esperanza de deducir el concepto de punto másico, junto con las ecuaciones de movimiento de la partícula, a partir de las ecuaciones del campo, y el molesto dualismo quedaría eliminado.

H. A. Lorentz lo sabía de sobra. Sin embargo, las ecuaciones de Maxwell no permitían derivar el equilibrio de la electricidad que constituye una partícula. Quizá lo lograrían otras ecuaciones del campo que fuesen *no lineales*, pero no había ningún método para descubrir semejantes ecuaciones del campo sin caer en arriesgadas arbitrariedades. En cualquier caso, estaba justificado creer que por el camino iniciado con tanto éxito por Faraday y Maxwell se iría encontrando poco a poco una base firme para toda la física.

La revolución iniciada por la introducción del campo en absoluto había terminado. En el cambio de siglo e independientemente a las anteriores observaciones, estalló una segunda crisis fundamental cuya seriedad puso repentinamente de manifiesto las investigaciones de Max Planck sobre la radiación térmica (1900). La historia de este episodio es tanto más valiosa en cuanto, al menos en su primera fase, ningún descubrimiento experimental influyó en ella.

Kirchhoff había concluido, mediante razonamientos termodinámicos, que la densidad de energía y la composición espectral de la radiación en una cavidad cerrada por paredes aislantes de temperatura T son independientes de la naturaleza de éstas, es decir, la densidad de radiación monocromática ρ es una función universal de la frecuencia ν y de la temperatura absoluta T. Se planteó así el interesante problema de determinar esta función $\rho(n, T)$. ¿Qué podía averiguarse, teóricamente, acerca de esta función? Según la teoría de Maxwell, la radiación debía ejercer sobre las paredes una presión determinada por la densidad de energía total. Desde la termodinámica, Boltzmann extrajo de aquí la conclusión de que la totalidad de la densidad de energía de radiación ($\int \rho d\nu$) era proporcional a T^4, y así justificó en la teoría una ley descubierta empíricamente antes por Stefan, es decir, conectó esta ley con el fundamento de la teoría de Maxwell. W. Wien halló después —mediante una ingeniosa consideración de orden termodinámico que también hacía uso de la teoría de Maxwell— que la función universal r de las dos variables ν y T tenía que ser de la forma

$$\rho \approx \nu^3 f\left(\frac{\nu}{T}\right),$$

donde $f(\nu/T)$ representa una función universal de la única variable ν/T. Estaba claro que la determinación teórica de esta función universal f era de importancia fundamental; y ésa era precisamente la tarea con que se enfrentó Planck. Mediciones cuidadosas habían conducido a una determinación bastante exacta de la función f y, apoyándose en estos valores empíricos, logró en primer lugar encontrar una expresión que reflejaba bastante bien las mediciones:

$$\rho \approx \frac{8\pi h\nu^3}{c^3}\frac{1}{\exp\left(h\nu / kT\right)-1}$$

donde h y k son dos constantes universales, la primera de las cuales condujo a la teoría cuántica. La fórmula tiene un aspecto un poco extraño debido a su denominador. ¿Podía uno justificarla teóricamente? Planck encontró efectivamente una deducción y que sus imperfecciones permanecieran al principio ocultas fue una circunstancia verdaderamente afortunada para la evolución de la física. Si la fórmula era correcta, permitía calcular, con ayuda de la teoría de Maxwell, la energía media E de un oscilador cuasi monocromático dentro del campo de radiación:

$$E = \frac{h\nu}{\exp(h\nu / kT) - 1}$$

Planck prefirió intentar calcular teóricamente esta última magnitud. En este empeño no servía ya de nada, de momento, la termodinámica, ni tampoco la teoría de Maxwell. Lo increíblemente alentador de la fórmula era que para valores altos de la temperatura (con ν fijo) daba la expresión

$$E = kT.$$

Esta expresión es la misma que proporciona la teoría cinética de los gases para la energía media de un punto mágico capaz de oscilar elásticamente en una dimensión. En esta teoría se obtiene

$$E = (R/N)T,$$

donde R es la constante de la ecuación de los gases y N, el número de moléculas por mol, constante que expresa el tamaño absoluto del átomo. Igualando las dos expresiones se obtiene

$$N = R/k.$$

Así pues, de la única constante de la fórmula de Planck resulta el verdadero tamaño del átomo. El valor numérico casaba satisfactoriamente con las determinaciones de N hechas por medio de la teoría cinética de los gases, valores que sin embargo no eran demasiado exactos.

Planck se dio cuenta de su éxito. El asunto tiene, sin embargo, un reverso muy dudoso que Planck, afortunadamente, al principio pasó por alto. En efecto, el razonamiento exige que la relación $E = kT$ sea también válida en bajas temperaturas, lo cual daría al traste con la fórmula de Planck y con la constante h. Así pues, la consecuencia correcta de la teoría habría sido que o bien la energía cinética media del oscilador viene mal dada por la teoría de los gases —representaría una refutación de la mecánica [estadística]— o bien la energía media del oscilador se deriva incorrectamente de la teoría de Maxwell —representaría una refutación de esta última—. En estas circunstancias, lo más probable es que ambas teorías sólo fuesen correctas en el límite, pero falsas en lo demás; así ocurre también en los hechos, como ahora veremos. Si Planck hubiese inferido así, quizá no habría hecho su gran hallazgo, porque su razonamiento habría perdido todo fundamento.

Analicemos el argumento de Planck. Sobre la base de la teoría cinética de los gases, Boltzmann había descubierto que, prescindiendo de un factor constante, la entropía era igual al logaritmo de la «probabilidad» del estado en cuestión. Así captó la esencia de los procesos «irreversibles» en sentido termodinámico. Desde el punto de vista mecánico-molecular, por el contrario, todos los procesos son reversibles. Si a un estado definido en el marco de la teoría molecular lo llamamos estado descrito microscópicamente o microestado, en abreviatura, y macroestado a un estado descrito en sentido termodinámico, entonces a cada estado macroscópico le corresponde un número imponente (Z) de estados. Z es la medida de la probabilidad del macroestado considerado. La idea parece además sobresaliente porque su aplicación no se reduce a la descripción microscópica sobre la base de la mecánica. Planck cayó en la cuenta y aplicó el principio de Boltzmann a un sistema compuesto de múltiples resonadores de la misma frecuencia n. El estado macroscópico viene dado por la energía total de la oscilación de todos los resonadores; un microestado, por la especificación de la energía (instantánea) de cada resonador. Para poder expresar ahora mediante un número finito el número de microestados pertenecientes a un macroestado [Planck] dividió la energía total en un número elevado pero finito de elementos iguales de energía ξ y se preguntó de cuántas maneras pueden distribuirse estos elementos de energía entre los resonadores. El logaritmo de este número da la entropía y, por tanto, termodinámicamente, la temperatura del sistema. Planck obtuvo su fórmula de la radiación al elegir elementos de energía ξ de tamaño $\xi = h\nu$. Lo decisivo es que el resultado depende de tomar para ξ un valor finito determinado, es decir, de no pasar al límite $\xi = 0$. Esta forma de razonamiento no deja traslucir su contradicción con la base mecánica y electrodinámica sobre la cual descansa el resto de la derivación, pero en realidad ésta presupone implícitamente que cada resonador sólo puede absorber y emitir energía en «cuantos» de tamaño $h\nu$ y que, por consiguiente, tanto la energía de una estructura mecánica capaz de oscilar como la energía de la radiación sólo puede transferirse en semejantes cuantos —contradiciendo las leyes de la mecánica y de la electrodinámica—. La contradicción con la dinámica resulta fundamental, mientras que la contradicción con la electrodinámica lo es menos, pues la expresión de la densidad de energía de radiación es ciertamente *compatible* con las ecuaciones de Maxwell, pero no su consecuencia necesaria. Esta expresión proporciona valores medios importantes, como lo demuestra que las ecuaciones de Stefan-Boltzmann y de Wien, basadas en ella, coinciden con la experiencia.

Comprendí claramente estas conclusiones en cuanto Planck publicó su trabajo fundamental, de manera que sin contar con nada que sustituyera la mecánica clásica, advertí a qué clase de consecuencias lleva esta ley de la radiación de temperatura para el efecto fotoeléctrico y otros fenómenos afines de la transformación de energía de radiación, así como para el calor específico de cuerpos sólidos en especial. Sin embargo, mis intentos de adaptar el fundamento teórico de la física a estos conocimientos fracasaron absolutamente; sentía que nos habían quitado el suelo de debajo de los pies y nadie oteaba tierra firme donde construir. Que a Bohr le bastara este fundamento inseguro y plagado de contradicciones para descubrir, con su increíble instinto y sensibilidad, las principales leyes de las rayas espectrales y de las envolturas electrónicas de los átomos, además de su importancia para la química, fue y es milagroso para mí, armonía suprema en el mundo del pensamiento.

En ese tiempo, por importantes que pudieran ser, no me centré en las consecuencias concretas del resultado de Planck, sino en extraer conclusiones generales de la fórmula de radiación en cuanto estructura y fundamento electromagnético de la física. Antes de profundizar en esta cuestión, debo mencionar brevemente algunas investigaciones relacionadas con el movimiento browniano y objetos afines (fenómenos de fluctuaciones), basados en la mecánica molecular clásica. Sin conocer las investigaciones de Boltzmann y Gibbs, que, aparecidas anteriormente, agotaban la cuestión, desarrollé la mecánica estadística y la teoría cinético-molecular de la termodinámica. Mi objetivo principal era encontrar hechos que garantizaran al máximo la existencia de átomos de tamaño finito y determinado. Descubrí que, según la teoría atomista, tenía que haber un movimiento observable de partículas microscópicas suspendidas, sin saber que las conclusiones del «movimiento browniano» eran conocidas desde hacía mucho. La derivación más sencilla descansaba en el siguiente razonamiento: si la teoría cinético-molecular es correcta, una suspensión de partículas visibles debe tener una presión osmótica que satisfaga las leyes de los gases, igual que la tiene una solución de moléculas. Esta presión osmótica depende del tamaño efectivo de las moléculas, es decir, del número de moléculas en un equivalente-gramo. Si la suspensión es de densidad no homogénea, la consiguiente variabilidad espacial de esta presión osmótica da lugar a un movimiento de difusión compensador que se puede calcular a partir de la movilidad —conocida— de las partículas. Ahora bien, cabe concebir este proceso de difusión también como el resultado del desplazamiento caótico —y en principio de magnitud desconocida— de las partículas suspendidas bajo la acción de la agitación térmica. Igualando las magnitudes obtenidas para la corriente de difusión a través de ambos razonamientos, se llega cuantitativamente a la ley estadística para dichos desplazamientos, es decir, a la ley del movimiento browniano. La concordancia entre estas consideraciones y la experiencia, junto con la determinación de Planck del tamaño molecular verdadero a partir de la ley de radiación (para temperaturas altas), convenció a los numerosos escépticos de aquel entonces (Ostwald, Mach) de la realidad de los átomos. Su rechazo a la teoría atómica se debe, sin duda, a su actitud filosófica positivista, un interesante ejemplo de que incluso investigadores de espíritu audaz e instinto agudo pueden trabajar afectados por prejuicios filosóficos cuando interpretan los hechos. El prejuicio —que desde entonces no se ha extinguido— consiste en creer que los hechos por sí solos, sin libre construcción conceptual, pueden y deben proporcionar conocimiento científico. Semejante ilusión solamente se explica porque no es fácil percatarse de que aquellos conceptos que, por estar contrastados y llevar largo tiempo en uso, parecen conectados directamente con el material empírico, han sido libremente elegidos.

El éxito de la teoría del movimiento browniano volvió a demostrar claramente que la mecánica clásica daba resultados fiables siempre que fuese aplicada a movimientos en que las derivadas superiores de la velocidad respecto al tiempo son despreciables. Sobre este conocimiento cabe fundar un método relativamente directo para deducir de la fórmula de Planck algo sobre la constitución de la radiación. En efecto, cabe concluir que, en un espacio lleno de radiación, un espejo que refleje cuasi monocromáticamente y que tenga libertad de movimiento (perpendicularmente a su plano) debe ejecutar una especie de movimiento browniano cuya energía cinética media es igual a 1/2 $(R/N)T$ (R = constante de los gases para una molécula-gramo, N = número de moléculas en un mol, T = temperatura absoluta). Si la radiación no estuviera sujeta a ninguna fluctuación local, el espejo iría quedándose poco a poco en reposo, porque, como consecuencia de su movimiento, refleja más radiación en el anverso que por el reverso. El espejo, sin embargo, tiene que experimentar ciertas fluctuaciones irregulares de la presión que actúa sobre él (fluctuaciones que se pueden calcular con la teoría de Maxwell) porque los paquetes de ondas que constituyen la radiación interfieren mutuamente. Pues bien, este cálculo demuestra que dichas fluctuaciones de la presión, sobre todo con densidades de radiación pequeñas, no bastan para comunicar al espejo la energía cinética media 1/2 $(R/N)T$. Para obtener este resultado hay que suponer más bien que existe un segundo tipo de fluctuaciones de la presión, no deducibles de la teoría de Maxwell, lo que equivale al supuesto de que la energía de radiación se compone de cuantos localizados puntualmente e indivisibles de energía $h\,\nu$ [y de momento $h\nu/c$, (c = velocidad de la luz)] que se reflejan indivisos. Este enfoque demostró de manera tajante y directa que es preciso atribuir a los cuantos de Planck una especie de realidad inmediata y que la radiación debe poseer, por tanto, en lo que atañe a su energía, una especie de estructura molecular, lo cual contradice naturalmente la teoría de Maxwell. Al mismo resultado conducían también ciertas consideraciones sobre la radiación basadas directamente en la relación entropía-probabilidad de Boltzmann —probabilidad como equivalente a la frecuencia temporal estadística—. Esa doble naturaleza de la radiación, y de los corpúsculos materiales, es una propiedad capital de la realidad que la mecánica cuántica interpretó de manera ingeniosa y con increíble éxito. Creo que esta interpretación, que casi todos los físicos contemporáneos consideran definitiva, es simplemente una salida temporal (lo comentaré más adelante).

Reflexiones semejantes me hicieron ver claro, poco después de 1900 —recién publicado el innovador trabajo de Planck—, que ni la mecánica ni la electrodinámica (salvo en casos límite) podían aspirar a la validez absoluta. Poco a poco perdí la esperanza de descubrir las leyes verdaderas mediante esfuerzos constructivos basados en hechos conocidos. Cuanto más me obstinaba y más decidido era mi empeño, tanto más me convencía de que solamente el descubrimiento de un principio formal y general podía conducir a resultados seguros. Un ejemplo era la termodinámica: su principio general derivaba del teorema de que las leyes de la naturaleza están constituidas de manera que es imposible construir un *perpetuum mobile* (de primera y segunda especie). Mas, ¿cómo encontrar un principio general de este tipo? Tras diez años de reflexión, ese principio resultó de una paradoja con la que topé ya a los dieciséis años: si corro detrás de un rayo de luz con la velocidad c (velocidad de la luz en el vacío), debería percibir el rayo luminoso como un campo electromagnético estacionario, aunque espacialmente oscilante, pero esto no parece existir en la experiencia ni resultar de las ecuaciones de Maxwell. De entrada intuí que, juzgada la situación por semejante observador, todo debería desarrollarse según las mismas leyes que para un observador que se hallara en reposo con respecto a la tierra, pues ¿cómo podría el primer observador saber o constatar que se encuentra en un estado de rápido movimiento uniforme?

Como se ve, esta paradoja contiene ya el germen de la teoría especial de la relatividad. Naturalmente, hoy nadie ignora que todos los intentos de aclarar satisfactoriamente esa paradoja estaban condenados al fracaso mientras el axioma del carácter absoluto del tiempo o de la simultaneidad siguiera aferrado en el inconsciente. La identificación de este axioma y su arbitrariedad ya soluciona el problema. Para mí, la lectura de los ensayos filosóficos de David Hume y Ernst Mach fue decisiva.

Era necesario comprender qué significaban las coordenadas espaciales y el valor temporal de un suceso en física. La interpretación física de las coordenadas espaciales presuponía un cuerpo de referencia rígido, que además tenía que estar en un estado de movimiento más o menos definido (sistema inercial). En un sistema inercial dado, las coordenadas representaban resultados de ciertas mediciones con reglas rígidas (en reposo). (Hay que tener presente que la presuposición de la existencia teórica de reglas rígidas está indicada por la experiencia aproximativa, pero que no por ello deja de ser esencialmente arbitraria.) Con esa interpretación de las coordenadas espaciales, la cuestión de la validez de la geometría euclidiana se convierte en un problema físico.

Si uno intenta ahora interpretar de manera análoga el tiempo de un suceso, necesitará algún medio para medir la diferencia de tiempos (un proceso periódico, determinado intrínsecamente y materializado a través de un sistema, de dimensión espacial suficientemente pequeña). Un reloj colocado en reposo con relación al sistema inercial define un tiempo local. Los tiempos locales de todos los puntos espaciales, tomados en su conjunto, son el «tiempo» perteneciente al sistema inercial elegido, siempre que se hayan «coordinado» estos relojes entre sí. Se evidencia que a priori no es ni siquiera necesario que los «tiempos» así definidos para diversos sistemas inerciales coincidan entre sí, lo cual habría sido advertido hace mucho de no ser porque para la experiencia práctica de la vida cotidiana no parecía que la luz (debido al alto valor de c) fuese un medio adecuado para constatar la simultaneidad absoluta.

La presuposición de la existencia (en principio) de reglas de medida (ideales o perfectas) no es independiente de la de la existencia de relojes (también ideales), porque una señal luminosa que es reflejada una y otra vez entre los extremos de una regla rígida representa un reloj ideal, siempre y cuando el postulado de la constancia de la velocidad de la luz en el vacío no conduzca a contradicciones.

Cabe formular la paradoja anterior de la siguiente manera: de acuerdo con las reglas utilizadas en la física clásica para conectar las coordenadas espaciales y el tiempo de sucesos al pasar de un sistema inercial a otro, los dos supuestos

(1) constancia de la velocidad de la luz, e

(2) independencia de las leyes y, en especial, por tanto, también de la ley de la constancia de la velocidad de la luz, con respecto a la elección del sistema inercial (principio de la relatividad especial) son mutuamente incompatibles (pese a que ambos, por separado, se sustentan en la experiencia).

La idea en que se basa la teoría especial de la relatividad es que los supuestos (1) y (2) son mutuamente compatibles si se postulan relaciones de un nuevo tipo («transformación de Lorentz») para la conversión de coordenadas y tiempos de los sucesos. Esto, con la anterior interpretación física de coordenadas y tiempo, no se reduce a un simple paso convencional, sino que entraña determinadas hipótesis sobre el comportamiento real de reglas de medida y relojes que pueden ser confirmadas o refutadas experimentalmente.

El principio general de la teoría especial de la relatividad se contiene en el postulado de que las leyes de la física son invariantes con respecto a las transformaciones de Lorentz (para el paso de un sistema inercial a otro sistema inercial cualquiera). Es un principio restrictivo para las leyes naturales, comparable al principio restrictivo en que se basa la termodinámica: la inexistencia del *perpetuum mobile*.

Antes de continuar, haré una observación acerca de la relación de la teoría con el «espacio cuadridimensional». Creer que la teoría especial de la relatividad descubrió o reintrodujo en cierto modo la cuadridimensionalidad del continuo físico es un error muy extendido. Evidentemente, no es así. También la mecánica clásica se basa en el continuo cuadridimensional de espacio y tiempo, sólo que en el continuo cuadridimensional de la física clásica las «secciones» de valor temporal constante tienen una realidad absoluta, es decir, independiente de la elección del sistema de referencia. Con ello el continuo cuadridimensional se descompone naturalmente en uno tridimensional y en otro unidimensional (tiempo), de manera que la visión cuadridimensional no se impone con carácter *necesario*. La teoría especial de la relatividad, por el contrario, crea una dependencia formal entre el modo en que tienen que entrar en las leyes de la naturaleza, por un lado, las coordenadas espaciales, y por otro, la coordenada temporal.

Antes de su investigación era preciso aplicar una transformación de Lorentz a una ley para comprobar su invariancia frente a tales transformaciones, pero Minkowski consiguió introducir un formalismo que hace que la propia forma matemática de la ley garantice su invariancia frente a las transformaciones de Lorentz. Mediante la creación de un cálculo tensorial cuadridimensional consiguió para el espacio de cuatro dimensiones lo mismo que logra el cálculo vectorial usual para las tres dimensiones espaciales. Y demostró también que la transformación de Lorentz (prescindiendo de un signo algebraico diferente, debido al carácter especial del tiempo) no es más que una rotación del sistema de coordenadas en el espacio cuadridimensional.

Una primera crítica a la teoría de Minkowski atiende a que, fuera del espacio cuadridimensional, introduce dos tipos de elementos físicos: (1) reglas de medir y relojes, (2) todos los demás elementos, por ejemplo el campo electromagnético, el punto material, etcétera. Esta distinción es, en cierto sentido, inconsecuente, pues las reglas de medir y los relojes deberían representarse en realidad como soluciones de las ecuaciones fundamentales (objetos consistentes en configuraciones atómicas móviles), no como entidades en cierta medida autónomas desde el punto de vista teórico. Semejante proceder se justifica, sin embargo, porque desde un principio se vio claro que los postulados de la teoría no son tan fuertes como para que las ecuaciones de los fenómenos físicos deducidas de ellos sean tan completas y libres de arbitrariedad que permitan fundar sobre esa base una teoría de las reglas de medir y de los relojes. De no querer renunciar por entero a una interpretación física de las coordenadas —de suyo, sería posible—, era mejor permitir semejante inconsecuencia, con la obligación de eliminarla en un estadio posterior de la teoría. Ahora bien, no cabe legitimar este pecado hasta el punto de imaginar, por ejemplo, que las distancias sean entes físicos de naturaleza especial, esencialmente distintos de las demás magnitudes físicas («reducir la física a geometría», etcétera). Preguntémonos por los hallazgos de carácter definitivo que la física adeuda a la teoría especial de la relatividad:

(1) No existe simultaneidad entre sucesos distantes; tampoco existe, pues, acción inmediata a distancia en el sentido de la mecánica de Newton. Es cierto que la introducción de acciones a distancia que se propagan con la velocidad de la luz sigue siendo concebible en esta teoría, pero parece poco natural, porque en una teoría semejante no podría haber ninguna expresión razonable para el principio [de conservación] de la energía. Parece por lo tanto inevitable describir la realidad física mediante funciones continuas en el espacio. Por eso, el punto material no puede entrar ya en consideración como concepto básico de la teoría.

(2) Los principios de conservación del momento y de conservación de la energía se funden en un solo principio: la masa inercial de un sistema aislado es idéntica a su energía, de manera que la masa, como concepto independiente, desaparece.

Observación. La velocidad de la luz *c* es una de las magnitudes considerada en las ecuaciones físicas como «constante universal». Ahora bien, si en lugar del segundo se introduce como unidad temporal el tiempo que tarda la luz en recorrer 1 centímetro, entonces *c* no aparece ya en las ecuaciones. En este sentido, la constante *c* sólo es una constante universal *aparente*.

Evidentemente, cuestión admitida con carácter general, podrían eliminarse otras dos constantes universales de la física simplemente introduciendo, en lugar del gramo y del centímetro, unidades «naturales» convenientemente elegidas (masa y radio del electrón, por ejemplo).

Así, en las ecuaciones fundamentales de la física no podrían aparecer más que constantes «adimensionales», sobre las que deseo expresar mi opinión que, por el momento, sólo se basa en la confianza en la simplicidad o inteligibilidad de la naturaleza: esas constantes *arbitrarias* no existen, es decir, la naturaleza está constituida de tal suerte que lógicamente es posible establecer leyes tan determinadas como para que en ellas sólo aparezcan constantes totalmente determinadas (por tanto no constantes cuyos valores numéricos puedan ser modificados sin destruir la teoría).

La teoría especial de la relatividad debe su creación a las ecuaciones de Maxwell del campo electromagnético. Y a la inversa, pues estas últimas sólo se captan formalmente de manera eficaz a través de la teoría especial de la relatividad: son las ecuaciones de campo invariantes-Lorentz más sencillas que se pueden aplicar a un tensor antisimétrico derivado de un campo vectorial. Esto ya sería en sí satisfactorio si no supiésemos, por los fenómenos cuánticos, que la teoría maxwelliana no hace justicia a las propiedades energéticas de la radiación. Además, en cuanto a la modificacción de la teoría de Maxwell, ni siquiera la teoría especial de la relatividad brinda ningún punto de apoyo adecuado, como tampoco tiene ninguna respuesta para la pregunta de Mach: «¿Cómo es que los sistemas inerciales se distinguen físicamente de otros sistemas de coordenadas?».

No advertí con claridad que la teoría especial de la relatividad es sólo el primer paso de una evolución necesaria hasta que intenté representar la gravitación en el marco de esta teoría. En la mecánica clásica, interpretada en función del campo, el potencial de gravitación aparece como un campo *escalar* (la posibilidad teórica más simple de un campo con una sola componente). No es fácil hacer invariante semejante teoría escalar del campo gravitacional con respecto al grupo de las transformaciones de Lorentz. El programa siguiente parece, pues, natural: el campo físico total consta de un campo escalar (gravitación) y de un campo vectorial (campo electromagnético); hallazgos posteriores podrían eventualmente hacer necesaria la introducción de clases de campos más complicadas, pero de momento no hacía falta preocuparse de eso.

La posibilidad de realizar este programa era, sin embargo, dudosa desde el principio, porque la teoría tenía que reunir estos elementos:

(1) Por consideraciones generales de la teoría especial de la relatividad estaba claro que la masa *inercial* de un sistema físico crecía con la energía total (por tanto, con la energía cinética, por ejemplo).

(2) Por experimentos muy precisos (en especial por los de Roland Eötvös con la balanza de torsión) se sabía empíricamente con gran exactitud que la masa *pesante* de un cuerpo es exactamente igual a su masa *inercial*.

De (1) y (2) se concluía que el *peso* de un sistema depende, de manera perfectamente conocida, de su energía total. Si la teoría no lograba este objetivo, o al menos no de forma natural, habría que rechazarla. La condición puede enunciarse de modo más sencillo así: la aceleración de caída de un sistema en un campo gravitacional dado es independiente de la naturaleza del sistema que cae y, en concreto, por tanto, de su contenido de energía también.

El problema era que, siguiendo el programa previsto, era imposible representar ese estado de cosas elemental o, al menos, imposible hacerlo de forma natural. Esta imposibilidad me convenció de que no cabía una teoría satisfactoria de la gravitación en el marco de la teoría especial de la relatividad.

Entonces reparé en que la igualdad entre masa inercial y masa pesante o, si se prefiere, el hecho de que la aceleración gravitatoria es independiente de la naturaleza de la sustancia que cae, puede expresarse de la siguiente manera: en un campo gravitacional (de extensión espacial reducida) las cosas se comportan igual que en un espacio libre de gravitación, siempre y cuando se introduzca en éste, en lugar de un «sistema inercial», un sistema de referencia acelerado con respecto a aquél.

Así, si se interpreta que el comportamiento de los cuerpos en relación con este último sistema de referencia viene causado por un campo gravitacional «real» (y no simplemente aparente), cabe contemplar este sistema de referencia como un «sistema inercial», con el mismo derecho que en el caso del sistema de referencia primitivo.

Quiere decirse que si uno juzga que son posibles los campos gravitatorios de extensión arbitraria, no limitados de entrada por condiciones de contorno espaciales, el concepto de sistema inercial se vacía completamente. El concepto «aceleración con respecto al espacio» pierde todo significado y, con él, también el principio de inercia junto con la paradoja de Mach.

La igualdad entre masa inercial y pesante nos conduce de forma natural a reconocer que el postulado básico de la teoría especial de la relatividad (invariancia de las leyes frente a las transformaciones de Lorentz) es demasiado estrecho y que es preciso sostener una invariancia de las leyes también con respecto a transformaciones *no lineales* de las coordenadas en el continuo cuadridimensional.

Todo sucedió en 1908. ¿Por qué tuvieron que transcurrir otros siete años para formular la teoría general de la relatividad? No es tan fácil liberarse de la idea de que las coordenadas deben poseer un significado métrico inmediato. La transformación se produjo más o menos como sigue.

Partimos de un espacio vacío, libre de campo, como —referido a un sistema inercial— se revela, en el sentido de la teoría especial de la relatividad, como la más sencilla de todas las situaciones físicas imaginables. Si suponemos ahora que introducimos un sistema no inercial, de suerte que el nuevo sistema esté uniformemente acelerado con respecto al sistema inercial (en una descripción tridimensional) en una dirección (convenientemente definida), existe con respecto a este sistema un campo gravitacional paralelo y estático. El sistema de referencia elegido puede ser rígido, de carácter euclidiano en sus propiedades métricas tridimensionales, pero el tiempo en el cual el campo parece estático *no* es medido por relojes estacionarios *de idéntica constitución*. Basta este ejemplo especial para darse cuenta de que el significado métrico inmediato de las coordenadas se malogra en cuanto uno permite transformaciones no lineales de las coordenadas. Sin embargo, *es obligado* hacer esto último si se quiere tener en cuenta la igualdad entre masa pesante e inercial a través del fundamento de la teoría y si se quiere superar la paradoja de Mach relativa a los sistemas inerciales.

Así pues, si hay que renunciar a dar a las coordenadas un significado métrico inmediato (diferencias de coordenadas = longitudes o tiempos medibles), se deben tratar como equivalentes todos los sistemas de coordenadas que pueden generarse mediante transformaciones continuas de las coordenadas.

En consecuencia, la teoría general de la relatividad parte del siguiente principio: las leyes de la naturaleza han de expresarse por medio de ecuaciones que sean covariantes con respecto al grupo de las transformaciones continuas de coordenadas. Este grupo viene así a reemplazar aquí al grupo de las transformaciones de Lorentz de la teoría especial de la relatividad, un subgrupo del primero.

Este postulado no basta por sí solo como punto de partida para una derivación de las ecuaciones básicas de la física. De entrada cabría incluso cuestionar la idea de que por sí solo implique una restricción real de las leyes físicas; pues dada una ley formulada en principio para ciertos sistemas de coordenadas solamente, siempre es posible reformularla de manera que la nueva formulación sea covariante en su forma. Además, se puede formular un número elevadísimo de leyes del campo que posean esta propiedad de covariancia. La eminente importancia heurística del principio general de la relatividad reside, sin embargo, en que nos conduce a la búsqueda de aquellos sistemas de ecuaciones que en su formulación *covariante general* son los más *sencillos posibles*; entre ellos hemos de buscar las leyes de campo del espacio físico. Aquellos campos que pueden concordar unos con otros mediante tales transformaciones describen la misma situación real.

La pregunta fundamental para el investigador es ¿de qué clase matemática son las variables (funciones de las coordenadas) que permiten expresar las propiedades físicas del espacio («estructura»)?, y después debe cuestionarse ¿qué ecuaciones cumplen esas variables?

Actualmente continuamos sin contestar ambas preguntas con seguridad. La opción de la primera formulación de la teoría general de la relatividad se define de la siguiente manera: aunque no sepamos mediante qué tipo de variables de campo (estructura) se debe caracterizar el espacio físico, conocemos con certeza un caso especial, el espacio «libre de campo» en la teoría especial de la relatividad; un campo semejante se caracteriza por el hecho de que, para un sistema de coordenadas convenientemente elegido, la expresión

$$g_{ik,l} - g_{ks}\Gamma \quad + dx_3^2 - dx_4^2 \tag{1}$$

correspondiente a dos puntos vecinos, representa una magnitud mensurable (cuadrado de la distancia), es decir, tiene un significado físico real. Referida a un sistema arbitrario, esta cantidad se expresa así:

$$ds^2 = g_{ik}\, dx_i\, dx_k \tag{2}$$

donde los índices van de 1 a 4. Los g_{ik} forman un tensor simétrico. Si después de realizar una transformación sobre el campo (1) no se anulan las derivadas primeras de los g_{ik}, con respecto a las coordenadas, existe en relación con este sistema de coordenadas, un campo gravitacional en el sentido antes estudiado, concretamente un campo gravitacional de índole muy especial. Gracias a la investigación de Riemann de los espacios métricos n-dimensionales es posible caracterizar invariantemente este campo especial:

(1) El tensor de curvatura de Riemann R_{iklm}, formado a partir de los coeficientes de la métrica (2), se anula.

(2) La trayectoria de un punto másico referida al sistema inercial [en relación con el cual es válida (1)] es una línea recta, es decir, una extremal (geodésica). Pero esto último es ya una caracterización de la ley del movimiento que se apoya en (2).

La ley *general* del espacio físico será una generalización de la ley que acabamos de describir. Presumí entonces la existencia de dos etapas en la generalización:

(a) campo gravitacional puro;

(b) campo general (en el cual aparecen también magnitudes que de algún modo se corresponden con el campo electromagnético).

El caso (a) se caracterizaba por el hecho de que el campo sigue siendo representable por una métrica de Riemann (2) o por un tensor simétrico, pero sin que exista (salvo en lo infinitesimal) ninguna representación de la forma (1). Esto significa que en el caso (a) el tensor de Riemann *no* se anula. Sin embargo, como es evidente, en este caso debe valer una ley del campo que sea una generalización (debilitamiento) de esta ley. Si esa ley [generalizada] ha de ser también del segundo orden de diferenciación y lineal en las derivadas segundas, entonces sólo entraba en consideración, como ecuación del campo en el caso (a), la ecuación obtenida por una sola contracción:

$$0 = R_{kl} = g^{im} R_{iklm}$$

Además, parece natural suponer que también en el caso (a) sigue representando la línea geodésica la ley del movimiento del punto material.

Por aquel entonces consideré inútil intentar representar el campo total (b) y determinar sus leyes del campo; preferí, por tanto, establecer un marco formal provisional para una representación de toda la realidad física, algo necesario con el fin de poder investigar, al menos de momento, la utilidad de la idea básica de la relatividad general. El asunto se desarrolló así.

En la teoría de Newton cabe escribir como ecuación del campo de gravitación

$$\Delta\phi = 0$$

(ϕ = potencial de gravitación) en aquellos lugares donde la densidad r de materia se anula. En general habría que escribir (ecuación de Poisson)

$$\Delta\phi = 4\pi k\rho \ (\rho = \text{densidad de masa}).$$

En el caso de la teoría relativista del campo gravitacional aparece R_{ik} en lugar de $\Delta\phi$. En la derecha tenemos entonces que sustituir también ρ por un tensor. Puesto que sabemos, por la teoría especial de la relatividad, que la masa (inercial) es igual a la energía, habrá que colocar en la derecha el tensor de la densidad de energía o, para ser más precisos, de la densidad de energía total, en la medida en que no pertenezca al campo gravitacional puro. Alcanzamos así las ecuaciones de campo

$$R_{ik} - {}^1/_2\, g_{ik}\, R = -kT_{ik}.$$

El segundo término de la izquierda se añade por motivos formales, pues está escrito de manera tal que su divergencia, en el sentido del cálculo diferencial absoluto, es idénticamente nula. La derecha es un resumen formal de todas aquellas cosas cuya comprensión en el sentido de una teoría de campos sigue siendo problemática. Como es natural, no dudé ni un instante de que esta formulación sólo era un recurso provisional para expresar el principio general de la relatividad, porque realmente no era *nada más* que una teoría del campo gravitacional, aislado artificialmente, de un campo total de estructura aún desconocida.

Si algo en la teoría apuntada —aparte del requisito de invariancia de las ecuaciones con respecto al grupo de las transformaciones continuas de coordenadas— puede aspirar a ser definitivo, es la teoría del caso límite del campo gravitacional puro y su relación con la estructura métrica del espacio, de manera que a continuación, sólo comentaré las ecuaciones del campo gravitacional puro.

La peculiaridad de estas ecuaciones es, por un lado, su complicada estructura, especialmente su carácter no lineal con respecto a las variables del campo y a sus derivadas, y por otro, la necesidad casi compulsiva con que el grupo de transformaciones determina esta complicada ley del campo. Si no se hubiera sobrepasado la teoría especial de la relatividad, es decir, de la invariancia con respecto al grupo de Lorentz, la ley del campo $R_{ik} = 0$ sería invariante también en el marco de este grupo más restringido, pero desde el punto de vista de este grupo, no existiría de entrada ningún motivo para representar la gravitación mediante una estructura tan complicada como el tensor simétrico g_{ik}. Si, pese a todo, se encontraran motivos suficientes para hacerlo, aparecería un número incontable de leyes de campo a partir de cantidades g_{ik} que son todas ellas covariantes con respecto a las transformaciones de Lorentz (pero no con respecto al grupo general). Ahora bien, aun en el caso de que de todas las leyes invariantes-Lorentz imaginables se hubiese acercado por casualidad a la perteneciente al grupo más amplio, no se estaría aún en el nivel de conocimiento alcanzado por el principio general de la relatividad, porque, desde el punto de vista del grupo de Lorentz, habría que decir, erróneamente, que dos soluciones son físicamente diferentes si son transformables la una en la otra por una transformación de coordenadas no lineal, es decir, si desde el punto de vista del grupo más amplio sólo son representaciones distintas del mismo campo.

Otra observación general acerca de los conceptos de estructura y grupo. Se juzgará una teoría tanto más perfecta cuanto más simple sea la «estructura» subyacente y cuanto más amplio sea el grupo respecto al cual son invariantes las ecuaciones del campo. Pues bien, se advierte que estos dos requisitos se molestan mutuamente. Según la teoría especial de la relatividad (grupo de Lorentz), cabe por ejemplo establecer una ley covariante para la estructura más simple que pueda imaginarse (campo escalar), mientras que en la teoría general de la relatividad (grupo más amplio de las transformaciones continuas de coordenadas) no existe una ley de campo invariante más que para la estructura más complicada del tensor simétrico. Anteriormente dimos ya razones *físicas* de que en la física hay que exigir invariancia frente al grupo más amplio;[1] desde el punto de vista puramente matemático no veo necesidad alguna de sacrificar la simplicidad de estructura en beneficio de la generalidad del grupo.

El grupo de la relatividad general ha sido el primero en exigir que la ley invariante más simple no sea lineal y homogénea en las variables del campo ni en sus cocientes diferenciales, cuestión fundamental porque si la ley del campo es lineal (y homogénea), la suma de dos soluciones es también una solución; así ocurre, por ejemplo, en las leyes del campo de Maxwell para el vacío. En una teoría semejante no se puede inferir, de la sola ley del campo, una interacción de estructuras que por separado pueden representarse mediante soluciones del sistema. Por eso, en todas las teorías anteriores eran precisas, además de las leyes del campo, leyes especiales para el movimiento de las formaciones materiales bajo la influencia de los campos. Es cierto que en la teoría relativista de la gravitación se defendió inicialmente, junto a la ley del campo, la ley del movimiento (línea geodésica), con independencia de aquélla, pero posteriormente se ha comprobado que la ley del movimiento no puede ni debe formularse independientemente, pues está contenida implícitamente en la ley del campo gravitacional.

1. Quedarse en el grupo más restringido y basar simultáneamente la teoría general de la relatividad en la estructura más complicada resulta de una ingenuidad inconsecuente. Los pecados son pecados por más que sean cometidos por hombres respetables.

Cabe explicar la esencia de esta situación, en sí muy complicada, de la siguiente manera: un único punto material en reposo queda representado por un campo gravitacional que es finito y regular en todas partes menos en el lugar donde reside el punto material; el campo tiene allí una singularidad. Ahora bien, si por integración de las ecuaciones del campo se calcula el campo correspondiente a dos puntos materiales en reposo, aquél tiene, además de las singularidades en las posiciones de los puntos materiales, otra línea compuesta de puntos singulares que conecta entre sí ambos puntos. Sin embargo, es posible poner como condición un movimiento de los puntos materiales de suerte que el campo gravitacional determinado por ellos no se haga nunca singular fuera de los puntos materiales. Estos movimientos son precisamente los descritos por la primera aproximación de las leyes de Newton. Cabe por tanto decir que las masas se mueven de manera que la ecuación del campo en el espacio exterior a las masas no determina en ningún punto singularidades del campo. Esta propiedad de las ecuaciones de la gravitación está íntimamente relacionada con su no-linealidad, condicionada a su vez por el grupo de transformaciones más amplio.

Sin embargo, cabe objetar que, si se permiten singularidades en las localizaciones de los puntos materiales, ¿qué justificaría la prohibición de la aparición de singularidades en el espacio restante? La objeción sería válida si hubiera que contemplar las ecuaciones de la gravitación como ecuaciones del campo total, pero el campo de una partícula material podrá contemplarse tanto menos como un *campo gravitatorio puro* cuanto más se acerque uno a la verdadera localización de la partícula. De tener la ecuación de campo del campo total, habría que exigir que las partículas mismas pudiesen representarse como soluciones de las ecuaciones de campo completas, libres de singularidades *en todos los puntos*. Sólo entonces sería la teoría general de la relatividad una teoría *completa*.

Antes de abordar la perfección de la teoría general de la relatividad, explicaré mi posición ante la teoría física de más éxito de nuestro tiempo, la teoría cuántica estadística, que hace unos veinticinco años cobró una forma lógica consistente (Schrodinger, Heisenberg, Dirac, Born). Es la única teoría actual que permite comprender unitariamente las experiencias relativas al carácter cuántico de los procesos micromecánicos. Esta teoría, por un lado, y la teoría de la relatividad, por el otro, se consideran correctas en cierto sentido, aunque su fusión se ha resistido hasta ahora a todos los esfuerzos, resistencia derivada seguramente por las diversas opiniones de los físicos teóricos actuales acerca del fundamento teórico de la física futura: ¿será una teoría de campo?, ¿será una teoría esencialmente estadística? Apuntaré brevemente mis respuestas.

La física es un esfuerzo por aprehender conceptualmente la realidad como algo que se considera independiente del ser percibido. En este sentido, se habla de lo «físicamente real». En la física precuántica no había ninguna duda acerca de cómo entenderlo: lo real estaba representado en la teoría de Newton por puntos materiales en el espacio y en el tiempo; en la teoría de Maxwell, por un campo en el espacio y el tiempo. En la mecánica cuántica esta cuestión no es tan transparente. Si se pregunta si una función ψ de la teoría cuántica representa una situación real en el mismo sentido que un sistema de puntos materiales o un campo electromagnético, surge la duda entre la simple afirmación y la simple negación. ¿Por qué? Lo que expresa la función ψ (en un momento determinado) es cuál es la probabilidad de encontrar una determinada magnitud física q (o p) en un determinado intervalo si la mido en el tiempo t. Hay que considerar la probabilidad como una magnitud empíricamente determinable, es decir, como una magnitud ciertamente «real» que puedo determinar si genero repetidas veces la misma función ψ y hago cada vez una medición q. ¿Pero qué decir del valor de q medido? El sistema individual correspondiente ¿tenía ya este valor q antes de la medición? La pregunta no tiene respuesta determinada alguna en el marco de la teoría, porque la medición es un proceso que entraña una intervención finita desde el exterior en el sistema; en consecuencia, se podría pensar que el sistema sólo adquiere un valor numérico determinado para q (o para p), el valor numérico medido a través de la propia medición. Para la siguiente digresión, imaginemos a dos físicos A y B que representan concepciones diferentes acerca del estado real descrito por la función ψ.

A. El sistema individual tiene (antes de la medición) un valor determinado de q (o de p) para todas las variables del sistema, concretamente *aquel* valor que es determinado en una medición de esas variables. Basándose en esta concepción, A declarará que la función ψ no es una representación exhaustiva del estado real del sistema, sino una representación incompleta, pues solamente expresa aquello que sabemos sobre el sistema gracias a mediciones anteriores.

B. El sistema individual no tiene (antes de la medición) ningún valor determinado de q (o de p). El valor medido nace, precisamente a través del acto de medir, bajo la acción conjunta de la probabilidad que le es peculiar gracias a la función ψ. Basándose en esta concepción, B declarará (o por lo menos podría declarar) que la función ψ es una representación exhaustiva del estado real del sistema.

Imaginemos ahora a estos dos físicos en el siguiente caso. Sea un sistema que en el momento t de nuestra observación se compone de dos sistemas parciales S_1 y S_2, que en ese instante están espacialmente separados y, en el sentido de la física clásica, sin gran interacción mutua. Supongamos que el sistema total viene descrito completamente, en el sentido de la mecánica cuántica, por una función ψ conocida, ψ_{12}. Todos los teóricos cuánticos coinciden en que si hago una medición completa de S_1, obtengo, de los resultados de la medición y de ψ_{12}, una función ψ completamente determinada del sistema S_2 (llamémosla ψ_2). El carácter de ψ_2 depende entonces de *qué tipo* de medición efectúe yo sobre S_1. Pues bien, a mi entender se puede hablar de la situación real del sistema parcial S_2. De entrada, y antes de la medición sobre S_1, sabemos menos aún acerca de esta situación real que acerca de un sistema descrito por la función ψ. Pero hay un supuesto al que deberíamos atenernos incondicionalmente: la situación (estado) real del sistema S_2 es independiente de lo que se emprenda con el sistema S_1, espacialmente separado de él. Sin embargo, según el tipo de medición que efectúe sobre S_1, obtengo una ψ_2 diferente para el segundo sistema parcial (ψ_2, ψ_2^1...). Ahora bien, el estado real de S_2 tiene que ser independiente de lo que suceda con S_1. Por lo tanto, para el mismo estado real de S_2 pueden hallarse (según la elección de la medición sobre S_1) diferentes funciones ψ. (Esta conclusión sólo cabe eludirla o suponiendo que la medición sobre S_1 modifica (telepáticamente) el estado real de S_2 o negando de plano que las cosas que están espacialmente separadas poseen estados reales independientes. Ambas posibilidades me parecen completamente inaceptables.)

Si los físicos *A* y *B* dan entonces este razonamiento por válido, *B* tendrá que abandonar su posición de que la función ψ es una descripción completa de una situación real, pues en ese caso sería imposible poder asignar a la misma situación (de S_2) dos funciones ψ diferentes.

El carácter estadístico de esta teoría sería una consecuencia necesaria del carácter incompleto de la descripción de los sistemas en la mecánica cuántica y no existiría ya motivo alguno para suponer que la futura base de la física debe fundarse en la estadística.

Mi opinión es que la actual teoría cuántica, con ciertos conceptos básicos fijos que en esencia están tomados de la mecánica clásica, supone una formulación óptima del estado de cosas. Creo, sin embargo, que esta teoría no brinda un punto de partida útil para una evolución futura. En este punto mis expectativas difieren de las de la mayoría de los físicos contemporáneos. Ellos están convencidos de que los rasgos esenciales de los fenómenos cuánticos (variaciones aparentemente discontinuas y temporalmente no determinadas del estado de un sistema, cualidades simultáneamente corpusculares y ondulatorias de las formaciones energéticas elementales) no pueden explicarse mediante funciones del espacio para las cuales son válidas ecuaciones diferenciales. Los físicos contemporáneos piensan también que por ese camino no se podrá comprender la estructura atómica de la materia y de la radiación y prevén que los sistemas de ecuaciones diferenciales que entrarían en consideración para una teoría semejante ni siquiera tienen soluciones que sean regulares (libres de singularidades) en todos los puntos del espacio de cuatro dimensiones, pero ante todo creen que el carácter aparentemente discontinuo de los procesos elementales sólo puede representarse mediante una teoría estadística, en que las variaciones discontinuas de los sistemas quedan reflejadas en variaciones *continuas* de las probabilidades de los posibles estados.

Me impresionan sobremanera todas las observaciones anteriores, pero pienso que la cuestión que realmente importa es si dada la situación actual de la teoría, puede emprenderse con ciertos visos de éxito. Mis experiencias en la teoría de la gravitación marcan mis expectativas: a mi entender, estas ecuaciones tienen más perspectivas de enunciar algo *preciso* que todas las demás ecuaciones de la física. Pensemos, por comparar, en las ecuaciones de Maxwell del espacio vacío, por ejemplo. Son formulaciones que se corresponden con nuestra experiencia con campos electromagnéticos infinitamente débiles. Su mismo origen empírico determina ya su forma lineal; pero ya subrayamos que las verdaderas leyes no pueden ser lineales. Semejantes leyes cumplen el principio de superposición para sus soluciones, es decir, no contienen enunciados sobre las interacciones de cuerpos elementales. Las verdaderas leyes no pueden ser lineales, ni pueden derivarse de leyes de ese tipo. De la teoría de la gravitación he aprendido también que una colección de hechos empíricos, por muy cuantiosa que sea, no puede conducir a ecuaciones tan complicadas. Una teoría puede contrastarse con la experiencia, pero no hay ningún camino de la experiencia a la construcción de una teoría. Ecuaciones tan complejas como las del campo gravitacional sólo pueden hallarse encontrando una condición matemática lógicamente sencilla que determine por completo, o casi por completo, las ecuaciones. Una vez que se dispone de esas condiciones formales suficientemente fuertes, se necesita muy poco conocimiento fáctico para establecer la teoría; en el caso de las ecuaciones de la gravitación son la cuadridimensionalidad y el tensor simétrico como expresión de la estructura del espacio los que, junto con la invariancia frente al grupo de transformaciones continuas, determinan casi por entero las ecuaciones.

Nuestra tarea, por tanto, es encontrar las ecuaciones del campo para el campo total. La estructura que debemos buscar tiene que ser una generalización del tensor simétrico. El grupo no puede ser más restringido que el de las transformaciones continuas de coordenadas. Si se introduce una estructura más rica, el grupo no determinará ya las ecuaciones tan fuertemente como en el caso del tensor simétrico como estructura. Lo más hermoso, por tanto, sería lograr expandir otra vez el grupo, por analogía con el paso que ha conducido de la relatividad especial a la relatividad general. Concretamente, traté de utilizar el grupo de las transformaciones complejas de coordenadas, pero todos los intentos de este tipo fracasaron. También abandoné la tentativa de aumentar, abierta o encubiertamente, el número de dimensiones del espacio, proyecto iniciado por Kaluza y que, en su variante proyectiva, goza aún hoy de partidarios. Nosotros nos limitaremos al espacio de cuatro dimensiones y al grupo de las transformaciones reales continuas de coordenadas. Tras muchos años de búsqueda infructuosa, creo que la solución que apunto a continuación es la más satisfactoria desde el punto de vista lógico.

En lugar del tensor simétrico g_{ik} ($g_{ik} = g_{ki}$), se introduce el tensor no simétrico g_{ik}. Esta cantidad se compone de una parte simétrica s_{ik} y de una parte real o puramente imaginaria y antisimétrica g_{ik}, de la siguiente manera:

$$g_{ik} = s_{ik} + a_{ik}.$$

Desde el punto de vista del grupo, esta combinación de s y a es arbitraria, porque los tensores s y a, por separado, tienen carácter tensorial. Se comprueba, sin embargo, que estos g_{ik} (considerados como un todo) desempeñan en la construcción de la nueva teoría un papel análogo al de los g_{ik} simétricos en la teoría del campo gravitacional puro.

Esta generalización de la estructura del espacio parece también natural desde el punto de vista de nuestro conocimiento físico, pues sabemos que el campo electromagnético tiene que ver con un tensor antisimétrico.

Para la teoría de la gravitación es además esencial que a partir de los g_{ik} simétricos se pueda formar la densidad escalar $\sqrt{|g_{ik}|}$, así como el tensor contravariante g_{ik} según la definición

$$g_{ik}g^{il} = \delta_k^l \; (\delta_k^l = \text{tensor de Kronecker}).$$

Estas estructuras se pueden definir, en exacta correspondencia, para los g_{ik} no simétricos, incluidas densidades tensoriales.

En la teoría de la gravitación es además esencial que para un campo g_{ik} simétrico dado se pueda definir un Γ_{ik}^{l} que sea simétrico en los subíndices y que, geométricamente considerado, gobierne el desplazamiento paralelo de un vector. Análogamente, para los g_{ik} no simétricos se puede definir un Γ_{ik}^{l} no simétrico según la fórmula:

$$g_{ik,l} - g_{sk}\Gamma_{il}^{s} - g_{is}\Gamma_{lk}^{s} = 0 \qquad \text{(A)}$$

que concuerda con la correspondiente relación del g simétrico, sólo que aquí hay que tener en cuenta, naturalmente, la posición de los subíndices en g y Γ.

Al igual que en la teoría real (con g_{ik} simétricos) cabe formar a partir de los Γ una curvatura R_{klm}^{i}, y a partir de ésta una curvatura contraída R_{kl}. Finalmente, utilizando un principio de variación junto con (A), es posible encontrar ecuaciones de campo compatibles:

$$g^{\underset{\smile}{is}}_{\nu,s} = 0 \left(g^{\underset{\smile}{ik}} = \frac{1}{2}\left(g_{s}^{ik} - g^{ki}\right)\sqrt{|g_{ik}|} \right) \qquad \text{(B}_1\text{)}$$

$$\Gamma_{\underset{\smile}{is}}^{s} = 0 \left(\Gamma_{\underset{\smile}{is}}^{s} = \frac{1}{2}\left(\Gamma_{is}^{s} - \Gamma_{si}^{s}\right) \right) \qquad \text{(B}_2\text{)}$$

$$R_{ik} = 0 \qquad \text{(C}_1\text{)}$$

$$R_{\underset{\smile}{kl},m} = R_{\underset{\smile}{lm},k} + R_{\underset{\smile}{mk},l} = 0 \qquad \text{(C}_2\text{)}$$

Cada una de las dos ecuaciones (B_1), (B_2) es consecuencia de la otra si se satisface (A). $R_{\underline{kl}}$ representa la parte simétrica de R_{kl}, $R_{\underset{\smile}{kl}}$ la parte antisimétrica.

En el caso de que se anule la parte antisimétrica de g_{ik}, se reducen estas fórmulas a (A) y (Cl), el caso del campo gravitacional puro.

Creo que estas ecuaciones representan la generalización más

natural de las ecuaciones de la gravitación.[2] La comprobación de su utilidad física es una tarea extraordinariamente difícil, porque no sirven las aproximaciones. ¿Qué soluciones libres de singularidades en todo el espacio tienen estas ecuaciones?

Ojalá esta recapitulación haya alcanzado su finalidad de exponer al lector no sólo cómo están tramados los esfuerzos de toda una vida sino también por qué me han animado a tener determinadas expectativas.

2. Opino que la teoría aquí propuesta tiene bastantes probabilidades de confirmarse si el camino de una representación exhaustiva de la realidad física sobre la base del continuo es practicable.

VII

MIS ÚLTIMOS AÑOS
(ANTOLOGÍA)

Esta colección de ensayos fue escrita durante los últimos veinte años de la vida de Einstein, después de lograr sus mayores contribuciones a la ciencia y tras haber conseguido celebridad internacional como pensador eminente de su tiempo. A diferencia de sus anteriores trabajos, Einstein ya no anhelaba explicar los funcionamientos básicos de su mayor logro (la teoría de la relatividad), sino presentar una perspectiva histórica más amplia en el desarrollo de la física. En 1936, cuando Einstein escribió el más extenso y más detallado de estos ensayos, «Física y realidad», el mundo científico estaba sufriendo una serie de revoluciones basadas en la nueva comprensión tanto de la teoría de la relatividad de Einstein como de la mecánica cuántica.

Aunque Einstein fuera una pieza capital en el desarrollo de la física cuántica con su artículo de 1905 sobre el efecto fotoeléctrico, muy pocos de sus escritos más famosos se centran en él. Al contrario que con la relatividad, que proveía una explicación determinista a fenómenos físicos, la mecánica cuántica es probabilística desde sus fundamentos, lo cual era de difícil aceptación para Einstein. Consideremos lo que dice la física cuántica: una partícula puede existir en dos estados simultáneamente, y sólo se verá forzada a realizar una decisión particular (y además, al azar) cuando el sistema sea observado. Tales sistemas son tan incompatibles con el mundo macroscópico que Einstein proponía que si fuéramos capaces de investigar fenómenos microscópicos en las más pequeñas escalas, seríamos capaces de encontrar relaciones deterministas.

Tampoco veía con buenos ojos el hecho de que la mecánica cuántica requiera un espacio y tiempo absolutos, conceptos que eran rechazados por su propia teoría de la relatividad. Einstein, Podolsky y Rosen argumentaron un año antes que las dos teorías creaban una paradoja.

Dos partículas subatómicas creadas en un experimento de física de altas energías quedarían ligadas la una con la otra, y por tanto la observación de una «forzaría» a la otra, aun a distancias remotas, a un particular estado cuántico. Esta idea parecía sugerir que, dado que el efecto tenía que ocurrir instantáneamente, una señal entre las dos debía de viajar más rápido que la luz. Y la relatividad excluye viajes más rápidos que la luz. La interpretación moderna dice que la paradoja de Einstein-Podolsky-Rosen queda resuelta por el hecho de que no hay ninguna información fluyendo de una partícula a la otra.

Resulta evidente de sus escritos que Einstein era perfectamente consciente de que se encontraba en medio de una revolución (revolución que él mismo, en gran parte, había ayudado a llevar a cabo). Sus preocupaciones sobre los problemas filosóficos con la relatividad y la mecánica cuántica se resolvieron finalmente mediante el desarrollo de la mecánica cuántica relativista, la teoría cuántica de campos, que en última instancia forman las bases de la teoría de cuerdas. Lo que a su vez podría satisfacer el sueño de Einstein de unificar las fuerzas de la física.

1
LA TEORÍA DE LA RELATIVIDAD*

Las matemáticas tratan exclusivamente de las relaciones internas entre los conceptos, sin considerar sus relaciones con la experiencia. La física también trata con conceptos matemáticos, pero estos conceptos solo alcanzan contenido físico mediante la clara determinación de su relación con los objetos de la experiencia. Éste es, en particular, el caso de los conceptos de movimiento, espacio y tiempo.

La teoría de la relatividad es esa teoría física que se basa en una interpretación física consistente de estos tres conceptos. El nombre «teoría de la relatividad» está relacionado con el hecho de que, desde el punto de vista de la experiencia posible, el movimiento aparece siempre como movimiento *relativo* de un objeto con respecto a otro (e.g., de un automóvil con respecto al suelo, o de la Tierra con respecto al Sol y las estrellas fijas). El movimiento no es nunca observable como «movimiento con respecto al espacio» o, como se ha expresado, como «movimiento absoluto». El «principio de relatividad» en su sentido más amplio está contenido en el enunciado: La totalidad de los fenómenos físicos es de un carácter tal que no da base para la introducción del concepto de «movimiento absoluto»; o de forma más corta pero menos precisa: No hay movimiento absoluto.

Podría parecer que nuestra intuición no va a ganar mucho con semejante enunciado negativo. Sin embargo, dicho enunciado su-

* «Relativity: Essence of the Theory of Relativity», *The American People's Encyclopedia*, XVI, Chicago, 1949.

pone una fuerte restricción para las leyes (concebibles) de la naturaleza. En este sentido existe una analogía entre la teoría de la relatividad y la termodinámica. La última también se basa en un enunciado negativo: «No existe un perpetuum mobile».

El desarrollo de la teoría de la relatividad procedió en dos pasos, la «teoría de la relatividad especial» y la «teoría de la relatividad general». La última presupone la validez de la primera como un caso límite y es su continuación consistente.

TEORÍA DE LA RELATIVIDAD ESPECIAL

LA INTERPRETACIÓN FÍSICA DEL ESPACIO Y EL TIEMPO EN MECÁNICA CLÁSICA

La geometría, desde un punto de vista físico, consiste en la totalidad de las leyes de acuerdo con las cuales unos cuerpos rígidos mutuamente en reposo pueden situarse con respecto a los demás (e.g., un triángulo consiste en tres varillas cuyos extremos están en contacto permanente). Se supone que con tal interpretación las leyes euclidianas son válidas. El «espacio» en esta interpretación es en principio un cuerpo rígido (o esqueleto) infinito al que se refiere la posición de todos los demás cuerpos (cuerpo de referencia). La geometría analítica (Descartes) utiliza como cuerpo de referencia, que representa al espacio, tres varillas rígidas mutuamente perpendiculares sobre las que se miden las coordenadas (x, y, z) de los puntos del espacio de la manera conocida como proyecciones perpendiculares (con la ayuda de una unidad-de-medida rígida).

La física trabaja con «sucesos» en el espacio y en el tiempo. A cada suceso pertenece, además de sus coordenadas de lugar x, y, z, un valor del tiempo t. Este último se consideraba medible por un reloj (un proceso periódico ideal) de extensión espacial despreciable.

Este reloj *C* debe considerarse en reposo en un punto del sistema de coordenadas, e.g., en el origen de coordenadas ($x=y=z=O$). El tiempo de un suceso que tiene lugar en un punto P (x, y, z) se define entonces como el tiempo que se muestra en el reloj *C* simultáneamente con el suceso. Aquí se daba por hecho que el concepto de «simultáneo» es físicamente significativo sin una definición especial. Si esta falta de exactitud parece inocua es sólo porque, con ayuda de la luz (cuya velocidad es prácticamente infinita desde el punto de vista de la experiencia diaria), parece posible definir inmediatamente la simultaneidad de sucesos espacialmente distantes. La teoría de la relatividad especial elimina esta falta de precisión dando una definición física de simultaneidad con el uso de señales luminosas. El tiempo *t* del suceso en *P* es la lectura del reloj *C* en el instante de llegada de una señal luminosa emitida desde el suceso, corregido teniendo en cuenta el tiempo necesario para que la señal luminosa recorra la distancia. Esta corrección presupone (postula) que la velocidad de la luz es constante.

Esta definición reduce el concepto de simultaneidad de sucesos espacialmente distantes al de simultaneidad de sucesos que ocurren en el mismo lugar (coincidencia), a saber: la llegada de la señal luminosa en *C* y la lectura de *C*.

La mecánica clásica se basa en el principio de Galileo: Un cuerpo está en movimiento rectilíneo y uniforme mientras otros cuerpos no actúan sobre él. Este enunciado no puede ser válido para sistemas de coordenadas con movimiento arbitrario. Sólo puede pretender validez para los denominados «sistemas inerciales». Los sistemas inerciales están en movimiento rectilíneo y uniforme con respecto a otros sistemas inerciales. En física clásica las leyes pretenden validez sólo con respecto a todos los sistemas inerciales (principio de relatividad especial).

Ahora es fácil de entender el dilema que ha llevado a la teoría de la relatividad especial. Experiencia y teoría han llevado poco a poco al convencimiento de que la luz en el espacio vacío viaja siempre con la misma velocidad c independiente de su color y del estado de movimiento de la fuente luminosa (principio de constancia de la velocidad de la luz—al que en lo sucesivo llamaremos «principio L»). Ahora bien, consideraciones intuitivas elementales parecen mostrar que el mismo rayo luminoso no puede moverse con la misma velocidad c con respecto a todos los sistemas inerciales: el principio L parece contradecir el principio de relatividad especial.

Resulta, sin embargo, que ésta es sólo una contradicción aparente, basada esencialmente en el prejuicio sobre el carácter absoluto del tiempo o, más bien, de la simultaneidad de sucesos distantes. Acabamos de ver que las x, y, z y t de un suceso sólo pueden ser definidas, por el momento, con respecto a un cierto sistema de coordenadas escogido (sistema inercial). La transformación de las x, y, z, t de sucesos que debe realizarse al pasar de un sistema inercial a otro (transformación de coordenadas), es un problema que no puede resolverse sin hipótesis físicas especiales. Sin embargo, el siguiente postulado es exactamente lo que hace falta para una solución: *El principio L es válido para todos los sistemas inerciales* (aplicación del principio de relatividad especial al principio L). Las transformaciones así definidas, que son lineales en x, y, z, t se denominan transformaciones de Lorentz. Las transformaciones de Lorentz se caracterizan formalmente por la exigencia de que la expresión

$$dx^2 + dy^2 + dz^2 - c^2dt^2,$$

formada a partir de las diferencias de coordenadas dx, dy, dz, dt de dos sucesos infinitamente próximos, sea invariante (i.e., que mediante la transformación se llega a la *misma* expresión formada a partir de las diferencias de coordenadas en el nuevo sistema).

Con la ayuda de las transformaciones de Lorentz el principio de relatividad especial puede expresarse así: Las leyes de la naturaleza son invariantes con respecto a transformaciones de Lorentz (i.e., una ley de la Naturaleza no cambia su forma si introducimos en ella un nuevo sistema inercial con la ayuda de una transformación de Lorentz sobre *x, y, z, t*.)

La teoría de la relatividad especial ha llevado a una clara comprensión de los conceptos físicos de espacio y tiempo y, en conexión con esto, a un reconocimiento del comportamiento de varas de medir y relojes en movimiento. En principio ha eliminado el concepto de simultaneidad absoluta y con ello también el de acción instantánea a distancia en el sentido de Newton. Ha mostrado cómo debe modificarse la ley de movimiento al tratar con movimientos que no son despreciablemente pequeños comparados con la velocidad de la luz. Ha llevado a una clarificación formal de las ecuaciones de Maxwell del campo electromagnético; en particular ha llevado a una comprensión de la unicidad esencial del campo eléctrico y magnético. Ha unificado las leyes de conservación del momento y de la energía en una única ley y ha demostrado la equivalencia de masa y energía. Desde un punto de vista formal se puede caracterizar el logro de la teoría de la relatividad especial así: ha *mostrado* en general el papel que la constante universal *c* (velocidad de la luz) desempeña en las leyes de la naturaleza y ha demostrado que existe una estrecha relación entre la forma en que el tiempo, por una parte, y las coordenadas espaciales, por otra, entran en las leyes de la Naturaleza.

LA TEORÍA DE LA RELATIVIDAD GENERAL

La teoría de la relatividad especial retenía las bases de la mecánica clásica en cuanto a un punto fundamental; éste era el enunciado: Las leyes de la naturaleza son válidas sólo con respecto a sistemas inerciales. Las transformaciones «permisibles» para las coordenadas (i.e., aquéllas que no cambian la forma de las leyes) son *exclusivamente* las transformaciones de Lorentz (lineales). ¿Está esta restricción fundada realmente en hechos físicos? El siguiente argumento lo niega de forma convincente.

Principio de equivalencia. Un cuerpo tiene una masa inercial (resistencia a la aceleración) y una masa pesante (que determina el peso del cuerpo en un campo gravitatorio dado, e.g., el campo en la superficie de la Tierra). La experiencia dice que estas dos magnitudes, tan diferentes según su definición, se miden por un mismo número. Debe haber una razón muy profunda para ello. El hecho también puede describirse así: En un campo gravitatorio, masas diferentes reciben la misma aceleración. Finalmente, también puede expresarse así: Los cuerpos en un campo gravitatorio se comportan como lo harían en ausencia de campo gravitatorio si, en este segundo caso, el sistema de referencia utilizado es un sistema de coordenadas uniformemente acelerado (en lugar de un sistema inercial).

Parece, por consiguiente, que no hay razón para prohibir la siguiente interpretación del segundo caso. Se considera el sistema como si estuviera «en reposo» y se considera el campo gravitatorio «aparente» que existe con respecto a él como si fuera un campo «real». Por supuesto, este campo gravitatorio «generado» por la aceleración del sistema de coordenadas sería de extensión ilimitada, de tal manera que no podría ser causado por masas gravitatorias en una región finita; sin embargo, si estamos buscando una teoría de tipo campo, este hecho no tiene que detenernos. Con esta interpretación el sistema inercial pierde su significado y se tiene una «explicación» para la igualdad de masa pesante y masa inerte (la misma propiedad de la materia aparece como peso o como inercia dependiendo del modo de descripción).

Considerada formalmente, la admisión de un sistema de coordenadas que está acelerado con respecto a las coordenadas «inerciales» originales significa la admisión de transformaciones de coordenadas no lineales, y con ello una potente ampliación de la idea de invariancia, i.e., el principio de relatividad.

En primer lugar, una discusión detallada, utilizando los resultados de la teoría de la relatividad especial, demuestra que con dicha generalización las coordenadas ya no pueden ser interpretadas directamente como los resultados de medidas. Sólo la diferencia de coordenadas junto con las cantidades del campo que describen el campo gravitatorio determinan distancias medibles entre sucesos. Una vez que uno se ha visto obligado a admitir transformaciones de coordenadas no lineales como transformaciones entre sistemas de coordenadas equivalentes, la exigencia más sencilla parece ser la de admitir todas las transformaciones de coordenadas continuas (que forman un grupo), i.e., admitir sistemas de coordenadas curvilíneas en las que los campos se describen mediante funciones regulares (principio de la relatividad general).

Ahora no es difícil entender por qué el principio de relatividad general (*sobre la base del principio de equivalencia*) ha llevado a una teoría de la gravitación. Hay un tipo especial de espacio cuya estructura física (campo) podemos presuponer conocida de forma precisa sobre la base de la teoría de la relatividad especial. Éste es el espacio vacío sin campo electromagnético y sin materia. Está completamente determinado por su propiedad «métrica»: Sean dx_0, dy_0, dz_0, dt_0 las diferencias de coordenadas de dos puntos (sucesos) infinitamente próximos; entonces

$$(1) \qquad ds^2 = dx_0^2 + dy_0^2 + dz_0^2 - c^2 dt_0^2$$

es una cantidad medible que es independiente de la elección concreta del sistema inercial. Si uno introduce en este espacio las nuevas coordenadas x_1, x_2, x_3, x_4 a través de una transformación de coordenadas general, entonces la cantidad ds^2 para el mismo par de puntos tiene una expresión de la forma

(2) $$ds^2 = \sum g_{ik} dx^i dx^k$$

donde $g_{ik} = g_{kl}$. Las g_{ik} que forman un «tensor simétrico» y son funciones continuas de x_1, x_2, x_3, x_4 describen entonces, según el principio de equivalencia, un campo gravitatorio de un tipo especial (a saber, uno que puede re-transformarse en la forma (1)). De las investigaciones de Riemann sobre espacios métricos pueden darse exactamente las propiedades matemáticas de este campo g_{ik} («condición de Riemann»). Sin embargo, lo que estamos buscando son las ecuaciones satisfechas por campos gravitatorios «generales». Es natural suponer que también pueden describirse como campos tensoriales del tipo g_{ik}, que en general *no* admiten una transformación en la forma (1), i.e., que no satisfacen la «condición de Riemann», sino condiciones más débiles, que, como la condición de Riemann, son independientes de la elección de coordenadas (i.e., son generalmente invariantes). Una simple consideración formal lleva a condiciones más débiles que están íntimamente relacionadas con la condición de Riemann. Estas condiciones son las ecuaciones mismas del campo gravitatorio puro (en el exterior de la materia y en ausencia de un campo electromagnético).

Estas ecuaciones dan las ecuaciones de Newton de la mecánica gravitatoria como una ley aproximada, y además dan ciertos pequeños efectos que han sido confirmados por la observación (desviación de la luz por el campo gravitatorio de una estrella, influencia del campo gravitatorio sobre la frecuencia de la luz emitida, lenta rotación de las trayectorias elípticas de los planetas, movimiento del perihelio del planeta Mercurio). Dan además una explicación para el movimiento en expansión de los sistemas galácticos, que se manifiesta en el desplazamiento hacia el rojo de la luz emitida desde estos sistemas.

La teoría de la relatividad general está todavía incompleta en tanto que sólo ha sido capaz de aplicar satisfactoriamente el principio de relatividad general a campos gravitatorios, pero no al campo total. Aun no sabemos con certeza mediante qué mecanismo matemático debe describirse el campo total en el espacio y cuáles son las leyes generales invariantes a las que está sometido este campo total. Una cosa, no obstante, parece cierta: que el principio de relatividad general se mostrará como una herramienta necesaria y efectiva para la solución de los problemas del campo total.

2

$E = Mc^2$*

Para entender la ley de la equivalencia de masa y energía debemos retroceder hasta dos principios de conservación o «balance» que, independientes uno de otro, mantenían un alto lugar en la física prerelativista. Estos eran el principio de conservación de la energía y el principio de conservación de la masa. El primero de estos, avanzado por Leibniz ya en el siglo XVII, fue desarrollado en el siglo XIX esencialmente como un corolario de un principio de mecánica.

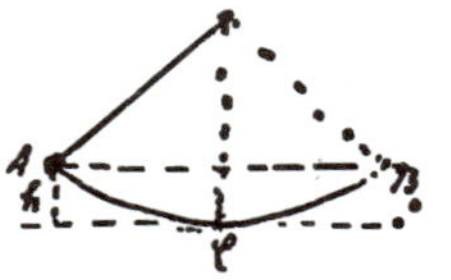

Dibujo del manuscrito del Dr. Einstein

Consideremos, por ejemplo, un péndulo cuya masa oscila de un lado a otro entre los puntos A y B. En estos puntos la masa m se encuentra a una altura que supera en una cantidad h a la altura a la que se encuentra en el punto C, el punto más bajo de la trayectoria (ver el dibujo). Por otra parte, en C ha desaparecido esa elevación y en su lugar la masa tiene una velocidad v. Es como si la elevación en altura pudiera convertirse totalmente en velocidad, y viceversa. La

* «$E = Mc^2$», en *Science Illustrated*, abril de 1946.

relación exacta se expresaría como $mgh = \frac{m}{2}v^2$, donde g representa la aceleración de la gravedad. Lo interesante aquí es que esta relación es independiente tanto de la longitud del péndulo como de la forma de la trayectoria en la que se mueve la masa.

Lo importante es que algo permanece constante a lo largo del proceso, y ese algo es la energía. En A y en B es una energía de posición, o energía «potencial»; en C es una energía de movimiento, o energía «cinética». Si este concepto es correcto, entonces la suma $mgh + m\frac{v^2}{2}$ debe tener el mismo valor para cualquier posición del péndulo, si se entiende que ahora h representa la altura por encima de C y v representa la velocidad en ese punto de la trayectoria del péndulo. La generalización de este principio nos da la ley de conservación de la energía mecánica. Pero ¿qué sucede cuando la fricción frena el péndulo?

La respuesta a esto se encontró en el estudio de los fenómenos térmicos. Dicho estudio, basado en la hipótesis de que el calor es una sustancia indestructible que fluye de un objeto más caliente a otro más frío, parecía darnos un principio de «conservación del calor». Por otra parte, desde tiempos inmemoriales se ha sabido que el calor podía producirse por fricción, como en los taladros para hacer fuego que utilizan los indios. Durante mucho tiempo los físicos fueron incapaces de explicar este tipo de «producción» de calor. Sus dificultades sólo fueron superadas cuando se estableció de forma satisfactoria que, para producir una cantidad dada de calor por fricción, había que gastar una cantidad de energía exactamente proporcional. Así llegamos a un principio de «equivalencia de trabajo y calor». En nuestro péndulo, por ejemplo, la energía mecánica es convertida poco a poco en calor por la fricción.

De esa manera, los principios de conservación de las energías mecánica y térmica se fundieron en uno. Inmediatamente los físicos se convencieron de que el principio de conservación podría ampliarse todavía más para incluir procesos químicos y electromagnéticos —en resumen, podría aplicarse a todos los campos. Parecía que en nuestro sistema físico había una suma total de energías que permanecía constante a través de todos los cambios que pudieran ocurrir.

Llegamos ahora al principio de conservación. La masa se define por la resistencia que opone un cuerpo a su aceleración (masa inerte). También se mide por el peso del cuerpo (masa pesante). Que estas dos definiciones radicalmente diferentes lleven al mismo valor para la masa de un cuerpo es, en sí mismo, un hecho sorprendente. De acuerdo con el principio —a saber, que las masas permanecen invariables bajo cualquier cambio físico o químico— la masa parecía ser la cualidad esencial (pues no varía) de la materia. El calentamiento, la fusión, la vaporización o la combinación en compuestos químicos no cambiarían la masa total.

Los físicos aceptaban este principio hasta hace unas pocas décadas. Pero el mismo se mostró inadecuado frente a la teoría de la relatividad especial. Por consiguiente se fusionó con el principio de la energía, igual que, unos 60 años antes, el principio de conservación de la energía mecánica se había combinado con el principio de conservación del calor. Podríamos decir que el principio de la conservación de la energía, que había absorbido previamente al de conservación del calor, procedía ahora a absorber al de conservación de la masa y deja al campo solo.

Es costumbre expresar la equivalencia de masa y energía (aunque de forma algo inexacta) por la fórmula $E=mc^2$, en la que c representa la velocidad de la luz, unos 300.000 kilómetros por segundo. E es la energía contenida en un cuerpo en reposo; m es su masa. La energía que pertenece a la masa m es igual a dicha masa multiplicada por el cuadrado de la enorme velocidad de la luz, lo que supone una enorme cantidad de energía por cada unidad de masa.

Pero si cada gramo de material contiene esta tremenda energía, ¿por qué pasó tanto tiempo inadvertida? La respuesta es bastante simple: mientras nada de la energía se cede al exterior, no puede ser observada. Es como si un hombre que fuera fabulosamente rico nunca gastara o diera un céntimo; nadie podría decir cuán rico era.

Ahora bien, podemos invertir la relación y ver que un incremento de E en la cantidad de energía debe ir acompañado por un incremento de $\frac{E}{c^2}$ en la masa. Yo puedo fácilmente suministrar energía a la masa—por ejemplo, si yo la caliento hasta que su temperatura suba 10 grados. Entonces, ¿por qué no medir el incremento de masa, o el incremento de peso, relacionado con este cambio? El problema aquí es que en el incremento de masa el enorme factor c^2 aparece en el denominador de la fracción. En tal caso el incremento es demasiado pequeño para ser medido directamente; ni siquiera con la balanza más sensible.

Para que un incremento de masa sea medible, el cambio en energía por unidad de masa debe ser extraordinariamente grande. Sólo sabemos de un proceso en el que se liberan tales cantidades de energía por unidad masa: la desintegración radiactiva. Esquemáticamente, el proceso va así: Un átomo de masa M se divide en dos átomos de masas M' y M'', que se separan con enorme energía cinética. Si imaginamos que estas masas llegan al reposo —es decir, si les quitamos su energía de movimiento— entonces, consideradas juntas, son esencialmente más pobres en energía que lo era el átomo original. Según el principio de equivalencia, la suma de las masas $M' + M''$ de los productos de la desintegración debe ser también algo menor que la masa original M del átomo que se ha desintegrado, en contradicción con el viejo principio de conservación de la masa. La diferencia relativa de las dos es del orden de 1/10 de un 1 por 100.

En realidad no podemos pesar los átomos individualmente. Sin embargo, hay métodos indirectos para medir sus pesos exactamente. Análogamente, podemos determinar las energías cinéticas que son transferidas a los productos de la desintegración *M'* y *M''*. Así se ha hecho posible poner a prueba y confirmar la fórmula de la equivalencia. Asimismo, las leyes nos permiten calcular por adelantado, a partir de pesos atómicos determinados con precisión, cuánta energía será liberada en cualquier desintegración atómica en la que pensemos. La ley no dice nada, por supuesto, acerca de si —o cómo— puede producirse la reacción de desintegración.

Lo que sucede puede ilustrarse con la ayuda de nuestro hombre rico. El átomo *M* es un rico avaro que durante su vida no dona dinero (*energía*). Pero en su testamento deja su fortuna a sus hijos *M'* y *M''* con la condición de que donen a la comunidad una pequeña cantidad, menos de una milésima parte del legado total (*energía o masa*). Los hijos juntos tienen algo menos de lo que tenía el padre (*la suma de las masas M' + M'' es algo menor que la masa M del átomo radiactivo*). Pero la parte cedida a la comunidad, aunque relativamente pequeña, es aún tan enormemente grande (*considerada como energía cinética*) que conlleva una gran amenaza de catástrofe. Evitar esa amenaza se ha convertido en el problema más urgente de nuestro tiempo.

3

¿QUÉ ES LA TEORÍA DE LA RELATIVIDAD?*

Con mucho gusto accedo a la petición que me hace su colega de escribir algunas palabras sobre relatividad para *The Times*. Tras la lamentable ruptura del diálogo entre los hombre de ciencia, aprovecho esta oportunidad para expresar mis sentimientos de alegría y mi gratitud hacia los astrónomos y físicos de Inglaterra. Es propio de la gran y orgullosa tradición del trabajo científico en su país que científicos eminentes dediquen tiempo y esfuerzo, y sus instituciones científicas no ahorren gastos, para comprobar las implicaciones de una teoría que fue completada y publicada durante la Guerra en la tierra de sus enemigos. Aunque la investigación de los efectos del campo gravitatorio del Sol sobre los rayos luminosos es una cuestión objetiva, yo no puedo dejar de expresar mi agradecimiento personal a mis colegas ingleses por su trabajo, pues sin éste difícilmente hubiera podido ver comprobada en el curso de mi vida la consecuencia más importante de mi teoría.

Podemos distinguir varios tipos de teorías en física. La mayoría de ellas son constructivas. Intentan construir una imagen de los fenómenos más complejos a partir de materiales de un esquema formal relativamente simple. Así, la teoría cinética de los gases trata de reducir los procesos mecánicos, térmicos y difusivos a movimientos de moléculas; es decir, trata de construirlos a partir de la

* «My Theorie», *Times*, 28 de noviembre de 1919.

hipótesis del movimiento molecular. Cuando decimos que hemos conseguido entender un conjunto de procesos naturales, invariablemente queremos decir que se ha encontrado una teoría constructiva que abarca los procesos en cuestión.

Además de esta clase muy importante de teorías, existe una segunda clase a la que llamaré «teorías de principio». Éstas utilizan el método analítico, no el sintético. Los elementos que constituyen su base y punto de partida son características generales de procesos naturales que no se construyen hipotéticamente sino que se descubren empíricamente; estos principios dan lugar a criterios formulados matemáticamente que deben ser satisfechos por los procesos individuales o por sus representaciones teóricas. Por ejemplo, la ciencia de la termodinámica parte de un hecho de experiencia universal, como es la imposibilidad del movimiento perpetuo, y a partir de ello trata de deducir, por medios analíticos, conexiones necesarias que deben satisfacer los sucesos individuales.

Las ventajas de la teoría constructiva son la completitud, la adaptabilidad y la claridad; las de la teoría de principios son la perfección lógica y la seguridad de los fundamentos.

La teoría de la relatividad pertenece a la segunda clase. Para captar su naturaleza debemos ante todo familiarizarnos con los principios en los que está basada. Sin embargo, antes de entrar en ello debo recordar que la teoría de la relatividad se parece a un edificio de dos plantas, la teoría especial y la teoría general. La teoría especial, sobre la que descansa la teoría general, se aplica a todos los fenómenos físicos con excepción de la gravitación; la teoría general proporciona la ley de gravitación y sus relaciones con las otras fuerzas de la naturaleza.

Es bien sabido desde los tiempos de la Grecia antigua que para describir el movimiento de un cuerpo se necesita un segundo cuerpo al que referir el movimiento del primero. El movimiento de un vehículo se considera en referencia a la superficie de la Tierra; el de un planeta se refiere a la totalidad de las estrellas fijas visibles. En física se denomina sistema de coordenadas al cuerpo al que están referidos espacialmente los sucesos. Las leyes de la mecánica de Galileo y Newton, por ejemplo, sólo pueden formularse con la ayuda de un sistema de coordenadas.

Sin embargo, para que las leyes de la mecánica sean válidas el estado de movimiento del sistema de coordenadas no puede escogerse arbitrariamente: debe estar libre de rotación y aceleración. Un sistema de coordenadas admisible en mecánica se denomina «sistema inercial». Según la mecánica, el estado de movimiento de un sistema inercial no está unívocamente determinado por la naturaleza. Por el contrario, es válida la siguiente definición: un sistema de coordenadas que se mueve uniformemente y en línea recta con respecto a un sistema inercial es también un sistema inercial. Se entiende por «principio de relatividad especial» la generalización de esta definición para incluir cualquier suceso natural: así, toda ley universal de la naturaleza que es válida con relación a un sistema de coordenadas *C*, también debe ser válida, en la misma forma, con relación a un sistema de coordenadas *C*' que está en movimiento de traslación uniforme con respecto a *C*.

El segundo principio sobre el que descansa la relatividad especial es el «principio de constancia de la velocidad de la luz en el vacío». Este principio afirma que la luz en el vacío siempre tiene una velocidad de propagación determinada (independiente del estado de movimiento del observador o de la fuente de la luz). La confianza que tienen los físicos en este principio deriva de los éxitos conseguidos por la electrodinámica de Clerk Maxwell y Lorentz.

Los dos principios mencionados están firmemente apoyados por la experiencia, aunque parecen difíciles de reconciliar lógicamente. La teoría de la relatividad especial consiguió reconciliarlos mediante una modificación de la cinemática —i.e., de la doctrina de las leyes relativas al espacio y el tiempo (desde el punto de vista de la física)—. Quedó claro que hablar de la simultaneidad de dos sucesos no tenía significado salvo en el caso en que se refiriesen a un mismo sistema de coordenadas, y que la forma de los aparatos de medida y la velocidad a la que se mueven los relojes depende de su estado de movimiento con respecto al sistema de coordenadas.

Pero la vieja física, incluidas las leyes de movimiento de Galileo y Newton, no encajaba en la dinámica relativista sugerida. De esta última se seguían condiciones matemáticas generales a las que debían conformarse las leyes naturales si los dos principios antes mencionados son realmente válidos. Había que adaptar la física a éstos. En particular, los científicos llegaron a una nueva ley de movimiento para masas puntuales (en movimiento rápido) que fue admirablemente confirmada en el caso de partículas cargadas eléctricamente. El resultado más importante de la teoría de la relatividad especial concernía a la masa inerte de sistemas corpóreos. Resultó que la inercia de un sistema depende necesariamente de su contenido de energía, y esto llevó directamente a la idea de que la masa inerte es simplemente energía latente. El principio de conservación de la masa perdió su independencia y se fusionó con el de conservación de la energía.

No obstante, la teoría de la relatividad especial, que era simplemente un desarrollo sistemático de la electrodinámica de Clerk Maxwell y Lorentz, tenía mayor alcance. La independencia de las leyes físicas del estado de movimiento del sistema de coordenadas, ¿debería estar restringida al movimiento de traslación uniforme de unos sistemas de coordenadas con respecto a otros? ¿Qué tiene que ver la naturaleza con nuestros sistemas de coordenadas y su estado de movimiento? Si para describir la naturaleza es necesario hacer uso de un sistema de coordenadas arbitrariamente introducido por nosotros, entonces la elección de su estado de movimiento no debería estar sometida a ninguna restricción: las leyes deberían ser totalmente independientes de esta elección (principio de relatividad general).

El establecimiento de este principio de relatividad general se hace más fácil por un hecho de experiencia conocido desde hace tiempo, a saber, que el peso y la inercia de un cuerpo están controlados por la misma constante. (Igualdad de masas inerte y gravitatoria.) Imaginemos un sistema de coordenadas que está rotando uniformemente con respecto a un sistema inercial en el sentido newtoniano. Las fuerzas centrífugas que se manifiestan en dicho sistema deben ser consideradas, según las enseñanzas de Newton, como efectos de la inercia. Pero dichas fuerzas centrífugas son, exactamente igual que las fuerzas gravitatorias, proporcionales a las masas de los cuerpos. ¿No debería ser posible en este caso considerar el sistema de coordenadas estacionario y las fuerzas centrífugas como fuerzas gravitatorias? Ésta parece la visión obvia, pero la mecánica clásica la prohíbe.

Esta breve consideración sugiere que una teoría de la relatividad general debe proporcionar las leyes de la gravitación, y las consecuencias de la idea han justificado nuestras esperanzas.

Pero el camino era más espinoso de lo que se podía suponer, porque exigía el abandono de la geometría euclidiana. Es decir, las leyes de acuerdo con las cuales pueden disponerse los cuerpos en el espacio no están en completo acuerdo con las leyes espaciales que la geometría euclidiana atribuye a los cuerpos. Eso es lo que queremos decir cuando hablamos de la «curvatura del espacio». Los conceptos fundamentales de «línea recta», «plano», etc., pierden con ello su significado preciso en física.

En la teoría de la relatividad general la doctrina del espacio y el tiempo, o cinemática, ya no figura como un fundamento independiente del resto de la física. El comportamiento geométrico de los cuerpos y el movimiento de los relojes depende de los campos gravitatorios, que a su vez son producidos por la materia.

La nueva teoría de la gravitación difiere considerablemente, en lo que concierne a los principios, de la teoría de Newton. Pero sus resultados prácticos concuerdan tan bien con los de la teoría de Newton que es difícil encontrar criterios para distinguirlas que sean accesibles a la experiencia. Hasta ahora se han encontrado los siguientes:

En la precesión de las elipses de las órbitas planetarias en torno al Sol (confirmado en el caso de Mercurio).

En la curvatura de los rayos luminosos por la acción de campos gravitatorios (confirmada por las fotografías inglesas de los eclipses).

En un desplazamiento de las líneas espectrales hacia el extremo rojo del espectro en el caso de la luz que nos llega procedente de estrellas de magnitud considerable (no confirmado hasta ahora).[1]

El principal atractivo de la teoría está en su compleción lógica. Basta que se pruebe la falsedad de una sola de las conclusiones que se siguen de ella para que la teoría deba ser abandonada; modificarla sin destruir la estructura entera parece imposible.

Que nadie suponga, no obstante, que el majestuoso trabajo de Newton puede ser superado por ésta o cualquier otra teoría. Sus grandes y lúcidas ideas conservarán siempre su importancia singular como fundamento de toda nuestra moderna estructura conceptual en la esfera de la filosofía natural.

NOTA: Algunas de las afirmaciones en su artículo concernientes a mi vida y mi persona deben su origen a la viva imaginación del autor. He aquí otra aplicación del principio de relatividad para delectación del lector: Hoy se me describe en Alemania como un «sabio alemán», y en Inglaterra como un «judío suizo». Pero si el destino me llevara a ser representado como una *bête noire*, yo me convertiría, por el contrario, en un «judío suizo» para los alemanes y un «sabio alemán» para los ingleses.

1. También este criterio ha sido confirmado desde entonces. *(N. del ed.)*

4
FÍSICA Y REALIDAD*

I. CONSIDERACIONES GENERALES SOBRE EL MÉTODO DE LA CIENCIA

A menudo se ha dicho, y no sin justificación por cierto, que el hombre de ciencia es un filósofo de mala calidad. ¿Por qué el físico no deja pues que el filósofo se entregue a la tarea de filosofar? Esto bien puede ser lo correcto en momentos en que el físico cree tener a su disposición un sistema rígido de conceptos y leyes fundamentales, tan bien establecidos que ninguna duda puede tocarlos. Pero puede no serlo en un momento en que las bases mismas de la física se han vuelto tan problemáticas como lo son hoy. En tiempos como el presente, cuando la experiencia nos compele a buscar una nueva y más sólida fundamentación, el físico no puede simplemente entregar al filósofo la contemplación crítica de los fundamentos teóricos, porque nadie mejor que él puede explicar con mayor acierto dónde le aprieta el zapato. En su búsqueda de un nuevo fundamento, el físico se verá obligado a poner bien en claro hasta qué punto están justificados y constituyen verdaderas necesidades los conceptos que utiliza.

El conjunto de la ciencia es, tan sólo, un refinamiento del pen-

* «Physik und Realität», *The Journal of the Franklin Institute 221*, n.° 3 (marzo de 1936), pp. 313-347.

samiento de cada día. Por este motivo el pensamiento crítico del físico no ha de ser restringido, en lo posible, al mero examen de los conceptos que pertenecen a su propio campo de acción. Resultará imposible para el científico avanzar sin la previa consideración crítica de un problema verdaderamente arduo: el problema de analizar la naturaleza del pensamiento de cada día.

Nuestra experiencia psicológica nos ofrece experiencias sensoriales, imágenes de ellas, recuerdos y sentimientos. A diferencia de la psicología, la física se ocupa directamente sólo de las experiencias sensoriales y de la «comprensión» de sus conexiones. Pero con todo, el concepto de «mundo real externo» que existe en el pensamiento de cada día reposa en forma exclusiva sobre impresiones sensoriales.

En primer término debemos subrayar que la diferenciación entre impresiones sensoriales e imágenes no es posible o, al menos, no es posible establecerla con absoluta seguridad. Con la discusión de este problema, que también afecta a nuestra noción de la realidad, no adelantaríamos mucho, de modo que consideraremos como un hecho dado la existencia de experiencias sensoriales, o sea unas experiencias psíquicas de tipo especial.

Creo que el primer paso para el establecimiento de un «mundo exterior real» es la formación del concepto de objetos materiales y de objetos materiales de distintos tipos. De entre la multitud de nuestras experiencias sensoriales, mental y arbitrariamente, escogemos ciertos conjuntos de impresiones sensoriales que se repiten (en parte en conjunción con impresiones sensoriales que son interpretadas como signos de experiencias sensoriales de otros) y relacionamos con ellos un concepto: el concepto de objeto material. Si lo consideramos desde el punto de vista lógico, veremos que este concepto no es idéntico a la totalidad de las impresiones sensoriales que a él se refieren; se trata de una libre creación de la mente humana (o animal). Por otra parte, este concepto debe su significado y su justificación, en forma exclusiva, a la totalidad de las impresiones sensoriales que asociamos con él.

El segundo paso nos lleva a considerar que, en nuestro pensamiento (que es el que determina nuestras expectativas), atribuimos a ese concepto de objeto material una significación que en muy alto grado es independiente de las impresiones sensoriales que originalmente lo han conformado. A esto hacemos referencia cuando atribuimos al objeto material «una existencia real». El proceso hasta aquí descrito se justifica exclusivamente por el hecho de que, mediante esos conceptos y las relaciones mentales existentes entre ellos, nos hallamos en condiciones adecuadas para orientarnos en el laberinto de las impresiones sensoriales. Aun cuando son creaciones mentales libres, estas nociones y relaciones nos parecen más sólidas y más inalterables que la experiencia sensorial individual en sí misma, a la que jamás se le puede garantizar por completo que no sea una ilusión o fruto de una alucinación. Además, estos conceptos y relaciones, y también la postulación de objetos reales y, hablando de manera general de la existencia del «mundo real», están justificados exclusivamente en la medida en que se conecten con impresiones sensoriales entre las cuales configuran una conexión mental.

La totalidad de nuestras experiencias sensoriales (uso de conceptos, creación y empleo de relaciones funcionales definidas entre ellos y la coordinación de las experiencias sensoriales con esos conceptos) pueden ser puestas en orden mediante un proceso mental: este hecho en sí tiene una naturaleza que nos llena de reverente temor, porque jamás seremos capaces de comprenderlo por completo. Bien se podría decir que «el eterno misterio del mundo es su comprensibilidad». Uno de los más importantes logros de Emmanuel Kant ha sido postular que el mundo externo real carecería de sentido si careciera de comprensibilidad.

Aquí, al hablar de comprensibilidad, la expresión está utilizada en su sentido más modesto. En este caso, la palabra implica la creación de cierto orden en las impresiones sensoriales; un orden que se produce por la creación de conceptos generales, de relaciones entre dichos conceptos y de relaciones definidas de cierta clase entre los conceptos y la experiencia sensorial. En este sentido es comprensible el mundo de nuestras experiencias sensoriales. El hecho de que sea comprensible es un milagro.

En mi opinión no se puede decir nada a priori con respecto al modo en que deben formarse y conectarse los conceptos ni a la manera en que debemos coordinarlos con las experiencias sensoriales. La única guía posible en la creación de ese orden, el único factor determinante, es el éxito. Todo lo que se necesita es fijar un conjunto de normas, porque sin esas normas sería imposible adquirir el conocimiento orientado en el sentido en que nos interesa. Se puede establecer una comparación entre esas reglas y las reglas de un juego en el que, si bien las normas en sí mismas son arbitrarias, su rigidez es lo único que hace posible el juego. Sin embargo, el establecimiento de las normas nunca podrá ser definitivo. Tendrá que tener validez tan sólo para un campo especial de aplicación (es decir, que no existen categorías últimas en el sentido que Kant adjudicara a este término).

La conexión de los conceptos elementales del pensamiento cotidiano con los conjuntos de experiencias sensoriales sólo puede ser comprendida por vía intuitiva y no puede fijarse científicamente. La totalidad de estas conexiones —ninguna de las cuales es expresable en términos conceptuales— es lo único que diferencia el gran edificio de la ciencia de un esquema de conceptos lógico pero vacío. Gracias a esas conexiones, las proposiciones puramente conceptuales de la ciencia se convierten en enunciados generales acerca de conjuntos de experiencias sensoriales.

Denominaremos «conceptos primarios» a aquellos conceptos que están directa e intuitivamente conectados con conjuntos típicos de experiencias sensoriales. Desde el punto de vista de la física, todas las demás nociones adquieren significado sólo en la medida en que estén conectadas con las nociones primarias a través de proposiciones. Hasta cierto punto, estas proposiciones son definiciones de los conceptos (y de los enunciados derivados de ellos por vía lógica) y hasta cierto punto proposiciones que no derivan de las definiciones, hecho que expresa al menos relaciones indirectas entre los «conceptos primarios» y, en este sentido, entre las experiencias sensoriales. Las proposiciones de esta segunda clase son «enunciados acerca de la realidad» o leyes de la naturaleza, es decir, proposiciones que deben demostrar su validez cuando son aplicadas a las experiencias sensoriales a las que se puede aludir a través de conceptos primarios. Determinar cuáles de esas proposiciones habrán de ser consideradas definiciones y cuáles leyes naturales dependerá concretamente de la representación elegida. Establecer esta diferenciación se convierte en una necesidad absoluta cuando se examina el grado hasta el que no está vacío, desde el punto de vista físico, todo el sistema de conceptos considerados.

LA ESTRATIFICACIÓN DEL SISTEMA CIENTÍFICO

El objetivo de la ciencia es una comprensión tan *completa* como sea posible de la conexión entre las experiencias sensoriales en su totalidad y el logro de ese objetivo *mediante el uso de un mínimo de conceptos primarios y de relaciones*. (Mientras se busca, en la medida de lo posible, una unidad lógica en la imagen del mundo, es decir, parvedad en los elementos lógicos.)

La ciencia utiliza la totalidad de los conceptos primarios, o sea conceptos conectados directamente con las experiencias sensoriales, y de las proposiciones que los relacionan. En su primera etapa de desarrollo, la ciencia no contiene nada más. Nuestro pensamiento de cada día se contenta, en términos generales, con este nivel. No obstante, una situación así no puede resultar satisfactoria para quien posea una verdadera mentalidad científica, porque la totalidad de los conceptos y las relaciones obtenidos de esta manera carece por completo de unidad lógica. Con la finalidad de cubrir esta deficiencia, se inventa un sistema más pobre en conceptos y relaciones, un sistema que considera que los conceptos y relaciones del «primer estrato» son conceptos y relaciones derivados lógicamente. En bien de su más elevada unidad lógica, este nuevo «sistema secundario» paga el precio de operar con conceptos elementales (conceptos del segundo estrato) que ya no están conectados de modo directo con las experiencias sensoriales. Una posterior búsqueda de la unidad lógica nos conduce a un sistema terciario, más pobre aún en conceptos y relaciones, mediante la deducción de los conceptos y relaciones del estrato secundario (y de modo indirecto de los del primario). Y el proceso continúa en estos términos, hasta el momento en que hemos llegado a un sistema dueño de la mayor unidad concebible y de la mayor pobreza de conceptos en materia de fundamentos lógicos, que todavía es compatible con las observaciones realizadas por nuestros sentidos. No sabemos si esta ambición será o no capaz de forjar alguna vez un sistema definitivo. Si se recabara una opinión al respecto, lo más probable sería obtener una respuesta negativa. No obstante, mientras se lucha con los problemas, jamás se pierde la esperanza de acercarse a ese objetivo.

Un adepto de la teoría de la abstracción o de la inducción llamará a nuestros estratos «grados de abstracción», pero no considero justificable encubrir la independencia lógica del concepto con respecto a las experiencias sensoriales. No se trata de la relación que existe entre la sopa y el pollo sino, más bien, de la del número del guardarropa y el abrigo.

Los estratos además no están tan claramente separados. No está absolutamente claro qué conceptos pertenecen al estrato primario. En rigor, estamos manejando conceptos formados libremente que, con un grado de certeza suficiente en la práctica, son conectados de manera intuitiva con los conjuntos de experiencias sensoriales de tal modo que, en cualquier experiencia, no se produce ninguna incertidumbre en lo que respecta a la validez de una aserción. El hecho fundamental es el intento de representar la multitud de conceptos y de proposiciones cercanos a la experiencia bajo la forma de proposiciones, deducidas por un proceso lógico a partir de una base —tan estrecha como sea posible— de conceptos y de relaciones fundamentales que pueden ser elegidas con libertad (axiomas). La libertad de elección, sin embargo, pertenece a una clase muy especial; no se asemeja a la libertad de un escritor de obras de ficción. En rigor, se parece a la de un hombre empeñado en resolver un crucigrama bien pensado: aunque podría proponer cualquier palabra como posible solución, sólo una palabra es la que le permitirá resolver el crucigrama con acierto. Es materia de fe que la naturaleza —tal como la percibimos a través de nuestros cinco sentidos— asume las características de un crucigrama bien pensado. Los éxitos que hasta el presente ha cosechado la ciencia otorgan una cierta base para mantener esa fe, sin duda alguna.

La multitud de estratos a los que nos hemos referido corresponde a las diversas etapas que se han recorrido en la lucha por la unidad. En lo que respecta al objetivo final, los estratos intermedios sólo tienen una naturaleza provisional. En su momento, habrán de desaparecer por falta de pertinencia. Sin embargo, tenemos que trabajar con la ciencia de hoy, en la que esos estratos representan logros parciales y problemáticos, que sirven de base los unos para los otros, pero que también se amenazan mutuamente, porque el sistema de conceptos presente contiene incongruencias muy arraigadas que encontraremos más adelante.

La finalidad de las siguientes líneas ha de ser la de mostrar cuáles son los caminos por los que ha penetrado la mente humana, para llegar a una base de la física que sea tan uniforme como se pueda desde el punto de vista lógico.

II. LA MECÁNICA Y LOS INTENTOS DE CONSIDERARLA COMO BASE PARA TODA LA FÍSICA

Una importante propiedad de nuestras experiencias sensoriales y, de modo más general, de todas nuestras experiencias, es su orden temporal. Este tipo de orden conduce a la concepción de un tiempo subjetivo, un esquema ordenador de nuestra experiencia. El tiempo subjetivo, por vía del concepto de objeto material y de espacio, nos lleva hacia el concepto de tiempo objetivo, tal como lo veremos más adelante.

Por delante de la noción de tiempo objetivo, sin embargo, se alza el concepto de espacio y por delante de éste hallamos el concepto de objeto material, que está directamente conectado con los conjuntos de experiencias sensoriales. Ya se ha señalado que una propiedad característica de la noción de «objeto material» es la de que le asignemos una existencia, independiente del tiempo (subjetivo) e independiente del hecho de que sea percibido por nuestros sentidos. Y esto es así a pesar de que percibimos alteraciones temporales en dicho objeto. Con exactitud Poincaré ha señalado enfáticamente el hecho de que distingamos dos clases de alteraciones del objeto corpóreo: «cambios de estado» y «cambios de posición». Estos últimos, señala este autor, son alteraciones que podemos contrarrestar mediante movimientos voluntarios.

Existen objetos materiales a los cuales, dentro de cierta esfera de percepción, no adjudicamos alteraciones de estado sino sólo alteraciones de posición; este hecho tiene una importancia fundamental para la formación del concepto de espacio (en cierto sentido, incluso para la justificación de la misma noción de objeto material). A este tipo de objetos le aplicaremos la denominación de «prácticamente rígidos».

Si como objeto de nuestra percepción consideramos en forma simultánea (o sea, como una única unidad) dos cuerpos prácticamente rígidos, existirán para ese conjunto unas alteraciones tales que posiblemente *no* puedan ser consideradas como cambios de posición del conjunto, a pesar de que sea así para cada uno de los dos elementos constituyentes. Esto nos lleva a la noción de «cambio de posición relativa» de los dos objetos y también de esta manera arribamos a la noción de «posición relativa» de los dos objetos. Además se ha demostrado que entre las posiciones relativas existe una, de un tipo especial, a la que denominamos «contacto».[1] El contacto permanente de dos cuerpos en tres o más «puntos» significa que se han unido en un cuerpo compuesto casi-rígido. Es lícito afirmar que el segundo cuerpo constituye en ese caso una continuación (casi-rígida) del primer cuerpo y que, a su vez, podría recibir otra continuación casi-rígida. La posibilidad de la continuación casi-rígida de un cuerpo es ilimitada. La totalidad de todas las continuaciones casi-rígidas concebibles de un cuerpo B_0 es el «espacio» infinito determinado por él.

Todo objeto corpóreo situado arbitrariamente puede ser puesto en contacto con la continuación casi-rígida de un cuerpo dado B_0 (cuerpo de referencia). En mi opinión, este hecho es la base empí-

1. Está en la naturaleza de las cosas la posibilidad de que seamos capaces de hablar de esos objetos sólo mediante conceptos de nuestra creación, conceptos que en sí mismos no son objeto de definición. Sin embargo, es esencial que hagamos uso exclusivo de conceptos acerca de cuya relación con nuestra experiencia no se abriguen dudas.

rica de nuestra concepción del espacio. En el pensamiento precientífico, la corteza sólida de la Tierra asume el papel de B_0 y su continuación. La misma palabra geometría indica que el concepto de espacio está psicológicamente conectado con la Tierra como un cuerpo de referencia siempre presente.

La atrevida noción de «espacio» que precedió a toda la geometría científica transformó nuestro concepto de las relaciones entre posiciones de los objetos materiales en la noción de posición de esos objetos en el «espacio». Esto, por sí mismo, representa una gran simplificación formal. A través de ese concepto de espacio llegamos, además, a una actitud en la que cualquier descripción de posición es implícitamente una descripción de contacto; el enunciado que dice que un punto de un objeto material está situado en un punto P del espacio significa que el objeto toca el punto P del cuerpo de referencia B_0 (al que se supone apropiadamente continuado) en el punto considerado.

En la geometría de los griegos, el espacio sólo asume un papel cualitativo, porque si bien se considera como dada la posición de los cuerpos en relación con el espacio, no se la describe mediante números. Descartes fue el primero que introdujo ese método. En su lenguaje todo el contenido de la geometría euclidiana puede estar axiomáticamente fundado en los siguientes postulados: (1) dos puntos definidos de un cuerpo rígido determinan un segmento; (2) podemos asignar números triples, X_1, X_2, X_3 a los puntos del espacio de tal modo que para cada segmento $P' - P''$, las coordenadas de cuyos extremos sean X'_1, X'_2; X'_3, X''_1, X''_2, X''_3, resulte que la expresión

$$s^2 = (X''_1 - X'_1)^2 + (X''_2 - X'_2)^2 + (X''_3 - X'_3)^2$$

sea independiente de la posición del objeto, y de las posiciones de todos y cualesquiera de los demás objetos.

El número (positivo) s representa la longitud del segmento o la distancia entre los dos puntos P' y P'' del espacio (que son coincidentes con los puntos P' y P'' del segmento).

De manera intencional se ha elegido una formulación que exprese con claridad no sólo el contenido lógico y axiomático de la geometría euclidiana sino también su contenido empírico. La representación puramente lógica (axiomática) de la geometría euclidiana tiene, es verdad, la ventaja de una gran simplicidad y claridad. Sin embargo, el precio ha sido renunciar a la representación de la conexión entre el modelo conceptual y las experiencias sensoriales, sobre cuya conexión, tan sólo, descansa la significación de la geometría para la física. Se ha incurrido, con el tiempo, en el error de considerar que la necesidad lógica —anterior a toda experiencia— era la base de la geometría euclidiana y del concepto de espacio perteneciente a ella; ese fatal error surgió del hecho de que la base empírica, sobre la cual descansa la construcción axiomática de la geometría euclidiana, cayó en el olvido.

En la medida en que se puede hablar de la existencia de cuerpos rígidos en la naturaleza, la geometría de Euclides es una ciencia física, que debe ser confirmada por experiencias sensoriales. Abarca la totalidad de las leyes que deben dar cuenta de las posiciones relativas de los cuerpos rígidos, en forma independiente del tiempo. Vemos, pues, que la noción física de espacio, tal como fuera originalmente utilizada en la física, también está relacionada con la existencia de los cuerpos rígidos.

Desde el punto de vista del físico, la importancia central de la geometría euclidiana descansa en el hecho de que sus leyes son independientes de la naturaleza concreta de los objetos cuyas posiciones relativas trata. Su simplicidad formal está caracterizada por las propiedades de homogeneidad e isotropía (y la existencia de entidades similares).

El concepto de espacio es útil, por cierto, pero no indispensable para la geometría, es decir, para la formulación de las reglas referidas a las posiciones relativas de los cuerpos rígidos. Por contraste, el concepto de tiempo objetivo, sin el cual la formulación de los fundamentos de la mecánica clásica resulta imposible, está ligado con el concepto de continuo espacial.

La introducción del tiempo objetivo implica dos postulados que son independientes entre sí.

1. La introducción del tiempo objetivo local mediante la conexión de la sucesión temporal de experiencias con las lecturas de un «reloj», es decir, de un sistema cerrado recurrente en forma periódica.
2. La introducción de la noción de tiempo objetivo para los fenómenos en todo el conjunto del espacio, noción por la cual, exclusivamente, la idea de tiempo local se extiende a la idea de tiempo en física.

Nota al postulado 1: Según mi punto de vista, no sería una *petitio principii* poner el concepto de recurrencia periódica por delante del concepto de tiempo, en la medida en que la preocupación principal sea la clarificación del origen y del contenido empírico del concepto de tiempo. Esta concepción corresponde con exactitud a la precedencia del concepto de cuerpo rígido (o casi-rígido) en la interpretación del concepto de espacio.

Discusión adicional del postulado 2: Antes de la enunciación de la teoría de la relatividad, prevalecía la ilusión de que, desde el punto de vista de la experiencia, el significado de la simultaneidad en relación con los fenómenos distantes en el espacio y, en consecuencia, el significado del tiempo físico estaba claro en forma apriorística; esta ilusión tuvo su origen en el hecho de que en nuestra experiencia de cada día podemos ignorar el tiempo que tarda la luz en propagarse. A causa de esto, estamos acostumbrados a confundir lo «simultáneamente visto» con lo «simultáneamente sucedido» y como resultado se confunde la diferencia entre tiempo y tiempo local.

La falta de precisión que, desde el punto de vista empírico, tiene la noción de tiempo en la mecánica clásica, estaba oculta por la representación axiomática del espacio y del tiempo como independientes de nuestras experiencias sensoriales. No representa necesariamente un daño para la ciencia el uso de los conceptos con independencia de la base empírica que les ha dado origen. Sin embargo, sería fácil caer en el error de creer que esas nociones, cuyo origen se ha olvidado, son necesarias desde el punto de vista lógico y por lo tanto inalterables; este error puede llegar a constituir un serio peligro para el progreso de la ciencia.

Para el desarrollo de la mecánica y, por ende, también para el desarrollo de la física en general, ha sido un hecho afortunado el que la falta de precisión en el concepto de tiempo objetivo permaneciera oculta para los primeros filósofos, en lo que se refiere a su interpretación empírica. Llenos de confianza en el significado real del espacio-tiempo, desarrollaron los fundamentos de la mecánica que, esquemáticamente, es posible caracterizar del siguiente modo:

a) Concepto de punto material: Un objeto material que —en lo que se refiere a su posición y movimiento— puede ser descrito con suficiente exactitud como un punto con las coordenadas X_1, X_2, X_3. Su movimiento se describe (en relación con el «espacio» B_0) considerando X_1, X_2, X_3 como funciones del tiempo.
b) Ley de la inercia: La desaparición de los componentes de la aceleración en un punto material que esté suficientemente alejado de todos los demás puntos.
c) Ley del movimiento (para el punto material): Fuerza = masa × aceleración.

d) Leyes de fuerza (interacciones entre puntos materiales).

Aquí (*b*) no es sino un importante caso especial de (*c*). Una teoría real existe sólo cuando las leyes de fuerza están dadas. Las fuerzas, en primer lugar, deben obedecer únicamente a la ley de la igualdad de la acción y reacción para que un sistema de puntos —permanentemente conectados los unos con los otros mediante fuerzas— se pueda comportar como un punto material.

Estas leyes fundamentales, junto con la ley de Newton sobre la fuerza de la gravedad, constituyen la base de la mecánica de los cuerpos celestes. En esta mecánica de Newton y en contraste con las precitadas concepciones del espacio derivadas de los cuerpos rígidos, el espacio B_0 aparece con una novedad. No se adjudica validez a todo B_0 (para una ley de fuerza dada) a través de (*b*) y (*c*), sino para un B_0 en un estado de movimiento apropiado (sistema inercial). A causa de este hecho el espacio de coordenadas adquirió una propiedad física independiente que no está contenida en la noción de espacio puramente geométrica, una circunstancia que dio a Newton mucho que pensar (experimento del cubo).[2]

La mecánica clásica no es más que un esquema general; se convierte en una teoría sólo a través de la indicación explícita de las leyes de fuerza (*d*), como Newton lo hiciera, con éxito, en el ámbito de la mecánica celeste. Desde el punto de vista del objetivo de conseguir la mayor simplicidad posible de los fundamentos, este método teórico es deficiente en la medida en que las leyes de

2. Este defecto de la teoría sólo podría ser eliminado por una formulación de la mecánica que adjudicara validez a todo B_0. Éste es uno de los pasos que conducen a la teoría de la relatividad general. Un segundo defecto, también eliminado sólo por la introducción de la teoría de la relatividad general, estriba en que no existe ninguna razón dada por la mecánica para la igualdad de la masa pesante e inercial del punto material.

fuerza no pueden ser obtenidas mediante consideraciones lógicas y formales, de modo que su elección a priori es arbitraria hasta cierto punto. Hay que decir también que la ley de la gravedad de Newton se distingue de otras leyes de fuerza concebibles exclusivamente por su *éxito*.

A pesar del hecho de que, hoy, sabemos positivamente que la mecánica clásica fracasa como fundamento de toda la física, esa disciplina ocupa todavía el centro de la física. Y es que, más allá del importante progreso realizado a partir de los tiempos de Newton, todavía no hemos llegado a una nueva fundamentación de la física, con respecto de la cual tengamos la certidumbre de que la multiplicidad de todos los fenómenos investigados, y de los sistemas teóricos parciales que han alcanzado éxito, pueda ser deducida de ella por vía lógica. A continuación describiré con brevedad la situación actual del tema.

En primer término intentemos hacernos una idea muy clara de hasta qué punto el sistema de la mecánica clásica ha resultado adecuado para servir de base a toda la física. Toda vez que aquí sólo nos importan los fundamentos de la física y su desarrollo, no es necesario que nos preocupemos por los progresos puramente *formales* de la mecánica (ecuaciones de Lagrange, ecuaciones canónicas y demás). *Una* observación parece ser indispensable, sin embargo. La noción de «punto material» es básica en mecánica. Si tratamos de desarrollar la mecánica de un objeto corpóreo que en sí mismo *no* puede ser tratado como un punto material —y hablando de manera estricta todo objeto «perceptible a nuestros sentidos» pertenece a esta categoría— surge una pregunta: ¿cómo imaginar el objeto constituido por puntos materiales y qué fuerzas debemos suponer que actúan entre ellos? La formulación de esta pregunta es indispensable, si se pretende que la mecánica describa el objeto de *forma completa*.

Dentro de la tendencia natural de la mecánica corresponde suponer que estos puntos materiales, y las leyes de fuerzas que actúan entre ellos, son invariables, porque los cambios temporales quedarían fuera del alcance de una explicación mecánica. A partir de todo esto podemos ver que la mecánica clásica debe conducirnos a una interpretación atómica de la materia. Ahora, con especial claridad, comprendemos cuán equivocados están aquellos teóricos que creen que la teoría surge de la experiencia por vía inductiva. Aun el gran Newton no pudo liberarse de ese error («*Hypotheses non fingo*»).

Con el fin de salvarse a sí misma del peligro de hallarse perdida sin esperanza dentro de esa forma de pensamiento (el atomismo), la ciencia dio los siguientes pasos. La mecánica de un sistema está determinada si su energía potencial está dada como una función de su configuración. Si las fuerzas actuantes son capaces de garantizar el mantenimiento de ciertas propiedades estructurales de la configuración del sistema, ésta puede ser descrita con suficiente exactitud por un número relativamente pequeño de configuraciones variables q_r; la energía potencial es considerada sólo en la medida en que depende de *esas* variables (por ejemplo, la descripción de la configuración de un cuerpo prácticamente rígido mediante seis variables).

Un segundo método de aplicación de la mecánica, que evita la subdivisión de la materia en puntos materiales «reales», es la mecánica de los llamados medios continuos. Esta mecánica se caracteriza por la ficción de que la densidad y la velocidad de la materia dependen continuamente de coordenadas y tiempo y de que la parte de las interacciones no explícitamente dadas puede considerarse como fuerzas de superficie (fuerzas de presión) que una vez más son funciones continuas de posición. Aquí nos encontramos con la teoría hidrodinámica y la teoría de la elasticidad de los cuerpos sólidos. Estas teorías evitan la introducción explícita de puntos materiales mediante ficciones que, a la luz de los fundamentos de la mecánica clásica, sólo pueden tener una significación aproximada.

Además de su gran significado *práctico*, estas categorías de la ciencia —al desarrollar nuevos conceptos matemáticos— han creado las herramientas formales (las ecuaciones diferenciales parciales) que han sido necesarias para los posteriores intentos de establecer una nueva base de toda la física.

Estas modalidades de aplicación de la mecánica pertenecen a la llamada física «fenomenológica». Es característico de esta clase de física el hecho de que utilice en la mayor medida posible conceptos que están cercanos a la experiencia, aunque esto la ha llevado a renunciar, en gran parte, a la unidad de sus fundamentos. El calor, la electricidad y la luz son descritos por distintas variables de estado y por constantes materiales distintas de las cantidades mecánicas. Determinar todas estas variables en su dependencia mutua y temporal constituía una tarea que, en general, sólo podía ser resuelta por la vía empírica. Muchos contemporáneos de Maxwell vieron en esta forma de presentación el objetivo último de la física, al que creyeron poder llegar de una manera puramente inductiva a partir de la experiencia, dada la relativa cercanía de los conceptos utilizados con respecto a ella. Desde la óptica de las teorías del conocimiento, St. Mill y E. Mach adoptaron más o menos este punto de vista.

Desde el mío, el mayor logro de la mecánica de Newton estriba en que su aplicación consistente nos ha llevado más allá de ese punto de vista fenomenológico, en particular dentro del ámbito de los fenómenos térmicos. Así ha sucedido en la teoría cinética de los gases y en la mecánica estadística en general. La primera relaciona la ecuación de estado de los gases ideales, la viscosidad, la difusión y la conductividad del calor de los gases y los fenómenos radiométricos de los gases y presenta la conexión lógica de fenómenos que, desde el punto de vista de la experiencia directa, ninguna relación guardan los unos con los otros. La segunda proporciona una interpretación de las ideas termodinámicas y de las leyes que han llevado al descubrimiento del límite de aplicabilidad de las nociones y leyes de la teoría clásica del calor. Esta teoría cinética ha superado ampliamente a la física fenomenológica en lo que respecta a la unidad lógica de sus fundamentos y, además, ha obtenido valores precisos de las magnitudes verdaderas de los átomos y las moléculas por métodos independientes y que por lo tanto los sitúan más allá del ámbito de la duda razonable. Estos progresos decisivos fueron pagados por la coordinación de las entidades atómicas con los puntos materiales, siendo obvio —como lo era— el carácter especulativo de esas entidades. Nadie podrá pensar jamás en «percibir directamente» un átomo. Las leyes referidas a las variables que se conectan en forma más directa con los hechos experimentales (por ejemplo, temperatura, presión, velocidad) han sido deducidas de las ideas fundamentales por medio de complicados procesos de cálculo. Y por este camino la física (o al menos parte de ella), construida en sus orígenes de un modo más fenomenológico, al basarse en la mecánica de Newton para los átomos y las moléculas, se ha reducido a una base más alejada de la experimentación directa, pero más uniforme en su carácter.

III. EL CONCEPTO DE CAMPO

Al explicar los fenómenos eléctricos y ópticos, la mecánica de Newton ha tenido menos éxito que en los ámbitos de los que hemos hablado antes. En efecto: Newton, en su teoría corpuscular de la luz, trató de reducirla a un movimiento de puntos materiales. Más tarde, sin embargo, cuando los fenómenos de la polarización, difracción e interferencia de la luz obligaron a realizar modificaciones cada vez más incompatibles con esta teoría, se impuso la teoría ondulatoria de la luz de Huygens. Es probable que esta teoría deba su origen, en esencia, a los fenómenos de la óptica de cristales y a la teoría del sonido, que por entonces ya había alcanzado cierto nivel de elaboración. También hemos de admitir que la teoría de Huygens se basaba en primera instancia en la mecánica clásica. El éter que todo lo penetraba hubo de ser considerado como el conductor de las ondas, pero ningún fenómeno conocido podía explicar el éter a partir de puntos materiales. Jamás se pudo lograr una clara descripción de las fuerzas internas que gobernaban el éter ni de las fuerzas que actuaban entre el éter y la materia «ponderable». Por lo tanto, los fundamentos de esta teoría permanecieron eternamente en la oscuridad. La verdadera base era una ecuación diferencial parcial, cuya reducción a elementos mecánicos fue siempre problemática.

Para la concepción teórica de los fenómenos eléctricos y magnéticos se introdujeron, una vez más, unas masas de un tipo especial y se conjeturó que entre esas masas existían fuerzas que actuaban a distancia, similares a las fuerzas gravitatorias de Newton. Sin embargo, este tipo especial de materia carecía de la propiedad fundamental de la inercia. Y las fuerzas que actuaban entre esas masas y la materia ponderable permanecieron en la oscuridad. A estas dificultades hubo que agregar el carácter polar de esta clase de materia que no se adecuaba al esquema de la mecánica clásica. La base de la teoría se hizo aún más insatisfactoria cuando se conocieron los fenómenos electrodinámicos, a pesar de que estos fenómenos permitieron a los físicos la explicación de los fenómenos magnéticos con lo que se hizo innecesario el supuesto de masas magnéticas. Por cierto, que estos progresos hubieron de pagarse aumentando la complejidad de las fuerzas de interacción, cuya existencia debía suponerse, entre las masas eléctricas en movimiento.

La salida de esta situación poco satisfactoria, gracias a la teoría de campo eléctrico de Faraday y Maxwell, representa probablemente la más profunda transformación en los fundamentos de la física desde los tiempos de Newton. Una vez más, se trata de un paso dado en el sentido de la especulación constructiva que aumenta la distancia entre los fundamentos de la teoría y las experiencias sensoriales. La existencia del campo se manifiesta, por cierto, sólo cuando son introducidos en éste cuerpos con carga eléctrica. Las ecuaciones diferenciales de Maxwell conectan los coeficientes diferenciales espaciales y temporales de los campos eléctricos y magnéticos. Las masas eléctricas no son otra cosa que lugares en que la divergencia del campo eléctrico no desaparece. Las ondas luminosas se presentan como procesos de un campo ondulatorio electromagnético en el espacio.

Para cerciorarse, Maxwell intentó una interpretación mecánica de su teoría de campo, a través de modelos mecánicos del éter. Pero gradualmente estos intentos fueron quedando marginados por la interpretación (despojada de todos los accesorios innecesarios) de Heinrich Hertz. De este modo, el campo ocupó dentro de esta teoría la posición fundamental que en la mecánica de Newton habían ocupado los puntos materiales. Sin embargo, en un primer momento, sólo fue aplicada a los campos electromagnéticos en el espacio vacío.

En su etapa inicial de desarrollo, la teoría resultaba aún poco satisfactoria para el interior de la materia porque, en este caso, había que introducir dos vectores eléctricos que estaban enlazados por relaciones dependientes de la naturaleza del medio, relaciones inaccesibles a cualquier análisis teórico. Se produjo una situación análoga con respecto al campo magnético, y entre la densidad de la corriente eléctrica y el campo.

Fue H. A. Lorentz quien halló la solución que apuntaba, además, hacia una teoría electrodinámica de los cuerpos en movimiento, una teoría que estaba más o menos libre de supuestos arbitrarios. Su teoría estaba construida sobre la base de las siguientes hipótesis fundamentales:

En cualquier parte (incluido el interior de los cuerpos ponderables) el asiento del campo es el espacio vacío. La participación de la materia en los fenómenos electromagnéticos tiene su origen sólo en el hecho de que las partículas elementales de la materia llevan cargas eléctricas inalterables y, por este motivo, están sujetas, por una parte, a las acciones de las fuerzas ponderomotoras y, por otra, poseen la propiedad de generar un campo. Las partículas elementales obedecen a la ley del movimiento de Newton para los puntos materiales.

Sobre esta base H. A. Lorentz obtuvo su síntesis de la mecánica de Newton y la teoría de campo de Maxwell. La debilidad de esta teoría reside en el hecho de que trataba de determinar los fenómenos mediante una combinación de ecuaciones diferenciales parciales (las ecuaciones de campo de Maxwell, para el espacio vacío) y ecuaciones diferenciales totales (ecuaciones de movimiento de puntos), procedimiento que era obviamente artificial. Las insuficiencias de este punto de vista se manifestaron por sí mismas en la necesidad de suponer dimensiones finitas para las partículas, a fin de evitar que el campo electromagnético que existe en sus superficies llegara a ser infinitamente grande. Además, la teoría era incapaz de dar una explicación de las tremendas fuerzas que conservan las cargas eléctricas de las partículas individuales. H. A. Lorentz aceptaba estas debilidades de su teoría, y las conocía muy bien, a cambio de poder explicar los fenómenos de una manera correcta, al menos en términos generales.

Por otra parte, había un aspecto que apuntaba más allá del marco de la teoría de Lorentz. En las inmediaciones de un cuerpo eléctricamente cargado existe un campo magnético que contribuye, aparentemente, a su inercia. ¿No sería posible explicar la inercia *total* de las partículas desde un punto de vista electromagnético? Está claro que este problema sólo puede ser analizado satisfactoriamente si las partículas pueden ser consideradas como soluciones regulares de las ecuaciones diferenciales parciales electromagnéticas. En su forma original, sin embargo, las ecuaciones de Maxwell no admiten tal descripción de las partículas porque sus correspondientes soluciones contienen una singularidad. Por ello, los físicos teóricos han tratado durante mucho tiempo de lograr su objetivo modificando las ecuaciones de Maxwell. Con todo, estos intentos no han sido coronados con el éxito. Así comprobamos que el objetivo de erigir una pura teoría de campo electromagnético de la materia, de momento continúa siendo un objetivo inalcanzado, aunque en principio no existan objeciones contra la posibilidad de lograrlo. La falta de un método sistemático que nos lleve a una solución ha sido un obstáculo para nuevos intentos. No obstante, me parece innegable que en la fundamentación de cualquier teoría de campo consistente, el concepto de partícula no debe aparecer junto al concepto de campo. Toda la teoría ha de estar basada, exclusivamente, en las ecuaciones diferenciales parciales y en sus soluciones desprovistas de singularidades.

IV. LA TEORÍA DE LA RELATIVIDAD

No existe un método inductivo que nos conduzca a los conceptos fundamentales de la física. La imposibilidad de comprender este hecho constituyó la base del error filosófico de muchos investigadores del siglo pasado. Tal vez también haya sido el motivo por el cual la teoría molecular y la teoría de Maxwell sólo pudieron quedar establecidas en una fecha relativamente tardía. El pensamiento lógico es necesariamente deductivo; se basa en conceptos hipotéticos y en axiomas. ¿Cómo seleccionar éstos, con la esperanza de que se confirmen las consecuencias que de ellos se derivan?

La situación más satisfactoria, es evidente, se hallará en los casos en que las nuevas hipótesis fundamentales sean sugeridas por el propio mundo de la experiencia. La hipótesis de la inexistencia de un movimiento perpetuo como base de la termodinámica proporciona el ejemplo de una hipótesis fundamental sugerida por la experiencia; otro tanto ocurre con el principio de inercia de Galileo. También dentro de la misma categoría hallamos la hipótesis fundamental de la teoría de la relatividad, teoría que nos ha conducido a una inesperada extensión de la teoría de campo y a la sustitución de los fundamentos de la mecánica clásica.

El éxito de la teoría de Maxwell-Lorentz ha dado gran confianza en la validez de las ecuaciones electromagnéticas para el espacio vacío, y por lo tanto y en especial, en la afirmación de que la luz se mueve «en el espacio» con una determinada velocidad constante c. Esta afirmación del valor constante de la velocidad de la luz ¿es válida para todo sistema inercial? Si así no fuera, un sistema inercial específico o, por mayor precisión, un estado de movimiento concreto (de un cuerpo de referencia) tendría que distinguirse de todos los demás. Sin embargo, esto parecía contradecir todos los hechos experimentales mecánicos y electromagnéticos.

Por estas razones era necesario elevar al rango de principio, la validez de la ley de la constancia de la velocidad de la luz para todos los sistemas inerciales. A partir de esto se sigue que las coordenadas espaciales X_1, X_2, X_3 y el tiempo X_4 deben ser transformados de acuerdo con la «transformación de Lorentz» que se caracteriza por el carácter invariable de la expresión

$$ds^2 = dx_1^2 + dx_2^2 + dx_3^2 - dx_4^2$$

(si la unidad de tiempo está elegida de tal modo que la velocidad de la luz $c = 1$).

Por este procedimiento, el tiempo pierde su carácter absoluto y se asocia a las coordenadas «espaciales» como si tuviera un carácter (casi) similar algebraicamente. El carácter absoluto del tiempo y en particular el concepto de simultaneidad fueron destruidos, quedando la descripción cuatridimensional como la única adecuada.

Con el fin de explicar también la equivalencia de todos los sistemas inerciales con respecto a todos los fenómenos de la naturaleza, es necesario postular el carácter invariable de todos los sistemas de ecuaciones físicas que expresan leyes generales con respecto a la transformación de Lorentz. La elaboración de esta exigencia forma el contenido de la teoría de la relatividad restringida.

Esta teoría es compatible con las ecuaciones de Maxwell, pero es incompatible con la base de la mecánica clásica. Es verdad que las ecuaciones de movimiento del punto material pueden ser modificadas (y con ellas las expresiones del momento y la energía cinética del punto material), de tal modo que lleguen a satisfacer la teoría. Pero el concepto de la fuerza de interacción y con él el concepto de energía potencial de un sistema pierde su base, porque estos conceptos se apoyan en la idea de la simultaneidad absoluta. El campo, determinado por ecuaciones diferenciales, ocupa el lugar de la fuerza.

En razón de que la teoría anterior permite la interacción sólo por campos, se requiere una teoría de campo de la gravedad. Y por cierto que no es difícil formular una teoría en la que, tal como en la de Newton, los campos gravitatorios puedan ser reducidos a un escalar, que es la solución de una ecuación diferencial parcial. Sin embargo, los hechos experimentales expresados en la teoría de la gravedad de Newton apuntan hacia otra dirección: la de la teoría de la relatividad general.

Una característica poco satisfactoria de la mecánica clásica es la de que en sus leyes fundamentales la misma masa constante aparece en dos papeles diferentes: como «masa inercial» en la ley del movimiento y como «masa pesante» en la ley de la gravedad. Como resultado, la aceleración de un cuerpo en un campo gravitatorio puro es independiente de su material; de modo que en un sistema de coordenadas uniformemente acelerado (acelerado en relación con un «sistema inercial») los movimientos ocurren como en un campo gravitatorio homogéneo (en relación con un sistema «inmóvil» de coordenadas). Si suponemos que la equivalencia de estos dos casos es completa, obtenemos una adaptación de nuestro pensamiento teórico al hecho de que la masa inercial y pesante son iguales.

De aquí se deduce que ya no hay motivos para privilegiar, como cuestión de principio, los «sistemas inerciales»; y debemos admitir en un pie de igualdad las transformaciones *no lineales* de las coordenadas (x_1, x_2, x_3, x_4). Si realizamos esta transformación de un sistema de coordenadas de la teoría de la relatividad restringida, la métrica

$$ds^2 = dx_1^2 + dx_2^2 + dx_3^2 - dx_4^2$$

pasa a una métrica (riemanniana) general de la forma

$$ds^2 = \sum g_{\mu\nu} dx_\mu dx_\nu \quad \text{(sumados para } \mu \text{ y } \nu\text{)}$$

donde los $g_{\mu\nu}$, simétricos en μ y ν, son funciones de x_1 ... x_4 que describen tanto las propiedades métricas como el campo gravitatorio, en relación con el nuevo sistema de coordenadas.

Esa mejoría en la interpretación de la base mecánica, con todo, y tal como se muestra ante un escrutinio minucioso, hubo de pagarse: las nuevas coordenadas ya no podían ser interpretadas como resultados de las mediciones con cuerpos rígidos y relojes, tal como ocurría en el sistema original (un sistema inercial con un campo gravitatorio que desaparecía).

El paso a la teoría de la relatividad general se lleva a cabo mediante el supuesto de que la representación de las propiedades de campo del espacio ya mencionadas a través de las funciones $g_{\mu\nu}$ (o sea a través de una métrica riemanniana), también está justificado en el caso *general*, en el que no existe ningún sistema de coordenadas en relación con el cual la métrica adquiera la simple forma casi euclidiana de la teoría de la relatividad especial.

Ahora las coordenadas, por sí mismas, ya no expresan relaciones métricas, sino tan sólo la «cercanía» de los objetos cuyas coordenadas difieren muy poco las unas de las otras. Todas las transformaciones de las coordenadas deben ser admitidas en la medida en que esas transformaciones están libres de singularidades. Sólo las ecuaciones que son covariantes en relación con transformaciones arbitrarias, en este sentido, tienen significado como expresiones de leyes generales de la naturaleza (postulado de la covarianza general).

El primer objetivo de la teoría de la relatividad general era una versión preliminar que, aunque no cumpliera los requisitos de un sistema cerrado, podía enlazarse de manera muy simple con los «hechos directamente observables». Si la teoría se restringía a la pura mecánica gravitatoria, la teoría de la gravedad de Newton podía servir como modelo. Esta versión preliminar puede caracterizarse así:

1. El concepto de punto material y el de su masa se conservan. Una ley del movimiento es formulada para dicho punto y esta ley resulta ser la traducción de la ley de la inercia al lenguaje de la teoría de la relatividad general. Esta ley es un sistema de ecuaciones diferenciales totales, el sistema característico de la línea geodésica.
2. La ley de la interacción por la gravedad de Newton es reemplazada por el sistema de las ecuaciones diferenciales covariantes generales más simples que pueden establecerse para el tensor $g_{\mu\nu}$. Se forma igualando a cero el tensor de la curvatura riemanniana ($R_{\mu\nu} = 0$).

Esta formulación permite el tratamiento del problema de los planetas. Para decirlo con mayor precisión, permite el tratamiento del problema del movimiento de puntos materiales de masa prácticamente despreciable en el campo gravitatorio (simétrico con respecto al centro) producido por un punto material que, se supone, está «en descanso». No toma en cuenta la reacción de los puntos materiales «en movimiento» en el campo gravitatorio ni se para a considerar cómo produce ese campo gravitatorio la masa central.

Por analogía con la mecánica clásica se observa que la siguiente es una forma de completar la teoría; se establecen como ecuaciones de campo

$$R_{ik} - \frac{1}{2} g_{ik} R = -T_{ik},$$

donde R representa el escalar de la curvatura de Riemann, T_{ik} el tensor de energía de la materia en una representación fenomenológica. El miembro izquierdo de la ecuación ha sido elegido de tal modo que su divergencia desaparece idénticamente. La desaparición correspondiente de la divergencia del miembro derecho produce las «ecuaciones de movimiento» de la materia, en forma de ecuaciones diferenciales parciales para el caso en que T_{ik} introduce, para la descripción de la materia, sólo *cuatro* funciones independientes más (por ejemplo, componentes de densidad, presión y velocidad, donde entre los últimos existe una identidad y entre la presión y la densidad una ecuación de condición).

Con esta formulación toda la mecánica gravitatoria se reduce a la solución de un único sistema de ecuaciones diferenciales parciales covariantes. Esta teoría evita todos los defectos que hemos atribuido a la base de la mecánica clásica. Por lo que sabemos, esta teoría es suficiente para la representación de los hechos observados de la mecánica celestial. Pero es similar a un edificio, una de cuyas alas está construida con fino mármol (miembro izquierdo de la ecuación), en tanto que la otra ha sido hecha con madera de mala calidad (miembro derecho de la ecuación). La representación fenomenológica de la materia es, en realidad, sólo un rústico sustituto de una representación que hiciera justicia a todas las propiedades conocidas de la materia.

No existe dificultad para conectar la teoría de Maxwell de campo electromagnético con la teoría de campo gravitatorio en la medida en que nos restrinjamos al espacio libre de materia ponderable y libre de densidad eléctrica. Todo lo que se necesita es poner en el miembro derecho de la anterior ecuación en lugar de T_{ik}, el tensor de energía del campo electromagnético en el espacio libre y unir al sistema de ecuaciones así modificado la ecuación de Maxwell para el espacio libre, escrita en forma covariante general. Bajo estas condiciones, entre todas estas ecuaciones existirá un número suficiente de identidades diferenciales para garantizar su consistencia. Podemos agregar que esta propiedad formal necesaria del sistema total de ecuaciones permite elegir en forma arbitraria el signo del miembro T_{ik}, un hecho que más tarde ha resultado ser importante.

El deseo de obtener, en los fundamentos de la teoría, la mayor unidad posible ha desembocado en diversos intentos de incluir el campo gravitatorio y el campo electromagnético en un todo formal unificado. Aquí hemos de mencionar en particular la teoría de las cinco dimensiones de Kaluza y Klein. Después de haber estudiado esta posibilidad con especial cuidado, considero que es preferible aceptar la carencia de uniformidad interna que presenta la teoría original, porque no creo que la totalidad de las hipótesis de la teoría de cinco dimensiones contenga menos elementos arbitrarios que la teoría original. La misma afirmación se podría hacer respecto a la versión proyectiva de la teoría, que ha sido elaborada con gran cuidado en especial por Von Dantzig y por Pauli.

Las anteriores consideraciones se refieren, en forma exclusiva, a la teoría de campo, libre de materia. A partir de ahí ¿qué hemos de hacer para obtener una teoría completa de la materia atómica?

En una teoría ideal las singularidades tendrán que estar excluidas, sin duda, porque sin esa exclusión las ecuaciones diferenciales no determinan por completo el campo total. Aquí, en la teoría de campo de la relatividad general, nos enfrentamos con el mismo problema de la representación teórica de campo de la materia, tal como lo habíamos visto en relación con la teoría pura de Maxwell.

Y una vez más el intento de obtener una construcción teórica de campo de las partículas nos lleva, en apariencia, a ciertas singularidades. También en este caso se ha realizado un esfuerzo para superar este defecto mediante la introducción de nuevas variables de campo y la elaboración y extensión del sistema de ecuaciones de campo. Sin embargo, hace poco tiempo, en colaboración con el doctor Rosen, hemos descubierto que la combinación más simple de ecuaciones de campo de la gravedad y electricidad mencionada anteriormente produce soluciones centralmente simétricas, libres de cualquier singularidad (las conocidas soluciones centralmente simétricas de Schwarzschild para el campo gravitatorio puro y las de Reissner para el campo eléctrico con consideración de su acción gravitatoria). A esto nos referiremos en un párrafo siguiente, en forma breve. Por este camino parece posible establecer, para la materia y sus interacciones, una teoría de campo pura, libre de hipótesis adicionales, una teoría que al ser sometida a verificación empírica no nos cree más dificultades que las puramente matemáticas (que, desde luego, son muy serias).

V. TEORÍA CUÁNTICA Y LOS FUNDAMENTOS DE LA FÍSICA

Los físicos teóricos de nuestra generación están esperando que se erija una nueva base teórica para la física que usaría conceptos distintos por completo de los que utiliza la teoría de campo considerada hasta el presente. El motivo es que se ha demostrado que es necesario emplear —para la representación matemática de los fenómenos llamados cuánticos— unos métodos enteramente nuevos.

En tanto que, tal como lo ha mostrado la teoría de la relatividad, el fracaso de la mecánica clásica está vinculado al carácter finito de la velocidad de la luz, se ha descubierto a comienzos de este siglo que existen otras clases de incongruencias entre las deducciones de la mecánica y los hechos experimentales, incongruencias que están relacionadas con el carácter finito (no nulo) de la constante *h* de Planck. En particular, mientras que la mecánica molecular requiere que tanto la cantidad de calor y la densidad (monocromática) de radiación de los cuerpos sólidos disminuyan *en proporción* con la disminución de la temperatura absoluta, la experiencia ha demostrado que disminuyen mucho más rápidamente que la temperatura absoluta. Para una explicación teórica de este comportamiento era necesario suponer que la energía de un sistema mecánico no puede tomar valores arbitrarios, sino sólo ciertos valores discretos cuyas expresiones matemáticas son siempre dependientes de la constante *h* de Planck. Además, esta concepción era esencial para la teoría del átomo (teoría de Bohr). Para la transición de estos estados en otros —con o sin emisión o absorción de radiación— no podían establecerse leyes causales sino exclusivamente leyes estadísticas; y una conclusión similar es válida para la descomposición radiactiva de los átomos, que fue investigada con sumo cuidado por ese mismo tiempo. A lo largo de más de dos décadas, los físicos han tratado en vano de encontrar una interpretación uniforme de este «carácter cuántico» de los sistemas y los fenómenos. Esta empresa tuvo éxito hace unos diez años, gracias a dos métodos teóricos diferentes por completo entre sí. Uno de esos métodos ha sido obra de Heisenberg y Dirac y el otro ha surgido del trabajo de De Broglie y Schrödinger. La equivalencia matemática de ambos métodos fue reconocida muy prontamente por Schrödinger. Aquí trataré de bosquejar la línea de pensamiento de De Broglie y Schrödinger, que está más cercana al método que utiliza el físico, y acompañaré esa descripción con algunas consideraciones generales.

La cuestión es, en primer lugar: ¿Cómo se puede asignar una sucesión discreta de valores de energía H_σ a un sistema concreto en el sentido de la mecánica clásica? (la función de energía es una función dada de las coordenadas q_r y los momentos correspondientes p_r). La constante h de Planck relaciona la frecuencia H_σ/h con los valores de la energía H_σ. Por lo tanto es suficiente asignar al sistema una sucesión de *frecuencias* discretas. Esto nos recuerda el hecho de que en acústica una serie de frecuencias discretas está vinculada a una ecuación diferencial parcial de primer grado (para condiciones límite fijadas), es decir, a soluciones sinusoidales periódicas. De la misma manera, Schrödinger se fijó la tarea de asociar una ecuación diferencial parcial para una función escalar ψ a la función de energía dada $\varepsilon(q_r, p_r)$ donde q_r y el tiempo t son variables independientes. En esto tuvo éxito (para una función compleja ψ) de modo que los valores teóricos de la energía H_σ, como lo requiere la teoría estadística, se pudieron obtener satisfactoriamente a partir de las soluciones periódicas de la ecuación.

A decir verdad, no resultó posible asociar un movimiento definido, en el sentido de la mecánica de los puntos materiales, con una solución definida $\psi(q_r, t)$ de la ecuación de Schrödinger. Esto significa que la función ψ no determina, al menos *exactamente*, la historia de los q_r como funciones del tiempo t. De acuerdo con Born, sin embargo, se ha demostrado que es posible una interpretación del significado físico de las funciones ψ, de la siguiente forma: $\bar{\psi}\psi$ (el cuadrado del valor absoluto de la función compleja ψ) es la densidad de probabilidad en el punto bajo consideración, en el espacio de configuración de q_r en el tiempo t. Es posible, pues, caracterizar el contenido de la ecuación de Schrödinger de una manera fácilmente comprensible aunque no muy precisa. Se trata de lo siguiente: ese contenido determina cómo varía la densidad de probabilidad de un conjunto estadístico de sistemas en el espacio de configuración con el tiempo. En pocas palabras: la ecuación de Schrödinger determina el cambio de la función ψ de q_r con el tiempo.

Ha de mencionarse que los resultados de esta teoría contienen —como valores límite— los resultados de la mecánica de partículas, si las longitudes de onda halladas en la solución del problema de Schrödinger son siempre tan pequeñas, que la energía potencial varía por acción de una cantidad prácticamente infinitesimal, para una distancia de una longitud de onda en el espacio de configuración. Bajo estas condiciones se puede demostrar lo siguiente: elegimos una región G_0 en el espacio de configuración que, aunque muy amplia (en todas las direcciones) en relación con la longitud de onda, es pequeña en relación con las dimensiones relevantes del espacio de configuración. Bajo estas condiciones es posible elegir una función ψ para un tiempo inicial t_0, de tal modo que se anule fuera de la región G_0 y se comporte, según la ecuación de Schrödinger, reteniendo esa propiedad —al menos aproximadamente— también para un tiempo posterior, t, en el que la región G_0 se ha convertido en otra región G. De esta forma, con cierto grado de aproximación, se puede hablar del movimiento de la región G como un conjunto y es posible aproximarse a este movimiento mediante el movimiento de un punto en el espacio de configuración. Este movimiento coincide, pues, con el movimiento requerido por las ecuaciones de la mecánica clásica.

Los experimentos sobre interferencias realizados con rayos de partículas han proporcionado una brillante verificación de la correspondencia con los hechos del carácter ondulatorio de los fenómenos del movimiento, tal como supone la teoría. Además de esto, la teoría ha logrado demostrar con facilidad las leyes estadísticas de la transición de un sistema de un estado cuántico a otro, bajo la acción de fuerzas externas lo que, desde el punto de vista de la mecánica clásica, parece un milagro. Las fuerzas externas estaban representadas en este caso por aumentos de la energía potencial durante períodos breves de tiempo. Mientras que en la mecánica clásica esos aumentos pueden producir sólo cambios relativamente pequeños del sistema, en la mecánica cuántica los producen de cualquier magnitud, incluso grandes, pero con una probabilidad pequeña, resultado que se halla en perfecta armonía con la experiencia. Incluso la comprensión de las leyes de la radiactividad, al menos en líneas generales, surgió de esta teoría.

Probablemente nunca antes se había desarrollado una teoría que proporcionara la clave para la interpretación y cálculo de un grupo de fenómenos empíricos tan heterogéneo como el que abarca la teoría cuántica. A pesar de esto, con todo, creo que la teoría es capaz de inducirnos a error en nuestra búsqueda de una base uniforme para la física porque, a mi entender, es una representación *incompleta* de la realidad, aunque es la única que puede construirse a partir de los conceptos fundamentales de fuerza y punto material (correcciones cuánticas a la mecánica clásica). Su carácter incompleto necesariamente conduce a la naturaleza estadística (carácter incompleto) de las leyes. Ahora expondré las razones de esta opinión.

En primer lugar pregunto lo siguiente: ¿hasta qué punto la función ψ describe un estado real de un sistema mecánico? Supongamos que ψ_r son las soluciones periódicas (ordenadas según valores de energía crecientes) de la ecuación de Schrödinger. De momento dejaré abierta la pregunta de hasta qué punto los ψ_r individuales son descripciones *completas* de estados físicos. Un sistema está primero en el estado ψ_1 de la energía más baja ε_1. Después, durante un tiempo finito, una pequeña fuerza perturbadora actúa sobre el sistema. Un momento más tarde, a partir de la ecuación de Schrödinger se obtiene una función ψ de la forma:

$$\psi = \sum c_r \psi_r$$

donde c_r son constantes (complejas). Si las ψ_r están «normalizadas», $| c_1 |$ es casi igual a 1, $| c_2 |$, etc., es pequeño comparado con 1. Ahora corresponde preguntar: ¿ψ describe un estado real del sistema? Si la respuesta es afirmativa, no podremos por menos que adscribir a este estado[3] una energía ε y, en particular, una energía que excede ε_1 por un poco (en cualquier caso $\varepsilon_1 < \varepsilon < \varepsilon_2$). No obstante, esa suposición no concuerda con los experimentos sobre impactos del electrón, tal como los realizaron J. Franck y G. Hertz, si se toma en cuenta la demostración de Millikan sobre la naturaleza discreta de la electricidad. En realidad, estos experimentos nos llevan a la conclusión de que no existen valores de energía situados entre los valores cuánticos. De aquí podemos deducir que nuestra función ψ de ninguna manera describe un estado homogéneo del sistema, sino que es más bien una descripción estadística en la que los c_r representan las probabilidades de los valores individuales de energía. Por lo tanto, parece claro que la interpretación estadística que Born hiciera con respecto a la teoría cuántica es la única posible. La función ψ de ningún modo describe un estado que pudiera ser el de un sistema único; se refiere a muchos sistemas, a «un conjunto de sistemas» en el sentido de la mecánica estadística. Si, con excepción de ciertos casos especiales, la función ψ provee tan sólo datos *estadísticos* de magnitudes mensurables, el motivo está no sólo en el hecho de que la *operación de medición* introduce elementos desconocidos, sino también en el hecho de que la función ψ, en ningún sentido, describe el estado de *un* sistema único. La ecuación de Schrödinger determina las variaciones en el tiempo

3. Porque de acuerdo con una consecuencia de la teoría de la relatividad la energía de un sistema completo (en reposo) es igual a su inercia (como conjunto). Ésta, sin embargo, ha de tener un valor preciso.

que ocurren en el conjunto de sistemas que pueden existir independientemente de cualquier acción externa sobre el sistema único.

Esta interpretación también elimina la paradoja que no hace mucho he demostrado con la ayuda de dos colaboradores y que se relaciona con el siguiente problema:

Consideremos un sistema mecánico que consiste en dos sistemas parciales A y B que se mantienen en interacción durante un tiempo limitado. Supongamos que la función ψ antes de la interacción es conocida. Entonces la ecuación de Schrödinger tendrá que darnos la función ψ después de que se haya producido la interacción. Determinemos ahora el estado físico del sistema parcial A tan completamente como nos sea posible mediante mediciones. A continuación, la mecánica cuántica nos permite determinar la función ψ del sistema parcial B a partir de las mediciones realizadas y de la función ψ del sistema total. Sin embargo, esta determinación nos dará un resultado que depende de *cuál* de las cantidades físicas (observables) de A haya sido medida (por ejemplo, coordenadas o momentos). Toda vez que sólo puede haber *un* estado físico de B después de la interacción, que puede ser razonablemente considerado independiente de la medición que hayamos realizado en el sistema A separado de B, se puede concluir que la función ψ no representa sin ambigüedad el estado físico. El que diversas funciones ψ representen el mismo estado físico del sistema B demuestra una vez más que la función ψ no puede ser interpretada como una descripción (completa) de un estado físico de un único sistema. También en este caso la referencia de la función ψ a un conjunto de sistemas elimina toda dificultad.[4]

4. Una medición sobre A, por ejemplo, implica una transición hacia un conjunto menor de sistemas. Éste (su función ψ también, en consecuencia) depende del punto de vista según el cual se lleve a cabo esa reducción del conjunto de sistemas.

La mecánica cuántica proporciona, de esta manera tan simple, teoremas sobre transiciones (aparentemente) discontinuas de un estado a otro, sin brindar en rigor una descripción del proceso concreto; este hecho está conectado con otro: la teoría, en realidad, no opera con el sistema único, sino con una totalidad de sistemas.

Los coeficientes c_r de nuestro primer ejemplo son apenas alterados por la acción de la fuerza externa. Con esta interpretación de la mecánica cuántica es posible comprender el motivo por el cual esta teoría puede explicar con facilidad el hecho de que unas fuerzas perturbadoras débiles sean capaces de producir cambios de cualquier magnitud en el estado físico de un sistema. Estas fuerzas perturbadoras, por cierto, producen sólo cambios pequeños de la *densidad estadística* del conjunto de los sistemas y en consecuencia sólo cambios infinitesimales en las funciones ψ, cuya descripción matemática ofrece muchas menos dificultades que las que se presentarían en la descripción matemática de cambios finitos experimentados por parte de los sistemas únicos. Es verdad, no obstante, que lo que ocurre con el sistema único permanece totalmente sin clarificar cuando se utiliza esta interpretación. El enfoque estadístico elimina por completo de la descripción ese suceso enigmático.

Pero ahora yo pregunto: ¿Existe realmente algún físico que crea que jamás llegaremos a tener una percepción de estos importantes cambios que se producen en los sistemas únicos, de su estructura y de sus conexiones causales, sin considerar el hecho de que los sucesos únicos han llegado a estar tan cerca de nosotros, gracias a la maravillosa invención de la cámara de Wilson y al contador Geiger? Es posible creer esto, sin incurrir en contradicción desde el punto de vista lógico, pero resulta tan contrario a mi instinto científico que no puedo abandonar la búsqueda de una concepción más completa.

A estas consideraciones debemos agregar las de otra clase, que también parecen indicar que los métodos introducidos por la mecánica cuántica no están en condiciones de proporcionar una base útil para la totalidad de la física. En la ecuación de Schrödinger, el tiempo absoluto y la energía potencial desempeñan un papel decisivo, en tanto que estos dos conceptos han sido considerados como inadmisibles en principio por la teoría de la relatividad. Si queremos escapar a esta dificultad, tendremos que basar toda teoría en el campo y en las leyes de campo, y no en las fuerzas de interacción. Esto nos lleva a aplicar los métodos estadísticos de la mecánica cuántica a los campos, es decir, a sistemas con un número infinito de grados de libertad. Aunque los intentos que hasta aquí se han realizado han estado restringidos a ecuaciones de primer grado que, tal como indica la teoría de la relatividad general, son insuficientes, las complicaciones con las que se ha tropezado resultan ya aterradoras. Y se multiplicarían si quisiéramos obedecer las exigencias de la teoría de la relatividad general, de cuya justificación nadie duda, en principio.

Es cierto que se ha señalado que la introducción de un continuo espacio-tiempo puede ser contraria a la naturaleza en razón de la estructura molecular de todo aquello que ocurre a pequeña escala. Se ha afirmado que tal vez el éxito del método de Heisenberg apunta a un método puramente algebraico de descripción de la naturaleza, es decir, a la eliminación de las funciones continuas del ámbito de la física. De modo que, a pesar de todo, también debería renunciarse al continuo espacio-tiempo. Es concebible que el ingenio humano logre algún día hallar métodos que hagan posible avanzar por ese sendero. En el momento actual, sin embargo, un programa como éste se asemeja al intento de respirar en el vacío.

No cabe duda de que la mecánica cuántica ha logrado explicar una buena proporción de la verdad, y de que ha de ser piedra de toque de cualquier fundamento teórico futuro, porque debe ser deducible de él como un caso límite, tal como la electrostática es deducible de las ecuaciones de Maxwell del campo electromagnético o como la termodinámica es deducible de la mecánica clásica. No obstante, no creo que la mecánica cuántica pueda servir como *punto de partida* en la búsqueda de este fundamento del mismo modo que, viceversa, no pueden hallarse a partir de la termodinámica (o respectivamente la mecánica estadística) los fundamentos de la mecánica.

A la vista de esta situación, parece ser enteramente justificable considerar con seriedad el problema de si se puede o no, de *alguna* manera, armonizar los fundamentos de la física de campo con los fenómenos cuánticos. ¿No es ésta la única base que, con los instrumentos matemáticos de que se dispone en el presente, puede ser adaptada a las exigencias de la teoría de la relatividad general? Los físicos de hoy, en su mayoría, creen que ese intento es vano. Esta creencia puede tener sus raíces en el supuesto no justificado de que esa teoría, en una primera aproximación, tendría que llevarnos a las ecuaciones de la mecánica clásica para el movimiento de los corpúsculos o, al menos, a las ecuaciones diferenciales totales. En términos objetivos, hasta hoy no hemos llegado jamás a obtener una adecuada descripción teórica de campo de los corpúsculos libre de singularidades y a priori nada podemos decir acerca del comportamiento de esas entidades. Sin embargo, *una cosa* es segura: si una teoría de campo proporciona una representación de los corpúsculos libre de singularidades, en ese caso el comportamiento de los corpúsculos en el tiempo está determinado únicamente por las ecuaciones diferenciales del campo.

VI. LA TEORÍA DE LA RELATIVIDAD Y LOS CORPÚSCULOS

Demostraré ahora, de acuerdo con la teoría de la relatividad general, que existen soluciones libres de singularidades para las ecuaciones de campo que pueden ser interpretadas como representando los corpúsculos. Aquí me limitaré a las partículas neutras porque, en otra publicación reciente, escrita en colaboración con el doctor Rosen, he tratado ya este problema en detalle y porque los elementos esenciales del problema pueden ser descritos por entero en el caso de dichas partículas.

El campo gravitatorio está descrito por completo mediante el tensor $g_{\mu\nu}$. En los símbolos de tres índices $\Gamma^{\sigma}_{\mu\nu}$ aparecen también las contravariantes $g^{\mu\nu}$ que se definen como los menores de $g_{\mu\nu}$ divididos por el determinante $g(= | g_{\alpha\beta} |)$. Con el fin de que los R_{ik} estén definidos y sean finitos, no es suficiente que haya en el entorno de todo punto del continuo un sistema de coordenadas en el que los $g_{\mu\nu}$ y sus primeros cocientes diferenciales sean continuos y diferenciables, sino que también es necesario que el determinante g no adquiera valor nulo. Sin embargo, esta última restricción desaparece si se reemplazan las ecuaciones diferenciales $R_{ik} = 0$ por $g^2 R_{ik} = 0$, cuyos miembros izquierdos son funciones racionales enteras de g_{ik} y de sus derivadas.

Estas ecuaciones tienen la solución centralmente simétrica dada por Schwarzschild

$$ds^2 = -\frac{1}{1-2\ m/r}dr^2 - r^2\left(d\theta^2 + sen^2\theta d\varphi^2\right) + \left(1-\frac{2m}{r}\right)dt^2$$

Esta solución posee una singularidad en $r = 2m$, porque el coeficiente de dr^2 (es decir, g_{11}) se vuelve infinito sobre esta hipersuperficie. Sin embargo, si reemplazamos la variable r por ρ definida por la ecuación

$$\rho^2 = r - 2m$$

obtenemos

$$ds^2 = -4\left(2m+\rho^2\right)d\rho^2 - \left(2m+\rho^2\right)^2\left(d\theta^2 + sen^2\theta d\varphi^2\right) + \frac{\rho^2}{2m+\rho^2}dt$$

Esta solución se comporta con regularidad para todos los valores de ρ. La anulación del coeficiente de dt^2 (es decir, g_{44}) para $\rho = 0$ resulta —es verdad— en la consecuencia siguiente: el determinante g se anula para ese valor. Pero con los métodos adoptados para escribir las ecuaciones de campo, esto no constituye una singularidad.

Si ρ varía de $-\infty$ a $+\infty$, r varía de $+\infty$ a $r = 2m$ y después otra vez a $+\infty$, en tanto que para los valores de r correspondientes a $r < 2m$ no existen valores reales correspondientes de ρ. Por consiguiente, la solución de Schwarzschild se convierte en una solución regular mediante la representación del espacio físico como compuesto por dos «láminas» idénticas en contacto en toda la hipersuperficie $\rho = 0$ (es decir, $r = 2m$), sobre la cual el determinante g se anula. Denominaremos «puente» a esa conexión entre las dos láminas (idénticas). De modo que la existencia de ese puente entre las dos láminas en el ámbito finito corresponde a la existencia de una partícula material neutra que se describe libre de singularidades.

La solución al problema del movimiento de las partículas neutras evidentemente equivale al descubrimiento de soluciones de las ecuaciones gravitatorias (escritas libres de denominadores), en cuanto contienen varios puentes.

La concepción esbozada aquí corresponde, a priori, a la estructura atómica de la materia en la medida en que el «puente» es por su naturaleza un elemento discreto. Además, vemos que la masa constante m de las partículas neutras debe necesariamente ser positiva, dado que ninguna solución libre de singularidades puede corresponder a la solución de Schwarzschild para un valor negativo de m. Sólo el examen de los distintos problemas de puente puede demostrar si este método teórico proporciona o no una explicación de la igualdad empíricamente demostrada de las masas de las partículas halladas en la naturaleza, y si toma en cuenta los hechos que la mecánica cuántica ha explicado de un modo tan extraordinario.

De una manera análoga es posible demostrar que las ecuaciones combinadas de la gravedad y la electricidad (con la elección adecuada del signo del miembro eléctrico en las ecuaciones gravitatorias) producen una representación-puente libre de singularidades del corpúsculo eléctrico. La más simple de las soluciones de este tipo es la que sirve para una partícula eléctrica sin masa pesante.

Hasta que no se consigan vencer las considerables dificultades matemáticas propias de la solución de los problemas de varios puentes, nada se puede decir respecto a la utilidad de la teoría desde el punto de vista físico. Sin embargo, éste es en realidad el primer intento de elaboración consistente de una teoría de campo, que tiene la posibilidad de explicar las propiedades de la materia. A favor de este intento se puede agregar que se ha basado en las ecuaciones de campo relativistas más simples conocidas.

RESUMEN

La física constituye un sistema lógico de pensamiento que está en estado de evolución, cuyas bases no pueden destilarse —por así decirlo— de la experiencia mediante un método inductivo, sino que sólo pueden ser obtenidas por libre invención. La justificación (contenido de verdad) del sistema reside en la verificación de sus conclusiones por los sentidos, motivo por el cual la relación de éstos con aquéllas sólo puede ser captada en forma intuitiva. La evolución de la ciencia avanza en la dirección de una creciente simplicidad de la base lógica. Con el fin de lograr una mayor aproximación a ese objetivo tenemos que aceptar que la base lógica se separe más y más de los hechos de la experiencia y que el camino mental que une los fundamentos de la física con sus conclusiones, que se correlacionan con las experiencias sensoriales, se alargue y se dificulte de modo continuo.

Nuestra finalidad ha sido esbozar, tan brevemente como fuera posible, el desarrollo de los conceptos fundamentales en su dependencia de los hechos de la experiencia y del esfuerzo por lograr la perfección interna del sistema. Estas consideraciones pretenden iluminar el estado presente del problema, tal como yo lo veo. (Es inevitable que una exposición histórica esquemática esté teñida de subjetivismo.)

Trato de demostrar de qué manera están conectados entre sí y con la naturaleza de nuestra experiencia los conceptos de objeto material, espacio y tiempo objetivo y subjetivo. En la mecánica clásica los conceptos de espacio y tiempo se independizaron. El concepto de objeto material es reemplazado en los fundamentos de la física por el concepto de punto material, medio por el cual la mecánica se convierte fundamentalmente en atomista. La luz y la electricidad producen dificultades insuperables cuando se intenta erigir a la mecánica en base de toda la física. Así nos vemos llevados a la teoría de campo de la electricidad y, más adelante, a procurar que la base de la física entera sea el concepto de campo (después de una tentativa de compromiso con la mecánica clásica). Este esfuerzo conduce a la teoría de la relatividad (evolución de la noción de espacio y de tiempo hacia la de continuo con una estructura métrica).

Trato de demostrar, además, por qué en mi opinión la teoría cuántica no parece capaz de aportar una fundamentación adecuada de la física: tan pronto como se intenta considerar a la descripción teórica cuántica como una descripción *completa* del sistema o del fenómeno físico individual, surgen contradicciones.

Por otra parte, la teoría de campo es todavía incapaz de explicar la estructura molecular de la materia y de los fenómenos cuánticos. Sin embargo, he mostrado que la convicción en la incapacidad de la teoría de campo para resolver estos problemas a través de sus métodos está basada en un prejuicio.

5

LOS FUNDAMENTOS DE LA FÍSICA TEÓRICA*

La ciencia es el intento de establecer una correspondencia entre la caótica diversidad de nuestra experiencia sensorial y un sistema de pensamiento lógicamente uniforme. En este sistema, experiencias singulares deben estar correlacionadas con la estructura teórica de tal modo que la coordinación resultante sea unívoca y convincente.

Las experiencias sensoriales son la materia dada. Pero la teoría que las va a interpretar es de hechura humana. Es el resultado de un proceso de adaptación extraordinariamente laborioso: hipotético, nunca definitivo, siempre sujeto a cuestionamiento y duda.

El modo científico de formar conceptos difiere del que utilizamos en nuestra vida diaria; no en la base, sino en la definición más precisa de conceptos y conclusiones, la elección más laboriosa y sistemática de material experimental, y la mayor economía lógica. Por esta última entendemos el esfuerzo de reducir todos los conceptos y correlaciones a los mínimos conceptos y axiomas básicos lógicamente independientes.

Lo que llamamos física comprende ese grupo de ciencias naturales que basan sus conceptos en medidas, y cuyos conceptos y proposiciones se prestan a formulación matemática. Su dominio se define en consecuencia como esa parte de la suma total de nuestro conocimiento que puede expresarse en términos matemáticos. Con el pro-

* «The Fundaments of Theoretical Physics», *Science*, 91, mayo de 1940.

greso de la ciencia, el dominio de la física se ha expandido tanto que sólo parece estar limitado por las limitaciones del propio método.

La mayor parte de la investigación física está dedicada al desarrollo de las diversas ramas de la física, en cada una de las cuales el objeto es la comprensión teórica de campos de experiencia más o menos restringidos, y en cada una de las cuales las leyes y conceptos quedan relacionados con la experiencia de la forma más estrecha posible. Es esta área de la ciencia, con su creciente especialización, la que ha revolucionado la vida práctica en los últimos siglos y ha dado nacimiento a la posibilidad de que el hombre pueda finalmente liberarse de la carga del duro esfuerzo físico.

Por otra parte, desde el principio ha estado siempre presente el intento de encontrar una base teórica unificadora para todas estas ciencias individuales; base que consiste en un mínimo de conceptos y relaciones fundamentales, a partir de los cuales puedan derivarse por procesos lógicos todos los conceptos y relaciones de las disciplinas individuales. Esto es lo que entendemos por la búsqueda de unos fundamentos para el conjunto de la física. La creencia confiada en que este objetivo último puede alcanzarse es la fuente principal de la devoción apasionada que siempre ha animado al investigador. En este sentido es en el que se dedican las observaciones siguientes a los fundamentos de la física.

De lo que se ha dicho es evidente que la palabra «fundamentos» en este contexto no significa algo análogo en todos los aspectos a los cimientos de un edificio. Por supuesto, desde el punto de vista de la lógica las diversas leyes individuales de la física descansan en estos fundamentos. Pero mientras que un edificio puede quedar seriamente dañado por una fuerte tormenta o una inundación, y pese a ello sus cimientos permanecen intactos, en ciencia los fundamentos lógicos están siempre en mayor peligro frente a nuevas experiencias o nuevos conocimientos que las disciplinas en que se ramifican con sus más estrechos contactos experimentales. Es en la relación de los fundamentos con todas las partes individuales donde reside su gran importancia, pero también su mayor peligro ante cualquier nuevo factor. Cuando nos damos cuenta de ello, nos vemos llevados a preguntarnos por qué las llamadas épocas revolucionarias de la ciencia de la física no han cambiado sus fundamentos más a menudo y más completamente de lo que ha sucedido realmente.

El primer intento de fijar unos fundamentos teóricos uniformes fue la obra de Newton. En su sistema todo está reducido a los siguientes conceptos: (1) Masas puntuales con masa invariable; (2) acción a distancia entre cualquier par de masas puntuales; (3) ley de movimiento para la masa puntual. No había, estrictamente hablando, un fundamento global, porque sólo había formulada una ley explícita para las acciones-a-distancia de la gravitación, mientras que para otras acciones-a-distancia no había nada establecido a priori excepto la ley de igualdad de *actio* y *reactio*. Además, el propio Newton entendió plenamente que tiempo y espacio eran elementos esenciales, como factores físicamente efectivos, de su sistema, aunque sólo sea por implicación.

Esta base newtoniana se mostró extraordinariamente fructífera y fue considerada definitiva a finales del siglo XIX. No sólo daba resultados para el movimiento de los cuerpos celestes, hasta el más mínimo detalle, sino que proporcionaba también una teoría de la mecánica de masas discretas y continuas, una explicación sencilla del principio de conservación de la energía y una completa y brillante teoría del calor. La explicación de los hechos de la electrodinámica dentro del sistema newtoniano resultaba más forzada; lo menos convincente de todo, desde el principio, era la teoría de la luz.

No es sorprendente que Newton no prestase oídos a una teoría ondulatoria de la luz, pues una teoría semejante se adaptaba muy mal a los fundamentos teóricos que él había establecido. La hipótesis de que el espacio estaba lleno de un medio consistente en puntos materiales que propagaba ondas luminosas sin manifestar ninguna otra propiedad mecánica le debía parecer completamente artificial. Los argumentos empíricos más fuertes a favor de la naturaleza ondulatoria de la luz —velocidades fijas de propagación, interferencia, difracción, polarización— eran o bien desconocidos o bien no conocidos en una síntesis bien ordenada. Él tenía razones para aferrarse a su teoría corpuscular de la luz.

Durante el siglo XIX la disputa pareció dirimirse a favor de la teoría ondulatoria. Pese a todo, no apareció ninguna duda seria sobre el fundamento mecánico de la física, en primer lugar porque nadie sabía dónde encontrar un fundamento de otro tipo. Sólo lentamente, bajo la irresistible presión de los hechos, se desarrolló un nuevo fundamento para la física: la física de campos.

De Newton en adelante, la teoría de acción-a-distancia fue constantemente considerada artificial. No faltaron esfuerzos para explicar la gravitación por una teoría cinética, es decir, basada en fuerzas de colisión de partículas de masa hipotética. Pero los intentos eran superficiales y no dieron fruto. El extraño papel desempeñado por el espacio (o el sistema inercial) dentro del fundamento mecánico fue también claramente reconocido, y criticado con especial claridad por Ernst Mach.

El gran cambio vino con Faraday, Maxwell y Hertz —en la práctica de modo semiinconsciente y contra su voluntad—. A lo largo de su vida, los tres se consideraron adeptos a las teorías mecánicas. Hertz había encontrado la forma más simple de las ecuaciones del campo electromagnético, y declaró que cualquier teoría que llevara a dichas ecuaciones era la teoría maxwelliana. Pero hacia el final de su corta vida escribió un artículo en donde presentaba como fundamento de la física una teoría mecánica liberada del concepto de fuerza.

Para nosotros que, por así decir, mamamos las ideas de Faraday con la leche de nuestra madre, es difícil apreciar su grandeza y audacia. Faraday debió haber captado con instinto infalible la naturaleza artificial de todos los intentos de referir los fenómenos electromagnéticos a acciones-a-distancia entre partículas eléctricas que reaccionan mutuamente. ¿Cómo iba a saber cada simple limadura de hierro, entre un montón de ellas dispersas en una hoja de papel, que había partículas eléctricas circulando por un conductor cercano? Todas estas partículas eléctricas juntas parecían crear en el espacio circundante una condición que a su vez producía un cierto orden en las limaduras. Faraday estaba convencido de que, si alguna vez se captara su estructura geométrica y su acción interdependiente, estos estados espaciales, hoy llamados campos, ofrecerían la clave de las misteriosas acciones electromagnéticas. Concebía estos campos como estados de tensión mecánica en un medio que llenaba el espacio, similar a los estados de tensión en un cuerpo elásticamente deformado; en esa época era la única forma en que se podían concebir estados que aparentemente estaban distribuidos de forma continua en el espacio. El tipo peculiar de interpretación mecánica de estos campos seguía estando en el fondo —una especie de compromiso de la conciencia científica a la vista de la tradición mecánica de la época de Faraday—. Con ayuda de estos nuevos conceptos de campo, Faraday consiguió formar un concepto cualitativo del complejo total de efectos electromagnéticos descubiertos por él y sus predecesores. La formulación precisa de leyes espacio-temporales de dichos campos fue obra de Maxwell. ¡Imaginemos lo que sintió cuando las ecuaciones diferenciales que había formulado le mostraron que los campos electromagnéticos se propagan en forma de ondas polarizadas y a la velocidad de la luz! Pocos hombres en el mundo han disfrutado de una experiencia semejante. Es casi seguro que en ese momento trascendental no imaginó que la naturaleza enigmática de la luz, al parecer tan completamente resuelta, seguiría aturdiendo a las generaciones siguientes. Pero los físicos necesitaron algunas décadas para captar la plena importancia del descubrimiento de Maxwell: ¡tan capital era el salto que su genio forzaba en las concepciones de sus colegas! La resistencia a la nueva teoría sólo desapareció una vez que Hertz hubo demostrado experimentalmente la existencia de ondas electromagnéticas.

Pero si el campo electromagnético podía existir como una onda independiente de la fuente material, entonces la interacción electrostática ya no podía explicarse como acción-a-distancia. Y lo que era cierto para la acción eléctrica no podía negarse para la gravitación. Las omnipresentes acciones-a-distancia de Newton dieron paso a campos que se propagaban con velocidad finita.

De los fundamentos de Newton sólo quedaban ahora las masas puntuales materiales sujetas a la ley de movimiento. Pero J. J. Thomson señaló que un cuerpo eléctricamente cargado en movimiento debe, según la teoría de Maxwell, poseer un campo magnético cuya energía actuaría precisamente como lo hace un aumento de la energía cinética del cuerpo. Entonces, si una parte de la energía consiste en energía cinética, ¿no podía ser cierto para la totalidad de la energía cinética? ¿No podría explicarse la propiedad básica de la materia, su inercia, dentro de la teoría de campos? La pregunta llevó al problema de una interpretación de la materia en términos de teoría de campos, cuya solución proporcionaría una explicación de la estructura atómica de la materia. Pronto se comprendió que la teoría de Maxwell no podía proporcionar tal programa. Desde entonces muchos científicos han tratado con celo de completar la teoría de campos mediante una generalización que comprendiera una teoría de la materia; pero hasta ahora tales esfuerzos no han sido coronados por el éxito. Para construir una teoría no basta con tener una idea clara del objetivo; también hay que tener un punto de vista formal que restrinja suficientemente la ilimitada variedad de posibilidades. Hasta ahora no se ha encontrado; en consecuencia, la teoría de campos no ha conseguido proporcionar un fundamento para el conjunto de la física.

Durante varias décadas la mayoría de los físicos se aferraron a la convicción de que se encontraría una subestructura mecánica para la teoría de Maxwell. Pero los resultados insatisfactorios de sus esfuerzos llevaron a la gradual aceptación de los nuevos conceptos del campo como fundamentos irreducibles; en otras palabras, los físicos se resignaron a abandonar la idea de un fundamento mecánico.

Así pues, los físicos adoptaron un programa de teoría de campos. Pero no podía llamarse un fundamento, pues nadie podía decir si una teoría consistente podía explicar alguna vez la gravitación, por un lado, y los componentes elementales de la materia, por otro. En este estado de cosas era necesario considerar las partículas materiales como masas puntuales sujetas a las leyes de movimiento de Newton. Éste fue el proceder de Lorentz al crear su teoría del electrón y la teoría de los fenómenos electromagnéticos de los cuerpos en movimiento.

A este punto habían llegado las concepciones fundamentales cuando se cerraba el siglo. Se hicieron enormes progresos en la penetración teórica y la comprensión de conjuntos enteros de nuevos fenómenos. Pero el establecimiento de un fundamento unificado de la física parecía remoto. Y este estado de cosas se ha visto agravado por desarrollos posteriores. El desarrollo durante el siglo actual se caracteriza por dos sistemas teóricos que en esencia son mutuamente independientes: la teoría de la relatividad y la teoría cuántica. Los dos sistemas no se contradicen directamente, pero parecen poco aptos para fusionarse en una teoría unificada. Debemos discutir brevemente las ideas básicas de estos dos sistemas.

La teoría de la relatividad surgió de los esfuerzos por mejorar, en lo que se refiere a la economía lógica, el fundamento de la física tal como existía en el cambio de siglo. La llamada teoría de la relatividad especial o restringida se basa en el hecho de que las ecuaciones de Maxwell (y con ellas la ley de propagación de la luz en el espacio vacío) se convierten en ecuaciones de la misma forma bajo transformaciones de Lorentz. Esta propiedad formal de las ecuaciones de Maxwell se complementa con nuestro conocimiento empírico bastante seguro de que las leyes de la física son las mismas con respecto a todos los sistemas inerciales. Esto lleva al resultado de que la transformación de Lorentz —aplicada a coordenadas temporales y espaciales— debe gobernar la transición de un sistema inercial a otro. En consecuencia, el contenido de la teoría de la relatividad restringida puede resumirse en una frase: todas las leyes naturales deben satisfacer la condición de ser covariantes con respecto a transformaciones de Lorentz. De esto se sigue que la simultaneidad de dos sucesos distantes no es un concepto invariante, y que las dimensiones de los cuerpos rígidos y la velocidad de los relojes dependen de su estado de movimiento. Otra consecuencia fue una modificación de la ley de movimiento de Newton en casos en que la velocidad de un cuerpo dado no era pequeña comparada con la velocidad de la luz. También se seguía el principio de equivalencia de masa y energía, por el que las leyes de conservación de masa y de energía se convierten en una y la misma. Una vez que se demostró que la simultaneidad era relativa y dependía del sistema de referencia, desapareció toda posibilidad de retener acciones-a-distancia dentro de los fundamentos de la física, puesto que dicho concepto presuponía el carácter absoluto de la simultaneidad (que debía ser posible establecer la posición de dos masas puntuales interactuantes «en el mismo instante»).

La teoría de la relatividad general debe su origen al intento de explicar un hecho conocido desde la época de Galileo y Newton pero que había eludido toda explicación teórica: la inercia y el peso de un cuerpo, en sí mismas dos cosas completamente diferentes, se miden por una y la misma constante, la masa. De esta correspondencia se sigue que es imposible descubrir experimentalmente si un sistema de coordenadas dado está acelerado, o si su movimiento es recto y uniforme y los efectos son debidos a un campo gravitatorio (éste es el principio de equivalencia de la teoría de la relatividad general). Echa por tierra los conceptos de sistema inercial en cuanto entra la gravitación. Cabe comentar aquí que el sistema inercial es un punto débil de la mecánica de Galileo-Newton, pues presupone una misteriosa propiedad del espacio físico que condiciona el tipo de sistema de coordenadas para el que la ley de inercia y la ley newtoniana de movimiento son válidas.

Estas dificultades pueden evitarse mediante el siguiente postulado: las leyes naturales deben formularse de tal manera que su forma sea idéntica para sistemas de coordenadas en cualquier tipo de estado de movimiento. Conseguir esto es la tarea de la teoría de la relatividad general. Por otra parte, de la teoría restringida deducimos la existencia de una métrica riemanniana dentro del continuo espacio-temporal que, según el principio de equivalencia, describe tanto el campo gravitatorio como las propiedades métricas del espacio. Suponiendo que las ecuaciones de campo de la gravitación son ecuaciones diferenciales de segundo orden, la ley del campo queda claramente determinada.

Aparte de este resultado, la teoría libera a la física del campo de la incapacidad de la que adolecía, en común con la mecánica newtoniana, para atribuir al espacio aquellas propiedades físicas independientes que hasta entonces habían quedado ocultas por el uso de un sistema inercial. No obstante, no puede afirmarse que aquellas partes de la teoría de la relatividad general que puedan hoy considerarse definitivas hayan proporcionado a la física un fundamento completo y satisfactorio. En primer lugar, el campo total aparece en ella compuesto de dos partes lógicamente inconexas, la gravitatoria y la electromagnética. Y en segundo lugar, esta teoría, como las teorías de campos anteriores, no ha ofrecido hasta ahora una explicación de la estructura atómica de la materia. Es probable que este fallo esté relacionado con el hecho de que hasta ahora no ha aportado nada a la comprensión de los fenómenos cuánticos. Para abordar estos fenómenos los físicos se han visto llevados a adoptar métodos completamente nuevos, cuyas características básicas discutiremos ahora.

En el año 1900, en el curso de una investigación puramente teórica, Max Planck hizo un descubrimiento muy notable: la ley de radiación de los cuerpos en función de la temperatura no podía derivarse de las leyes de la electrodinámica maxwelliana por sí solas. Para llegar a resultados compatibles con los experimentos relevantes, la radiación de una frecuencia dada tenía que tratarse como si consistiera en átomos de energía de una energía individual *h.v.*, donde *h* es la constante universal de Planck. Durante los años siguientes se demostró que la luz era en todas partes producida y absorbida en tales *quanta* de energía. En particular, Niels Bohr pudo entender básicamente la estructura del átomo sobre la base de que los átomos sólo pueden tener valores de energía discretos, y las transiciones entre ellos están relacionadas con la emisión o absorción de un *quantum* de energía. Esto arrojaba nueva luz sobre el hecho de que en su estado gaseoso los elementos químicos y sus compuestos irradian y absorben solamente luz de ciertas frecuencias muy bien definidas. Todo esto era completamente inexplicable dentro del marco de las teorías hasta entonces existentes. Era evidente que, al menos en el campo de los fenómenos atómicos, el carácter de todo lo que sucede está determinado por estados discretos y por transiciones aparentemente discontinuas entre ellos, donde la constante *h* de Planck desempeña un papel decisivo.

El paso siguiente fue dado por De Broglie. Éste se pregunto cómo podían entenderse los estados discretos con la ayuda de los conceptos entonces en uso, y dio con un paralelismo con las ondas estacionarias, como por ejemplo en el caso de las frecuencias propias de los tubos de órgano y de las cuerdas en acústica. Ciertamente se desconocían acciones ondulatorias del tipo aquí requerido; pero podían construirse, y formularse sus leyes matemáticas, empleando la constante de Planck h. De Broglie imaginaba que un electrón en órbita alrededor de un núcleo atómico tenía asociado uno de estos hipotéticos trenes de ondas, e hizo inteligible en cierta medida el carácter discreto de las trayectorias «permitidas» de Bohr por el carácter estacionario de las ondas correspondientes.

Ahora bien, en mecánica el movimiento de los puntos materiales está determinado por las fuerzas o campos de fuerza que actúan sobre ellos. De ello cabía esperar que dichos campos de fuerza también influirían de manera similar en los campos de ondas de De Broglie. Erwin Schrödinger mostró cómo podía tenerse en cuenta esta influencia, reinterpretando mediante un método ingenioso ciertas formulaciones de la mecánica clásica. Incluso consiguió extender la teoría mecánica de las ondas hasta un punto en que sin introducción de ninguna hipótesis adicional se hacía aplicable a cualquier sistema mecánico consistente en un número arbitrario de masas puntuales, es decir, con un número arbitrario de grados de libertad. Esto era posible porque un conjunto de n masas puntuales es, en buena medida, matemáticamente equivalente a una única masa puntual en un espacio de $3n$ dimensiones.

Basada en esta teoría se obtuvo una representación sorprendentemente buena de una inmensa variedad de hechos que de otra forma parecían completamente incomprensibles. Pero en un punto, y de forma muy notable, había un fallo: resultó imposible asociar a estas ondas de Schrödinger movimientos definidos de las masas puntuales —y eso, después de todo, había sido el objetivo original de toda la construcción.

La dificultad parecía infranqueable, hasta que fue superada por Born de una forma tan sencilla como inesperada. Los campos de ondas de De Broglie-Schrödinger no debían interpretarse como una descripción matemática de cómo tiene lugar realmente un suceso en el espacio y el tiempo, aunque, por supuesto, hacen referencia a dicho suceso. Más bien son una descripción matemática de lo que puede conocerse realmente acerca del sistema. Sirven sólo para hacer enunciados y predicciones estadísticas sobre los resultados de todas las medidas que pueden realizarse sobre el sistema.

Permítanme ilustrar estas características generales de la mecánica cuántica con un sencillo ejemplo: consideraremos una masa puntual restringida a permanecer dentro de una región *G* por fuerzas de intensidad finita. Si la energía cinética de la masa puntual está por debajo de un cierto valor, entonces la masa puntual, según la mecánica clásica, nunca puede dejar la región *G*. Pero según la mecánica cuántica, la masa puntual, después de un período no inmediatamente predecible, puede dejar la región *G*, en una dirección impredecible, y escapar al espacio circundante. Este caso, según Gamow, es un modelo simplificado de la desintegración radiactiva.

El tratamiento teórico cuántico de este fenómeno es como sigue: en el instante t_0 tenemos un sistema ondulatorio de Schrödinger enteramente dentro de *G*. Pero a partir del instante t_0 las ondas salen de *G* en todas direcciones, de tal manera que la amplitud de la onda saliente es pequeña comparada con la amplitud inicial del sistema ondulatorio dentro de *G*. Cuanto más se dispersan estas ondas hacia el exterior, más disminuye la amplitud de las ondas dentro de *G*, y consiguientemente la intensidad de las ondas posteriores que salen de *G*. Sólo una vez que ha transcurrido un tiempo infinito se agota el suministro de ondas dentro de *G*, mientras que fuera la onda se ha difundido en un espacio cada vez mayor.

Pero ¿qué tiene que ver este proceso ondulatorio con el primer objeto de nuestro interés, la partícula originalmente encerrada en *G*? Para responder a esta pregunta debemos imaginar algún montaje que nos permita realizar medidas sobre la partícula. Por ejemplo, imaginemos que en algún lugar del espacio circundante hay una pantalla en la que se quedan pegadas las partículas que entran en contacto con ella. Entonces, a partir de la intensidad de las ondas que inciden en algún punto de la pantalla extraemos conclusiones sobre la probabilidad de que la partícula incida en ese punto de la pantalla en ese instante. En cuanto la partícula ha incidido en un punto concreto de la pantalla, la totalidad del campo de ondas pierde su significado físico; su único propósito era hacer predicciones probabilistas acerca del lugar y del instante en que la partícula incide en la pantalla (o, por ejemplo, su momento en el instante en que incide en la pantalla).

Todos los demás casos son análogos. El objetivo de la teoría es determinar la probabilidad de los resultados de una medida realizada sobre un sistema en un instante dado. No intenta dar una representación matemática de lo que sucede o está realmente presente en el espacio y el tiempo. En esto la teoría cuántica de hoy difiere fundamentalmente de todas las teorías físicas anteriores, tanto teorías mecanicistas como teorías de campos. En lugar de una descripción modelo de sucesos espacio-temporales reales, da las distribuciones de probabilidad de las medidas posibles como funciones del tiempo.

Hay que admitir que la nueva concepción teórica no debe su origen a ningún vuelo de la imaginación sino a la fuerza imperiosa de los hechos de experiencia. Todos los intentos de representar, por recurso directo a un modelo espacio-temporal, las propiedades de la partícula y la onda que se manifiestan en los fenómenos de la luz y la materia, han fracasado hasta ahora. Y Heisenberg ha demostrado de forma convincente, desde un punto de vista empírico, que cualquier decisión respecto a una estructura rigurosamente determinista de la naturaleza está definitivamente descartada debido a la estructura atómica del aparato experimental. Así pues, está probablemente fuera de cuestión que un conocimiento futuro pueda obligar a la física a rechazar nuestro fundamento teórico estadístico en favor nuevamente de uno determinista que trataría directamente con la realidad física. Desde un punto de vista lógico el problema parece ofrecer dos posibilidades, entre las que en principio se nos da una elección. Al final la elección se hará de acuerdo con el tipo de descripción que da la formulación de los fundamentos más simples, lógicamente hablando. De momento carecemos por completo de una teoría determinista que describa directamente los propios sucesos y lo haga en consonancia con los hechos.

Por el momento tenemos que admitir que no poseemos ninguna base teórica general para la física que pueda considerarse su fundamento lógico. La teoría de campos ha fracasado hasta ahora en la esfera molecular. Hay acuerdo general en que el único principio que podría servir como base de la teoría cuántica sería uno que constituyera una traducción de la teoría de campos en el esquema de la estadística cuántica. Nadie puede aventurarse a decir si esto llegará a tener un resultado satisfactorio.

Algunos físicos, entre los que me incluyo, no pueden creer que debamos abandonar, realmente y para siempre, la idea de la representación directa de la realidad física en el espacio y el tiempo; o que debamos aceptar la idea de que los sucesos en la naturaleza son análogos a un juego de azar. Está abierto a cada hombre el elegir la dirección de su esfuerzo; y también cada hombre puede hallar consuelo en el lema de Lessing: la búsqueda de la verdad es más preciosa que su posesión.

6

EL LENGUAJE COMÚN DE LA CIENCIA*

El primer paso hacia el lenguaje consistió en vincular signos conmutables con impresiones sensoriales. Muy probablemente todos los animales sociales han llegado a este tipo primitivo de comunicación, al menos en cierta medida. Un mayor desarrollo se alcanza cuando se introducen y se entienden nuevos signos que establecen relaciones entre aquellos primeros signos que denotan impresiones sensoriales. Alcanzada esta fase ya es posible informar de series de sensaciones de cierta complejidad: podemos decir que ha nacido el lenguaje. Para que el lenguaje lleve a la comprensión debe haber, por una parte, reglas que conciernen a las relaciones entre los signos y, por otra, una correspondencia estable entre signos e impresiones. En su niñez los individuos conectados por el mismo lenguaje captan estas reglas y relaciones básicamente por intuición. Cuando el hombre se hace consciente de las reglas concernientes a las relaciones se establece la denominada gramática del lenguaje.

En una primera fase las palabras pueden corresponder directamente a impresiones. En una fase posterior se pierde esta conexión directa en la medida en que algunas palabras transmiten relaciones con percepciones sólo si se usan en conexión con otras pala-

* «The Common Language of Science», *Advancement of Science*, Londres, vol. 2, n.° 5.

bras (por ejemplo, «es», «o», «cosa»). Entonces son grupos de palabras antes que palabras individuales los que se refieren a percepciones. Cuando el lenguaje se hace así parcialmente independiente del fondo de impresiones se gana una mayor coherencia interna.

Sólo en este desarrollo posterior, donde se hace frecuente uso de los denominados conceptos abstractos, el lenguaje se convierte en un instrumento de razonamiento en el verdadero sentido de la palabra. Pero es también este desarrollo el que convierte el lenguaje en una peligrosa fuente de errores y engaños. Todo depende del grado en que las palabras y combinaciones de palabras guardan correspondencia con el mundo de las impresiones.

¿Qué es lo que produce una conexión tan íntima entre lenguaje y pensamiento? ¿Es que no hay pensamiento sin lenguaje; y combinaciones de conceptos y combinaciones de conceptos para los que no son necesarias las palabras? ¿No nos hemos esforzado todos, alguna vez, en buscar palabras cuando la conexión entre «cosas» ya estaba clara?

Podríamos sentirnos inclinados a atribuir al acto de pensar una completa independencia del lenguaje si los individuos formaran o fueran capaces de formar sus conceptos sin la guía verbal de su entorno. Pero es muy probable que el desarrollo mental de un individuo, que crece en tales condiciones, fuera muy pobre. Por ello podemos concluir que el desarrollo mental del individuo y su modo de formar conceptos depende en alto grado del lenguaje. Esto nos hace comprender hasta qué punto el mismo lenguaje significa la misma mentalidad. En este sentido pensamiento y lenguaje están unidos.

¿Qué distingue el lenguaje de la ciencia del lenguaje tal como normalmente entendemos este término? ¿Cómo es que el lenguaje científico es internacional? Lo que busca la ciencia es una máxima precisión y claridad de conceptos en lo que concierne a su relación mutua y su correspondencia con datos sensoriales. A modo de ilustración tomemos el lenguaje de la geometría euclidiana y el álgebra. Éstas trabajan con un pequeño número de conceptos (o, en el segundo caso, símbolos) introducidos de manera independiente, tales como el número entero, la línea recta o el punto, y con signos que denotan las operaciones fundamentales, es decir, las conexiones entre dichos conceptos fundamentales. Ésta es la base para la construcción (o, en el segundo caso, definición) de todos los demás enunciados o conceptos. La conexión entre conceptos y enunciados, por una parte, y los datos sensoriales, por otra, se establece a través de actos de recuento y medida cuyo modo de realización está suficientemente bien determinado.

El carácter supranacional de los conceptos científicos y del lenguaje científico se debe al hecho de que han sido establecidos por los mejores cerebros de todos los países y todas las épocas. En soledad y, pese a todo, en un esfuerzo colaborativo en lo que respecta al efecto final, ellos crearon las herramientas espirituales para las revoluciones técnicas que han transformado la vida de la humanidad en los últimos siglos. Su sistema de conceptos ha servido de guía en el desconcertante caos de percepciones, y así hemos aprendido a captar verdades generales a partir de observaciones particulares.

¿Qué esperanzas y temores implica el método científico para la humanidad? No creo que ésta sea la forma correcta de plantear la pregunta. Lo que pueda producir esta herramienta en manos del hombre depende por completo de la naturaleza de los objetivos vivos en dicha humanidad. Una vez que estos objetivos existen, el método científico proporciona medios para realizarlos. Pero el método no puede proporcionar los objetivos mismos. El propio método científico no habría conducido a ninguna parte, ni siquiera habría nacido, sin una apasionada lucha por una comprensión clara.

Creo que nuestra época se caracteriza por la perfección de medios y la confusión de fines. Si buscamos sincera y apasionadamente la seguridad, el bienestar y el libre desarrollo de los talentos de todos los hombres, no nos faltarán los medios de acercarnos a dicho estado. Incluso si sólo una pequeña parte de la humanidad se esfuerza en alcanzar tales objetivos, su superioridad se hará manifiesta a largo plazo.

7
LAS LEYES DE LA CIENCIA Y LAS LEYES DE LA ÉTICA*

La ciencia busca relaciones que se considera que existen independientemente de la búsqueda individual. Esto incluye el caso en el que el propio hombre es el sujeto. O también el caso en que los sujetos de los enunciados científicos son conceptos creados por nosotros mismos, como sucede en matemáticas. No se supone que dichos conceptos corresponden necesariamente a objetos del mundo exterior. Sin embargo, todos los enunciados y leyes científicos tienen una característica en común: son «verdaderos o falsos» (adecuados o inadecuados). En un sentido muy general, nuestra reacción a ellos es «sí» o «no».

El modo científico de pensar tiene una característica adicional. Los conceptos que utiliza para construir sus sistemas coherentes no expresan emociones. Para el científico sólo hay «ser», pero no hay desear, no hay valorar, no hay bien ni mal; no hay propósito. Mientras permanezcamos dentro del ámbito de la ciencia propiamente dicha, nunca podremos encontrar una sentencia del tipo: «No mentirás». Hay una especie de restricción puritana en el científico que busca la verdad: se mantiene apartado de cualquier voluntarismo o emotividad. Dicho sea de paso, este rasgo es el resultado de un lento desarrollo, peculiar del moderno pensamiento occidental.

* «The Laws of Science and the Laws of Ethics», prólogo a Philipp Frank, *Relativity. A. Richer Truth*, Boston, 1950.

Podría parecer que esto implica que el pensamiento lógico es irrelevante para la ética. Los enunciados científicos sobre hechos y relaciones no pueden generar directrices éticas. Sin embargo, las directrices éticas pueden hacerse racionales y coherentes mediante el pensamiento lógico y el conocimiento empírico. Si podemos estar de acuerdo en algunas proposiciones éticas fundamentales, entonces otras proposiciones éticas pueden derivarse de ellas con tal de que las premisas originales estén enunciadas de forma suficientemente precisa. Tales premisas éticas desempeñan un papel similar al que desempeñan los axiomas en matemáticas.

Por esto es por lo que no pensamos que carezca de sentido plantear preguntas tales como: ¿Por qué no debemos mentir? Pensamos que tales preguntas tienen sentido porque en todas las discusiones de este tipo se dan tácitamente por aceptadas algunas premisas éticas. Entonces nos sentimos satisfechos cuando conseguimos rastrear la directriz ética en cuestión hasta estas premisas básicas. En el caso de mentir esto podría hacerse de alguna manera como ésta: mentir destruye la confianza en las afirmaciones de otras personas; sin esa confianza, la cooperación social se hace imposible, o al menos difícil; pero dicha cooperación es esencial para hacer la vida humana posible y tolerable. Esto significa que hemos rastreado la regla «No mentirás» hasta las demandas: «La vida humana debe ser preservada» y «El dolor y la pena deben ser reducidos tanto como sea posible».

Pero ¿cuál es el origen de tales axiomas éticos? ¿Son arbitrarios? ¿Se basan en la mera autoridad? ¿Derivan de experiencias de los hombres y están condicionados indirectamente por tales experiencias?

Para la pura lógica todos los axiomas son arbitrarios, incluyendo los axiomas de la ética. Pero no son en absoluto arbitrarios desde un punto de vista psicológico y genético. Se derivan de nuestras tendencias innatas a evitar el dolor y la destrucción, y de la reacción emocional acumulada de muchos individuos ante el comportamiento de sus vecinos.

Es privilegio del genio moral del hombre, encarnado en individuos inspirados, postular axiomas éticos tan generales y tan bien fundados que los hombres los aceptarán en la medida en que están basados en la enorme masa de sus experiencias emocionales individuales. Los axiomas éticos se encuentran y se ponen a prueba de forma no muy diferente de los axiomas de la ciencia. La verdad es aquello que supera el test de la experiencia.

8
UNA DERIVACIÓN ELEMENTAL DE LA EQUIVALENCIA DE MASA Y ENERGÍA*

Esta derivación de la ley de equivalencia tiene dos ventajas. Aunque hace uso del principio de relatividad especial, no presupone la maquinaria formal de la teoría sino que solamente utiliza tres leyes previamente conocidas:

1. La ley de conservación del momento lineal.
2. La expresión para la presión de radiación; es decir, el momento lineal de un complejo de radiación que se mueve en una dirección determinada.
3. La bien conocida expresión para la aberración de la luz (influencia del movimiento de la Tierra en la posición aparente de las estrellas fijas—Bradley).

Consideremos ahora el sistema siguiente. Sea el cuerpo B libremente en reposo en el espacio con respecto al sistema K_0. Dos complejos de radiación S, S', cada uno de ellos con energía $E/2$, se mueven en la dirección x_0 positiva y negativa, respectivamente y son eventualmente absorbidos por B. Con esta absorción la energía de B aumenta en E. Debido a la simetría del proceso, el cuerpo B permanece en reposo respecto a K_0.

* «An Elementary Derivation of the Equivalence of Mass and Energy», *Technion Journal*, 1946.

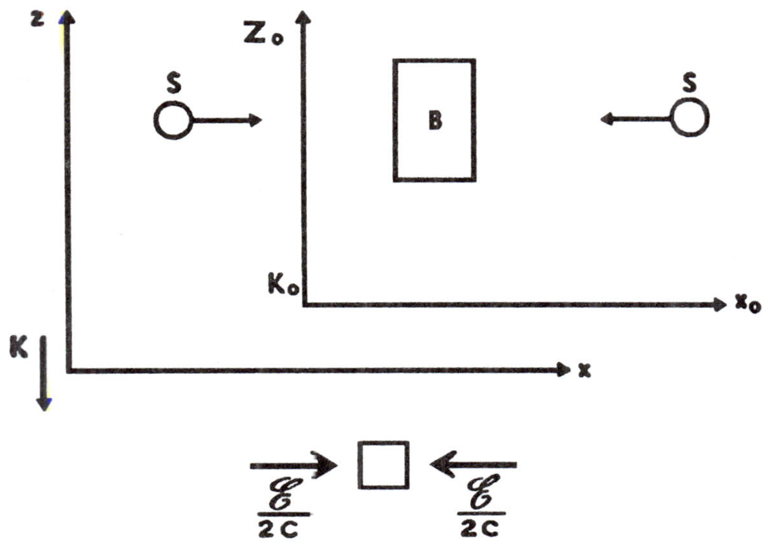

Consideremos ahora este mismo proceso con respecto al sistema K, que se mueve con respecto a K_0 a velocidad v constante en la dirección Z_0 negativa. Con respecto a K, la descripción del proceso es como sigue:

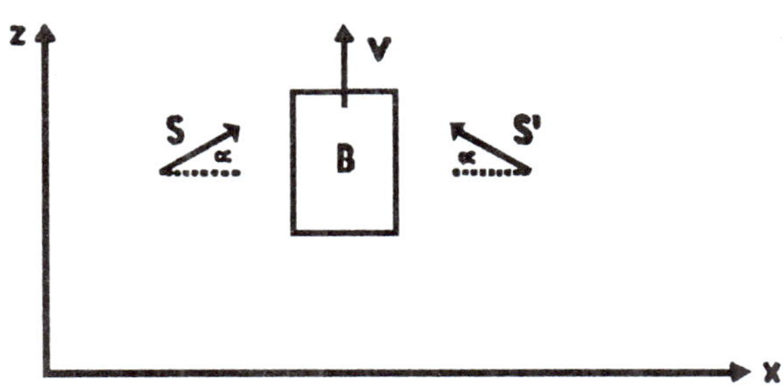

El cuerpo B se mueve en la dirección Z positiva con velocidad v. Los dos complejos de radiación tienen ahora direcciones con respecto a K que forman un ángulo α con el eje x. La ley de aberración afirma que en primera aproximación $\alpha = c/v$, donde c es la velocidad de la luz. De la consideración con respecto a K_0 sabemos que la velocidad v de B permanece inalterada por la absorción de S y S'.

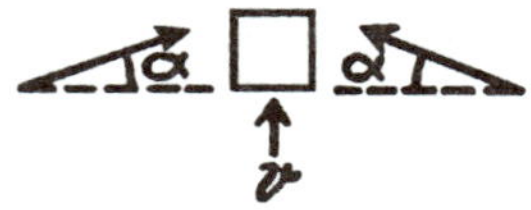

Aplicamos ahora a nuestro sistema la ley de conservación del momento con respecto a la dirección z en el sistema de coordenadas K.

I. *Antes de la absorción*: sea M la masa de B; Mv es entonces la expresión del momento de B (según la mecánica clásica). Cada uno de los complejos tiene una energía $E/2$ y con ello, por una conclusión bien conocida de la teoría de Maxwell, tiene un momento $E/2c$. Estrictamente hablando éste es el momento de S con respecto a K_0; sin embargo, cuando v es pequeña con respecto a c, el momento con respecto a K es el mismo salvo una cantidad de segundo orden de magnitud (v^2/c^2 frente a 1). La componente z de este momento es $E/2c$ sen α o con buena precisión (salvo cantidades de un orden de magnitud superior) $(E/2c)\alpha$ o $(E/2)(v/c^2)$. S y S' juntos tienen por lo tanto un momento Ev/c^2 en la dirección z. El momento total del sistema antes de la absorción es entonces

$$Mv + \frac{E}{c^2} \cdot v$$

II. *Después de la absorción*: sea M' la masa de B. Anticipamos aquí la posibilidad de que la masa aumente con la absorción de la energía E (esto es necesario para que el estado final de nuestra consideración sea consistente). El momento del sistema después de la absorción es entonces

$$M'v$$

Supongamos ahora la ley de conservación del momento y apliquémosla con respecto a la dirección z. Esto da la ecuación

$$Mv + \frac{E}{c^2}v = M'v$$

o

$$M' - M = \frac{E}{c^2}$$

Esta ecuación expresa la ley de la equivalencia entre energía y masa. El incremento de energía E está relacionado con el incremento de masa E/c^2. Puesto que la energía según la definición usual deja libre una constante aditiva, podemos escoger esta última de modo que

$$E = Mc^2$$

ÍNDICE

II
RELATIVIDAD: LA TEORÍA ESPECIAL Y GENERAL

III
OTRAS CONSIDERACIONES SOBRE LA RELATIVIDAD

IV
EL SIGNIFICADO DE LA RELATIVIDAD (ANTOLOGÍA)

V
LA EVOLUCIÓN DE LA FÍSICA (ANTOLOGÍA)

VI
NOTAS AUTOBIOGRÁFICAS

VII
MIS ÚLTIMOS AÑOS (ANTOLOGÍA)